原子物理教程

（第二版）

张延惠　林圣路　王传奎　编

山东大学出版社

原子物理教程/张延惠，林圣路，王传奎编．—2版．—济南：山东大学出版社，2009.2(2023.2重印)
ISBN 978-7-5607-2639-7

Ⅰ．原…
Ⅱ．①张…②林…③王…
Ⅲ．原子物理学－高等学校－教材
Ⅳ．O562

中国版本图书馆CIP数据核字(2003)第074302号

山东大学出版社出版发行
(山东省济南市山大南路20号　邮政编码:250100)
新 华 书 店 经 销
泰安金彩印务有限公司印刷
850毫米×1168毫米　1/32　12.5印张　311千字
2009年2月第2版　2023年2月第5次印刷
定价：36.00元

前言

原子物理学是研究原子、分子、原子核等微观粒子的结构、运动规律等性质的一门基础学科，它既是普通物理学的重要内容，又是近代物理课程的组成部分，是随着科学技术的发展而不断得到充实和拓展的。本书在 2003 年 8 月出版的第一版的基础上进行了修订，书中仍然体现了注重物理思想、物理图像，注重理论联系实际的一贯思路，并且各部分内容始终贯穿着量子理论与经典物理思想的对应。同时本书吸收了山东师范大学原子与分子重点学科的部分最新科研成果。我们在教授本课程过程中，认真听取了其他院校教师的宝贵意见，也经常和学生们进行积极的讨论，得到了许多中肯的意见，这都为本书的修订提供了很好的条件。为保持全书的整体一致性，兼顾深入浅出的特点，我们改写了第八章。本书修订后内容更加完整、准确、充实，有利于高素质人才的培养。

本书可作为高等师范院校或其他高等院校理科物理

类专业教材或参考书，讲授全书约需70学时。教学过程中，教师可根据课程要求及学时安排对相关章节内容进行必要的增减。

由于作者水平所限，书中定有不妥和错误之处，诚恳希望广大读者批评指正。

编　者

2009年1月于山东师范大学物理与电子科学学院

目 录

第9章 粒子物理学 …………………………………… (341)

第1章　光的粒子性和电子的波动性

19 世纪末,经典物理学已经在经典力学、热力学、统计物理学和电动力学等各个方面取得很大成绩,人们甚至认为未来的物理学真理将不得不在小数点后第六位去寻找.然而经典物理学的发展不是尽善尽美的,许多新的实验事实都在动摇经典物理学的基本概念.1900 年 4 月 27 日,著名的英国物理学家开尔文(Lord · Kelwin)在《19 世纪热和光的动力理论上空的乌云》的长篇讲话中指出:"在已经基本建成的科学大厦中,后辈物理学家似乎只要做一些零碎的修补工作就行了;但是,在物理学晴朗天空的远处,还有两朵令人不安的乌云."他所指的这两朵"乌云",就是当时物理学无法解释的两个现象,其中一个称之为"紫外灾难",与黑体辐射有关;另一个为"以太风",与迈克尔逊 — 莫雷实验有关.正是这两朵"乌云"不久便掀起了物理学上一场深刻的革命,一个导致量子力学的诞生,一个导致相对论的诞生.

§1.1 黑体辐射与普朗克的量子化假设

1.1.1 黑体辐射的实验规律

热辐射是物体的一种电磁辐射现象,所有物体都能发射热辐射,例如炽热物体的发光就是一种热辐射现象.室温下的物体通常不辐射可见光,但辐射大量看不见的红外光,红外光也是电磁波,当物体温度升高后,辐射就容易为人们所觉察.一般地说,温度越高的物体的热辐射中,包含的短波长成分越多;温度越低则长波长的成分越多.例如,普通家用煤炉温度不高,煤火中波长较长的红光较多;被鼓风机吹旺的炼钢炉膛温度很高,发出耀眼的白光,其中包含了波长较短的黄光、绿光和蓝光.因此,在冶金学中,人们通常根据炉内钢水的颜色来分析炼钢的好坏.在天文学中,靠辐射的强度分布来判断星体表面温度.这一切都大大推动了对热辐射的研究.

物体不仅有热辐射现象,对光也会有吸收现象.通常用吸收系数 $\alpha(\lambda,T)$ 来表示物体的吸收本领.它定义为物体在温度 T 时,有波长为 λ 的光入射,被物体吸收的该波长的光能量与入射的该波长的光能量之比.如果 $\alpha(\lambda,T)=1$,我们就称这种物体叫**黑体**,黑体能够吸收射到它表面的全部电磁辐射.自然界不存在真正的黑体,任何物体的表面都对电磁波有一定的反射能力.我们可以用人工方法得到十分近似的黑体,例如,只要在一个空腔的壁上挖一个小孔,**小孔的表面**就是一个相当好的黑体了,只要进入这个小孔的光线就很难再逃逸出空腔,它在腔内壁经过若干次反射,能量便完全被吸收了,如图 1.1.1 所示.

1859 年基尔霍夫(G・R・Kirchhoff) 指出:任何物体在同一温度 T 下的辐射本领 $r(\nu,T)$ 与吸收本领 $\alpha(\nu,T)$ 成正比,其比值只与 ν 和 T 有关:

$$\frac{r(\nu,T)}{\alpha(\nu,T)} = \frac{c}{4}\rho(\nu,T) \tag{1.1.1}$$

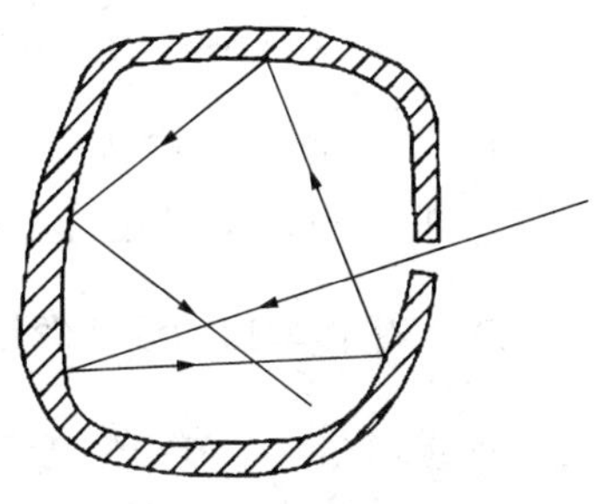

图 1.1.1　空腔小孔

$\rho(\nu,T)$ 是与物质无关的普适函数,称为热辐射的标准能谱.表示在频率 ν 附近单位频率范围内的能量密度.在实验和理论上探求普适函数 $\rho(\nu,T)$ 成为当时物理学家解决热辐射问题的关键.对吸收本领 $\alpha(\nu,T)=1$ 的绝对黑体,只要测出其发射本领 $r(\nu,T)$,就得到热辐射能量谱 $\rho(\nu,T)$.有时将热辐射能量谱表示成波长和温度的函数 $\rho(\lambda,T)$.如图 1.1.2 给出了不同温度下黑体辐射的能谱分布曲线.

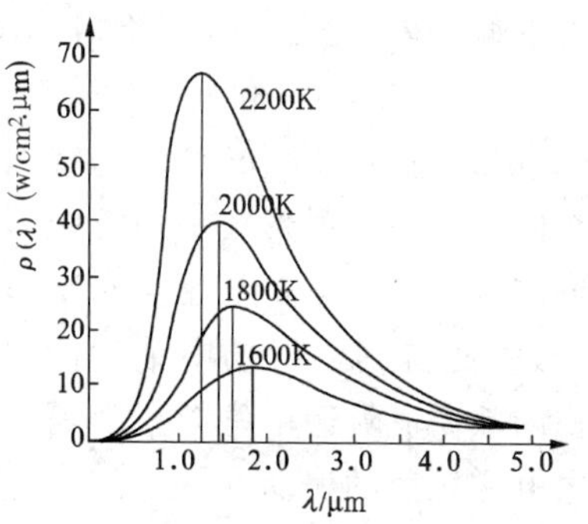

图 1.1.2　黑体辐射谱

通过对大量实验结果的分析可归纳出下列几点结论:

(1) 每条曲线都只由温度决定,与腔壁的材料及形状无关.

(2) 每条曲线都有一个极大值,其相应的波长设为 λ_{max},随着温度的增加,λ_{max} 的值减小,与绝对温度 T 成反比

$$\lambda_m T = b \tag{1.1.2}$$

其中 b 是一个常数,$b = 2897.756\mu\text{m}\cdot\text{K}$.1893 年维恩(W・Wien)曾在理论上推导出这一结果,因此式(1.1.2) 称为维恩定律.

(3) 黑体辐射的总辐射本领与它的绝对温度的四次方成正比

$$R(T)=\int_0^{\infty} r(\nu,T)\mathrm{d}\nu=\int_0^{\infty}\frac{c}{4}\rho(\lambda,T)\mathrm{d}\lambda=\sigma T^4 \qquad (1.1.3)$$

其中 $\sigma = 5.670\times 10^{-8}\,\mathrm{W/m^2\cdot k^4}$ 称为斯忒藩—玻耳兹曼系数.上式称为斯忒藩—玻耳兹曼(Stefan－Boltzman)定律.

1.1.2 黑体辐射的经典理论公式

1893年维恩(W. Wien)利用热力学知识及一些假设得到辐射能量分布的经验关系式

$$\rho(\nu,T)=C_1\nu^3 e^{-C_2\nu/T} \qquad (1.1.4)$$

式中 C_1,C_2 为经验参数,T 为平衡时的温度.除了在低频部分有显著的偏差外,此公式与实验相符合得很好.见图1.1.3所示.

1899年,瑞利(J·Rayleigh)和金斯(J·Jens)认为空腔内的电磁辐射形成一切可能形成的驻波,其节点在空腔壁处,由此得到辐射场中单位体积内频率 ν 附近单位频率间隔内电磁辐射的振动模数

$$N(\nu)=\frac{8\pi\nu^2}{c^3} \qquad (1.1.5)$$

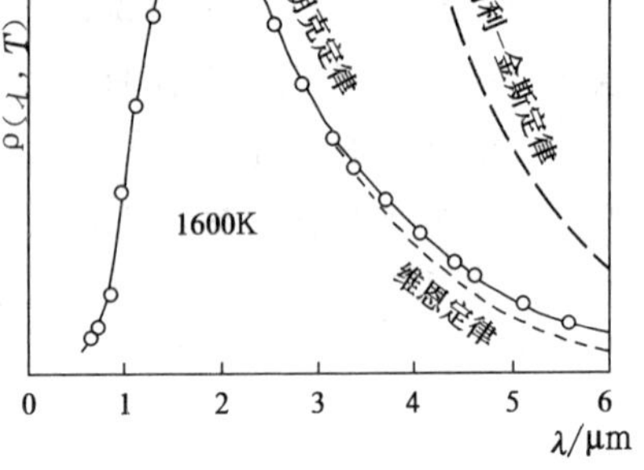

图1.1.3 各黑体辐射公式与实验的比较

这也是辐射场的自由度数目.根据经典的能量均分定理,当系统处于热平衡时,经典的玻尔兹曼分布律仍可应用,每一个简谐振子的能量可以在0到∞之间连续取值,则一个振动自由度的平均能量为

$$\bar{\varepsilon}=\frac{\int_0^{\infty}\varepsilon e^{-\varepsilon/kT}\mathrm{d}\varepsilon}{\int_0^{\infty}e^{-\varepsilon/kT}\mathrm{d}\varepsilon}=kT \qquad (1.1.6)$$

由此可得瑞利 — 金斯公式：

$$\rho(\nu,T)=\frac{8\pi\nu^2}{c^3}kT \tag{1.1.7}$$

当频率较低时，瑞利 — 金斯定律的理论值与实验结果符合较好，但当频率较高时，就与实验结果有很大差异，在紫外端发散，这就是当时物理学界所称的“紫外灾难”. 见图 1.1.3 所示.

1.1.3　普朗克公式以及能量子假设

1900 年普朗克(M · Planck)在德国物理学会年会上提出一个黑体辐射能量分布公式

$$\rho(\nu,T)=\frac{8\pi h\nu^3}{c^3}\cdot\frac{1}{e^{h\nu/kT}-1} \tag{1.1.8}$$

此式与当时测得的最精确的实验结果进行比较，发现两者以惊人的精确度相符合. 为了给上述公式找到合理的理论解释，普朗克提出了能量量子化的假设：① 黑体的腔壁是由无数个带电的谐振子组成的，这些谐振子不断地吸收和辐射电磁波，与腔内的辐射场交换能量. ② 这些谐振子所具有的能量是分立的，它的能量与其振动频率 ν 成正比.

$$\varepsilon_0=h\nu \tag{1.1.9}$$

式中 h 即为普朗克常数，$h=6.6218\times10^{-34}$ (J · S). 振子与辐射场交换的能量 ε 是一个离散的变量，只能取基本单元能量子 ε_0 的整数倍

$$\varepsilon_n=n\varepsilon_0\qquad n=0,1,2\cdots \tag{1.1.10}$$

由于能量取离散值，因此利用统计理论求平均值时采用求和得

$$\bar{\varepsilon}=\frac{\sum\limits_{n=0}^{\infty}n\varepsilon_0e^{-n\varepsilon_0/kT}}{\sum\limits_{n=0}^{\infty}e^{-n\varepsilon_0/kT}}=-\left[\frac{\partial}{\partial\beta}\ln\left(\sum_{n=0}^{\infty}e^{-n\varepsilon_0\beta}\right)\right]_{\beta=\frac{1}{kT}}$$

利用等比级数的求和公式：$\sum_{n=0}^{\infty} e^{-n\varepsilon_0\beta} = \frac{1}{1-e^{-\varepsilon_0\beta}}$ 代入前式，可得

$$\bar{\varepsilon} = \frac{\partial}{\partial\beta}\ln(1-e^{-\beta\varepsilon_0})_{\beta=\frac{1}{kT}} = \left(\frac{\varepsilon_0 e^{-\beta\varepsilon_0}}{1-e^{-\beta\varepsilon_0}}\right)_{\beta=\frac{1}{kT}} = \left(\frac{\varepsilon_0}{e^{\beta\varepsilon_0}-1}\right)_{\beta=\frac{1}{kT}}$$

$$= \frac{h\nu}{e^{h\nu/kT}-1} \tag{1.1.11}$$

因而单位体积内在 ν 附近单位频率间隔中的辐射能量密度

$\rho(\nu,T) = N(\nu)\bar{\varepsilon}$

$$\rho(\nu,T) = \frac{8\pi h\nu^3}{c^3} \cdot \frac{1}{e^{h\nu/kT}-1}$$

这就是**普朗克公式**，用波长表示

$$\rho(\lambda,T) = \frac{8\pi hc}{\lambda^5} \cdot \frac{1}{e^{hc/\lambda kT}-1} \tag{1.1.12}$$

普朗克提出的能量量子化的假设，冲破了经典物理思想的束缚，为整个量子理论的建立开辟了道路. 正因为普朗克的能量子学说与经典物理是如此不同，因此在普朗克公式正式提出后 5 年内，没有人对其加以理会，直到 1905 年，才由爱因斯坦作了发展，提出了光量子说支持普朗克的量子论. 普朗克因此获 1918 年诺贝尔物理学奖.

例题 1.1.1　试由(1.1.8)式导出单位波长间隔的能量密度函数 $\rho(\lambda,T)$

解　已知光波的频率与波长的关系为：$\nu = \frac{c}{\lambda}$

如果将式(1.1.8)中的 ν 用上式带入，并不能得到我们要求的 $\rho(\lambda,T)$，式(1.1.8)中的 $\rho(\nu,T)$ 是单位频率间隔的能量密度，$\rho(\lambda,T)$ 是单位波长间隔的能量密度. 因此，再作上述代换的同时还应乘以单位波长的频率数.

$$\left|\frac{d\nu}{d\lambda}\right| = \frac{c}{\lambda^2}$$

因此得到式(1.1.12)：$\rho(\lambda,T) = \frac{8\pi hc}{\lambda^5}\frac{1}{e^{hc/\lambda kT}-1}$

§1.2　光电效应与爱因斯坦光量子理论

1.2.1　光电效应实验规律

当光束照射在金属表面上时，使电子从金属中脱出的现象，叫做光电效应．电子从金属中逸出需要克服一定阻力，需要外界对它们做功，称为逸出功．

图1.2.1是研究光电效应的装置图．当入射光通过石英玻璃窗（可透过紫外光）投射到金属阴极K上时，电子（光电子）从阴极K表面发射，在正向电压V的作用下飞向A极，形成光电流．分别由电流表G和电压表V测得电流和电压大小．

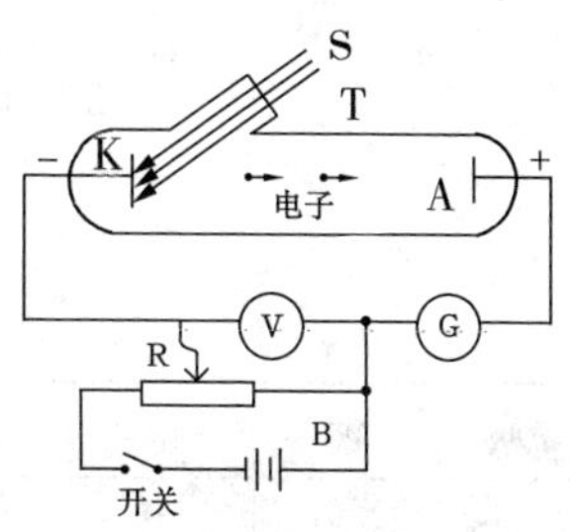

图1.2.1 光电效应装置图

实验发现，当电压V减小时，光电流I随着减小．但当电压为零，电流并不为零，这表明发射的光电子有一部分靠本身的动能就能到达A极，在回路形成电流．只有当电压变负并且达到某一数值V_0时，电流才降为零．V_0称为截止电压，显然V_0满足：

$$eV_0 = \frac{1}{2}mv_0{}^2 \qquad (1.2.1)$$

实验发现，对于一定的阴极材料，截止电压V_0与入射光的强度无关而与光的频率ν成正比．图1.2.2给出了这一实验结果．当ν减小时，V_0线性地减小，当ν小到某一数值ν_0时，$V_0=0$，这时即使不加负电压也不会有光电子发射了. ν_0 称为光电效应的截止频率或相应的波长 $\lambda_0 = c/\nu_0$ 称为光电效应的红限. 红限大小与阴极材料有关与光强无关. 表 1.2.1 给出了一些元素的光电效应红限.

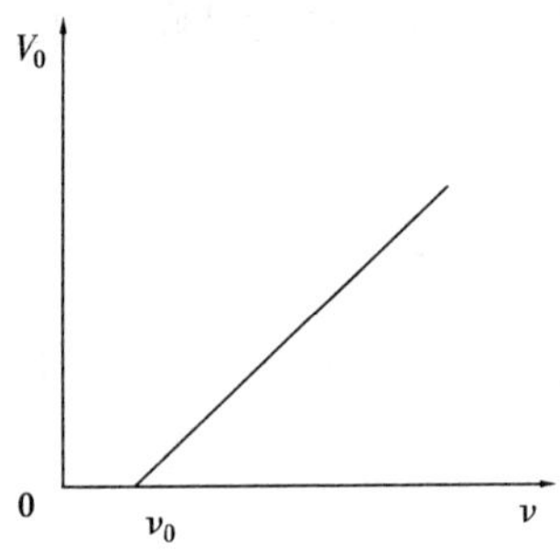

图 1.2.2 截止电压与频率的线性关系

表 1.2.1　光电效应的红限

金属	钾	钠	锂	汞	铁	银	金
λ_0/nm	550	540	500	273.5	262	261	265

从入射光束照射到光电阴极上时,无论光强怎样微弱,几乎在开始照射的同时就产生了光电子,弛豫时间最多不超过 10^{-9} 秒.

上述实验规律,经典物理无法做出解释. 因为经典电磁理论认为,入射光的能量与光强正成比,而与光的频率无关,因而光电子动能应与入射光强度成正比与频率无关,这与 V_0 与频率成正比与光强无关的实验事实相矛盾. 此外,光电效应的弛豫时间与光强无关的事实与经典电磁理论亦相矛盾. 按照经典理论,光强越大,每个电子获得足够的逸出金属表面所需能量的时间应越短,因而弛豫时间应越短.

1.2.2　爱因斯坦光子假说

爱因斯坦(A・Einstein)是首先认识到普朗克量子化学说意义的科学家,他在 1905 年春就指出,普朗克的学说是“非常革命的”. 在普朗克的启发下,他提出了光子的概念,成功地解释了光电效应.

爱因斯坦认为,光在空间的传播正像粒子那样运动,是以每份能量为 $h\nu$ 的方式被吸收的,这种能量量子称为光子,每个光子的能量 ε 与它的频率成正比

$$\varepsilon = h\nu \tag{1.2.2}$$

根据爱因斯坦假设,光射到金属表面,能量为 $h\nu$ 的光子被电子吸收,电子把这能量的一部分用来克服金属表面对它的束缚(逸出功),另一部分就是电子离开金属表面后的动能

$$\frac{1}{2}mv_0^2 = h\nu - w \tag{1.2.3}$$

上式称为爱因斯坦光电效应公式. h 是普朗克常数;w 是电子的逸出功,表示电子在金属中的结合能.

将(1.2.3) 式代入(1.2.1) 式,可得

$$V_0 = \frac{h\nu}{e} - \frac{w}{e} \tag{1.2.4}$$

于是立刻得到 V_0 与 ν 成正比的结论. 如果作出 eV_0 随 ν 变化的直线,该直线的斜率便是 h. 1916 年密立根(R・A・Milikan) 用这一方法求得普朗克常数的值,它与现代值十分相近. 由式(1.2.4) 将 $V_0 = 0$ 代入,便可得到截止频率 $\nu_0 = \dfrac{w}{h}$,因而它只与材料性质 w 有关.

由于光电子的发射是由单个光子能量 $h\nu$ 决定的,因此弛豫时间与光强无关.

1921 年爱因斯坦获得诺贝尔物理奖,并非由于他在相对论方

面的伟大贡献，而主要是因光电效应方面的工作.

1.2.3 光电效应的应用

光电效应的研究不仅在理论上有着重要的意义，在生产、科研、国防等方面也有重要的应用价值. 一类是通过光电效应对光信号进行测量，另一类是利用光电效应实现自动控制. 例如在电视、有声电影和无线电传真技术中把光信号转化成电信号的光电管或光电池；在光度测量、计数测量中把光信号变为电信号并进行放大的光电倍增管等等，它们都有广泛的应用. 通过光电效应进行自动控制的例子更是屡见不鲜. 例如公共场所楼房大门的自动开合以及机床上自动安全装置等都可以用光电效应来实现，它们的基本原理都是光波被遮挡后便产生相应的电信号以实现所需要的控制.

另外，能量为 $h\nu$ 的光子的质量和动量是多大呢？爱因斯坦回答了这个问题. 根据相对论质能关系可得光子的质量

$$m = \frac{h\nu}{c^2} \tag{1.2.5}$$

由相对论公式还可以得到光子的静止质量：

$$m_0 = m\sqrt{1 - v^2/c^2}$$

其中 $v = c$，由式(1.2.5)可知 m 为有限值，因此 $m_0 = 0$，即光子是静止质量为零的粒子. 对于任何参照系，光子的速度都是 c，光子不会静止. 光子的动量为

$$P = mc = \frac{h\nu}{c} \tag{1.2.6}$$

可得 P 与波长 λ 的关系为

$$P = \frac{h}{\lambda} \tag{1.2.7}$$

当光投射到某个物体上时，光子的动量将发生变化，因而被光照的

物体上应承受到压力，称为光压. 虽然，一般情况下，光压是个小量，但天体之间由光照引起的压力往往会大得惊人. 太阳光对地球产生的光压可达 10^9 N；慧星后面拖着巨大尾巴的部分是太阳光对慧星压力的结果.

§1.3　康普顿效应

1923 年康普顿(A·H·Compton) 应用光子说成功地解释了物质对 X 光的散射实验. 康普顿效应在证明光的粒子性方面比光电效应更进一步.

如图 1.3.1 所示 X 射线发出波长为 λ 的射线，被石墨中的电子散射后，改变飞行方向，则在不同散射角 θ 方向上测得了各种不同波长的散射波. 晶体光栅是探测器.

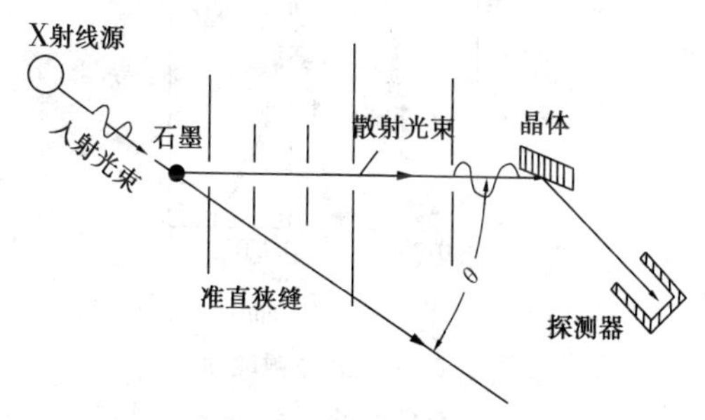

图 1.3.1　康普顿效应实验简图

1.3.1　实验结果

(1) 不同的散射角 θ 方向上，除有原波长 λ 外，都出现了波长

变化的 λ' 谱线.

(2) 波长差 $\Delta\lambda = \lambda' - \lambda$ 随散射角 θ 而变化，与原波长 λ 无关. 如图 1.3.2 所示.

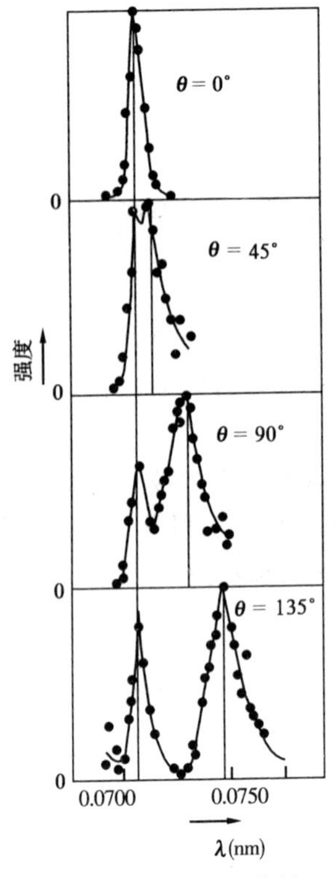

图 1.3.2　康普顿散射与角度的关系

(3) 若用不同元素作散射物质，则在同一散射角 θ 下 $\Delta\lambda$ 与散射物质无关；原波长 λ 谱线的强度随散射物质原子序数的增加而增加，波长 λ' 的谱线强度随原子序数的增加而减小. 如图 1.3.3 所示.

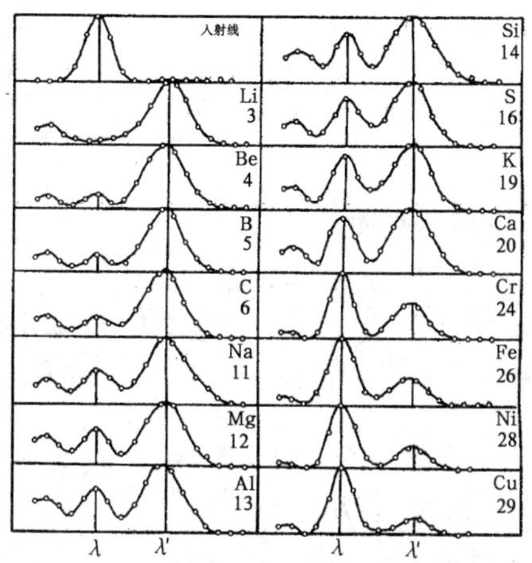

图 1.3.3　康普顿散射与原子序数的关系

以上现象叫做康普顿效应，康普顿因发现此效应而获得 1923 年诺贝尔物理奖.

1.3.2　理论解释

按照经典理论，入射光迫使物质中的电子以光波的频率振动，于是应发出相同频率的散射光，因此经典理论无法解释上面的实验结果.

首先把散射原子中的电子看成是自由的和静止的. 康普顿视 X 射线为光子流，把 X 射线与自由电子间的作用看作是两种粒子相互碰撞发生散射的过程，因此应满足能量守恒和动量守恒.

$$h\nu + m_0 c^2 = h\nu' + mc^2 \tag{1.3.1}$$

$$\boldsymbol{P} = \boldsymbol{P}' + m\boldsymbol{v} \tag{1.3.2}$$

式中 ν 和 ν' 分别是碰撞前后光子的频率，$\boldsymbol{P}$ 和 $\boldsymbol{P}'$ 分别是碰撞前后光子的动量. $P=\dfrac{h\nu}{c}$，$P'=\dfrac{h\nu'}{c}$，m_0 为电子静质量，$m=$

$\frac{m_0}{\sqrt{1-(v/c)^2}}$;电子碰前的动量是零,碰后的动量是 $m\boldsymbol{v}$. 如图 1.3.4 所示.

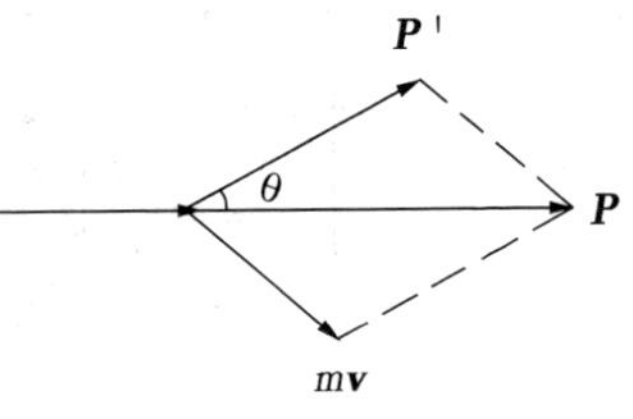

图 1.3.4 康普顿散射中的动量关系

把式(1.3.2) 改成标量式

$$(mv)^2 = (\frac{h\nu}{c})^2 + (\frac{h\nu'}{c})^2 - 2(\frac{h\nu}{c})(\frac{h\nu'}{c})\cos\theta$$

$$m^2c^2v^2 = h^2\nu^2 + h^2\nu'^2 - 2h^2\nu\nu'\cos\theta \tag{1.3.3}$$

把式(1.3.1) 移项,平方得

$$m^2c^4 = h^2\nu^2 + h^2\nu'^2 - 2h^2\nu\nu' + m_0^2c^4 + 2m_0c^2h(\nu-\nu') \tag{1.3.4}$$

式(1.3.4) 减式(1.3.3) 得

$$m^2c^4[1-\frac{v^2}{c^2}] = m_0^2c^4 - 2h^2\nu\nu'(1-\cos\theta) + 2m_0c^2h(\nu-\nu')$$

上式左侧等于 $m_0{}^2c^4$,所以上式为

$$\frac{c}{\nu'} - \frac{c}{\nu} = \frac{h}{m_0c}(1-\cos\theta)$$

$$\lambda' - \lambda = \Delta\lambda = \frac{h}{m_0c}(1-\cos\theta) \tag{1.3.5}$$

$$\lambda_e = \frac{h}{m_0c} = 0.00241\text{nm} \tag{1.3.6}$$

λ_e 称为电子的康普顿波长,具有长度的量纲.

由(1.3.5) 式可以看出,$\Delta\lambda$ 只与 θ 有关,与入射光的波长以及散射的物质无关.

(1) 在以上公式推导中,我们假定电子是自由的,那是由于原子核对外层电子束缚较弱,但对于内层电子,由于原子核束缚得较紧,光子同内层电子碰撞时相当于与整个原子的碰撞,在 $\Delta\lambda$ 公式中电子质量m_0应用原子的质量M代替，由于$M \geqslant m_0$，所以$\Delta\lambda$很小，从而光子的散射只改变方向，几乎不改变能量. 这便是散射光里总存在原波长λ这条谱线的原因.

(2) 波长λ和λ'的两条谱线强度随原子序数消长的原因是，谱线λ是原子实里内层电子的贡献，原子序数愈大，内层电子愈多，它们对光子散射的贡献也就愈大，谱线λ就愈强.

(3) 由于电子实际在碰撞前不是静止的，只是在原子序数较低的原子中，电子的速度比碰后的速度要小得多，实际上电子的速度有一个分布，所以实验观察到波长改变的谱线有一个较宽的强度分布轮廓，只是最高峰落在理论值上.

(4) 因为$\Delta\lambda$与λ_e同数量级，如果入射光波长$\lambda >> \lambda_e$，则相对频率$\Delta\lambda/\lambda$就会太小而无法观察，例如对于$\lambda = 500\text{nm}$的可见光，$\Delta\lambda/\lambda$小的无法量度，所以进行康普顿散射实验需用波长很小的 X 光.

§1.4　德布罗意波与电子衍射

1.4.1　光的波粒二象性

光的波动性早已由干涉、衍射现象所确认. 而光电效应和康普顿效应又向我们展示了光的粒子特性，我们得出光子的能量和动量分别为

$$E = h\nu$$

$$P = \frac{h}{\lambda}$$

光具有波动、粒子的二重性质称为波粒二象性，最早是由爱因斯坦提出的．描述粒子特性的物理量（动量 P）与描述波动特性的物理量（波长 λ）出现在同一式子中（$P = h/\lambda$），本身就说明，波动性和粒子性是光所具有的两种不可分割的属性，它的形象我们却无法用宏观世界里已经建立起来的概念进行准确地描述．比如，在光与光的相互作用中，光主要表现出波动的特性，而在类似光与原子、分子之间的相互作用中，光主要表现为粒子的行为．在康普顿效应实验中，用晶体光栅测定X射线的波长，其根据是波的衍射现象，而散射对实验结果的影响是除了把光当作粒子以外都解释不了的．可见，同是 X 射线，在传播时显示出波动性，在能量转移时（与电子相互作用）显示出粒子性．因而，光既不是经典意义上的粒子，也不是经典意义上的波，光是一种兼有波动性及粒子性的客观存在．

1.4.2 德布罗意假设

受光的波粒二象性的启发，一直被当作粒子的实物粒子（如电子、质子），会不会也具有波动性呢?1924 年，法国青年学者德布罗意（L • V • de Broglie）首先注意到这一问题，在他的博士论文《量子理论的研究》中大胆提出实物粒子具有波长．

$$\lambda = \frac{h}{p} \tag{1.4.1}$$

也同样满足关系式

$$E = h\nu \tag{1.4.2}$$

即光子建立起来的关系式同样也适用于实物粒子．德布罗意指出："任何物体的运动伴随着波，而且不可能将物体的运动和波的传播分开．" 粒子运动的动量为 P，与这种运动伴随着的波的波长即为式（1.4.1），这样的波叫做德布罗意物质波，式（1.4.1）就是著名的德布罗意关系式．

1924年，德布罗意曾经建议用电子在晶体上做衍射实验，以证实电子的波动性. 1927年德布罗意假设的思想为戴维逊和革末的电子衍射实验所证实. 1929年德布罗意获得了诺贝尔物理奖，成为第一个以学位论文获得此大奖的人.

例题 1.4.1　求电子经100V电压加速后的德布罗意波长.

解　电子经加速后动能为 $E_k = 100\text{eV}$. 而 $E_k << m_0 c^2$，用非相对论公式：$E_k = \dfrac{P^2}{2m_0}, P = \sqrt{2m_0 E_k}$

$$\lambda = \frac{h}{P} = \frac{h}{\sqrt{2m_0 E_k}} \tag{1.4.3}$$

将 $h = 6.63 \times 10^{34}\text{J} \cdot \text{S}, m_0 = 9.11 \times 10^{-31}\text{kg}, E_k = 100 \times 1.6 \times 10^{-19}\text{J}$ 代入，得到 $\lambda = 0.123\text{nm}$

由式(1.4.3)可以看出，E_k 相同时，质量 m_0 越大，波长越短. 因此，对于具有相同动能的粒子，质子的波长比电子的小很多.

1.4.3　电子衍射实验

检验实物粒子波动性的最好方法，是设法判断它们是否具有干涉、衍射的性质. 上面的例题已经指出，动能为100eV的电子波长约为0.1nm量级，即与X光波长相近，因此，需要像X光一样，观察它们在晶体中的衍射. 因为要想在任何实物基底上刻出这样的缝来几乎是不可能的. 而晶体中原子间的距离正好是0.1nm的量级，所以可以用晶体中规则排列的原子来作为电子衍射的光栅.

射线在晶体中的衍射服从布拉格公式

$$2d\sin\theta = n\lambda, n = 1,2,3,\cdots \tag{1.4.4}$$

式中 d 是晶格常数；λ 是入射X射线的波长；θ 是入射角. 当一束X射线入射晶体时，其反射线要能产生衍射条件加强，必须满足上面的布拉格关系式. 因此，如果电子束由晶体光栅产生衍射现象，其衍射花样的角分布也应符合布拉格关系式. 如图1.4.1所示.

1926 年戴维逊(C·J·Davisson)和革末(L·H·Gevmer)第一个观察到了电子在镍单晶表面的衍射现象，证实了电子的波动性. 如图 1.4.2 所示，他们将经过电场加速的电子束射到镍单晶上，镍单晶的原子间距是 0.215nm. 实验中他们测量了散射电子强度随散射角变化的函数关系. 例如当加速电压 $U=54\text{V}$ 时，探测器在散射角 $\varphi=50^\circ$ 方向上有一个明显的峰值，如图 1.4.2(c) 所示. $\varphi=50^\circ$ 时，$\theta=(180-50)/2=65^\circ$，对镍这一组如图 1.4.2(a) 虚线平行晶面来说，$d=0.091\text{nm}$，由(1.4.4)式，取 $n=1$，则 $\lambda=2d\sin\theta=2\times0.091\text{nm}\times\sin65^\circ=0.165\text{nm}$. 再根据德布罗意关系式求出电子的波长 λ，$\lambda=\dfrac{h}{P}=\dfrac{h}{\sqrt{2m_0E_k}}=0.167\text{nm}$，这与由(1.4.4)式算得的结果符合得

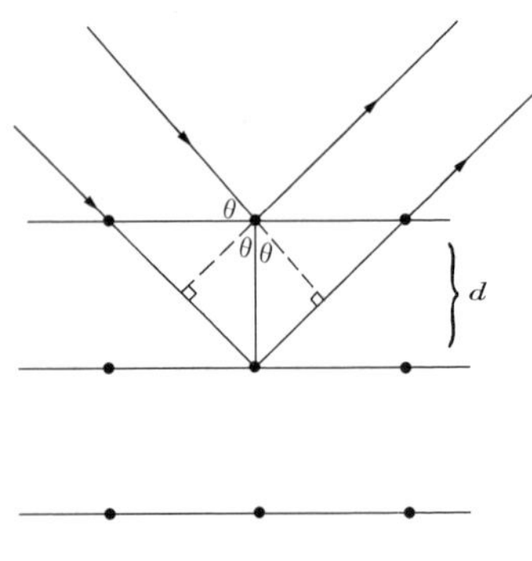

图 1.4.1 布拉格条件

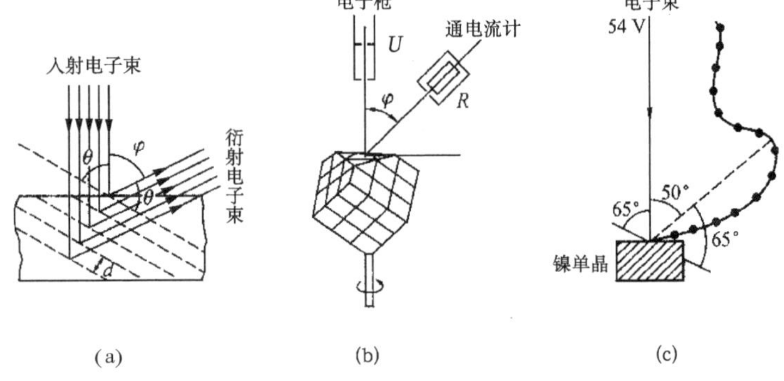

(a) (b) (c)

图 1.4.2 戴维逊和革末实验装置示意图

很好,从而证明了电子的波动性质.

几个月以后,汤姆逊(G·P·Thomson)(J·J·汤姆逊的儿子)用高速电子穿过金属箔进行实验,也获得了电子衍射的图样.为此戴维逊和汤姆逊共同获得了1937年的诺贝尔物理奖.如图1.4.3是电子在Au多晶的衍射图样.1993年M·F·Crommie等人把蒸发到铜(111)晶面的铁原子用扫描隧道显微镜的探针排列成半径为7.13nm的园环,称为量子围栏(quantum corral),在这些铁原子形成的园环内,铜的表面态电子波受到铁原子的强散射作用,与入射电子波发生干涉,形成驻波.实验观测到了在围栏内同心园状的驻波,直观地证实了电子的波动性.如图1.4.4.

图1.4.3 电子在Au多晶的衍射图

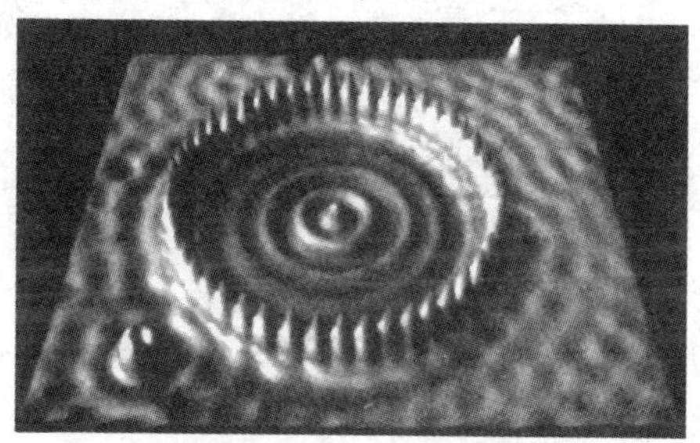

图1.4.4 量子围栏

例题1.4.2　一个质量是0.01kg的小球,以10m·s^{-1}的速度运动时,试求出它的德布罗意波长λ.

解　根据德布罗意关系式

$$\lambda = \frac{h}{P}$$

小球的动量 $P = mv = 0.01 \times 10 = 0.1(\mathrm{kg \cdot m \cdot s^{-1}})$

$$\lambda = \frac{h}{p} = \frac{6.63 \times 10^{-34}\text{J} \cdot \text{S}}{0.1\text{kg} \cdot \text{m} \cdot \text{s}^{-1}} = 6.63 \times 10^{-33}(\text{m})$$

如果要想观测小球的德布罗意波，须采用大小可与 λ 比拟的孔径进行干涉、衍射实验. 而在现实世界中我们无法找到这个数量级的小孔，故无法观测. 由此可见，德布罗意关系在宏观物体上被它的粒子性掩盖了，它只有在微观粒子中才显示出来.

1.4.4 对电子波粒二象性的理解

为了说明波粒二象性的含义，我们由双缝干涉实验开始介绍几个实验.

光的双缝干涉实验是光的波动理论最重要的实验基础之一. 如图 1.4.5(a) 所示. 光源 S 前放有两条平行狭缝 1 和 2，缝 1 和缝 2 构成一对相干光源，从缝 1 和缝 2 发出的光将在空间叠加，产生干涉现象. 图中曲线 $I_1(x)$ 表示仅当缝 1 打开时在屏幕上产生的光强分布；曲线 $I_2(x)$ 表示仅当缝 2 打开时在屏幕上记录到的光强分布；曲线 $I_{12}(x)$ 则表示两缝同时打开时在屏上显示的双缝干涉图样：

$$I_{12}(x) = I_1(x) + I_2(x) + \text{干涉项}$$

如果在 S 处换上一架机关枪，子弹向两孔扫射，当然小孔的大小刚好能让子弹透过，按照经典理论，我们将得到图 1.4.5(b) 结果，图中各曲线的含义与图 1.4.5(a) 中对应曲线类同；两孔同时打开时得到的强度分布 $n_{12}(x)$ 只是两孔分别打开时强度之和，即：

$$n_{12}(x) = n_1(x) + n_2(x)$$

这里并不存在干涉现象.

如果在 S 处放一把电子枪，结果会怎样？电子束从 S 射出，经过双缝到达屏幕，在屏上记录到电子强度分布，依照经典观点应得到像图 1.4.5(b) 那样的结果. 实际上得到的却类似于图 1.4.5(a) 的结果，即图 1.4.5(c).

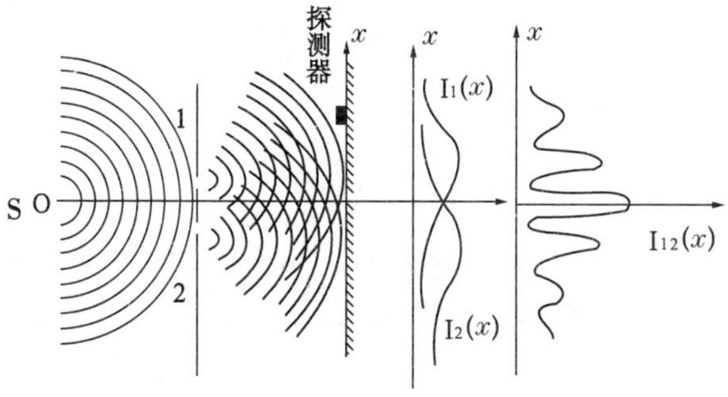

图 1.4.5(a)

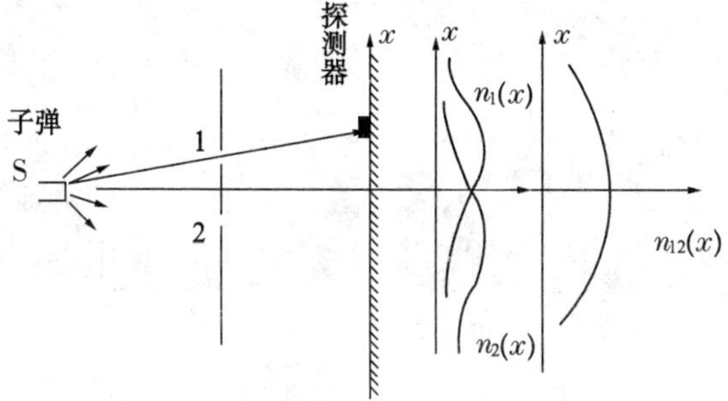

图 1.4.5(b)

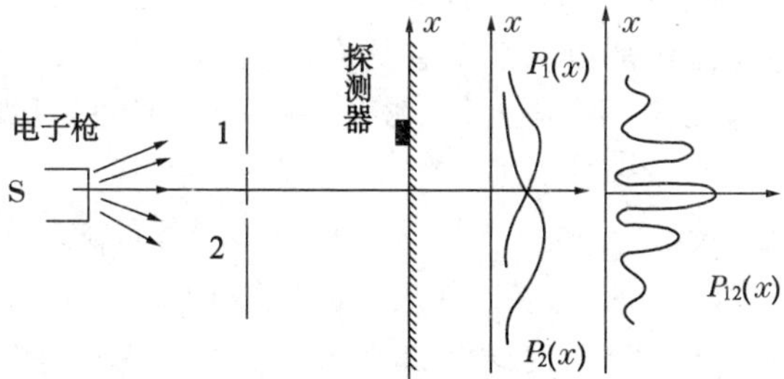

图 1.4.5(c)

实验上我们可以做到让入射的电子流强度很弱，比如让电子一个一个地入射，再重复上述实验，开始屏上得到的分布似乎毫无规律，时间长了，我们仍然得到了双缝干涉图像（如图 1.4.6）. 可以看出，大量电子的一次性行为与单个电子的多次性行为表现出同样的波动性.

这些结果充分表明，干涉图像的出现体现了微观粒子的共同特性，它并不是由微观粒子相互之间作用产生的，而是微观粒子其个性的集体表现.

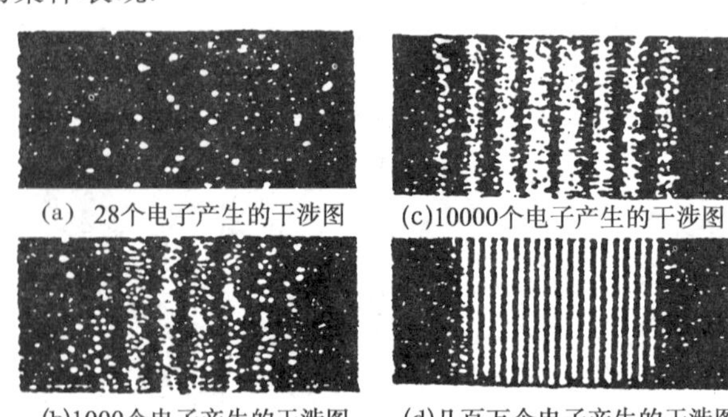

图 1.4.6 电子双缝干涉图

总之，粒子的波粒二象性，是指微观粒子从量子观点看，它即是粒子，又是波，所谓粒子性是它具有质量、能量、动量等粒子属性. 所谓波动性是指其具有频率、波长，在一定条件下，可观察出干涉和衍射.

在微电子技术中，电子仍被认为是粒子. 当前，随着大规模集成电路集成度的提高，要求器件尺寸不断减小. 1985 年，1 兆位特大规模集成电路的集成度达到 200 万个元件，要求器件条宽为 1μm；1992 年，16 兆位的芯片集成度达到 3200 万个元件，条宽减到 0.5μm，即 500nm；其后，64 兆位的集成电路，其条宽已达 0.3μm，即 300nm；目前，科研工作者正在研究的 1 兆位的特大规模集成电路，条宽只有 0.1μm，即 100nm. 这个尺度被认为是微电子技术发展的极限. 空间尺度在 0.1 ～ 100nm 定义为纳米空间. 在纳米空间电子粒子性优势将不再存在，取而代之的是它的波动性. 因此，视电子为粒子的微电子技术就失去赖以工作的基础，微电子技术面临挑战. 于是一项跨世纪的高新技术 —— 纳米电子技术应运而生. 它和纳米材料科学、纳米生物学、纳米机械学、纳米显微学和纳米制造等一起构成了一门新兴学科，即纳米技术. 它在 0.1 ～ 100nm 尺度空间内，研究电子、原子和分子运动规律和特性，其最终目的是人类按照自己的意志直接操纵单个原子，制造具有特定功能的产品. 现在，世界各国都把纳米技术做为本世纪经济发展的突破口，像纳米材料所具有的表面效应、小尺寸效应、量子效应和量子隧道效应正在很多新产品中得到应用. 专家认为，纳米科学技术正处于重大突破的前期，纳米科学的新纪元即将到来.

§1.5　波函数及玻恩解释

不论光子、电子还是其他粒子，都具有波粒二象性. 为了描绘这种二象性，1927 年玻恩(M. Born) 提出，粒子的行为是由几率波支配的，波的强度代表粒子的出现几率. 也就是说，我们可以选用波函数来对微观粒子的运动状态作数学上的描述，它的形式必须使得所描述的物质粒子运动能够显示出它的波动特性.

1.5.1　自由粒子的波函数

对于自由粒子，例如阴极射线，反应堆中子束和加速器质子

束,它们的动量不变,德布罗意波长和动量由关系式

$$\lambda = h/p$$

联系着,动量不变,波长不变,相当于单色波. 对于一维自由空间远离光源的单色波,它的电场强度可以写为

$$E = E_0 \sin 2\pi\left(\frac{x}{\lambda} - \nu t\right) \tag{1.5.1}$$

式中:ν 为电磁波的频率;λ 为波长. 与此类似,对一维自由粒子的德布罗意波可相应地写为

$$\varphi = \varphi_0 \sin 2\pi\left(\frac{x}{\lambda} - \nu t\right) \tag{1.5.2}$$

式中:$\lambda = h/p$ 为与动量 P 相联系的德布罗意物质波长;ν 为与自由粒子能量($E = h\nu$) 相联系的德布罗意物质波的频率. 推广到三维空间,写成更一般的复数形式

$$\varphi = \varphi_0 e^{i(\boldsymbol{k}\cdot\boldsymbol{r} - \omega t)} \tag{1.5.3}$$

式中 $\boldsymbol{k}(|\boldsymbol{k}| = 2\pi/\lambda)$ 为波矢量;$\omega = 2\pi\nu$ 为角频率. 由德布罗意关系式:$\boldsymbol{P} = \hbar\boldsymbol{k} \qquad E = h\nu = \hbar\omega$

上面的波函数还可以写成

$$\varphi = \varphi_0 e^{i/\hbar(\boldsymbol{p}\cdot\boldsymbol{r} - Et)} \tag{1.5.4}$$

上式与波相联系的不仅有一个波长,而且还有一个振幅 φ,也就是波函数. 在光波中,这样一个振幅表示了光的电场强度,由它可求出光的强度. 式(1.5.4) 中波函数表示什么物理意义呢?

1.5.2 玻恩对波函数的解释

首先考察光的双缝干涉图样. 由波动图像,屏幕上某点的强度 I 由下式给出

$$I = \varepsilon_0 c\,|\boldsymbol{E}|^2 \tag{1.5.5}$$

式中:$\boldsymbol{E}$ 为该点的电场强度;ε_0 为真空介电常数,c 为光速. 另一方面,由光子图像,屏幕上一点的强度为

$$I = h\nu N \tag{1.5.6}$$

式中：$h\nu$ 是一个光子的能量；N 为打在屏幕上该点的光子通量(单位时间通过单位面积的光子数). 虽然单个光子到达屏幕什么地方无法预测，但亮带光子到达的几率大，暗带光子到达的几率小，在屏幕上一点的光子通量 N，便是该点附近发现光子几率的一个量度. 因为 $I = \varepsilon_0 c \mid \boldsymbol{E} \mid^2 = h\nu N$

所以 $N \propto \mid \boldsymbol{E} \mid^2$

上式说明，在某处发现一个光子的几率与光波的电场强度的平方成正比. 这就是爱因斯坦早在 1907 年对光辐射的量子统计解释.

由于电子也产生类似的干涉条纹，几率大的地方，出现的电子多，形成明条纹；在几率小的地方，出现的电子少，形成暗条纹. 与爱因斯坦把 $\mid \boldsymbol{E} \mid^2$ 解释为“光子密度的几率量度” 相似，玻恩把 $\mid \varphi \mid^2$ 解释为给定时间，在一定空间间隔内发现一个粒子的几率. 玻恩指出“对应空间的一个状态，就有一个由伴随这状态的德布罗意波确定的几率.”玻恩由此获得了 1954 年诺贝尔物理奖. 经典的波振幅如电场强度 E 都是可以测量的，而 $\varphi(x,t)$ 却一般不能被测量. 在量子理论中，测量与描述不是一回事. 如果硬要说 $\varphi(x,t)$ 的物理意义，只能说 t 时刻，测量粒子处在 $x \sim x + \mathrm{d}x$ 空间中的几率正比于 $\mid \varphi(x,t) \mid^2 \mathrm{d}x$. 由此可见，只有 $\mid \varphi(x,t) \mid^2$ 才有测量上的意义，它的含义是几率. 而对于几率分布来说，重要的是相对几率分布，显而易见，$\varphi(x,t)$ 与 $c\varphi(x,t)$(c 为一常数) 所描述的相对几率分布是完全相同的，而经典波不同，若振幅增加了一倍，则相应的波动能量将为原来的 4 倍，完全代表了不同的波动状态.

1.5.3　波函数具备的标准条件

按物理上的要求，描述粒子状态的波函数应具备以下条件：

(1) 由于 $\varphi(x)^2 \mathrm{d}x$ 描述的是粒子在 x 处 $\mathrm{d}x$ 范围内的几率，而粒子在任何地方出现的几率是确定的，因此在任何地方的波函数

$\varphi(x)$ 必须是单值函数.

(2) 由于几率不能在某处发生突变,所以波函数必须处处连续.

(3) 由于在某处发现粒子的几率不可能无限大,所以 $\varphi(x)$ 必须是有限的.

波函数的单值、连续和有限通常被称之为波函数必须具备的标准条件. 这些标准条件在应用量子力学解实际问题时(第三章)非常有用.

例如,对于束缚态,一般要求为 $r\to\infty$ 时,$\varphi(r)\to 0$,即粒子只能出现在有限处.

另外粒子在空间各点出现的几率总和等于 1,也就是对波函数的平方在全部空间的积分应等于 1.

$$\int_{-\infty}^{\infty} |\varphi(x,t)|^2 \mathrm{d}x = 1 \tag{1.5.7}$$

如果这一积分有限但不为 1,则可选择适当的归一化常数,令这一积分值为 1,这一过程称为波函数的归一化.

§1.6 海森伯不确定关系

由于微观粒子具有波动性,因而粒子状态不能用位矢 $\boldsymbol{r}(t)$ 和动量 $\boldsymbol{P}(t)$ 来描述. 它的空间位置需要用概率波来描述,而概率波只能给出粒子在各处出现的概率,所以在任一时刻粒子不具有确定的位置,与此相联系,粒子在各时刻也不具有确定的动量. 这也可以说,由于波粒二象性,在任意时刻粒子的位置和动量都有一个不确定量. 量子力学理论证明,在某一方向,例如 x 方向上,粒子的

位置不确定量 Δx 和在该方向上的动量的不确定量 ΔP_x 有一个简单的关系，这一关系叫做不确定关系(也曾叫做测不准关系). 下面借助于电子单缝衍射实验来粗略地推导这一关系.

如图 1.6.1 所示，一束动量为 P 的电子通过宽为 Δx 的单缝后发生衍射而在屏上形成衍射条纹. 让我们考虑一个电子通过缝时的位置和动量. 对一个电子来说，我们不能确定地说它是从缝中哪一点通过的，而只能说它是从宽为 Δx 的缝中通过的，因此它在 x 方向上的位置不确定量就是 Δx. 它沿 x 方向的动量 P_x 是多大呢？如果说它在缝前的 P_x 等于零，在过缝时，P_x 就不再是零了. 因为如果还是零，电子就要沿原方向前进而不会发生衍射现象了. 屏上电子落点沿 x 方向展开，说明电子通过缝时已有了不为零的 P_x 值.

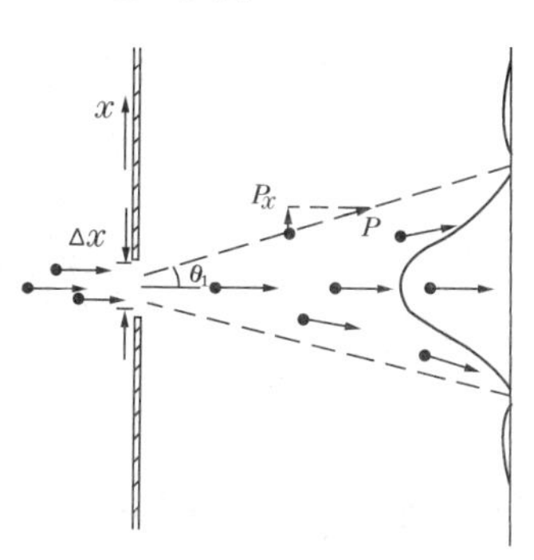

图 1.6.1　电子单缝衍射说明

忽略次级极大，可以认为电子都落在中央亮纹内，因而电子在通过缝时，运动方向可以有大到 θ_1 角的偏转. 根据动量矢量的合成，可知一个电子在通过缝时在 x 方向动量的分量 P_x 的大小为下列不等式所限

$$0 \leqslant P_x \leqslant P\sin\theta_1$$

这表明，一个电子通过缝时在 x 方向上的动量不确定量为

$$\Delta P_x = P\sin\theta_1$$

考虑到衍射条纹的次级极大，可得

$$\Delta P_x \geqslant P\sin\theta_1 \tag{1.6.1}$$

由单缝衍射公式，第一级暗纹中心的角位置 θ_1 由下式决定：

$$\Delta x\sin\theta_1 = \lambda$$

此式中 λ 为电子波的波长，根据德布罗意公式

$$\lambda = \frac{h}{P}$$

所以有 $$\sin\theta_1 = \frac{h}{P\Delta x}$$

将此式代入上面 ΔP_x 的表示式可得

$$\Delta P_x \geqslant \frac{h}{\Delta x}$$

$$\Delta x \Delta P_x \geqslant h \tag{1.6.2}$$

更一般的理论给出

$$\Delta x \Delta P_x \geqslant \frac{h}{4\pi}$$

对于其他的分量，类似地有

$$\Delta y \Delta P_y \geqslant \frac{h}{4\pi}$$

$$\Delta z \Delta P_z \geqslant \frac{h}{4\pi}$$

引入常量 $\hbar = h/2\pi = 1.0545887 \times 10^{-34}\,\mathrm{J \cdot S}$ 为普朗克常量，上面三个公式可写成

$$\Delta x \Delta P_x \geqslant \frac{\hbar}{2} \tag{1.6.3}$$

$$\Delta y \Delta P_y \geqslant \frac{\hbar}{2} \tag{1.6.4}$$

$$\Delta z \Delta P_z \geqslant \frac{\hbar}{2} \tag{1.6.5}$$

这三个公式是位置坐标和动量的不确定关系. 除了坐标和动量的不确定关系外，粒子的能量和时间还存在着不确定关系

$$\Delta E \Delta t \geqslant \frac{\hbar}{2} \tag{1.6.6}$$

不确定关系是海森伯于 1927 年给出的，因此常被称为海森伯不确定关系或不确定原理. 它的根源是波粒二象性.

(1) 由坐标和动量的不确定关系可以说明粒子的位置坐标不确定量越小,则同方向上的动量不确定量越大;同样,某方向上动量不确定量越小,则此方向上粒子位置的不确定量越大.总之,这个不确定关系告诉我们,在表明或测量粒子的位置和动量时,它们的精度存在着一个终极的不可逾越的限制.

(2) 不确定关系不是由测量仪器或测量技术造成的,而是微观粒子本身的属性所决定的.在双缝干涉实验中,虽然电子在某时刻落在何处不能确定,但电子落入给定区域的概率是完全确定的.轨道的概念在经典力学中是以坐标和动量有同时确定值为前提的,因而轨道的概念不适用于微观粒子.

(3) 海森伯不确定关系 $\Delta t\Delta E \geqslant \frac{\hbar}{2}$ 对于受激原子体系有非常重要的意义.处于激发态的原子是不稳定的,它或迟或早地会跃迁到低能级直至基态.平均地说,受激原子只能存在一段有限时间,这段时间叫做平均寿命 τ.因此,根据不确定关系,系统的能量将有一个自然的最小不确定量,即分布宽度 ΔE 满足关系

$$\tau\Delta E \sim \hbar$$

(4) 这个关系式有很重要的实际用途.在理论上通过计算不稳定状态的平均寿命,来估计能量的变化范围.在实验上可根据测得的能谱宽度,来估计不稳定状态的平均寿命,或根据测得的粒子的寿命,来估算粒子的能量宽度.

例 1.6.1　在原子内部,可以算出电子的速度应在 $10^6\,\mathrm{m\cdot s^{-1}}$ 范围内,否则电子就会从原子中逃出,求电子的位置不确定量.

解　由于 $\Delta v_x = 10^6\,\mathrm{m\cdot s^{-1}}$ 由不确定关系可得

$$\Delta x = \frac{\hbar}{\Delta P_x} = \frac{\hbar}{m\Delta V_x} = \frac{1.05\times10^{-34}}{9.11\times10^{-31}\times10^6} = 1\times10^{-10}\,\mathrm{m}$$

由此可以看到,位置的不确定性同整个原子一样大了.电子在原子中的“轨道”便弥散了,因而必须抛弃轨道概念而代之说明电

子在空间的概率分布的电子云图像.

例题1.6.2　一质量为 5×10^{-3}kg 的小球,以速度 $2\mathrm{m\cdot s^{-1}}$ 运动,其动量测量可精确到 1‰,试确定这个小球位置的最小不确定量.

解　因为 $\Delta P/P = 10^{-3}$,$\Delta P = 10^{-3}P = 10^{-3}\mathrm{mV}$,由不确定关系 $\Delta P\Delta x \geqslant \frac{\hbar}{2}$,有

$\Delta x \geqslant \frac{\hbar}{2\Delta P}$,代入题中已知条件得到

$\Delta x \geqslant 5.28\times10^{-30}(\mathrm{m})$

对一个 10^{-30} 米数量级位置不确定量来说,目前无法被任何精确的实验所察觉.因此对小球这种宏观物体,它的波动性不会对它的"经典式"运动带来任何实际的影响.

在不确定关系中,一个关键的量是普朗克常数 h,它是一个小量,因而,不确定关系在宏观世界里不能直接体现出来,但在微观世界里,它的效应却非常明显.

思考题

1.1　刚粉刷完的房间从房外远处看,即使在白天,它开着的窗口也是黑的,为什么?

1.2　为什么几乎没有黑色的花?

1.3　用可见光能产生康普顿效应吗?能观察到吗?

1.4　若一个电子和一个质子具有同样的动能,哪个粒子的德布罗意波长较大?

1.5　根据不确定关系,一个分子即使在0K,它能完全静止吗?

习　题

1.1　电子和光子各具有波长 0.20nm，它们的动量和总能量各是多少？

1.2　铯的逸出功为 1.9eV，试求：

(1) 铯的光电效应阈频率及阈值波长；

(2) 如果要得到能量为 1.5eV 的光电子，必须使用多大波长的光照射？

1.3　室温(300K)下的中子称为热中子．求热中子的德布罗意波长？

1.4　若一个电子的动能等于它的静止能量，试求：

(1) 该电子的速度为多大？

(2) 其相应的德布罗意波长是多少？

1.5　(1) 试证明，一个粒子的康普顿波长与其德布罗意波长之比等于

$$[(E/E_0)^2-1]^{1/2}$$

式中 E_0 和 E 分别是粒子的静止能量和运动粒子的总能量．

(2) 当电子的动能为何值时，它的德布罗意波长等于它的康普顿波长？

1.6　一原子的激发态发射波长为 600nm 的光谱线，测得波长的精度为 $\Delta\lambda/\lambda=10^{-7}$，试问该原子态的寿命为多长？

1.7　一个光子的波长为 300nm，如果测定此波长精确度为 10^{-6}，试求此光子位置的不确定量．

第 2 章　原子的核式结构和玻尔理论

§2.1　原子结构模型

2.1.1　原子的基本状况

物质的原子论起源于古希腊的自然哲学家，公元前 4 世纪，古希腊哲学家德谟克利特(Democritus)等人认为物质是由许多极小的微粒构成，这种微粒称之为原子(在希腊文中“原子”有不可再分的意思)．而差不多同时代的亚里士多德(Aristotle)等人则持相反的观点，他们认为物质是连续的，可以无限地分割下去．16 世纪后，随着实验技术的发展，理想气体状态方程的建立，以及定比定律、倍比定律的发现，1808 年道尔顿提出化学中的原子假说：一切物质都是由大量分立的原子组成的，原子是最基本的物质单元，宇宙间千变万化的各种不同物质都是由不同元素的原子搭配组合而成的.

根据化学的定律和方法，可以确立每种元素一个原子的相对质量，称为元素的原子量. 按 1961 年国际会议的确立，将碳在自然界中最丰富的一种同位素$^{12}_{6}C$的质量的 1/12 定为原子质量单位，符号为 u，将其他原子的质量与$^{12}_{6}C$相比较就可定出该原子质量的相对值，称为该原子的原子量. 又知 1mol 原子物质含有的原子数是阿伏伽德罗数 N_A，因此，由相对原子质量就可以求出每个原子的质量. 最轻的原子 —— 氢原子的质量约为 1.67×10^{-27}kg. 原子的大小也可以估算出来，其半径是 0.1nm 量级. 1869 年，门捷列夫 (mendeleev) 发现元素周期律，它系统地总结了元素的物理、化学性质，对于人们认识原子有极其重要的意义.

2.1.2　电子的发现

1897 年英国物理学家汤姆逊(J. J. Thomson) 发现了电子，开创了人类认识原子内部结构的新纪元.

阴极射线是低压气体放电过程中出现的一种现象. 有人认为此射线类似紫外线，是一种“以太波”；也有人认为它是由带负电的物质粒子组成. 当时实验上还难以确定. 最后的判定实验是由 J. J. 汤姆逊作出的. 外加电磁场能够使带电粒子偏转，当时一些实验没有观测到阴极射线在外加电磁场中偏转. 汤姆逊认真分析了没有偏转的原因可能是因为放电管内的真空度不高，他提高了放电管的真空度，获得了阴极射线束在静磁场或静电场中的稳定偏转. 从而判定它是由带负电的微粒组成.

汤姆逊最杰出的贡献是测定了这种带电微粒的荷质比 q/m，测量的原理是利用静电偏转与磁偏转平衡的条件

$$qE = qvB \tag{2.1.1}$$

确定带电粒子运动速度,然后将电场切断,带电粒子在磁场区内作圆周运动,其半径 R 由下式确定

$$qvB = \frac{mv^2}{R} \tag{2.1.2}$$

由上两式可得带电粒子的荷质比为

$$\frac{q}{m} = \frac{E}{RB^2} \tag{2.1.3}$$

汤姆逊用不同的阴极和不同的气体做实验,测得的荷质比在实验误差范围内都相同,这说明各种条件下得到的粒子流都是同样的带电粒子流,与电极材料无关,与气体成分也无关.汤姆逊和他的学生们用几种不同方法直接测定了阴极射线粒子的电量,证明与氢离子的带电量相同. 后来精确测定荷质比为1836.152701(37).

早在1890年,休斯脱(A. Schuster)就得到了阴极射线中带负电粒子荷质比的实验结果,但是他不敢相信自己的测量结果,认为阴极射线中带负电粒子的质量还不到氢原子质量千分之一的结论是荒谬的.1887年考夫曼(W. Kaufman)做了类似的实验,他测得的荷质比的数值比汤姆逊的还要精确,他还发现荷质比随粒子速度的改变而改变.但是他当时没有勇气发表这些结果,他不相信阴极射线是由粒子组成的.直到1901年他才公布自己的实验结果.汤姆逊以惊人的胆识同传统观念决裂,勇敢地确认了有比氢原子小得多的微粒——电子存在,而被誉为最先打开通向基本粒子物理学大门的伟人.由此他获得了1906年诺贝尔物理学奖.

汤姆逊在测定电子的荷质比后不到两年,利用饱和蒸气中电荷可以作为凝聚核,他测定了雾滴的数目和电荷总量,推算出电子电荷的平均值:3×10^{-10} 绝对静电单位.1910年密立根(R. A. Millikan)在著名的"液滴实验"中,精确测定了电子电荷,他的数值为4.78×10^{-10}绝对静电单位,即1.59×10^{-19}库仑,很多年来一

直被认为是最精确的数值，密立根因此获得了 1923 年诺贝尔物理学奖，直到 1929 年才发现它约有 1% 的误差，来自对空气黏滞性测量的偏离，电子电荷的精确值为

$$e = 1.60217733(49) \times 10^{-19}\mathrm{C} \tag{2.1.4}$$

电子的质量为

$$m_e = 9.1093897(54) \times 10^{-28}\mathrm{g} \tag{2.1.5}$$

假设电子是一个半径为 r_e 的球，其静电自能约为 $e^2/4\pi\varepsilon_0 r_e$，假设电子的静质能 mc^2 完全来自它的静电自能，则可以算出所谓的电子经典半径 $r_e = e^2/4\pi\varepsilon_0 mc^2$，数值为 2.817 940 92fm. 高能正负电子对撞实验表明，电子在 10^{-18}m 的范围仍可以看作是点粒子.

2.1.3　汤姆逊原子结构模型

汤姆逊用经典力学的理论，根据带电粒子之间库仑作用与距离平方成反比进行了大量计算，设计在原子中电子稳定分布的状态，提出了原子结构的布丁(pudding) 模型：由于每个原子在整体上是电中性的，汤姆逊假设正电部分均匀分布在一个球体内，电子镶嵌在其中某些平衡位置上，像西餐中一种镶嵌葡萄干的松软甜点. 电子在它们的平衡位置作简谐振动，它们像赫兹振子那样，可以发射或吸收特定频率的电磁辐射. 观测到的原子光谱的各种频率相当于这些振动的频率，汤姆逊的原子结构模型把当时知道的实验结果和理论考虑都归纳进去了.

2.1.4　α 粒子散射实验

1898 年卢瑟福(E. Rutherford) 在研究放射性时发现 α 射线和 β 射线，在 1903 ～ 1906 年证明 α 射线中的粒子(α 粒子) 就是氦离子 He^{2+}(氦原子核)，其速度达光速的 1/15，质量约为电子质量的 7300 倍，因而具有很高的能量. 可用这样的高速粒子作为炮弹轰

击原子,来探索原子的内部结构.图 2.1.1 为 α 粒子散射实验装置示意图.R 为 α 粒子源,D 为铅准直板,F 为金箔,M 为探测显微镜.R 发出的 α 粒子经 D 铅板准直形成一细束,垂直打在金属箔 F 上,沿散射角 θ 射向探测显微镜 M,可以记录下在某一段时间内在某一方向散射的 α 粒子数.

1909 年卢瑟福建议他的助手盖革(H·Geiger)和学生马斯顿(E·Marsden)做 α 粒子散射实验.他们发现 α 粒子受金属箔散射后大多数 α 粒子只有 2°～3° 的偏转,但却观察到约有 1/8000 的 α 粒子偏转大于 90°,有的几乎达到 180°,即与入射时相反的方向散射.

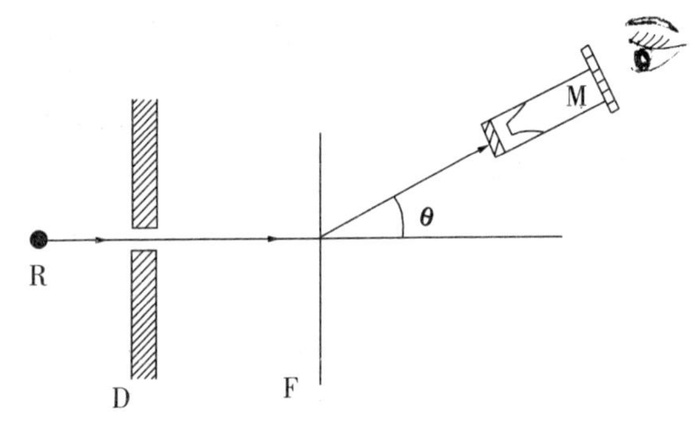

图 2.1.1 α 粒子散射实验

2.1.5 卢瑟福原子核式模型

当卢瑟福得知有八千分之一的 α 粒子被大角度散射的实验结果时,很惊奇地说:"就像你用一枚 15 英寸的炮弹轰击一张薄纸被弹回并击中你一样不可思议."因为当时物理学家都相信汤姆逊的原子结构模型,可以定性地分析一下 α 粒子在汤姆逊原子模型上的散射情况.如图 2.1.2,由于 α 粒子的质量约为电子质量的 7300 倍,α 粒子的速度和运动方向受原子中电子的影响很小,而电子的速度改变则大得多,所以如果电子能离开,就可以只考虑原子正电荷对 α 粒子的作用力.由库仑力公式知,当 α 粒子接近原子时,如距原子中心的距离 $r > R$,则受原子正电荷斥力,当 $r < R$ 时,α

粒子受力随 r 的减小而线性地减小趋于零，α 粒子受原子最大的力在原子球表面 $r=R$ 处，这是个有限大小的力，这个力引起 α 粒子动量的变化 ΔP 对原动量的比值就是 α 粒子偏转的角度，每次碰撞的最大偏转角远小于 1°，因而原子很容易穿越这种原子. 有人估算，产生 90° 偏转的几率约为 10^{-3500}，而盖革和马斯顿的实验结果竟是 1/8000.

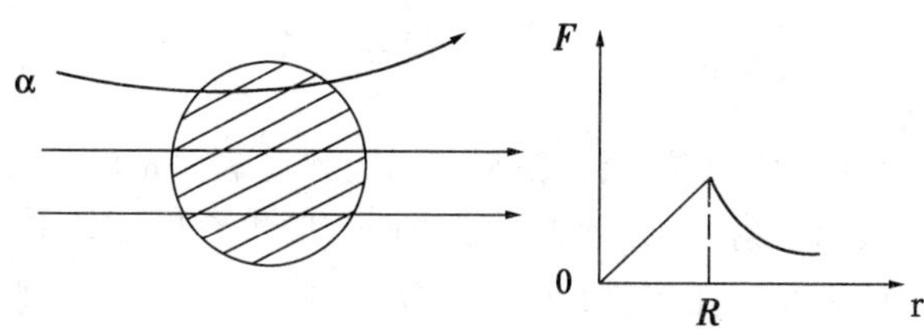

图 2.1.2　α 粒子在汤姆逊原子模型散射

卢瑟福为此苦苦思索了很长时间，他认为这种大角散射必然是单次碰撞的结果，卢瑟福设想原子中心存在一个“核”，它集中了原子中的全部正电荷和几乎全部质量，核的大小远小于整个原子，电子在核的外边绕核运动. 这样，α 粒子接近原子和达到原子表面时，受到原子的作用和汤姆逊的模型一样；但当它深入到原子内部时，受到的作用就不同了. 如图 2.1.3. 这时 α 粒子仍处在核的外面，整个核的正电荷仍对它起作用，受库仑斥力为 $F=\dfrac{2Ze^2}{4\pi\varepsilon_0 r^2}$. 由于核的线度很小，$\alpha$ 粒子越靠近核，r 越小，α 粒子所受斥力就越大，因此就可能在一次散射中发生大角偏转. 卢瑟福于 1911 年提出了原子的有核结构模型即原子中的正电荷几乎占据着原子的全部质量而集中在一个很小的中心体积内，小而重的带正电荷的物质称为原子核；而带负电的电子在与原子大小同数量级的轨道上绕核运动.

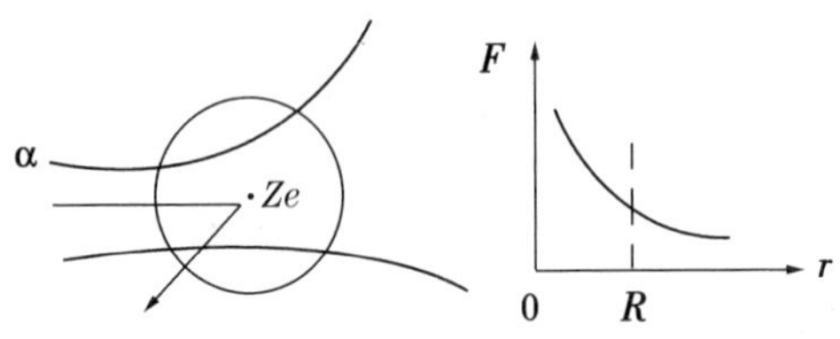

图 2.1.3　α 粒子在卢瑟福原子模型散射

2.1.6　卢瑟福散射理论

卢瑟福的原子有核结构模型可以定性地解释 α 粒子散射实验观察到的大角散射，但必须给出可以与实验进行比较的定量结果，才能判定该模型的正确性. 为此，卢瑟福提出了可由实验验证的 α 粒子散射理论. 他假定：

(1) 由于电子质量远小于原子核的质量，且电子质量比 α 粒子质量小得多，所以忽略电子对散射的影响，只考虑 α 粒子与原子核的相互作用.

(2) 由于万有引力比静电力强度小得多，忽略 α 粒子与原子核间的万有引力，且认为静电力服从库仑定律.

(3) 由于原子核线度很小，原子内非常空旷，而 α 粒子与原子核相距很近时才会发生显著偏转，因此 α 粒子靠近一个原子核后再靠近另一个原子核的机会很少，属于单次散射问题.

(4) 通常散射原子的质量比 α 粒子质量大得多，可近似认为原子核在散射过程中对实验室参照系静止不动(一般说来，散射原子与入射粒子相互作用时总有反冲. 当散射原子反冲不能忽略时，应在质心参照系中讨论).

1. 库仑散射公式

现在讨论单个 α 粒子和单个原子的散射过程. 设坐标系原点固定在原子核上，一个 α 粒子以初速度 $v_{初}$ 从左方射来，按库仑定

律，α 粒子与原子核间斥力的大小为

$$F = \frac{2Ze^2}{4\pi\varepsilon_0 r^2} \tag{2.1.6}$$

由力学知，α 粒子的轨迹应为双曲线的一支，α 粒子在原子核库仑场中的偏转如图 2.1.4 所示. 图中 $\boldsymbol{v}$ 是 α 粒子运动到某一位置 B 时的速度，位矢为 $\boldsymbol{r}$. 散射后 α 粒子的末速度为 $\boldsymbol{v}_末$. 原子核与 α 粒子入射方向间的垂直距离 b 称为瞄准距离(或碰撞参数)，r_m 是 α 粒子与原子核的最小距离. θ 是 α 粒子入射方向和散射方向间的夹角，即散射角. 因为库仑力是保守力，在它的作用下机械能守恒. 选 α 粒子与原子核相距无穷远处势能为零，以 M 表示 a 粒子的质量，则

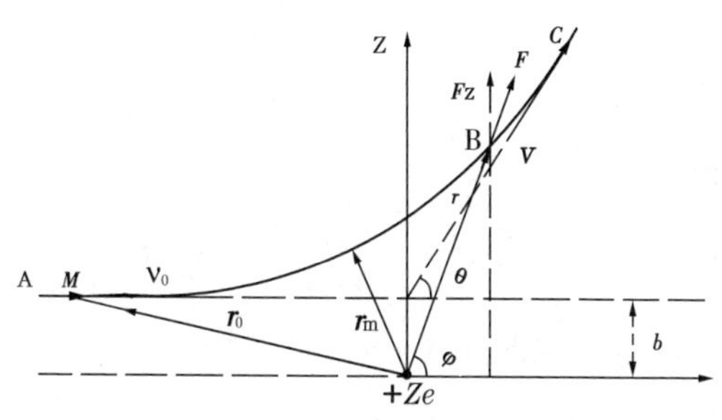

图 2.1.4 α 粒子散射

$$\frac{1}{2}M \mid \boldsymbol{v}_初 \mid^2 = \frac{1}{2}M \mid \boldsymbol{v}_末 \mid^2 \tag{2.1.7}$$

即 $\boldsymbol{v}_初$ 与 $\boldsymbol{v}_末$ 的数值必然相等，记为 v_0，但两者方向不同.

α 粒子在中心力场中运动，其角动量守恒，即

$$M\boldsymbol{r}_0 \times \boldsymbol{v}_0 = M\boldsymbol{r} \times \boldsymbol{v} \tag{2.1.8}$$

这里 r_0 为开始时 α 粒子的位矢，故 $\mid \boldsymbol{r}_0 \times \boldsymbol{v}_0 \mid = v_0 b$. 将该式写成标量形式，有

$$Mv_0 b = -Mr^2 \frac{\mathrm{d}\varphi}{\mathrm{d}t} \tag{2.1.9}$$

α 粒子在 B 点所受的力为

$$F = M\frac{\mathrm{d}v}{\mathrm{d}t} \tag{2.1.10}$$

在 z 轴上的分量为

$$F_z = M\frac{\mathrm{d}v_z}{\mathrm{d}t} \tag{2.1.11}$$

又

$$F_z = F\sin\varphi = \frac{2Ze^2}{4\pi\varepsilon_0 r^2}\sin\varphi \tag{2.1.12}$$

所以

$$\frac{2Ze^2}{4\pi\varepsilon_0 r^2}\sin\varphi = M\frac{\mathrm{d}v_z}{\mathrm{d}t} \tag{2.1.13}$$

将角动量守恒式代入,得

$$-\mathrm{d}v_z = \frac{2Ze^2}{4\pi\varepsilon_0 Mv_0 b}\sin\varphi\mathrm{d}\varphi \tag{2.1.14}$$

α 粒子从 A 到 C,其 φ 角由 π 到 θ,它在 z 轴方向速度分量 v_z 由 0 到 $v_0\sin\theta$. 对上式求积分

$$-\int_0^{v_0\sin\theta}\mathrm{d}v_z = \frac{2Ze^2}{4\pi\varepsilon_0 Mv_0 b}\int_\pi^\theta\sin\varphi\mathrm{d}\varphi \tag{2.1.15}$$

可得

$$v_0\sin\theta = \frac{2Ze^2}{4\pi\varepsilon_0 Mv_0 b}(1+\cos\theta)$$

$$b = \frac{2Ze^2(1+\cos\theta)}{4\pi\varepsilon_0 Mv_0^2\sin\theta} = \frac{2Ze^2}{4\pi\varepsilon_0 Mv_0^2}\cot\frac{\theta}{2} \tag{2.1.16}$$

或写成 $\cot\dfrac{\theta}{2} = 4\pi\varepsilon_0\dfrac{Mv_0^2}{2Ze^2}b$ (2.1.17)

上式即为**库仑散射公式**. 由(2.1.16)式可以看到,当 α 粒子的速度 v_0 确定后,b 越小,θ 越大. 当 b 足够小时,θ 可以大于 90°,甚至接近 180°. 也就是说,大角散射是由于 α 粒子和原子核近距离碰撞的结果.

2. 卢瑟福散射公式

由于碰撞参数 b 是一个无法控制的量,而且不可能用一个原子进行散射实验,我们无法验证 b 与 θ 的关系,所以必须再深入一

步，使散射角 θ 与一个比 b 容易测定的观测量联系起来，以便于理论与实验进行比较.

由(2.1.16)式可知，对于某个确定的 b 就有一个确定的 θ 与之对应. 那些瞄准距离在 b 到 $b-\mathrm{d}b$ 之间的 α 粒子，散射后必定向着 θ 和 $\theta+\mathrm{d}\theta$ 之间的角度射出，α 粒子散射角与瞄准距离的关系如图 2.1.5 所示. 凡通过图中外半径为 b，内半径为 $b-\mathrm{d}b$ 的那个环形面积 $\mathrm{d}\sigma$ 的 α 粒子，必定散射到角度在 θ 到 $\theta+\mathrm{d}\theta$ 之间的空心圆锥体之中(图 2.1.16)，环形面积 $\mathrm{d}\sigma=2\pi b\mid \mathrm{d}b\mid$. 把(2.1.6)式平方后再微分，得

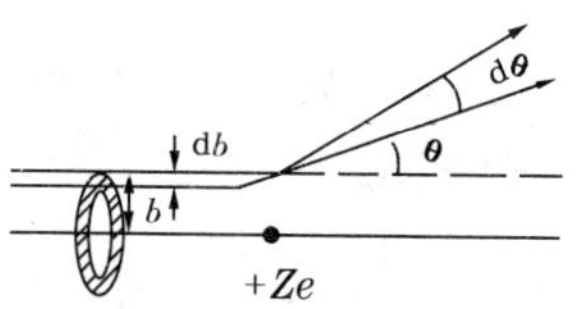

图 2.1.5 α 粒子散射截面

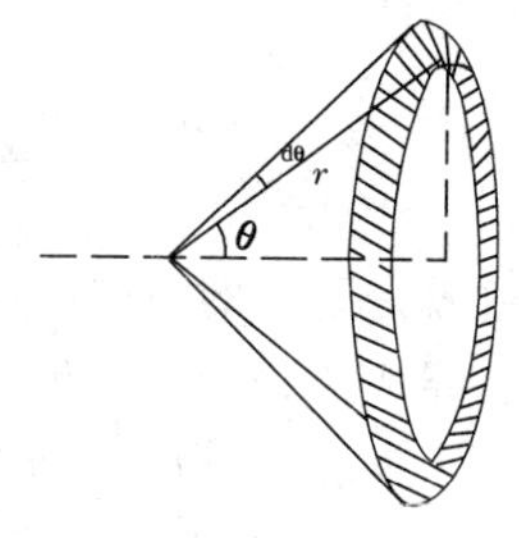

图 2.1.6 空心圆锥体

$$\mathrm{d}\sigma=2\pi b\mid \mathrm{d}b\mid$$

$$=\left(\frac{1}{4\pi\varepsilon_0}\right)^2\pi\left(\frac{2Ze^2}{Mv_0^2}\right)^2\frac{\cos\dfrac{\theta}{2}}{\sin^3\dfrac{\theta}{2}}\mathrm{d}\theta \tag{2.1.18}$$

由图(2.1.6)可知，空心圆锥体的立体角 $\mathrm{d}\Omega$ 与 $\mathrm{d}\theta$ 有如下关系

$$\mathrm{d}\Omega=\frac{2\pi r\sin\theta\cdot r\mathrm{d}\theta}{r^2}=2\pi\sin\theta\mathrm{d}\theta=4\pi\sin\frac{\theta}{2}\cos\frac{\theta}{2}\mathrm{d}\theta \tag{2.1.19}$$

将(2.1.19)式代入(2.1.18)式，得

$$\mathrm{d}\sigma=\left(\frac{1}{4\pi\varepsilon_0}\right)^2\left(\frac{Ze^2}{Mv_0^2}\right)^2\frac{\mathrm{d}\Omega}{\sin^4\dfrac{\theta}{2}}$$

$$= \left(\frac{1}{4\pi\varepsilon_0}\right)^2 \left(\frac{Ze^2}{2E_\alpha}\right)^2 \frac{\mathrm{d}\Omega}{\sin^4 \dfrac{\theta}{2}} \tag{2.1.20}$$

$\mathrm{d}\sigma$ 称为有效散射截面，凡是击中这一截面积的 α 粒子都被散射到 $\mathrm{d}\Omega$ 之中. 定义

$$\sigma(\theta) = \frac{\mathrm{d}\sigma}{\mathrm{d}\Omega} \tag{2.1.21}$$

为微分截面，表示 α 粒子散射到 θ 角附近单位立体角内每个原子有效散射截面.

$$\sigma(\theta) = \left(\frac{1}{4\pi\varepsilon_0}\right)^2 \left(\frac{Ze^2}{Mv_0^2}\right)^2 \frac{1}{\sin^4 \dfrac{\theta}{2}} \tag{2.1.22}$$

这就是著名的卢瑟福散射公式. $\sigma(\theta)$ 的量纲为面积 / 立体角. 对于一个 α 粒子来说，对应一个原子核就有一个圆环，如图 2.1.7，设单位体积靶原子数为 n，箔靶厚度为 t，箔靶面积为 s，在此厚度，各个原子核互不遮挡，则共有 nst 个圆环，散射面积为 $nst\,\mathrm{d}\sigma$. 散射几率为散射总截面与箔靶的面积 s 之比.

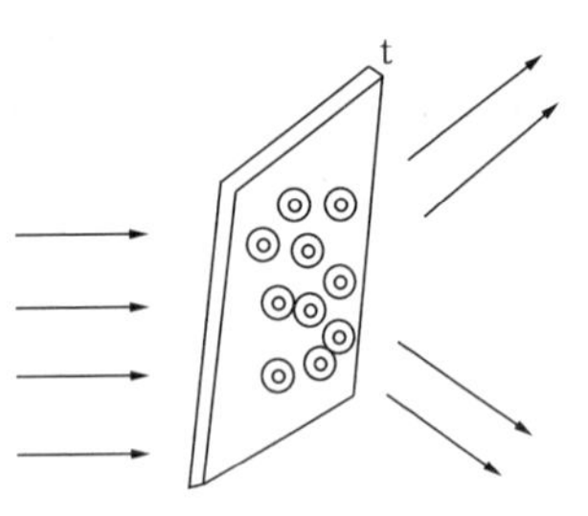

图 2.1.7　薄靶散射

$$\mathrm{d}P(\theta) = \frac{nst\,\mathrm{d}\sigma}{s} = nt\,\mathrm{d}\sigma = nt\left(\frac{1}{4\pi\varepsilon_0}\right)^2 \left(\frac{Ze^2}{Mv_0^2}\right)^2 \frac{\mathrm{d}\Omega}{\sin^4 \dfrac{\theta}{2}} \tag{2.1.23}$$

若有 N 个 α 粒子打在金箔面 s 上，则在 $\mathrm{d}\Omega$ 方向上测量到的 α 粒子数为

$$\mathrm{d}N = N\mathrm{d}P(\theta)$$

$$= Nnt(\frac{1}{4\pi\varepsilon_0})^2\left(\frac{Ze^2}{Mv_0^2}\right)^2\frac{\mathrm{d}\Omega}{\sin^4\frac{\theta}{2}} \tag{2.1.24}$$

由(2.1.22),(2.1.23),(2.1.24) 式分析可得

$$\mathrm{d}\sigma = \frac{\mathrm{d}P(\theta)}{nt} = \frac{\frac{\mathrm{d}N}{N}}{nt} = \sigma(\theta)\mathrm{d}\Omega \tag{2.1.25}$$

可见 $\mathrm{d}\sigma$ 的物理意义是每个入射的 α 粒子被单位面积内的靶核散射到 $\theta \to \theta+\mathrm{d}\theta$ 范围内的几率,即每个 α 粒子被散射到立体角 $\mathrm{d}\Omega$ 内的几率. $\sigma(\theta)$ 即为每个 α 粒子被散射到单位立体角内的几率. $\mathrm{d}\sigma$ 与 $\sigma(\theta)$ 具有面积的量纲.

3. **卢瑟福散射公式的实验验证**

通常在实际测量时不取 θ 到 $\theta+\mathrm{d}\theta$ 之间的全部立体角,而只是不同方向张一个小立体角 $\mathrm{d}\Omega'$,实际测得的 α 粒子数是在 $\mathrm{d}\Omega'$ 中的 $\mathrm{d}N'$. 如荧光屏面积为 s',距散射中心距离为 r,则 $\mathrm{d}\Omega' = \frac{s'}{r^2}$. 于是由(2.1.24) 式知,在荧光屏上观察到的 α 粒子数为

$$\mathrm{d}N' = Nnt\left(\frac{1}{4\pi\varepsilon_0}\right)^2\left(\frac{Ze^2}{Mv_0^2}\right)^2\frac{\frac{s'}{r^2}}{\sin^4\frac{\theta}{2}} \tag{2.1.26}$$

由上面的公式可知能检验如下四个方面:

(1) 在同一 α 粒子源和同一散射体的情况下, $\mathrm{d}N'$ 与 $\sin^4\frac{\theta}{2}$ 成反比. 如图 2.1.8 当角度由小变大,实验结果与卢瑟福公式符合得很好,这是卢瑟福散射公式最突出和最重要的特征.

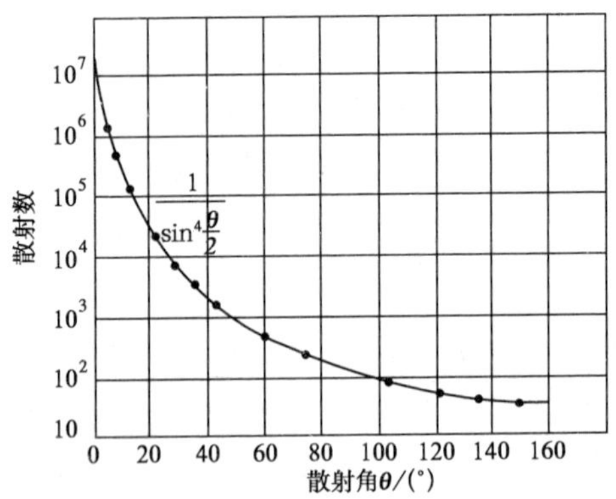

图 2.1.8

(2) 用同一 α 粒子源和同一种材料的散射体，在同一散射角，dN' 与散射体的厚度 t 成正比. 实验用 8 MeV 的粒子源，把 θ 固定在 25° 附近，改变金属箔的厚度，得到如图 2.1.9 实验结果.

(3) 用同一散射物，在同一散射角，dN' 与 v_0^4 成反比，即与 E_α^2 成反比. 为了改变 α 粒子速度，用一些薄云母片来减速. 实验结果与预期符合得很好. 如图 2.1.10.

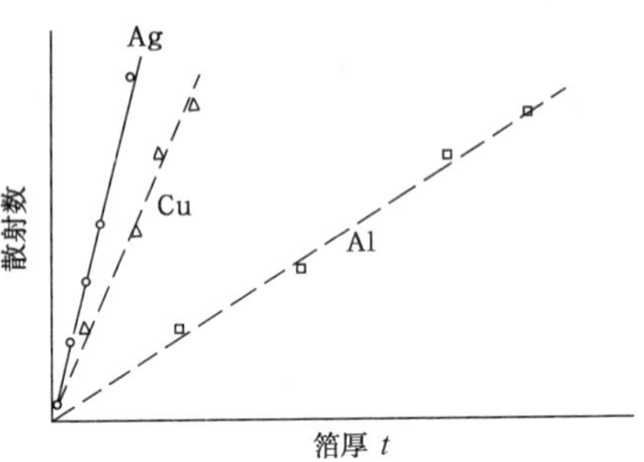

图 2.1.9

(4) 用同一 α 粒子源，在同一散射角，对同一 nt 值 dN' 与 Z^2 成正比. 同一 nt 值就是用厚度近似相等的不同材料做实验. 结果如图 2.1.11.

1000
500
200
100
50
20
10
散射数
斜率=−2
0.1
0.2
0.5
1
α粒子动能

图 2.1.10

120
100
80
60
40
20
0
散射数(×1000)
Au
Ag
Cu
Al
0
1000
2000
3000
4000
5000
6000
Z²

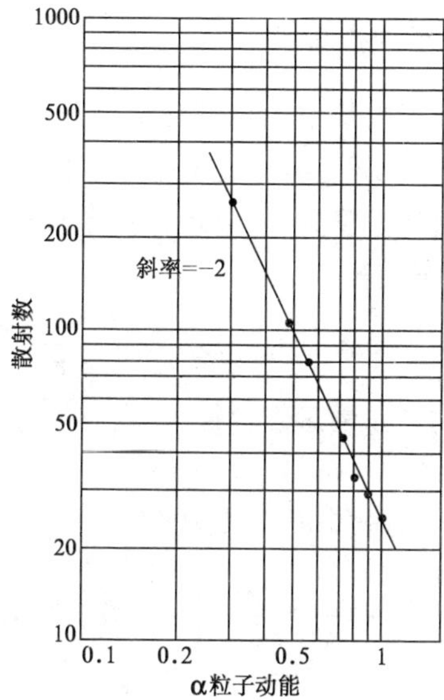

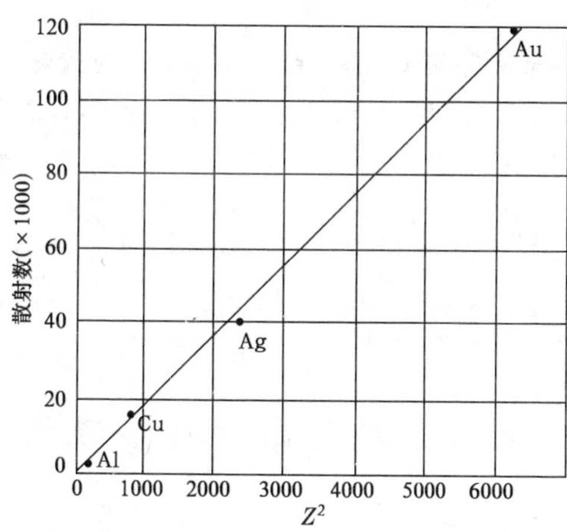

图 2.1.11

2.1.7 原子核大小的推断

由卢瑟福的原子有核结构模型和散射理论，可以推算 α 粒子达到的离原子核的最小距离，这也就是原子核半径的上限. 设 α 粒子离原子核很远时的速度为 v_0，达到离原子核最小距离 r_m 处的速度为 v'，按能量守恒定律

$$\frac{1}{2}Mv_0{}^2 = \frac{1}{2}Mv'^2 + \frac{2Ze^2}{4\pi\varepsilon_0 r_m}, \tag{2.1.27}$$

由有心力场中运动的角动量守恒得

$$Mv_0 b = Mv' r_m, \tag{2.1.28}$$

消去 v'，代入(2.1.7) 式中 b 的表达式得

$$r_m = \frac{1}{4\pi\varepsilon_0}\frac{2Ze^2}{Mv_0{}^2}\left[1 + \frac{1}{\sin\dfrac{\theta}{2}}\right], \tag{2.1.29}$$

显然当 $\sin\dfrac{\theta}{2} = 1, \theta = \pi$ 时，r_m 有极小值. 这相当于对心碰撞，α 粒子的全部动能都用来克服库仑排斥能.

卢瑟福等曾观察镭 C' 的 α 粒子在金箔上的散射，算得金原子的 r_m 等于 3×10^{-14} m. 铜原子的 r_m 为 1.2×10^{-14} m，银原子的 $\mathrm{r_m}$ 为 2×10^{-14} m，可见原子核半径数量级在 $10^{-15}\sim10^{-14}$ m 范围，而原子半径数量级是 10^{-10} m，所以原子核在原子中是很小的.

§2.2 玻尔的氢原子理论

卢瑟福的原子核模型表明，原子由原子核和电子组成. 原子核集中了原子的绝大部分质量，但线度很小，约为原子的万分之一.

原子核居于原子的中央,电子围绕它运动.原子核带正电,电量为 Ze,数值上与全部电子携带的负电量相等.这个模型成功地解释了 α 粒子的散射实验,但是,如果应用牛顿力学和经典电磁理论分析原子的运动,则与实验事实存在着尖锐的矛盾.首先,电子绕核运动,根据经典电磁理论,它将不断地辐射电磁波,电子将因不断地损失能量而落到原子核上,原子必然是一个不稳定的系统.其次,辐射电磁波的频率应等于电子绕核转动的频率,随着电子能量的损失,其转动频率将发生变化,辐射的电磁波的频率也应是不断改变的.

但是事实上电子可以在原子核的周围处于无辐射的状态,原子光谱不是连续光谱,而是分立的线状光谱.是原子结构的有核模型错误,还是经典力学不适用?当时这是物理学家认真思考的问题.玻尔正是在这种情况下,吸取了前人很多正确的思想,包括普朗克的量子假说,爱因斯坦的光子假说,卢瑟福的有核模型,原子光谱的巴耳末公式,1913 年提出了一个革命性的模型,支持了卢瑟福的有核模型,解决了原子稳定性的困难.

2.2.1　氢原子光谱的实验规律

1. 光　谱

光谱是电磁辐射的波长成分和强度分布的记录.

用光谱仪可以将光按波长成分展开.把不同成分的强度记录下来,或者将按波长展开后的光谱摄成图像,后一种称为摄谱仪.传统的光谱仪用棱镜或光栅作为分光器,典型的棱镜摄谱仪工作原理如图 2.2.1 所示.

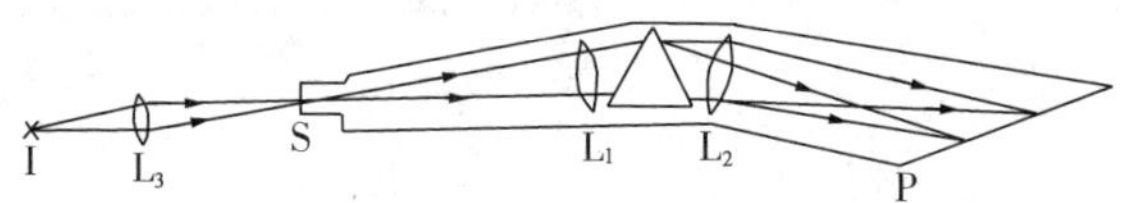

图 2.2.1　棱镜摄谱仪示意图

光源 I 发出的光经透镜 L_3 会聚在摄谱仪的光缝 S 上，一部分进入摄谱仪，经透镜 L_1 后成为平行光，落在三棱镜的一个斜面上，穿过三棱镜后，不同波长的光线以不同的偏转角射出，经过透镜 L_2 再成为会聚光线，不同波长的光线会聚在底片 P 上的不同位置，在 P 上形成一系列光缝 S 的实像. S 是一窄缝，所以这些实像是细线，成为一系列的谱线. 根据谱线的位置可以推算其波长. 研究光谱用的光源，除自然光外，传统的有火焰、高温炉、电弧、火花放电、气体放电、化学发光和荧光等. 现在采用频率准确可调的激光器.

按谱线的形状来分，可分为线状光谱、带状光谱和连续光谱三类. 线状光谱谱线明晰成细线状，这一般是原子所发出的；带状光谱谱线分段密集，好像是许多片连续的带组成，这一般是分子所发出的；连续光谱波长连续变化，如固体加热所发光谱，原子和分子某些情况下也会发出连续光谱.

在光谱学测量里，通常测定的是波长而不是频率. 用波长的倒数来表示光谱线，称之为波数，表示单位长度包含波的个数，记为 $\tilde{\nu}=\dfrac{1}{\lambda}$. 波数 $\tilde{\nu}$ 和频率 ν 的关系是 $\nu=c\tilde{\nu}$，引入波数 $\tilde{\nu}$ 后，会使光谱学中的公式变得更简洁.

2. 氢原子光谱的实验规律

氢原子光谱的发现起始于 1853 年，这一年埃格斯特朗首先从气体放电的光谱中找到了氢的红线，即著名的 H_α 线，并测定了其波长. 人们把这一年视为光谱学的开始. 以后在可见光区又陆续发现了另外几条谱线，即 H_β，H_γ 和 H_δ，这 4 条谱线的波长是：

H_α	红	656.279nm
H_β	深绿	486.074nm
H_γ	青	434.010nm
H_δ	紫	410.120nm

1885 年，瑞士的巴耳末(J·Balmer)仔细分析了这些谱线的数据，发现这些谱线的波长可归结为下列简单的关系：

$$\lambda = B\frac{n^2}{n^2-4} \qquad n = 3,4,5,\cdots \tag{2.2.1}$$

式中的常数 $B = 364.51\text{nm}$. 分别把 $n = 3,4,5,\cdots$ 代入上式，就可算得 $H_\alpha, H_\beta, H_\gamma, \cdots$ 等谱线的波长，且计算结果与实验符合得很好，上式称为巴耳末公式，它所表达的一组谱线称作巴耳末系. 当 $n \to \infty, \lambda = \lambda_\infty = B = 364.51\text{nm}$，可见 B 就是巴耳末系的系限波长. 图 2.2.2 给出了氢原子光谱的巴耳末系和系限外边的连续谱.

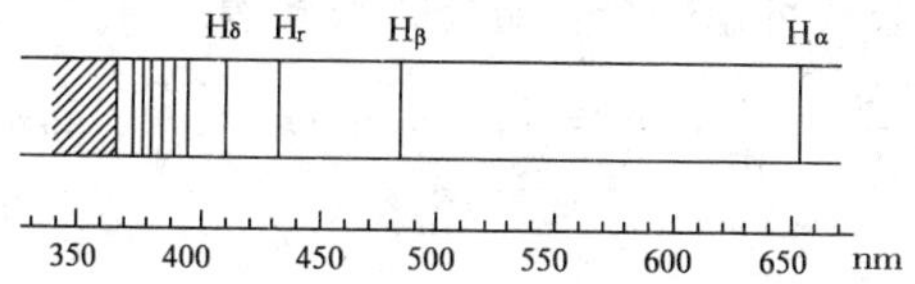

图 2.2.2　氢光谱巴耳末系和系限外连续谱

引入波数 $\tilde{\nu} = \frac{1}{\lambda}$，则(2.2.1)式表示为

$$\tilde{\nu} = R_H\left[\frac{1}{2^2} - \frac{1}{n^2}\right] \qquad n = 3,4,5,\cdots \tag{2.2.2}$$

式中 $R_H = \frac{4}{B} = 1.097\,373\,2 \times 10^7\text{m}^{-1}$，称为里德伯常数. 由(2.2.2)式可见，当 n 增大时，波数也随之增大，相邻谱线的间隔却越来越小. 当 $n \to \infty$ 时，$\tilde{\nu} = R_H/4$ 称为线系限波数. 此后氢光谱的其他线系陆续被发现. 1914 年，赖曼((T·Luman)在紫外区发现一线系. 1908 年、1922 年和 1924 年，分别由帕邢(F·Paschen)、布喇开(F·Bradkett)、和普丰特(H·Pfund)在红外区各发现了一个线系，它们都可用一简单公式来表达，并以发现者的名字来命名光谱线系.

赖曼系 $\tilde{\nu}=R_H\left(\frac{1}{1^2}-\frac{1}{n^2}\right)$ $n=2,3,4,\cdots$

巴耳末系 $\tilde{\nu}=R_H\left(\frac{1}{2^2}-\frac{1}{n^2}\right)$ $n=3,4,5,\cdots$

帕邢系 $\tilde{\nu}=R_H\left(\frac{1}{3^2}-\frac{1}{n^2}\right)$ $n=4,5,6,\cdots$

布喇开系 $\tilde{\nu}=R_H\left(\frac{1}{4^2}-\frac{1}{n^2}\right)$ $n=5,6,7,\cdots$

普丰特系 $\tilde{\nu}=R_H\left(\frac{1}{5^2}-\frac{1}{n^2}\right)$ $n=6,7,8,\cdots$

显然,以上诸公式可用一个普遍公式来概括:

$$\tilde{\nu}=R_H\left(\frac{1}{m^2}-\frac{1}{n^2}\right),m=1,2,3,\cdots;n=m+1,m+2,\cdots \tag{2.2.3}$$

称为广义巴尔末线系,也叫里德伯公式.还可以写成

$$\tilde{\nu}=T(m)-T(n) \tag{2.2.4}$$

其中 $T(m)$ 和 $T(n)$ 称为光谱项,它们分别为

$$T(m)=\frac{R}{m^2},T(n)=\frac{R}{n^2}$$

由上面光谱公式可见:光谱线是线状的;不同线系的谱线相互联系,有相同光谱项,例如帕邢系的第一光谱项,又是巴耳末系的第二光谱项中项值最大者;光谱和一系列正整数密切相联.当时公式问世 30 年内一直是个谜,后来才有玻尔的氢原子理论得到解决.

2.2.2 玻尔理论

1.玻尔的基本假设

(1) 定态假设

原子系统只能处于一系列不连续的分立的能量状态 $E_1,E_2,E_3,\cdots$ 在这些状态下电子虽作加速运动,但不向外辐射能量,这一

系列的稳定态叫定态．显然能量的分立以及定态的概念与经典力学和电磁学是格格不入的．

(2) 频率条件

原子从一个定态跃迁到另一定态时，才可能发射或吸收电磁波．设 $E_n > E_m$，则当由 E_n 态跃迁到 E_m 态时，辐射电磁波；当由 E_m 跃迁到 E_n 态时，吸收电磁波，如图 2.2.3 所示．辐射或吸收电磁波的频率 ν 应与 E_n 和 E_m 有下列关系

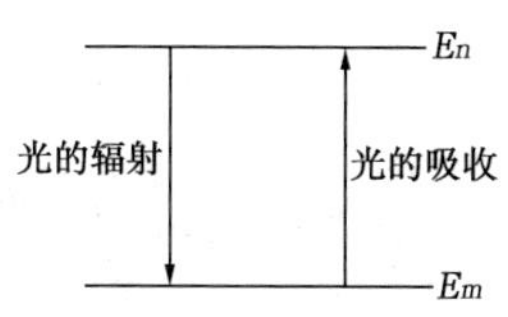

图 2.2.3　光的吸收和辐射过程

$$h\nu = E_n - E_m \tag{2.2.5}$$

在这里玻尔创造性地把普朗克常数 h 引入到原子系统．

上述两条假设是玻尔理论的核心，对整个量子理论的建立起了基础作用，但仅有这两个假设，还不能把原子的分立能量完全确定．为此玻尔利用上述假设，推出了电子作圆轨道运动的角动量量子化条件．

(3) 角动量量子化条件

氢原子中，电子能够实现的轨道必须满足下列条件

$$2\pi r \cdot m_e v = nh \qquad n = 1,2,3,\cdots \tag{2.2.6}$$

或

$$m_e v r = n\frac{h}{2\pi} = n\hbar$$

即：电子只可能在轨道角动量 $p_\varphi = m_e v r$ 等于广义普朗克常数 $\hbar = h/2\pi$ 的整数倍的圆轨道上运动．

由此可见，$\hbar = h/2\pi$ 是轨道角动量的最小单元．

角动量量子化条件可以从电子的波动性来理解，德布罗意认为物质的运动伴随以波，要使电子绕核运动稳定的存在，伴随电子的波必须是一个驻波，波的位相不变，否则，电子波必将毁掉．因而，电子绕核回转一圈的周长必须是其相应的波长的整数倍，如图 2.2.4，即

$$2\pi r = n\lambda \quad n = 1,2,3,\cdots$$

又由

$$\lambda = \frac{h}{p} \text{ 代入上式}$$

得到 $m_e vr = n\frac{h}{2\pi}$ 即玻尔的角动量量子化条件

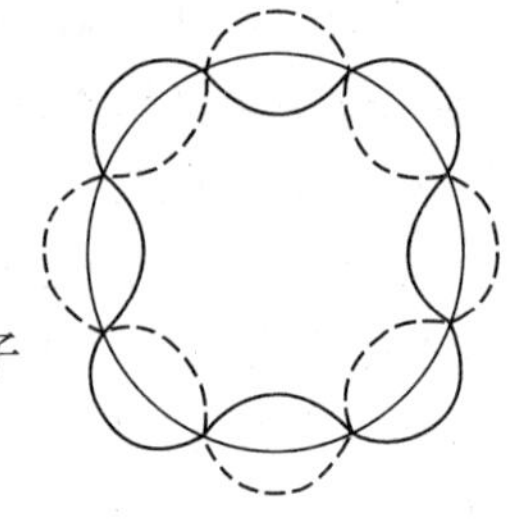

图 2.2.4 电子驻波图像

2. **玻尔的氢原子图像**

玻尔的假设在解释氢原子光谱中取得了成功.

玻尔假设,氢原子核是静止的,电子围绕它作圆周运动,半径为 r,如图 2.2.5 电子受到核的库仑力作用为

$$F = \frac{Ze^2}{4\pi\varepsilon_0 r^2} \tag{2.2.7}$$

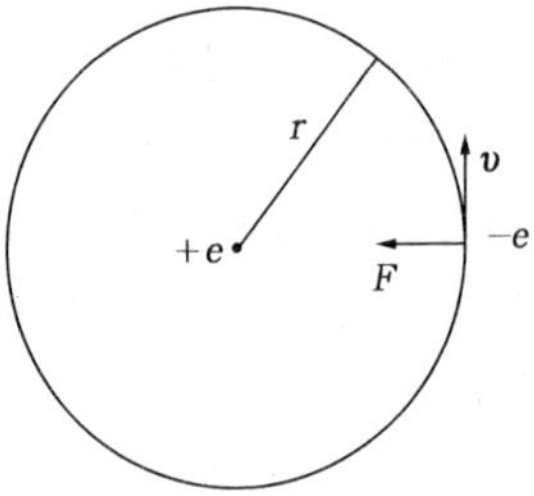

其中 Z 为原子序数,对于氢原子 $Z = 1$.

根据牛顿定律

$$\frac{Ze^2}{4\pi\varepsilon_0 r^2} = m_e \frac{v^2}{r} \tag{2.2.8}$$

图 2.2.5 氢原子中电子受力图

电子的动能为

$$T = \frac{1}{2}m_e v^2 = \frac{1}{4\pi\varepsilon_0} \cdot \frac{Ze^2}{2r} \tag{2.2.9}$$

取 $r \to \infty$ 系统的势能为零,则系统势能为

$$V = -\frac{1}{4\pi\varepsilon_0} \frac{Ze^2}{r} \tag{2.2.10}$$

于是原子的总能量为

$$E = T + V = -\frac{1}{4\pi\varepsilon_0} \cdot \frac{Ze^2}{2r} \tag{2.2.11}$$

上述是经典物理概念.为了得到分立的能量值,引入玻尔假设第三条,把式(2.2.6)代入式(2.2.8)得到量子化的速度和半径

$$v_n = \frac{e^2}{4\pi\varepsilon_0 \hbar}\frac{Z}{n} \qquad n = 1,2,\cdots \tag{2.2.12}$$

$$r_n = \frac{4\pi\varepsilon_0 \hbar^2}{m_e e^2}\frac{n^2}{Z} \qquad n = 1,2,\cdots \tag{2.2.13}$$

将 r_n 代入(2.2.11) 式得

$$E_n = -\frac{m_e e^4}{2(4\pi\varepsilon_0)^2 \hbar^2}\frac{Z^2}{n^2} \quad n = 1,2,\cdots \tag{2.2.14}$$

这样便得到了符合玻尔假设的分立能量值.

对 v_n 引入无量纲常数

$$\alpha = \frac{e^2}{4\pi\varepsilon_0 \hbar c} = 7.29735 \times 10^{-3} \approx \frac{1}{137} \tag{2.2.15}$$

α 为精细结构常数,是原子物理学中最主要的基本常数.则

$$v_n = \alpha c \frac{Z}{n} \qquad n = 1,2,\cdots \tag{2.2.16}$$

对 r_n 当 $n = 1$ 时有

$$r_1 = a_1 = \frac{4\pi\varepsilon_0 \hbar^2}{m_e e^2} = 0.529177 \times 10^{-10}\,\mathrm{m} \approx 0.053\,\mathrm{nm}$$

a_1 称为第一玻尔半径

$$r_n = a_1 \frac{n^2}{Z} \quad n = 1,2,\cdots \tag{2.2.17}$$

对氢原子能量来说,决定于量子数 n,即能量是量子化的.

$n = 1$ 的状态称之为基态,$n > 1$ 诸状态称为激发态;$n = 2$ 状态为第一激发态,其余类推,$n \rightarrow \infty$ 的态称为电离态.由以上各式可以看出,氢的角动量,轨道半径,相应能量和速度都是不连续的,取分立的数值,即是量子化的.如图 2.2.6 是氢原子中电子轨道,图 2.2.7 是氢原子能级.

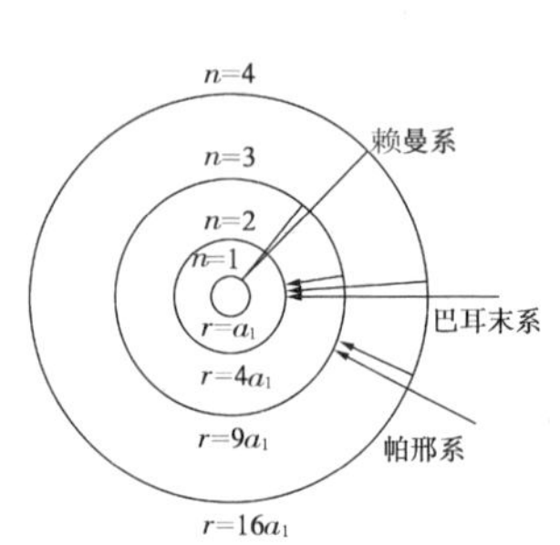

图 2.2.6　氢原子中电子轨道

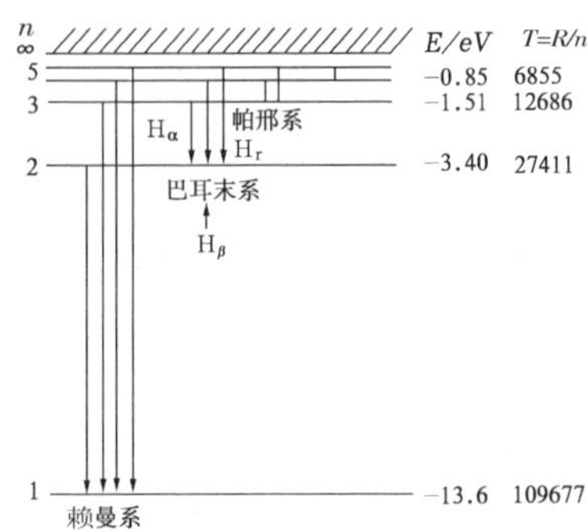

图 2.2.7　氢原子能级

3. 氢原子光谱和能级

设原子由高能级 E_n 跃迁到低能级 E_m，放出一能量为 $h\nu$ 的光子，按辐射的频率条件(2.2.5) 式，所发出谱线的波数

$$\tilde{\nu}=\frac{E_n-E_m}{hc}$$

将能量表达式(2.2.14) 代入上式，得

$$\tilde{\nu}=\frac{2\pi^2 m_e e^4 Z^2}{(4\pi\varepsilon_0)^2 h^3 c}\left(\frac{1}{m^2}-\frac{1}{n^2}\right) \tag{2.2.18}$$

对于氢原子，$Z=1$，与里德伯经验公式(2.2.3) 相比较，得到里德伯常数

$$R_H=\frac{2\pi^2 m_e e^4}{(4\pi\varepsilon_0)^2 h^3 c} \tag{2.2.19}$$

把有关常数代入，算得其理论值为

$$R_{H理}=1.0973731\times 10^7\,\mathrm{m}^{-1}$$

与实验值

$$R_{H实}=1.0967758\times 10^7\,\mathrm{m}^{-1}$$

基本上是符合的. 这样(2.2.18) 式简化为

$$\tilde{\nu} = R_H Z^2 \left(\frac{1}{m^2} - \frac{1}{n^2}\right) \tag{2.2.20}$$

对氢来说，$Z = 1$. 上式与从实验光谱规律而总结出来的广义巴耳末公式一致，说明玻尔理论是正确的，它很好地描述了氢光谱规律.

由(2.2.14) 和(2.2.19) 两式，可得

$$E_n = -\frac{hcRZ^2}{n^2} \qquad n = 1,2,3,4,\cdots \tag{2.2.21}$$

对氢原子，$Z = 1$，$hcR = 13.6\text{eV}$，则

$$E_n = -\frac{13.6}{n^2}(\text{eV}) \tag{2.2.22}$$

这是常见的一种氢原子能级表达式.

在(2.2.21) 式中令 $Z = 1$，$T(n) = \dfrac{R}{n^2}$，则有

$$T(n) = -E_n/hc \tag{2.2.23}$$

上式表明了光谱项 $T(n)$ 与相应能量 E_n 的关系. 即光谱项是与能量相应的量，每一个光谱项对应一定的能级，任一谱线可表示为两光谱项之差.

把(2.2.20) 式和(2.2.21) 式表示的定态能量和跃迁光谱用图 2.2.7 表示出来. 每一条横线代表一个能级，它与电子在一定轨道上的运动相对应，随着 n 的增大，能级越来越高，当 $n \to \infty$ 时，$E_n \to 0$. 相邻能级的间隔也随 n 的增加而减小. 当 $n \to \infty$ 时，$\Delta E \to 0$. 当电子在这些能级间跃迁时，发出单色光. 跃迁间距越大，发光波长就越短. 这说明电子在不同能级间的跃迁所发的光谱线会落在不同的光谱区域：当电子在诸多 $n > 2$ 的能级跃迁到 $n = 1$ 的能级时，发出的谱线落在赖曼系；当电子从诸多 $n > 3$ 的能级跃迁到 $n = 2$ 的能级时，发出的谱线落在巴耳末系，以此类推，可得帕邢系、布喇开系等，详见图 2.2.7. 由于相邻能级的间隔随 n 增大而减小，所以每一个线系中相邻谱线的间隔(波数差) 朝着短波方向递减.

将电子从氢原子基态 $E_1=-13.6\text{eV}$ 电离，所需要的最小能量 E_i 等于将电子激发到 $E_n=0\text{eV}(n\rightarrow\infty)$ 态所需要的能量

$$E_i=0-E_1=13.6\text{eV}$$

E_i 称为电离能. 如果以大于 13.6eV 的能量将电子电离，则电子离开原子之后还获得动能. 离开原子后的自由电子的动能等于 $(1/2)m_e v_0^2$，可以连续地变化.

实验观察到在巴耳末系限外有连续谱，在其他线系限以外也出现了连续谱，连续谱是自由电子与氢离子结合时产生的光谱. 当一个动能为 $\frac{1}{2}m_e {v_0}^2$ 的自由电子与氢离子结合成一个氢原子时，也即电子从非量子化轨道跃迁至一个量子化轨道时，原子就向外辐射一个光子，光子的能量为

$$h\nu=E-E_n=\frac{1}{2}m_e v_0^2-(-\frac{hcR}{n^2})=\frac{1}{2}m_e v_0^2+\frac{hcR}{n^2}$$

式中第二项是对应于某个系限的能量，而第一项是从零开始的连续值. 因此所发光子的频率 ν 由线系限频率起连续增加，从而造成了系限外的连续谱. 图 2.2.7 表明了这种情况：$n\rightarrow\infty$ 能级的上边用斜线表示了非量子化的正能量范围，从这区域可以跃迁到下面任何能级而发出光子.

玻尔理论解释了氢原子的线状光谱规律及倍正整数之谜，这是玻尔理论的一大成功之处. 须指出的是，由玻尔理论得到的里德伯常数比实验值相差约万分之五，这已超过了当时光谱学的实验精度，在下节我们将讨论到这一问题.

2.2.3 里德伯常数的变化

我们在前面讨论中假设原子核是不动的，实际上原子核也是在运动. 电子与原子核都围绕质心运动，因此实际是一个二体问题，可将前面给出的公式中，用折合质量 μ

$$\mu = \frac{M_H m_e}{M_H + m_e} \tag{2.2.24}$$

代替电子质量 m_e、对公式进行修正，上式中 M_H 为氢核质量. 可得量子化轨道半径公式为

$$r_n = \frac{4\pi\varepsilon_0 h^2}{4\pi^2 \mu e^2 Z} n^2, \quad n = 1,2,3,\cdots \tag{2.2.25}$$

能量公式变为

$$E_n = -\frac{2\pi^2 \mu e^4 Z^2}{(4\pi\varepsilon_0)^2 n^2 h^2}, \quad n = 1,2,3,\cdots \tag{2.2.26}$$

里德伯常数应修正为

$$R_H = \frac{2\pi^2 \mu e^4}{(4\pi\varepsilon_0)^2 h^3 c} = \frac{2\pi^2 m_e e^4}{(4\pi\varepsilon_0)^2 h^3 c} \cdot \frac{1}{1 + \frac{m_e}{M_H}}$$

当 $M_H \to \infty$，令 $R_H = R_\infty$，则上式变为

$$R_H = R_\infty \frac{1}{1 + \frac{m_e}{M_H}} \tag{2.2.27}$$

式中 $R_\infty = 2\pi^2 m_e e^4/(4\pi\varepsilon_0)^2 h^3 c$，正是由玻尔理论得到的里德伯常数，认为核质量无穷大的情形. 由(2.2.27)式求出的氢的里德伯常数 R_H 与实验值是高度吻合的，消除了玻尔理论值与实验值的万分之五的误差.

利用 R 与核质量的相关关系，可以用来识别元素的同位素，重氢氘的发现就是一个例子.

起初有人从原子质量的测定问题中估计有质量是两倍于氢的重氢存在. 但即使存在，由于它含量很低，(现在已知是氢的0.0148%)，因此它的谱线很弱，不易观察到. 于是，到底重氢存在与否，难以肯定. 1932年美国化学家尤雷(H·Ureg)把3L液氢蒸发到不足1mL，这样就提高了剩余液氢中重氢的含量(平常氢容易蒸发)装入放电管摄取其光谱. 结果发现，在氢的 H_α 线

(656.279nm)的旁边还有一条谱线(656.100nm)，两者只差0.179nm.他假定这条谱线是重氢氘(D)发出的.并认为这种重氢的质量 $M_D = 2M_H$，是氢的一种同位素.由(2.2.27)式知

$$R_D = R_\infty \frac{1}{1+\dfrac{m_e}{M_D}}$$

所以

$$\frac{R_H}{R_D} = \frac{1+\dfrac{m_e}{M_D}}{1+\dfrac{m_e}{M_H}} = \frac{2M_H + m_e}{2(M_H + m_e)} = 0.9997278 \quad (2.2.28)$$

选择氢和氘与光谱表达式中 m 和 n 都相同的同一条谱线，则由公式 $\tilde{\nu} = R(\frac{1}{m^2} - \frac{1}{n^2})$ 可知

$$\frac{\tilde{\nu}_H}{\tilde{\nu}_D} = \frac{\lambda_D}{\lambda_H} = \frac{R_H}{R_D} \quad (2.2.29)$$

于是

$$\begin{aligned}\Delta\lambda = \lambda_H - \lambda_D &= \lambda_H\left(1 - \frac{R_H}{R_D}\right)\\ &\approx 6562.79 \times (1 - 0.997278)\\ &\approx 0.17863\text{nm}\end{aligned}$$

计算值与实验值符合得较好，从而证实了氘的存在.尤雷的这一工作促进了同位素化学的进展，为此他荣获了1934年的诺贝尔化学奖.

2.2.4 类氢离子的光谱

所谓类氢离子，是指核电荷数 $Z > 1$，而核外只有一个电子的离子，如 He^+，Li^{++}，Be^{3+} 等等.在光谱学中，把中性的H，一次电离的 He^+，二次电离的 Li^{++} 等等分别记作 HⅠ，HeⅡ，LiⅢ，… 这一个系列叫作氢原子的等电子序列.类氢离子的能级显然也可以从

玻尔理论求出. 不同的是,电子所受的库仑力不是$\frac{1}{4\pi\varepsilon_0}\cdot\frac{e^2}{r^2}$而是$\frac{1}{4\pi\varepsilon_0}\cdot\frac{Ze^2}{r^2}$. 只要把氢公式中的 e^2 置换成 Ze^2,有关公式即可使用. 则类氢离子半径、能量、光谱公式有

$$r_n = \frac{n^2}{Z}a_1 \tag{2.2.30}$$

$$E_n = -Rhc\,\frac{Z^2}{n^2} \tag{2.2.31}$$

$$\bar{\nu} = RZ^2\left(\frac{1}{m^2}-\frac{1}{n^2}\right) \tag{2.2.32}$$

在上面三个公式中已忽略里德伯常数的微小差异. 对二次电离 Li^{2+}($Z=3$) 离子和三次电离的 Be^{3+}($Z=4$) 离子,其光谱公式为

$$Li^{2+}:\bar{\nu} = 9R_{Li^{2+}}\left(\frac{1}{m^2}-\frac{1}{n^2}\right)$$

$$Be^{3+}:\bar{\nu} = 16R_{Be^{3+}}\left(\frac{1}{m^2}-\frac{1}{n^2}\right)$$

2.2.5　里德伯原子和奇异原子

1. 里德伯原子

当原子中有一个电子被激发到很高的能级(n 很大) 时,称其处在里德伯态,并称这时的原子叫里德伯原子. 目前在实验室里已制备出 $n=116$ 的氢原子,射电天文观察已探测到 $n=350$ 的高激发态原子.

在里德伯原子中,由于被激发的电子离原子实(核加其他电子) 已很远,原子实对它的静电作用相当于一个点电荷($+e$),与氢原子类似. 因此,在精度要求不太高的情况下,可用玻尔理论讨论它们的能级结构.

按玻尔理论,原子半径与 n^2 成正比,因而里德伯原子的半径

很大.例如,当 $n=100$ 时,轨道半径 $r\approx 5.3\times 10^{-7}$ m,这同某种动物细胞的大小可比拟.当 $n=400$ 时,$r\approx 0.0848$mm,比普通原子大10万倍.现在的染料激光器,可将原子激发到某个特定的里德伯态.

由于氢和类氢原子相邻能级间隔随 n 增加而减小,所以里德伯原子相邻能级的间隔极小.例如,当 $n=100$ 时,$\Delta E\approx 2.7\times 10^{-5}$ eV.如此小的能级间隔,给检测带来了困难,这就要求实验仪器具有高的分辨本领.

里德伯原子能级之间的自发辐射跃迁是非常缓慢的,可以算出里德伯原子处于某能级的平均寿命近似与 $n^{4.5}$ 成正比.因此,只要不受外界干扰,它可以有较长的寿命,一般比普通原子的激发态寿命大几个数量级.当受到外界刺激时,里德伯原子向较低能级的跃迁几率较大,这样就能释放较多的能量,为应用里德伯原子产生高强度激光提供了依据.

里德伯原子中,高量子态的电子离核较远,受到的束缚较弱,很容易被电离.例如,$n=100$ 的氢原子的电离能仅为 10^{-3} eV.可利用这种性质进行同位素分离.先加外电场使里德伯原子电离,然后加磁场可使不同质量的同位素分离.目前,对里德伯原子的研究非常活跃,这些研究已在射电天文、等离子体物理和激光物理等领域取得了可喜成果.

2. **奇异原子**

奇异原子是指通常原子轨道上一个电子被其他带负电的粒子取代,而其余仍为电子的原子;或者轨道上虽是电子,但原子核已不再由质子组成,而由其他带正电的粒子组成的原子.例如,一个 μ^- 子代替电子 e^-,形成 μ 子原子,一个正 μ 子与一个电子 e^- 组成的原子叫正 μ^+ 子素;一对正负电子(e^+,e^-)组成的原子叫正电子素或电子偶素.此外,还有质子 p 与 k^- 介子,p 与 π^- 介子组成的原子体系等等,泛称介子原子.

例题 2.2.1　试确定电子偶素(由一个正电子和一个电子所组成的一种束缚系统)的里德伯常数和它的电离能.

解　因为正电子的质量与电子的质量相同,由公式(2.2.27)得电子偶素的里德伯常数

$$R_P = \frac{R_\infty}{1+m_e/M} = \frac{R_\infty}{1+m_e/m_e} = \frac{R_\infty}{2} = 0.5485 \times 10^7 \mathrm{m}^{-1}$$

光谱公式为

$$\frac{1}{\lambda} = \tilde{\nu} = R_P\left(\frac{1}{m^2} - \frac{1}{n^2}\right)$$

或

$$\frac{hc}{\lambda} = h\nu = hcR_P\left(\frac{1}{m^2} - \frac{1}{n^2}\right)$$

所谓电离能,就是把电子偶素从它的基态($m=1$)激发到 $n=\infty$ 态所需要的能量,于是有

$$E_{电离} = hcR_P = 12.4\times10^3\times10^{-10}\times0.5485\times10^7 \approx 6.8(\mathrm{eV})$$

对于 μ 子原子,由于 μ^- 介子质量 m_μ,是电子质量 m_e 的 207 倍,即 $m_\mu = 207m_e$,所以其折合质量为 $186m_e$,相应的轨道半径为

$$r_n = \frac{a_1}{186}\cdot\frac{n^2}{Z}$$

其能量为

$$E_n = -\frac{186\times13.6Z^2}{n^2}(\mathrm{eV})$$

可见 μ 子原子的轨道比相应的氢原子轨道半径小 186 倍,而相应的辐射能量比氢原子大得多,参见习题 2.13. 其他奇异原子的处理与之类似,不再详述.

§2.3 夫兰克—赫兹实验

原子内部能量是量子化的，可由光谱实验证实. 1914 年德国物理学家夫兰克(J·Franck)和赫兹(G·Hertz)另辟途径，用电子碰撞原子的方法使原子激发，由低能态跃迁到高能态，从而进一步证实了原子能级量子化的理论.

如图 2.3.1，一个真空管中装有阴极 K，阳极 A 和栅极 G，把管子抽空后充以适量待测的气体. 栅极 G 对 K 有正电压，使电子加速. 阳极 A 对 G 有 0.5V 的反向电压. 电子从热阴极 K 发出后，在 K 与 G 之间被加速，到达 G 时，如能量大于 0.5eV，就可以克服 GA 间反向电场的作用，而到达阳极 A，形成阳极电流. 如电子在到达 G 时能量小于 0.5eV，就不能到达阳极.

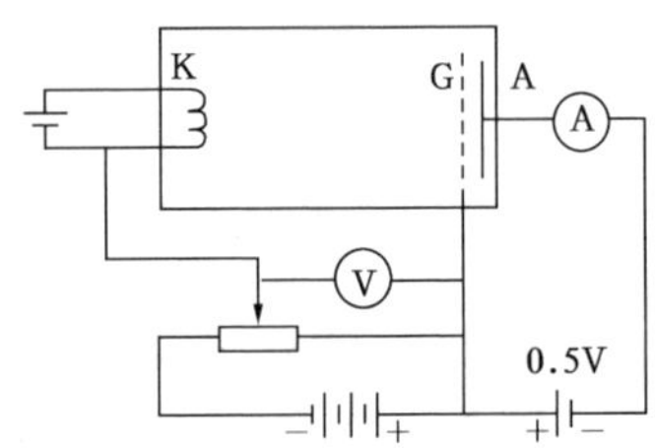

图 2.3.1　夫兰克—赫兹实验

最初进行研究的是汞蒸气. 实验时，逐渐增加 GK 间电压，观察电流计中显示的阳极电流值，结果得到如图 2.3.2 所示的曲线. 图中显示当 GK 间电压(接触电势已修正)由零逐渐增加时，阳极电流起初上升，当电压达到 4.9V 时，电流突然下降，不久又上升，到 9.8V 电压时,电流又下降,然后再上升,到 14.7V 电压时,电流又下降. 注意三个电流突然下降的电压相差都是 4.9V. 如此可继续多次. 总之,当 GK 间电压在 4.9V 的倍数时,电流突然下降. 这个现象是怎样发生的呢?

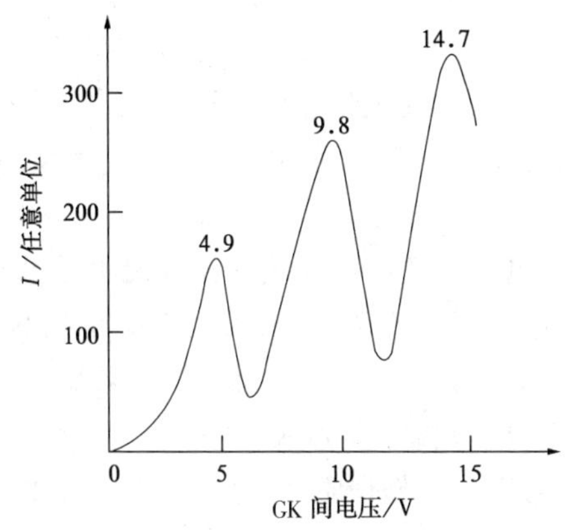

图 2.3.2　夫 – 赫实验曲线

上述结果可作如下合理的解释:当 GK 间电压低于 4.9V 时,电子在 KG 空间被加速而取得的能量小于 4.9eV,在与汞原子碰撞时不足以使其激发,仅作弹性碰撞. 当 GK 间电压达到 4.9V 时,电子在 KG 间开始能通过非弹性碰撞,释放自己的全部能量给予汞原子,使汞原子达到它的第一个激发态. 而电子由于失去能量,到达不了阳级,所以阳极电流下降,等到 GK 间电压超过 4.9V 较多时,电流又开始上升. 当 GK 间电压达到 2×4.9V 时,电子在 KG 间有可能经过两次非弹性碰撞而失去全部能量,因而又造成电流下降 …… 简言之,实验表明,汞原子由基态到第一个激发态的能量差是 4.9eV. 如果汞原子从激发态又跃迁到最低能级,就伴随着能量为 4.9eV 的光子放出,发射光的波长可计算出来

$$\frac{hc}{\lambda} = 4.9\text{eV}$$

$$\lambda = \frac{hc}{4.9\text{eV}} = \frac{6.626 \times 10^{-34} \times 3.00 \times 10^{8}}{4.9 \times 1.6 \times 10^{-19}} = 2.5 \times 10^{2}\text{nm}$$

实验中确实观察到了这个光谱线，测得波长为253.7nm，和上面计算结果一致. 后来夫兰克 — 赫兹改进了实验装置，使电子加速能量积累到大于4.9eV以上，能把汞原子激发到能量大于4.9eV的更高激发态上，可以测出原子更高激发态的能量，以至原子的电离能.

汞原子吸收电子能量的不连续性充分说明了原子能量的量子化现象，是对玻尔假设的有力支持. 要做好一个实验是不容易的，这个实验以它卓越的设计思想和实验技巧，以及它在建立原子的量子学说方面作出的贡献，受到人们的赞誉，为此，夫兰克与赫兹荣获了1925年的诺贝尔物理学奖.

§2.4 索末菲对玻尔理论的推广

2.4.1 电子的椭园轨道运动

在玻尔理论中，电子沿圆轨道运动，有一个量子化条件和一个相应的量子数 n. 索末菲(A. Sommerfeld) 根据经典力学理论，一个在与距离平方成反比的中心力作用下的粒子运动轨迹是椭圆，对玻尔理论作了改进，假定电子轨道是椭圆. 电子在一个平面上作椭圆运动，是二自由度的运动，索末菲提出应该有两个量子化条件：如图2.4.1用极坐标 r,φ 表示轨道上的位置，与 r 对应的有动

量 P_r，与 φ 对应的有角动量 P_φ.

$$P_r = m\dot{r}$$

$$P_\varphi = mr^2\dot{\varphi}$$

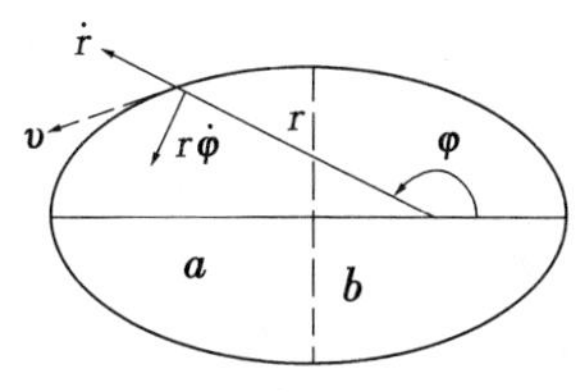

图 2.4.1　椭圆轨道

索末菲提出的两个量子化条件是

$$\oint p_r \mathrm{d}r = n_r h, n_r = 0,1,\cdots \tag{2.4.1}$$

$$\oint p_\varphi \mathrm{d}\varphi = n_\varphi h, n_\varphi = 1,2,\cdots \tag{2.4.2}$$

式中符号$\oint$表示了绕轨道一周的积分，n_r 和 n_φ 都是整数，分别称为径量子数和角量子数，而 $n = n_r + n_\varphi$ 是主量子数.

对玻尔的园轨道来说，仅有一个变量 φ，所以有

$$\oint p_\varphi \mathrm{d}\varphi = n_\varphi h \qquad n_\varphi = 1,2,3,\cdots \tag{2.4.3}$$

由于在有心力场中角动量 P_φ 守恒，因而上式积分变为

$$p_\varphi \oint \mathrm{d}\varphi = p_\varphi \cdot 2\pi = n_\varphi h \qquad n_\varphi = 1,2,3,\cdots$$

这就是玻尔的量子化条件.

体系的总能量为

$$\begin{aligned} E &= \frac{1}{2}m_e v^2 - \frac{Ze^2}{4\pi\varepsilon_0 r} \\ &= \frac{1}{2}m_e(\dot{r}^2 + r^2\dot{\varphi}^2) - \frac{Ze^2}{4\pi\varepsilon_0 r} \end{aligned} \tag{2.4.4}$$

在力学中我们知道，作椭圆运动的物体的总能量 E 只依赖于主轴的数值. 对于库仑力

$$E = -\frac{Ze^2}{4\pi\varepsilon_0 2a} \tag{2.4.5}$$

式中 a 为椭圆的长半轴. 根据上面各式可进一步推算（过程从略）

可求得椭圆轨道长半轴 a 和短半轴 b 的关系和数值为

$$\frac{b}{a}=\frac{n_\varphi}{n_\varphi+n_r}=\frac{n_\varphi}{n} \tag{2.4.6}$$

$$a=(n_r+n_\varphi)^2\frac{4\pi\varepsilon_0 h^2}{4\pi^2 m_e e^2 Z}=n^2\frac{a_1}{Z} \tag{2.4.7}$$

$$b=(n_r+n_\varphi)n_\varphi\frac{4\pi\varepsilon_0 h^2}{4\pi^2 m_e e^2 Z}=nn_\varphi\frac{a_1}{Z} \tag{2.4.8}$$

式中 a_1 是氢原子中玻尔第一轨道半径.

从上面的几个式中看出,椭圆轨道的大小和形状仅决定于主量子数 n 和 n_φ,而长半轴 a 仅由主量子数 n 来确定,与 n_φ 无关.因此,主量子数 n 相同的各椭圆轨道的长半轴相等.由(2.4.8)式知,短半轴 b 由 n 和 n_φ 共同决定,对于同一个 n,如果 n_φ 不同,则短半轴就不相等,即角动量不相等.

考虑到 $n=n_\varphi+n_r$,所以当 n 取确定的值后,n_φ 和 n_r 的取值如下

$$\left.\begin{aligned}n_\varphi&=1,2,3,4,\cdots,n-1,n\\ n_r&=n-1,n-2,n-3,n-4,\cdots,1,0\end{aligned}\right\} \tag{2.4.9}$$

现以 $n=1,2,3$ 为例,可讨论出 n_φ,a,b 的大小,画出这些轨道的相对大小如图 2.4.2 所示,,索末菲的椭圆轨道无论大小还是形状也都不是任意的,是量子化的.

在索末菲的理论中,同样可求得氢原子的能量为

$$E_n=-\frac{2\pi^2 m_e e^4 Z^2}{(4\pi\varepsilon_0)^2 n^2 h^2}\qquad n=1,2,3,\cdots \tag{2.4.10}$$

这与玻尔理论的结果是相同的.从上式中我们可知能量 E_n 只决定于主量系数 n,而与 n_φ 无关.对于同一个 n,有几个可能的轨道,即有几种不同的运动状态,但这几个不同的状态的能量却都是相同的,这种情况称为 n 重简并(也称为退化).

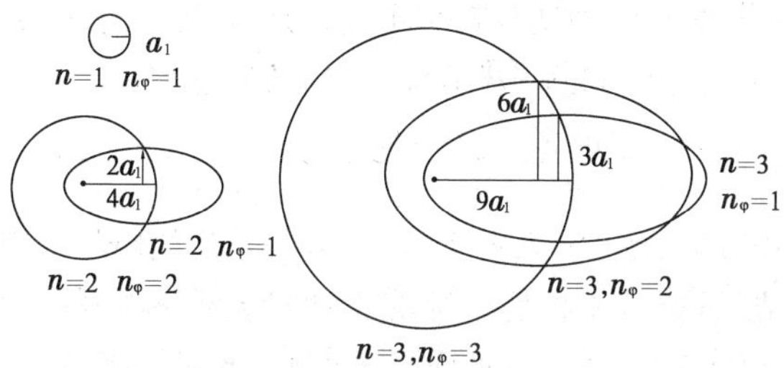

图 2.4.2　量子化椭圆轨道

2.4.2　相对论效应

按照相对论原理，物体的质量随它的运动速度而改变，质量与速度的关系是

$$m=\frac{m_0}{\sqrt{1-\frac{v^2}{c^2}}},\tag{2.4.11}$$

式中：v 是物体的速度；c 是光在真空中的速度. 当 v 等于零时，$m=m_0$，所以 m_0 是物体的静止质量. 当 v 趋近于 c 时，m 趋近于无限大.

又按照相对论原理，运动物体的动能是

$$T=m_0c^2\left(\frac{1}{\sqrt{1-\frac{v^2}{c^2}}}-1\right)\tag{2.4.12}$$

这与经典公式不同. 当 v 比 c 小得多时，此式可简化成经典公式.

电子在椭圆轨道中运动时，速度是变的，近原子核时快，远离原子核时慢，而保持角动量不变. 所以电子的质量在轨道运动中是一直在改变的. 这样的情况产生的效果是，电子的轨道不是闭合的. 好像椭圆轨道有一个连续进动. n 相同而 n_φ 不同的那些轨道，速度的变化不同，因而质量的变化和进动的情况不完全相同. 因此这些轨道运动的能量是略有差别的.

索末菲按相对论的力学原理进行推算，进一步揭示了电子轨道运动的这类复杂情况，并求得氢原子的能量等于

$$E = -\frac{hcRZ^2}{n^2} - \frac{hcRZ^4\alpha^2}{n^4}\left(\frac{n}{n_\varphi} - \frac{3}{4}\right) + \cdots \qquad (2.4.13)$$

此式中 α 的高次项 $\alpha^4, \alpha^6, \cdots$ 可忽略. 这里可以看到，第一项就是玻尔理论的结果，第二项起是相对论效应的结果. 对同一 n，不同 n_φ，第二项的数值是不同的，可见同一 n 而 n_φ 不同的那些轨道运动具有不同的能量. 但第二项代表的数值比第一项要小得多，所以只有微小的差别. 前面未考虑相对论效应，才得到(2.4.10) 式所示的能量. 实际不是那样简单的.

2.4.3 轨道空间取向量子化的理论简介

在讨论原子椭圆轨道时，讲了两个量子化条件，其中主量子数 n 决定原子体系的能量，角动量量子数 n_φ 决定轨道的形状. 我们没有讨论轨道平面的方向(即电子轨道运动角动量方向). 在没有一个参考方向时，我们没有必要讨论轨道平面的方向性. 但当有一个磁场存在时，磁场 B 的方向就成了参考方向，轨道平面的方向就有了意义，电子就在三维空间中运动. 如图 2.4.3.

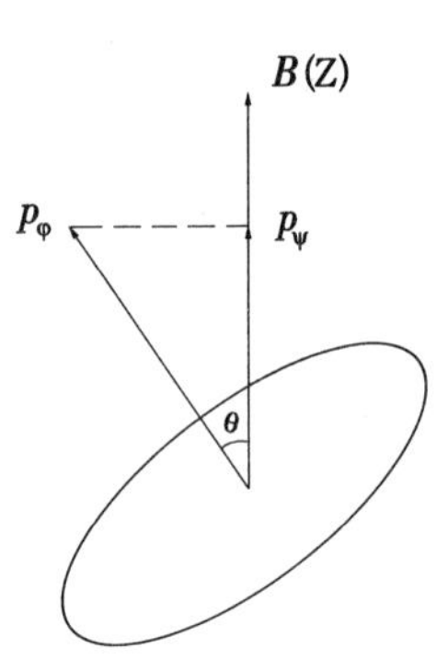

图 2.4.3 轨道角动量的空间取向

类似于索末菲引入的角动量量子化条件

$$P_\varphi = n_\varphi \hbar \qquad n_\varphi = 1, 2, 3, \cdots$$

我们可以引入第三个量子化条件

$$P_\psi = n_\psi \hbar \qquad (2.4.14)$$

由于

$$\cos\theta = \frac{P_\psi}{P_\varphi} = \frac{n_\psi}{n_\varphi} \qquad (2.4.15)$$

显然
$$-1 \leqslant \frac{n_\psi}{n_\varphi} \leqslant 1$$
对于一个 n_φ 来说，有 $n_\psi = n_\varphi, n_\varphi - 1, \cdots - n_\varphi$

可以定义　原子角动量 $L = P_\varphi$，L 在空间某方向(如 Z 或 B)投影 $L_Z = P_\psi$，则
$$L_Z = m\hbar (m = n_\varphi, n_\varphi - 1, \cdots - n_\varphi) \tag{2.4.16}$$
对于每一个 n_φ 值，L 有 $2n_\varphi + 1$ 个不同的空间取向角 θ，m 称为磁量子数，它表征轨道角动量的 Z 分量 L_Z 的不连续性和守恒性质，如图 2.4.4 给出了 $n = 3$ 时空间量子化示意图.

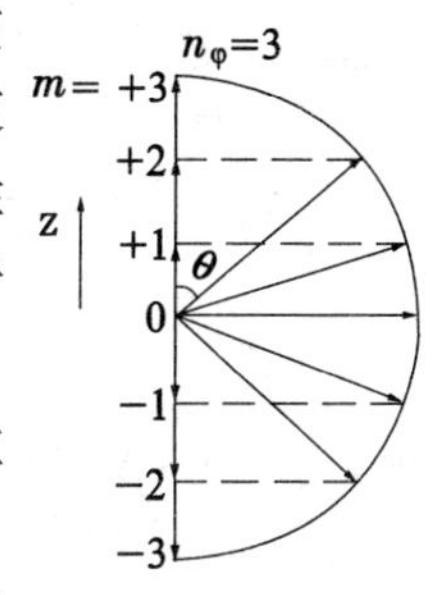

图 2.4.4　空间量子化 ($n = 3$)

空间量子化可以通过史特恩 — 盖拉赫实验直接证明，将在第四章再详述.

至此，我们知道，氢原子的运动状态需用三个量子数来表示，主量子数 n，角量子数 n_φ 和磁量子数 m.

§2.5　对应原理和玻尔理论的地位

2.5.1　玻尔的对应原理

对应原理的主要思想是：在大量子数极限情况下，量子体系的行为将渐近地趋向经典力学体系. 这一基本思想说明了量子理论的规律比经典理论更具有普遍性. 下面通过两个例子来说明.

1. **能级与能量连续的对应**

按量子理论，原子内部存在着量子化的能级. 如氢原子能级：

$$E_n = -hcR\frac{Z^2}{n^2} \qquad n = 1,2,3,\cdots \tag{2.5.1}$$

能量的改变只能通过电子在彼此分立的能级间的跃迁来实现. 按上式，两相邻能级差为

$$\begin{aligned}\Delta E = E_{n+1} - E_n &= -hcR\frac{Z^2}{(n+1)^2} - \left(-hcR\frac{Z^2}{n^2}\right) \\ &= hcRZ^2\left[\frac{1}{n^2} - \frac{1}{(n+1)^2}\right] = hcRZ^2\frac{2n+1}{n^2(n+1)^2} \\ &= hcRZ^2\frac{2+1/n}{n(n+1)^2}\end{aligned} \tag{2.5.2}$$

可见随着 $n \to \infty$，$\Delta E \to 0$. 这就是说，当 n 极大时，能级可以认为是连续的，此时量子化的特征就消失了. 这时如果原子的能级逐级下降并发出辐射，则它的能量就连续减少，这与经典物理的结果相一致.

2. **辐射的量子频率与经典频率的对应**

按玻尔量子理论，辐射的量子频率为

$$\begin{aligned}\nu &= \frac{E'_n - E_n}{h} \\ &= cRZ^2\left(\frac{1}{n^2} - \frac{1}{n'^2}\right) \\ &= cRZ^2\frac{(n'+n)(n'-n)}{n'^2 n^2}\end{aligned} \tag{2.5.3}$$

在经典理论中，原子辐射频率就等于电子的运动轨道频率，所以原子发出辐射的频率应为

$$f = \frac{v}{2\pi r} = \frac{m_e v r}{2\pi m_e r^2}$$

式中：v 是电子轨道速度（为简单起见，电子轨道视为圆轨道）；r 是轨道半径. 把 $m_e v r = nh/2\pi$ 和 $r = 4\pi\varepsilon_0 n^2 h^2/4\pi^2 m_e e^2 Z$ 代入上式，

得到

$$f=\frac{4\pi^2 m_e e^4 Z^2}{(4\pi\varepsilon_0)^2 n^3 h^3}=\frac{2cRZ^2}{n^3} \tag{2.5.4}$$

对照上式和(2.5.3)式,可见辐射的量子频率 ν 与经典频率 f 的差别是很大的.但是,当 n 趋于很大时,且 $\Delta n=n'-n<<n$ 时,由(2.5.3)式可得

$$\nu=\frac{2cRZ^2}{n^3}\Delta n \tag{2.5.5}$$

式中 $\Delta n=1,2,3,\cdots$ 是整数.由(2.5.4)和(2.5.5)式可看出

$$\nu=\Delta n f$$

当原子的能级逐级下降而发出辐射时,$\Delta n=1$,就有 $\nu=f$,这就是说,辐射的量子频率等于经典频率及其高次谐波,这与经典理论是一致的.

量子理论与经典理论的对应关系不仅表现在能量和辐射频率上,也表现在其他方面.我们知道一个微观体系的作用是 $J=\oint P_q\mathrm{d}q$(q 为广义坐标),总等于普朗克常数 h 的整数倍,所以 h 是作用量的最小单元,称为作用量子.如果一个体系的总作用量非常小,可以同 h 相比较的话,那么量子特征就显著地表现出来(在前面的公式中几乎都包含常数 h),这时必须用量子理论来处理它.反之,如果体系的总作用量很大,以致普朗克常数 h 显得微乎其微,即 $h\to 0$,那么这时的物理量就表现出连续的宏观特性,这时用经典理论来处理这个体系就足够了.由于 h 极小(10^{-34} 的量级)故在日常生活中我们观察不到量子现象,但在处理原子、原子核等微观体系时,h 就显得不可忽略了.可见 h 这个作用量起着一个判据作用.类似的情况在牛顿力学和相对论力学中也存在,两者也存在着对应关系.当物体运动速度和光速 c 相比较不太小时,牛顿力学就不适用,而必须用相对论力学,但如果物体运动速度比光速来说非常小 $v/c\to 0$,此时,相对论力学就简化为牛顿力学了,二者趋于

一致.因此光速 c 也起着一个判据作用.

总之,非经典理论和经典理论并非互不相容,而是各自都有自己适应的范围.彼此存在着对应关系,在适当的极限条件下,非经典理论就过渡到了经典理论.

2.5.2 玻尔理论的历史地位

自 1911 年,卢瑟福通过 α 粒子的散射实验提出原子有核模型后,由于在经典物理的框架中,它所遇到的无法克服的困难,即无法说明原子的大小(特征长度) 和稳定性,也无法理解原子线状光谱的基本特征(组合原则),因而这个模型很少有人接受它.是玻尔抓住了这个模型.把普朗克在 1900 年提出的,并在 1905 年被爱因斯坦发展了的量子概念引进原子理论中来,并于 1913 年接连发表了三篇不朽的文章,即关于原子理论的"伟大的三部曲",它是近代物理学史上的一个里程碑,他所建立的原子量子论,首次打开了人们理解原子结构的大门,开创了原子物理学新时代,也为今后的量子力学的诞生奠定了基础.

玻尔理论中最核心的思想有两条:一是原子具有能量不连续的定态概念;二是两个定态之间的量子跃迁概念和频率条件.这两个基本概念可认为是对实验事实的理论概括.运用它,玻尔解释了近 30 年之谜 —— 巴耳末与里德伯公式

$$\tilde{\nu}=\frac{1}{\lambda}=R(\frac{1}{m^2}-\frac{1}{n^2})$$

并首次算出了里德伯常数,同时还解释并预言了氦离子光谱;很好地说明了特征 X 光谱,并第一次用物理观念阐明了元素的周期性.另外,玻尔提出的对应原理,不但对解决光谱线强度问题起过重要作用,而且它作为经典力学与量子力学之间的桥梁,在量子力学的建立过程中起过积极作用.

然而,当人们用这一理论去解释周期表中第二号元素氦时,却

遇到了无法克服的困难. 对于更复杂的原子,则更加暴露玻尔和索末菲理论的不足. 就是对于氢原子,它们也不是十分完善的. 例如无法解释光谱线的强弱,也无法解释用更加精确的方法测得的"谱线的精细结构".

进一步的研究表明,原子(以及分子)问题的根本解决,需要应用 1925 年以后由薛定谔(E. Schrödinger)和海森伯(W. Heisenberg)等建立起来的量子力学理论. 玻尔和索末菲理论的不足是根本性的. 无法用一些修修补补的办法来克服. 虽然,它们引入了量子化条件,但是仍然以牛顿力学轨道运动的概念为基础,没有从根本上考虑微观粒子的二象性. 实际上,由于二象性,电子在原子中的坐标按几率分布,电子的坐标不是完全确定的,它们的运动不能用轨道来描写. 量子力学的成功,正是在于它正确地反映了微观粒子的二象性.

思考题

2.1　为什么汤姆逊模型不可能出现大角散射?

2.2　根据 α 粒子散射实验所提出的原子核式模型解决了哪些问题?

2.3　玻尔的基本假设是依据哪些实验及理论为基础提出来的?它与经典理论有什么矛盾?

2.4　夫兰克—赫兹实验验证了什么问题?考虑电离、电离能、电离电势、激发能、激发电势、电子结合能等物理概念的区别是什么?

习　题

2.1　按汤姆逊的原子模型，正电荷以均匀密度 ρ 分布在半径为 R 的球体内.

(1) 设原子内仅有一个电子，试证该电子(电量为 $-e$) 在球体内的运动是以球心为平衡位置的简谐振动；

(2) 设正电荷的总量等于一个电子的电量，且 $R=10^{-10}$ m(即为汤姆逊氢原子) 试求电子振动频率及由此辐射出的光子的波长.

2.2　当一束能量为 4.8MeV 的 α 粒子垂直入射到厚度为 4.0×10^{-5} cm 的金箔上时，探测器沿 20° 方向每秒记录到 2.0×10^{4} 个 α 粒子. 试求：

(1) 仅改变探测器安置方位，沿 60° 方向每秒可记录到多少个 α 粒子？

(2) 若 α 粒子能量减少一半，则沿 20° 方向每秒可测得多少个 α 粒子？

(3) α 粒子能量仍为 4.8MeV，而将金箔换成厚度相同的铝箔，则沿 20° 方向每秒可记录到多少个 α 粒子？(金和铝的密度分别为 19.3g/cm^3 和 2.7g/cm^3，原子量分别为 197 和 27，原子序数分别为 79 和 13，忽略核的反冲).

2.3　动能为 40keV 的 α 的粒子和静止的铅核($Z=82$) 作对心碰撞时的最小距离是多少？

2.4　动能为 0.87MeV 的质子接近静止的汞核($Z=80$)，当散射角 $\theta=\frac{\pi}{2}$ 时，它们之间的最小距离是多少？

2.5　试证明 α 粒子散射中 α 粒子与原子核对心碰撞时两者间的最小距离是散射角为 90° 时相对应的瞄准距离的两倍.

2.6　已知氢的赖曼系、巴耳末系和帕邢系的第一条谱线的波长分别为：121.6nm，656.3nm 和 1875.1nm. 由此还可以求出哪些系的哪几条谱线来？它们的波长各为多少？

2.7 试由氢原子里德伯常数计算基态氢原子的电离电势和第一激发电势.

2.8 对于氢原子,一次电离的氦离子 He^{+} 和两次电离的锂离子 Li^{2+},分别计算它们的:

(1) 第一、第二玻尔轨道半径及电子在这些轨道上的速度;

(2) 电子在基态的结合能;

(3) 第一激发电势及共振线的波长.

2.9 能量为12.6eV的电子射入氢原子气体中,气体将发出哪些波长的辐射?

2.10 运动质子与一处于静止的基态氢原子作非弹性对心碰撞,欲使氢原子发射出光子,质子至少应以多大的速度运动?

2.11 一次电离的氦离子 He^{+} 从第一激发态向基态跃迁时所辐射的光子,能使处于基态氢原子电离,从而放出电子,试求该电子的速度.

2.12 已知动能为91.8eV的电子恰好使某类氢离子由基态激发至第一激发态,试问该类氢离子是什么?现以动能为110eV的电子激发该基态离子,试问可得到几条谱线?这些谱线的波长各为多少?(不考虑精细结构)

2.13 μ^{-} 子是一种基本粒子,除静止质量为电子质量的207倍外,其余性质与电子都一样. 当它运动速度较慢时,被质子俘获形成 μ 子原子. 试计算:

(1) μ 子原子的第一玻尔轨道半径;

(2) μ 子原子的最低能量;

(3) μ 子原子赖曼线系中的最短波长.

2.14 已知氢和重氢的里德伯常数之比为0.999728,而它们的核质量之比为 $m_H/m_D = 0.50020$,计算质子质量与电子质量之比.

2.15 当静止的氢原子从第一激发态向基态跃迁放出一个光子时,

(1) 试求这个氢原子所获得的反冲速度为多大?

(2) 试估计氢原子的反冲能量与所发光子能量之比.

2.16 试证明氢原子稳定轨道上正好能容纳整数个电子的德布罗意波波长,不论这稳定轨道是圆形还是椭圆形的.

第3章　量子力学基础

量子力学是关于微观世界的基本理论，它能够正确地描述微观世界粒子运动的基本规律，它正确地反映了实物粒子波粒二象性的客观事实. 它与某些经典物理概念是不相容的，也突破了玻尔理论的局限性. 今天量子力学的发展不仅仅在基础科学方面，在其他领域也有广阔的应用前景，比如"光电技术"领域；"纳米物理与纳米技术"领域；"分子器件"器件小尺度发展领域；"量子生物"、"量子化学"交叉学科领域等等无一不是立足于量子力学的概念与方法. 也可以这样说，量子物理的科学已与我们今天的生活息息相关.

本章从引入量子力学的薛定谔(E · Schrödinger)方程开始，介绍如何利用薛定谔方程解决具体实际问题，如无限深势阱、线性谐振子及氢原子问题，并简单介绍有关量子力学的若干基本概念和原理.

§3.1　薛定谔方程

德布罗意引入了和粒子相联系的波.粒子的运动用波函数 $\psi = \psi(\boldsymbol{r}\cdot t)$ 来描述,而粒子在时刻 t 在各处的几率密度为 $|\psi|^2$.但是,怎样确定在给定条件(给定一势场)下的波函数呢?

1925年在瑞士,德拜(P·J·W·Debye)让他的学生薛定谔作一个关于德布罗意波的学术报告.报告后,德拜提醒薛定谔:"有了波,应该有一个波动方程."薛定谔此前就曾注意到爱因斯坦对德布罗意假设的评论,此时又受到了德拜的鼓励,于是就努力钻研.几个月后,薛定谔果然提出了一个波动方程,当时谁也没有想到这个方程会变得如此重要,以致成了著名的薛定谔方程.薛定谔指出,在势场 V 中运动的粒子,其波函数 $\psi(\boldsymbol{r},t)$ 满足的方程是

$$i\hbar\frac{\partial}{\partial t}\psi(\boldsymbol{r},t) = [-\frac{\hbar^2}{2m}\nabla^2 + V]\psi(\boldsymbol{r},t) \tag{3.1.1}$$

式中 ∇^2 是拉普拉斯算符,在直角坐标中

$$\nabla^2 \equiv \frac{\partial^2}{\partial x^2} + \frac{\partial^2}{\partial y^2} + \frac{\partial^2}{\partial z^2}$$

式(3.1.1)称作薛定谔方程

量子力学中的薛定谔方程,相当于经典力学中的牛顿运动定律,是不能从什么更基本的原理中推出来的.它的正确与否,只能由科学实验来检验.实际上,**薛定谔方程是量子力学的一个基本原理**.我们可以从不同侧面发现薛定谔方程与经典力学概念之间的联系.薛定谔方程本身是一种类型的波动方程,薛定谔所创建的力学曾被称为波动力学,这反映了粒子波动性的一面.从下面这个关

系中，可以发现波动方程与经典粒子运动能量关系之间的某种联系．按经典力学，在势场$V(\boldsymbol{r})$中，粒子的能量E等于动能$p^2/2m$与势能V之和，即

$$E = p^2/2m + V \tag{3.1.2}$$

从形式上看，如在经典关系式(3.1.2)中作如下变换

$$E \to i\hbar \frac{\partial}{\partial t}, p \to -i\hbar \nabla \tag{3.1.3}$$

然后作用于波函数ψ，就得到薛定谔方程．这种变换在量子力学中的含意，下面还要提及．

在势能V不显含时间的问题中，薛定谔方程可以用一种分离变数的方法求其特解，令特解表为

$$\psi(\boldsymbol{r},t) = \psi(\boldsymbol{r})f(t) \tag{3.1.4}$$

代入式(3.1.1)，并把坐标函数和时间函数分列于等号两边

$$\frac{i\hbar}{f}\frac{\mathrm{d}f}{\mathrm{d}t} = \frac{1}{\psi(\boldsymbol{r})}\left[-\frac{\hbar^2}{2m}\nabla^2 + V\right]\psi(\boldsymbol{r}) \tag{3.1.5}$$

上式中左边是时间的函数，右边是坐标的函数．若要它们相等，就必须两边都等于一个与时间和坐标都无关的常数．令这常数为E，有

$$\frac{\mathrm{i}\hbar}{f}\frac{\mathrm{d}f}{\mathrm{d}t} = E, \qquad f \sim e^{-\mathrm{i}\frac{E}{\hbar}t}$$

于是波函数$\psi(\boldsymbol{r},t)$可以写成

$$\psi(\boldsymbol{r},t) = \psi(\boldsymbol{r})\mathrm{e}^{-\mathrm{i}\frac{E}{\hbar}t} \tag{3.1.6}$$

与自由粒子的波函数比较，可知上式中的常数E就是能量，具有这种形式的波函数所描述的状态称为定态．在定态中几率密度$|\psi(\boldsymbol{r},t)|^2 = |\psi(\boldsymbol{r})|^2$与时间无关．另一方面，式(3.1.5)右边也等于$E$，故有

$$\left[-\frac{\hbar^2}{2m}\nabla^2 + V\right]\psi(\boldsymbol{r}) = E\psi(\boldsymbol{r}) \tag{3.1.7}$$

这是波函数中与坐标有关的部分$\psi(\boldsymbol{r})$所满足的方程，此方程称作

定态薛定谔方程. 需要根据波函数的物理诠释以及具体问题的边界条件,求解此方程. 由此求出的 E 值就是体系的能量本征值,相应的波函数 $\psi(\boldsymbol{r})$ 是能量本征函数.

例 3.1.1 　试由自由粒子的平面波方程给出建立薛定谔方程的一种方法.

证 　由于自由粒子的平面波方程为

$$\psi = \psi_0 e^{\frac{2\pi i}{h}(\boldsymbol{p}\cdot\boldsymbol{r}-Et)} = \psi_0 e^{\frac{i}{\hbar}(p_x x+p_y y+p_z z-Et)}, \tag{1}$$

对 x,y,z 取二阶偏微商,得到

$$\frac{\partial^2\psi}{\partial x^2} = -\frac{p_x^2}{\hbar^2}\psi,\quad \frac{\partial^2\psi}{\partial y^2} = -\frac{p_y^2}{\hbar^2}\psi,\quad \frac{\partial^2\psi}{\partial z^2} = -\frac{P_z^2}{\hbar^2}\psi, \tag{2}$$

等式两边相加,即有

$$\nabla^2\psi = -\frac{p^2}{\hbar^2}\psi. \tag{3}$$

其中 ∇^2 为拉普拉斯算符,定义为

$$\nabla^2 \equiv \frac{\partial^2}{\partial x^2} + \frac{\partial^2}{\partial y^2} + \frac{\partial^2}{\partial z^2},$$

把(1) 对 t 取一阶偏微商,

$$\frac{\partial\psi}{\partial t} = -\frac{i}{\hbar}E\psi. \tag{4}$$

如果自由粒子的速度较光速小得多,它的能量公式是 $\frac{p^2}{2m} = E$,两边乘以 ψ,即得

$$\frac{p^2}{2m}\psi = E\psi. \tag{5}$$

把(3) 和(4) 代入(5)

$$-\frac{\hbar^2}{2m}\nabla^2\psi = i\hbar\frac{\partial\psi}{\partial t}. \tag{6}$$

得到一个自由粒子的薛定谔方程.

对于一个处在力场中的非自由粒子,它的总能量等于动能加

势能

$$\frac{p^2}{2m}+V=E \tag{7}$$

两边乘以 ψ

$$\frac{p^2}{2m}\psi+V\psi=E\psi \tag{8}$$

自由粒子的薛定谔方程可以按此式推广成

$$-\frac{\hbar^2}{2m}\nabla^2\psi+V\psi=i\hbar\frac{\partial\psi}{\partial t} \tag{9}$$

上式即是薛定谔方程的一般形式.

§3.2 一维无限深势阱中的粒子

一个粒子在两个无限高势垒之间的运动,实际上与一个粒子在无限深势阱中的运动属于同一类问题.设势阱位于 $x=0$ 及 $x=a$ 处.势阱之间(图 3.2.1 中 Ⅰ 区),$V=0$,势阱本身(图 3.2.1 中 Ⅱ,Ⅲ 区),$V=\infty$,求粒子在势阱间的运动情况.

薛定谔方程为

$$-\frac{\hbar^2}{2m}\nabla^2\psi+V\psi=E\psi \tag{3.2.1}$$

$$V(x)=\begin{cases}0, & 0\leqslant x\leqslant a\\ \infty, & x<0,x>a\end{cases}$$

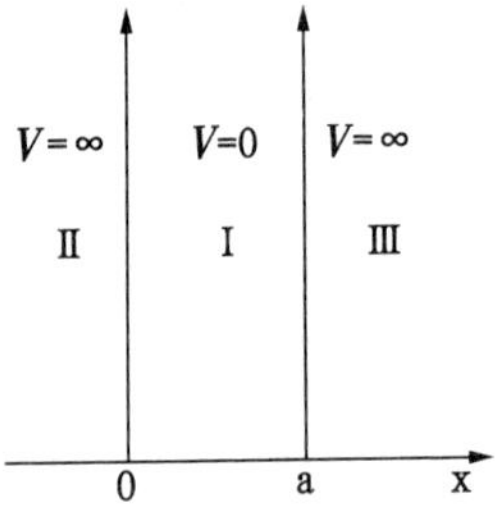

图 3.2.1 无限深势阱

在 Ⅱ,Ⅲ 区,只能有 $\psi=0$.因为从物理上考虑,粒子不能存在于势能为无限大的地区,在 Ⅰ 区,方程简化为

$$\frac{\mathrm{d}^2\psi}{\mathrm{d}x^2} = -\frac{2mE}{\hbar^2}\psi \tag{3.2.2}$$

令 $k \equiv \sqrt{\frac{2mE}{\hbar^2}}$,则

$$\frac{\mathrm{d}^2\psi}{\mathrm{d}x^2} + k^2\psi = 0 \tag{3.2.3}$$

此方程的通解为

$$\psi = A\sin(kx + \delta) \tag{3.2.4}$$

式中,A,δ 为待定常数,为确定 A 与 δ 之值,利用 ψ 的边界条件及归一化条件.从物理上考虑,粒子不能透过势阱,要求在阱壁及阱外波函数为零,即

$$\psi(0) = 0, \quad \psi(a) = 0$$

由前一边条件可知,$0 = A\sin\delta$,因为 $A = 0$ 的解无意义(粒子不存在),所以取 $\sin\delta = 0$ 中 δ 的初值 $\delta = 0$.由后一边条件可得 $0 = A\sin ka$.但 $A \neq 0$,故 $\sin ka = 0$,

$$ka = n\pi \quad (n = 1,2,3,\cdots)$$

即

$$k_n = n\pi/a$$

上式中舍去了 $n = 0$ 的解,因若 $n = 0$,则 $k = 0$,$\psi = 0$,无意义.又舍去了 n 为负的解,因为 $\psi = A\sin ka$ 与 $\psi = A\sin(-ka) = -A\sin ka$ 的物理意义相同.由 $k = \frac{\sqrt{2mE}}{\hbar}$,得到

$$E_n = \frac{k_n^2\hbar^2}{2m} = \frac{\pi^2\hbar^2}{2ma^2}n^2 \quad (n = 1,2,3,\cdots) \tag{3.2.5}$$

这个结果表明,粒子在无限高势垒中的能量是量子化的.又由归一化条件

$$\int_0^a |\psi|^2 \mathrm{d}x = 1$$

$$\int_0^a A^2\sin^2 kx\,\mathrm{d}x = \int_0^a A^2\sin^2\frac{n\pi}{a}x\,\mathrm{d}x = A^2\frac{a}{2} = 1$$

求出 $A=\sqrt{\frac{2}{a}}$，故归一化的波函数是

$$\psi_n=\sqrt{\frac{2}{a}}\sin\frac{n\pi}{a}x \quad (n=1,2,3,\cdots) \tag{3.2.6}$$

由上面的计算，可以看到量子力学解题的一些特点. 在解定态薛定谔方程的过程中，根据边界条件自然地得出了能量量子化的特性(3.2.5)式，E_n 是体系的能量本征值，相应的波函数 ψ_n 是能量本征函数.

在一维无限高势垒间粒子运动的特点如下：

(1) 能量是量子化的，最低能量 $E_1\neq 0$，这与经典力学大不相同，这是粒子波动性的反映，因为“静止的波”是不存在的. 能级的能量依 n^2 规律加大，相邻能级间距越来越大[参看图 3.2.2(a)].

(2) 含时间的波函数是 $\psi\sim\sin\frac{n\pi}{a}x\cdot e^{-i\frac{E}{\hbar}t}$，这是一个驻波，指数部分表示振动，振幅为 $\sin\frac{n\pi}{a}x$[如图 3.2.2(b)]，在形式上像一个两端固定的弦的驻波振动. 这又一次指出，在有限空间内，物质波只能以驻波形式稳定地存在着.

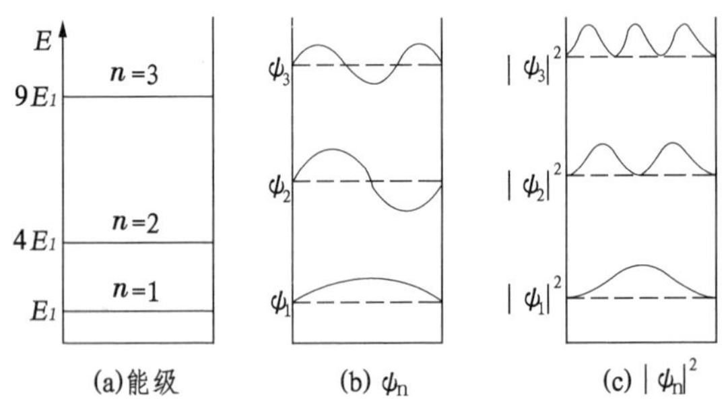

图 3.2.2　粒子在无限深势阱中

(3) 粒子在势垒中的几率分布 $|\psi|^2$ 是不均匀的，而且有若干

几率为零的点(节点)[见图 3.2.2(c)].

粒子在势阱中的运动,是一种较为常见的现象.金属中的自由电子在各晶格结点(正离子)形成的"周期场"中运动,它们不会自发地逃出金属,简化这个模型,可以粗略地认为粒子被无限高的势能壁束缚在金属之中.

氢原子中的电子就是在三维库仑势阱中运动,不过"阱壁"不是直立的,而是按 $-1/r$ 分布.近来,人们设计制作了一种具有"量子阱"的半导体器件,它具有介观(介于宏观与微观)尺寸的势阱,阱宽约在 10nm 上下.这种材料具有若干特性,已用于制造半导体激光器、光电检测器、双稳态器件等.

§3.3　势垒贯穿

设如图 3.3.1,在 $x=0$ 到 $x=a$ 之间有一个有限高的一维势垒 $V=V_0$.在 $x<0$ 区域有一个粒子,其动能 $E<V_0$,从左向右射向势垒,求粒子的几率分布.这个问题的计算比较复杂,这里仅作定性的说明.

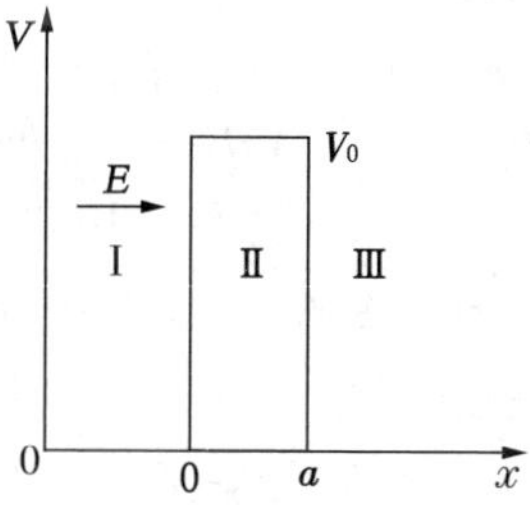

图 3.3.1　有限高势垒

在图中,将空间分为三个区域.粒子从Ⅰ区射向Ⅱ区,在 $x=0$ 处遭遇势垒.按经典力学,粒子的能量不够,不能越过势垒,将被反射而折回.但在微观世界则不然,粒子的德布罗意波将部分地穿过势垒.解题如下.

粒子的薛定谔方程为

$$-\frac{\hbar^2}{2m}\frac{\mathrm{d}^2\psi}{\mathrm{d}x^2}+V(x)\psi=E\psi \tag{3.3.1}$$

$$V=\begin{cases}0, & x<0, x>a\\ V_0, & 0\leqslant x\leqslant a\end{cases}$$

在Ⅰ区，有

$$\frac{\mathrm{d}^2\psi_1}{\mathrm{d}x^2}=-\frac{2mE}{\hbar^2}\psi_1=-k_1^2\psi_1, k_1=\frac{\sqrt{2mE}}{\hbar}$$

其通解为平面波形式

$$\psi_1=A_1e^{ik_1x}+B_1e^{-ik_1x} \tag{3.3.2}$$

e^{ik_1x} 代表由左向右的入射波，e^{-ik_1x} 代表由右向左的反射波. 在Ⅱ区，有

$$\frac{\mathrm{d}^2\psi_2}{\mathrm{d}x^2}=\frac{2m}{\hbar^2}(V_0-E)\psi_2=k_2^2\psi_2,\quad k_2=\frac{\sqrt{2m(V_0-E)}}{\hbar}$$

其通解为

$$\psi_2=A_2e^{ik_2x}+B_2e^{-ik_2x} \tag{3.3.3}$$

Ⅲ 区的方程同 Ⅰ 区，但这里无反射波，故

$$\psi_3=A_3e^{ik_1x} \tag{3.3.4}$$

为求出通解 ψ_1,ψ_2 及 ψ_3 中的待定常数，需应用边界条件. 由定态薛定谔方程(3.1.7)可知，若势场 $V(x)$ 是 x 的连续函数，则 $\psi''(x)$ 存在，因此 $\psi(x)$ 和 $\psi'(x)$ 必为 x 的连续函数. 具体应用于本题，波函数应在 $x=0$ 及 $x=a$ 处连续. 由此可以求出比值 A_3/A_1 及 B_1/A_1 的表达式. 三个区域中波函数示意图见图 3.3.2，图中表明，在势垒后面(Ⅲ 区)，粒子还有一定的几率分布. 处在势垒前(Ⅰ 区)的粒子有一定的几率穿透势垒而逸出. 这就是微观粒子的**隧道效应**. 严格地计算粒子穿透势垒的几率

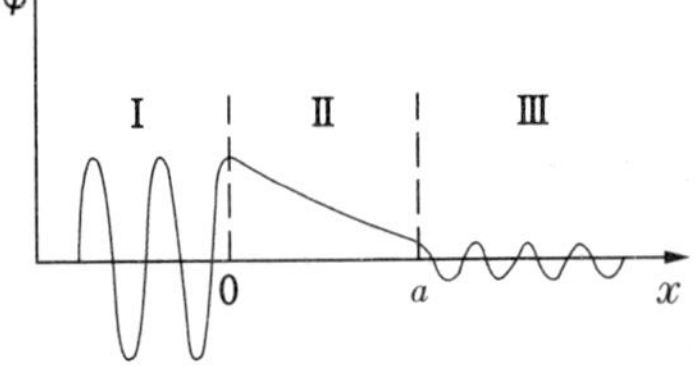

图 3.3.2　势垒贯穿时波函数

较为繁琐,有兴趣的读者可参阅有关量子力学书. 这里,只把结果给出,粒子穿透势垒的几率为

$$P \approx e^{-\frac{2}{\hbar}\sqrt{2m(V_0-E)}a} \tag{3.3.5}$$

由上式可以看出,势垒厚度 a 越大,粒子通过的几率越小;粒子的能量 E 越大,则穿透几率也越大,两者呈指数关系. 例,一粒子质量为 1kg,势垒的厚度 $a \sim 10\text{cm}$,$V_0 - E = 1\text{eV}$,穿透几率约为 10^{-24},几乎不能穿透. 这说明对宏观物体来说,即便是总能量比势垒仅少 1eV,其量子效应也是极其不明显的. 对电子而言,$m_e \sim 10^{-31}\text{kg}$,$V_0 - E = 1\text{eV}$,$a \sim 10^{-8}\text{cm}$,大体求得穿透几率为 $e^{-0.1} \sim 0.9$(一般情况下,穿透几率是比较小的),隧道效应就变得十分明显了.

利用量子隧道效应,可以解释许多现象,放射性原子核的 α 粒子衰变现象就是一种隧道效应. 核内的 α 粒子处在球壳形势垒中,势垒高约 20MeV,而 α 粒子的能量小于 10MeV. 它仍有一定的几率逸出原子核.

热核反应所释放的核能是两个带正电的核,如 ^2H 和 ^3H,聚合时产生的. 这两个带正电的核靠近时将为库仑斥力所阻,这斥力的作用相当于一个高势垒. ^2H 和 ^3H 就是通过隧道效应而聚合到一起的. 这些核的能量越大,它们要穿过的势垒厚度越小,聚合的几率就越大. 热核反应需要高达 10^8K 的高温.

隧道效应在高新技术也有着广泛的重要应用. 例如,隧道二极管就是通过控制势垒高度,利用电子的隧道效应制成的微电子器件,它具有极快(5ps 以内)的开关速度,被广泛地用于需要快速响应过程.

扫描隧道显微镜(STM)也是应用隧道效应的例子,如图 3.3.3,设法在一个导体针尖顶端再制备一个由少量原子组成的小尖端. 此针尖距待测平面非常近,约 1nm 量级. 在一般情况下,金属或介质中的电子,不能自由逸出表面,因为它的能量低于表面外的

空间的势能(零). 而现在针尖与待测物之间距离极近,这空隙相当于一个高度有限而宽度很小的势垒. 在针尖与平面间加一个小于几伏的电压,在这电压下,针尖中的电子还不能越过“空隙”这一势垒进入平面,但有一定的几率穿越势垒,形成“隧道电流”. 隧道电流的大小对势垒宽度(针尖到平面的距离)的变化非常敏感. 当针尖沿平面扫描时,通过隧道电流的变化,便能描绘出平面高低变化的轮廓. 这种方法的分辨率极高,其横向分辨率达 0.1nm,纵向为 0.01nm,可分辨出单个原子,目前 STM 已可直接绘出表面的三维图像. STM 技术不仅可用来进行材料的表面分析,直接观察表面缺陷,还可利用 STM 针尖对原子和分子进行操纵和移动,重新排布原子和分子. 应用到生命科学中,可研究 DNA 分子的构形等.

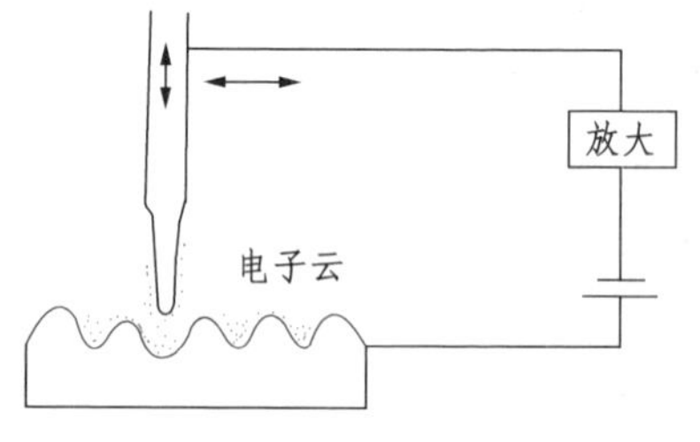

图 3.3.3 STM 示意图

扫描隧道显微镜是在 20 世纪 80 年代发明,其发明人华宁(G・Binning) 和罗尔(H・Rohver) 与鲁斯卡(E・Ruska)(30 年代第一台电子显微镜的发明者) 共同获得 1986 年诺贝尔物理奖.

§3.4 简谐振子

简谐振动是物理学中经常出现的一类运动. 本节介绍一维微观简谐振子的运动特点. 在简谐振动中,粒子所受的力正比于它的

位移 x，而方向相反，即粒子受力的 $F=-kx$，势能为 $V=\frac{1}{2}kx^2$. 故薛定谔方程是

$$-\frac{\hbar^2}{2m}\frac{\mathrm{d}^2\psi}{\mathrm{d}x^2}+\frac{1}{2}kx^2\psi=E\psi \tag{3.4.1}$$

令 $\zeta=\alpha x$，其中 $\alpha=(mk/\hbar^2)^{1/4}$，上式可改写成

$$\frac{\mathrm{d}^2\psi}{\mathrm{d}\zeta^2}+(\lambda-\zeta^2)\psi=0 \tag{3.4.2}$$

式中

$$\lambda=\frac{2mE}{\hbar^2\alpha^2}=\frac{2E}{\hbar}\sqrt{\frac{m}{k}}=\frac{2E}{\hbar\omega} \tag{3.4.3}$$

$\omega=\sqrt{k/m}$ 是简谐振动的圆频率，(3.4.2) 的解如下

$$E_n=\left(n+\frac{1}{2}\right)\hbar\omega,n=0,1,2,\cdots \tag{3.4.4}$$

$$\psi_n=\left(\frac{\alpha}{\sqrt{\pi}2^n\cdot n!}\right)^{1/2}e^{-\frac{1}{2}\alpha^2x^2}H_n(\alpha x) \tag{3.4.5}$$

式中，$H_n(\alpha x)$ 是厄米多项式，有 $H_0(\alpha x)=1$，$H_1(\alpha x)=2\alpha x$，$H_2(\alpha x)=4(\alpha x)^2-2$ 等等. 简谐振子的能级示于图 3.4.1，习惯上把能级画在势能曲线 $V=\frac{1}{2}kx^2$ 内，这样一来，能级横线的长度就表示了经典简谐振动中粒子的活动范围，亦即等于振幅的两倍. 微观简谐振子能级的特点，一是等距分布，间距 $\hbar\omega$. 二是最低能级，即 $n=0$ 的能级，仍有能量 $\frac{1}{2}\hbar\omega$，叫做“零点能”. 这意味着没有静止的简谐振子. 三是跃迁只能逐级进行，即能级之间的跃迁服从 $\Delta n=1$ 的选择定则. 由一、三可以得出绝对的谐振子测到的能谱中只有一条谱线. 这些

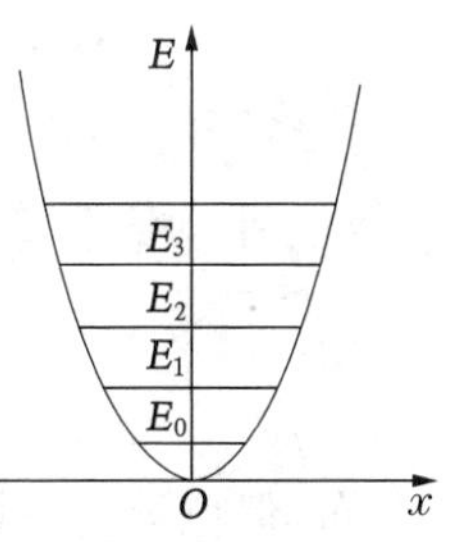

图 3.4.1　简谐振子能级

特点有时常被用来指导理论工作. 在图 3.4.2 中给出了波函数 $\psi_n(\alpha x)$ 及粒子几率密度 $|\psi_n|^2$ 的图形. 注意这里 ψ_n 有一些延伸到势能曲线之外.

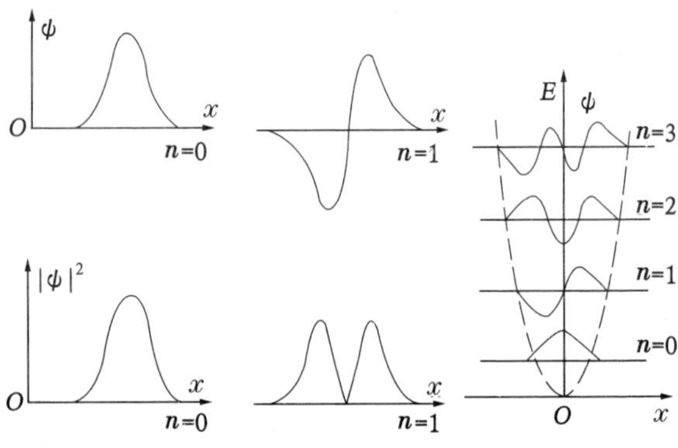

图 3.4.2 简谐振子的波函数及几率密度

* §3.5 量子力学中的一些理论和方法

3.5.1 平均值及算符的引进

由归一化的 $\psi(\boldsymbol{r})$ 所表示的量子态，在 $\boldsymbol{r}$ 处出现粒子的概率密度为 $|\psi(\boldsymbol{r})|^2$，当人们测量粒子的位置的时候，所得结果也有一定的分布，但位置的平均值是确定的. 如坐标 x 的平均值 $\bar{x}$ 为

$$\bar{x} = \langle x \rangle = \int_{-\infty}^{\infty} |\psi(\boldsymbol{r})|^2 x \mathrm{d}\tau$$

此式又可写成

$$<x>=\int_{-\infty}^{\infty}\psi^*(\boldsymbol{r})x\psi(\boldsymbol{r})\mathrm{d}\tau \tag{3.5.1}$$

式中的积分限遍及波函数涉及的空间.

例如，在一维无限高势垒问题中，粒子的波函数是 $\psi_n=\sqrt{2/a}\sin(n\pi/a)x$. 由于是一维问题

$$<x>=\int_{-\infty}^{\infty}|\psi(x)|^2x\mathrm{d}x=\frac{2}{a}\int_0^a x\sin^2\frac{nx\pi}{a}\mathrm{d}x=\frac{a}{2}$$

$<x>$ 位于势阱的中央，这是在意料之中的结果.

但在计算动量平均值 $<\boldsymbol{p}>$ 时，却不能仿照式(3.5.1)，即

$$<\boldsymbol{p}>\neq\int_{-\infty}^{\infty}\psi^*(\boldsymbol{r})\boldsymbol{p}(\boldsymbol{r})\psi(\boldsymbol{r})\mathrm{d}\tau \tag{3.5.2}$$

因为在式(3.5.2)的积分式中自变量是空间坐标，$\boldsymbol{p}(\boldsymbol{r})$ 是在指定的坐标 $\boldsymbol{r}$ 处的动量. 而按不确定性原理，在一个粒子的坐标完全确定后，不能确定它的动量，因而积分无法进行计算. 动量平均值 $<\boldsymbol{p}>$ 的计算，应将式(3.5.2)积分号内的函数变换成在每一空间位置有确定值的函数.

在上节介绍薛定谔方程时已经指出，在经典的能量关系式(3.1.7)中，如作变换

$$E\rightarrow \mathrm{i}\hbar\frac{\partial}{\partial t},\quad \boldsymbol{p}\rightarrow -i\hbar\nabla$$

并使式(3.1.7)两边作用于波函数，就得到薛定谔方程. 这仅是从形式上来观察的. 量子力学的严格理论指出，在进行类似式(3.5.2)的计算的时候，动量 $\boldsymbol{p}(\boldsymbol{r})$ 应该表示为 $-i\hbar\nabla$ 的形式

$$\hat{\boldsymbol{p}}=-i\hbar\nabla \tag{3.5.3}$$

式(3.5.3)叫动量的算符表示式，$\hat{\boldsymbol{p}}$ 是用算符表示的动量. 这样，式(3.5.2)变为

$$\begin{aligned}<\boldsymbol{p}>&=\int_{-\infty}^{\infty}\psi^*(\boldsymbol{r})\,\hat{\boldsymbol{p}}(\boldsymbol{r})\psi(\boldsymbol{r})\mathrm{d}\tau\\&=\int_{-\infty}^{\infty}\psi^*(\boldsymbol{r})(-i\hbar\nabla)\psi(\boldsymbol{r})\mathrm{d}\tau\end{aligned} \tag{3.5.4}$$

上式不含不确定的量,可以用于计算.

例如,在一维无限高势垒中的粒子的平均动量为

$$\langle p_x \rangle = -\mathrm{i}\hbar\int_{-\infty}^{\infty}\psi^*(x)\frac{\mathrm{d}}{\mathrm{d}x}\psi(x)\mathrm{d}x$$

$$= -i\hbar\frac{2n\pi}{a^2}\int_0^a \sin\frac{n\pi x}{a}\cos\frac{n\pi x}{a}\mathrm{d}x = 0 \tag{3.5.5}$$

即粒子以相同的几率具有与 x 轴方向相同或相反且大小相等的动量,因而平均动量为零.

量子力学中的力学量,大部分以算符的形式出现.

我们现在应用的波函数是在坐标表象中的波函数. 前已指出,还可以有别的表象,如动量表象等. 在不同的表象中,力学量的算符表示式是不相同的. 在坐标表象中,坐标算符 $\hat{\boldsymbol{r}}$ 的表示式即为 $\boldsymbol{r}$,动量算符 $\hat{\boldsymbol{p}}$ 的表示式为 $-i\hbar\nabla$,动能算符可由动量算符得到. 因动能 $T=\boldsymbol{p}\cdot\boldsymbol{p}/2m$,故有

$$\hat{T} = -\frac{\hbar^2}{2m}\nabla^2 \tag{3.5.6}$$

在势场中,一个粒子的动能与势能函数之和叫哈密顿量,记为 H,$H=T+V$ 由此式可知哈密顿算符为

$$\hat{H} = -\frac{\hbar^2}{2m}\nabla + \hat{V} \tag{3.5.7}$$

由式(3.5.7)可知,薛定谔方程(3.1.1)和定态薛定谔方程(3.1.7)可以分别写成算符作用于波函数的形式:

$$i\hbar\frac{\partial}{\partial t}\psi(\boldsymbol{r},t) = \hat{H}\psi(\boldsymbol{r},t) \tag{3.5.8}$$

$$\hat{H}\psi(\boldsymbol{r}) = E\psi(\boldsymbol{r}) \tag{3.5.9}$$

3.5.2 本征值和本征函数

设一粒子处于某一量子态 ψ_n,当测量这个粒子的力学量时,

往往得不到确定的结果，已如前述．但是，也可能有些力学量能得到确定的结果．如在前面所举一维无限高势垒及谐振子的例子中，每个能态的能量都是确定的．上节已指出，如力学量$\hat{A}$在ψ_A态有数值A，则称ψ_A是$\hat{A}$的本征函数，相应的本征值是A．在这种情况，可以证明，必定存在关系

$$\hat{A}\psi_A = A\psi_A \tag{3.5.10}$$

算符$\hat{A}$作用于自己的本征函数ψ_A，等于一个数值A乘以ψ_A．式(3.5.10)称为算符$\hat{A}$的本征方程．解这个方程，就可得到算符$\hat{A}$的一套本征函数ψ_A和相应的一套本征值A．

若一个本征值只对应一个本征函数，则称这个本征函数所表示的状态是非简并的；否则就是简并的．本征函数还有一个重要特性：属于不同本征值的本征函数是正交的．这就是说，如ψ_m，ψ_n分属两个不同的本征值，则

$$\int_{-\infty}^{\infty} \psi_m{}^* \psi_n \mathrm{d}\tau = 0 \quad (m \neq n) \tag{3.5.11}$$

在上述一维无限高势垒的例子中，易知

$$\int_{-\infty}^{\infty} \psi_m^* \psi_n \mathrm{d}\tau = \frac{2}{a}\int_0^a \sin\frac{m\pi}{a}x \sin\frac{n\pi}{a}x\,\mathrm{d}x = 0 \quad (m \neq n)$$

本征函数的正交归一化条件可以合并写作

$$\int_{-\infty}^{\infty} \psi_m^* \psi_n \mathrm{d}\tau = \delta_{mn} \tag{3.5.12}$$

一个粒子可以有多个可测的物理量．若某粒子处于力学量A的本征态，则测量A时将得到确定值．若在A的本征态下测量另一个力学量B时，是否能得到确定的值，就不一定了．如果A，B能同时具有确定值，那么它们就具有共同的本征态，下面我们会看到这样的例子．

3.5.3 角动量

角动量是原子物理中一个重要的力学量. 本节介绍微观世界中角动量的特点. 在经典力学中,角动量 $\boldsymbol{L}$ 的表示式是 $\boldsymbol{L}=\boldsymbol{r}\times\boldsymbol{p}$. 在量子力学中,对电子的轨道运动,保留这个关系,并将其用算符表示:

$$\hat{\boldsymbol{L}}=\hat{\boldsymbol{r}}\times\hat{\boldsymbol{p}} \tag{3.5.13}$$

在直角坐标中,角动量的三个分量是

$$L_x=yp_z-zp_y,\quad L_y=zp_x-xp_z,\quad L_z=xp_y-yp_x$$

又 $L^2=L_x^2+L_y^2+L_z^2$,在量子力学中,角动量一般用球坐标表示,有

$$\hat{L}_x=\mathrm{i}\hbar\left(\sin\varphi\frac{\partial}{\partial\theta}+\mathrm{ctg}\theta\cos\varphi\frac{\partial}{\partial\varphi}\right) \tag{3.5.14}$$

$$\hat{L}_y=-\mathrm{i}\hbar\left(\cos\varphi\frac{\partial}{\partial\theta}-\mathrm{ctg}\theta\sin\varphi\frac{\partial}{\partial\varphi}\right) \tag{3.5.15}$$

$$\hat{L}_z=-\mathrm{i}\hbar\frac{\partial}{\partial\varphi} \tag{3.5.16}$$

及

$$\hat{L}^2=-\hbar^2\left[\frac{1}{\sin\theta}\frac{\partial}{\partial\theta}\left(\sin\theta\frac{\partial}{\partial\theta}\right)+\frac{1}{\sin^2\theta}\cdot\frac{\partial^2}{\partial\varphi^2}\right] \tag{3.5.17}$$

以上四个算符,并不能同时测到确定值. 只有 $\hat{L}^2$ 和 $\hat{L}_z$ 可以同时有确定值并有共同的本征函数,而这时 $\hat{L}_x$ 和 $\hat{L}_y$ 就没有确定值. 下面作具体运算,先求 $\hat{L}_z$ 的本征值与本征函数. 令 $\hat{L}_z$ 的本征值为 L_z,本征函数为 Φ,则

$$-\mathrm{i}\hbar\frac{\mathrm{d}\Phi}{\mathrm{d}\varphi}=L_z\Phi \tag{3.5.18}$$

解得

$$\Phi(\varphi)=A\exp\left(-\frac{1}{i\hbar}L_z\varphi\right) \tag{3.5.19}$$

由于 $\Phi(\varphi+2\pi)$ 应仍等于 $\Phi(\varphi)$，即

$$\exp\left(-\frac{1}{i\hbar}L_z\varphi\right)=\exp\left[-\frac{1}{i\hbar}L_z(\varphi+2\pi)\right],\exp\left[-\frac{2\pi L_z}{i\hbar}\right]=1$$

所以必须有

$$L_z=m\hbar, m=0,\pm1,\pm2,\cdots \tag{3.5.20}$$

及

$$\Phi_m(\varphi)=\frac{1}{\sqrt{2\pi}}e^{im\varphi} \tag{3.5.21}$$

式中 $1/\sqrt{2\pi}$ 为归一化因子，m 称为磁量子数. 从物理图像上看，以上结果表明轨道角动量在 z 方向上的投影值为 $m\hbar$，这个现象称为角动量的空间量子化.

再看 $\hat{L}$ 的本征值与本征函数，这里仅写出其结果：本征值是 $l(l+1)\hbar^2$，本征函数是 $Y_{l,m}$.

$$\hat{L}^2Y_{l,m}=l(l+1)\hbar^2Y_{l,m},\quad \begin{cases} l=0,1,2,\cdots \\ m=l,l-1,\cdots,-l \end{cases} \tag{3.5.22}$$

且

$$Y_{l,m}=\Theta_{l,m}\Phi_m,\quad \Theta_{l,m}=BP_l^{|m|}(\cos\theta) \tag{3.5.23}$$

式中 $Y_{l,m}$ 称作球谐函数，Φ_m 是它的一个独立因子，所以 $Y_{l,m}$ 是 $\hat{L}^2$ 与 L_z 的共同本征函数. $P_l^{|m|}(\cos\theta)$ 是缔合勒让德函数.

总之，对微观角动量，$\hat{\boldsymbol{L}}^2$ 及 $\hat{L}_z$ 可以同时测得确定值. $\hat{\boldsymbol{L}}^2$ 的本征值是 $l(l+1)\hbar^2$，$\hat{L}_z$ 的本征值是 $m\hbar$. 这个结论，不但与经典力学不同，与玻尔理论也有根本性的差异，玻尔理论曾给出氢原子中电子的量子化角动量 $L=n_\varphi\hbar$，$n_\varphi=1,2,3,\cdots,n$. 在量子力学中存在 $l=0$. 即 $\boldsymbol{L}=0$ 的状态，与玻尔概念是相矛盾的. $\boldsymbol{L}=0$ 意味着轨道将通过原子核. 量子力学中 l 的上限是 $n-1$，而玻尔理论中，n_φ 可

等于 n. 实验结果表明，量子力学结果是正确的.

人们经常用一个经典图像来描绘微观角动量. 如图 3.5.1(a)，用一个长度为 $\sqrt{l(l+1)}\hbar$ 的矢量代表 $\boldsymbol{L}$，它在 z 轴上的投影是 $m\hbar$，与 z 轴的夹角是 $\theta=\cos^{-1}\dfrac{m}{\sqrt{l(l+1)}}$，但此矢量以随机方位角 ϕ 落在以 2θ 为顶角的锥面上(以使 $\bar{L}_x=\bar{L}_y=0$). 这个图像当然是不确切的，但比较形象化，能帮助人们分析有关的问题. 图 3.5.1(b) 是 $l=1$ 的角动量空间量子化图.

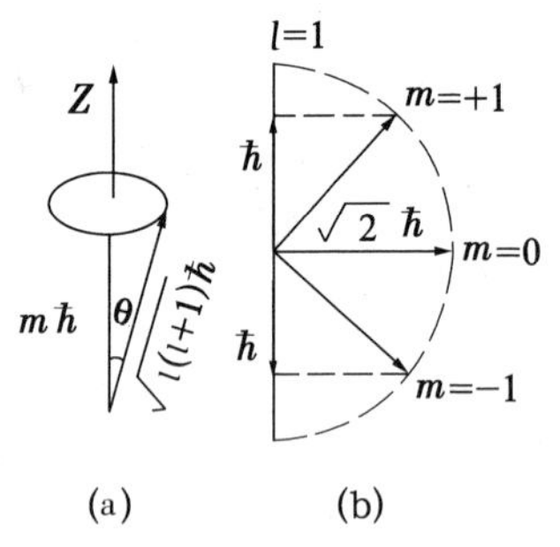

图 3.5.1　角动量的矢量模型

3.5.4　全同粒子和泡利不相容原理

1. 全同粒子

静止质量、电荷和自旋等内禀属性完全相同的微观粒子称为全同粒子(identical particles). 例如所有的电子都是全同粒子，所有的质子也都是全同粒子. 全同粒子系是由同类粒子组成的多粒子系，它们的基本特征是任何可观测量，特别是哈密顿量，对于任何两个粒子的交换是不变的. 这称为全同粒子系的交换对称性.

氦原子中有两个电子，如果在空间某处观测到一个电子，则完全不能判断它究竟是氦原子中两个电子的哪一个. 对于全同粒子系，任何两个粒子交换一下，按照全同粒子系的交换对称性，一切观测的结果都不会因此而改变. 所以该体系的量子态是不变的. 这就要求波函数对于粒子的交换具有一定的对称性. 假设一个全同粒子系由 N 个粒子组成，其波函数为

$$\psi(q_1,q_2,\cdots,q_i,\cdots,q_j,\cdots,q_N) \tag{3.5.24}$$

其中 q_i 表示第 i 个粒子的全部坐标. 用 P_{ij} 表示对第 i 个粒子和第

j 个粒子的全部坐标的交换

$$P_{ij}\psi(q_1,q_2,\cdots,q_i,\cdots,q_j,\cdots,q_N)=\psi(q_1,q_2,\cdots,q_j,\cdots,q_i,\cdots,q_N) \tag{3.5.25}$$

由于这两个波函数所描述的是同一个量子态，它们最多只能相差一个位相因子 C

$$P_{ij}\psi = C\psi, \tag{3.5.26}$$

因此交换算符 P_{ij} 的本征值为 C. 用 P_{ij} 运算两次

$$P_{ij}^2\psi = CP_{ij}\psi = C^2\psi, \tag{3.5.27}$$

显然有

$$C^2 = 1, C = \pm 1. \tag{3.5.28}$$

交换算符 P_{ij} 只有两个本征值. 因此全同粒子系的波函数必须满足下列两种情况之一：一是任意交换两个粒子后不变，称为对称波函数；一是任意交换两个粒子后变号，称为反对称波函数.

2. 玻色子和费米子

对于每一类全同粒子，它们的多粒子系波函数的交换对称性是完全确定的，与粒子的自旋有确定的联系：凡是自旋为 $\hbar$ 的整数倍的粒子($s=0,1,2,\cdots$)，其全同粒子系的波函数是对称的，例如光子($s=1$)、π 介子($s=0$) 等，它们遵从玻色统计，称为玻色子(boson)；凡是自旋为 $\hbar$ 的半奇数倍的粒子($s=1/2,3/2,\cdots$)，其全同粒子系的波函数是反对称的，例如电子($s=1/2$)、质子和中子($s=1/2$) 等，它们遵从费米统计，称为费米子(fermion). 由偶数个费米子组成的复合粒子为玻色子，由奇数个费米子组成的复合粒子仍然为费米子.

3. 两个全同粒子的波函数

考虑由两个无相互作用的全同粒子组成的体系，$\phi_k(q)$ 为相应的归一化的单粒子的波函数. q 表示粒子的全部坐标，k 代表足以描述该粒子的一组完全的量子数. ε_k 为相应的单粒子的能量. 如果一个粒子处于 ϕ_{k1} 态，另一个粒子处于 ϕ_{k2} 态，体系的波函数为

$$\phi_{k1}(q_1)\phi_{k2}(q_2) \text{ 和 } \phi_{k1}(q_2)\phi_{k2}(q_1) \tag{3.5.29}$$

所对应的能量都是

$$E = \varepsilon_{k1} + \varepsilon_{k2} \tag{3.5.30}$$

如果两个粒子所处的状态不同,$k_1 \neq k_2$,则体系的上述两个波函数既不是对称波函数,也不是反对称波函数,这样波函数不能满足全同粒子系统函数对称性的要求. 然而,上述两个波函数的和或差,可以组成对称波函数或反对称波函数. 对于玻色子,要求波函数对于交换是对称的,其归一化波函数为

$$\psi^s_{k1k2}(q_1, q_2) = \frac{1}{\sqrt{2}}[\phi_{k1}(q_1)\phi_{k2}(q_2) + \phi_{k1}(q_2)\phi_{k2}(q_1)] \tag{3.5.31}$$

对于费米子,要求波函数对于交换是反对称的,其归一化波函数为:

$$\psi^a_{k1k2}(q_1, q_2) = \frac{1}{\sqrt{2}}[\phi_{k1}(q_1)\phi_{k2}(q_2) - \phi_{k1}(q_2)\phi_{k2}(q_1)] \tag{3.5.32}$$

4. 泡利不相容原理

从由两个费米子组成的体系的反对称波函数可以看出,如果两个全同的费米子处于同一个单粒子态,即 $k_1 = k_2$,则体系的反对称波函数 $\psi^a = 0$,这样的状态是不存在的. 即在一个全同粒子系中,不可能有两个全同的费米子处于同一个单粒子态,这就是著名的泡利不相容原理(Pauli's exclusion principle). 这个结论可以推广到由 N 个费米子组成的体系. 显然,N 个玻色子组成的体系不受泡利不相容原理的限制. 泡利因此获得了 1954 年诺贝尔物理学奖. 泡利在量子力学建立以前,在研究原子结构的时候,针对电子提出了不相容原理,这里给予了量子力学的解释. 本书第五章对此将有阐述.

§3.6　氢原子

氢原子问题是用薛定谔方程唯一可以严格求解的原子结构问题，因而也是最有代表性的. 本节将给出解题的大致步骤，列出结果，并讨论其物理意义.

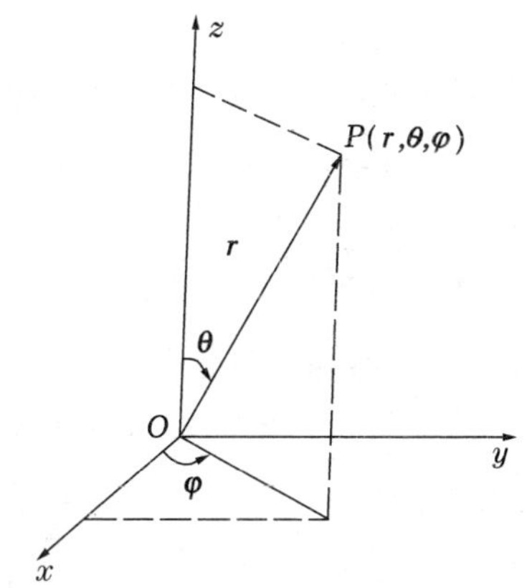

图 3.6.1　球坐标

3.6.1　氢原子的能量本征值与本征函数

氢原子的薛定谔方程是

$$\left(-\frac{\hbar^2}{2\mu}\nabla^2+\hat{V}\right)\psi=E\psi,\hat{V}=-\frac{e^2}{4\pi\varepsilon_0 r} \tag{3.6.1}$$

式中 μ 是折合质量，采用球坐标如图 3.6.1，上式为

$$-\frac{\hbar^2}{2\mu}\left[\frac{1}{r^2}\frac{\partial}{\partial r}\left(r^2\frac{\partial\psi}{\partial r}\right)\right]-\frac{\hbar^2}{2\mu}\left[\frac{1}{r^2\sin\theta}\frac{\partial}{\partial\theta}\left(\sin\theta\frac{\partial\psi}{\partial\theta}\right)+\frac{1}{r^2\sin^2\theta}\frac{\partial^2\psi}{\partial\varphi^2}\right]+\hat{V}\psi$$
$$=E\psi$$

由式(3.5.17)可知,上式中左边第二项正好是$\frac{\hat{\boldsymbol{L}}^2}{2\mu r^2}\psi$,故得到

$$-\frac{\hbar^2}{2\mu r^2}\frac{\partial}{\partial r}\left(r^2\frac{\partial\psi}{\partial r}\right)+\frac{\hat{\boldsymbol{L}}^2}{2\mu r^2}\psi+\hat{V}\psi=E\psi \tag{3.6.2}$$

式中左边第一与第三项只作用于波函数中与矢径 $\boldsymbol{r}$ 有关的部分,第二项只作用于与角度 θ,φ 有关的部分,可以应用分离变数法.令

$$\psi(r,\theta,\varphi)=R(r)Y(\theta,\varphi) \tag{3.6.3}$$

将式(3.6.3)代入式(3.6.2),把与 r 有关的部分和与 θ,φ 有关的部分分列在等号两边,并乘以$\frac{2\mu r^2}{RY}$,则

$$-\frac{1}{R}\left[\hbar^2\frac{\partial}{\partial r}\left(r^2\frac{\partial}{\partial r}\right)\right]R+\frac{1}{R}(2\mu r^2\hat{V})R-2\mu r^2E=-\frac{1}{Y}\hat{\boldsymbol{L}}^2Y$$

上式中等号左边只是矢径的函数,右边只是角度的函数.若它们相等,必定等于一个常数.令此常数为 $-\lambda$,就得到两个方程:

$$\hat{\boldsymbol{L}}^2Y=\lambda Y \tag{3.6.4}$$

$$\left[\frac{\partial}{\partial r}(r^2\frac{\partial}{\partial r})+\frac{2\mu r^2}{\hbar^2}(E-\hat{V})-\frac{\lambda}{\hbar^2}\right]R=0 \tag{3.6.5}$$

在上面两式中,式(3.6.4)正是角动量平方$\hat{\boldsymbol{L}}$ 的本征值方程,所以有 $\lambda=l(l+1)\hbar^2$,而 Y 就是本征函数 $Y_{l,m}$.用这个结果,式(3.6.5)变为

$$\left[\frac{\partial}{\partial r}(r^2\frac{\partial}{\partial r})+\frac{2\mu r^2}{\hbar^2}(E-\hat{V})-l(l+1)\right]R=0 \tag{3.6.6}$$

上式的解法这里不详述,仅列出如下结果

$$E_n=-R_Hhc\frac{1}{n^2} \tag{3.6.7}$$

$$R_{n,l}=C\rho^le^{-\rho/2}L_{n+l}^{2l+1}(\rho),\rho=\frac{2r}{na_1},l=0,1,\cdots,n-1 \tag{3.6.8}$$

式中 $L_{n+l}^{2l+1}(\rho)$ 是缔合拉盖尔多项式,C 为归一化系数.

至此,我们解题得出三个量子数 n,l,m.

$$\begin{cases}\text{主量子数 } n = 1,2,3,\cdots \\ \text{角量子数 } l = 0,1,2,\cdots n-1 \\ \text{磁量子数 } m = 0,\pm 1,\pm 2,\cdots \pm l\end{cases} \tag{3.6.9}$$

主量子数 n 与电子的能量有关，具有相应能量的电子依次称为 K,L,M,N,O,P,… 主壳层的电子；角量子数 l 与电子的角动量有关，$l = 0,1,2,3,4,5,\cdots$ 的态依次称为 $s,p,d,f,g,h,\cdots$ 态，处于这些态上的电子依次称为 $s,p,d,f,g,h,\cdots$，电子，也叫次壳层电子；磁量子数 m 与电子的磁矩有关(具体内容在第六章)，对应一个 l,m 可表示为 m_l(轨道磁量子数，以区别后续内容中的自旋磁量子数 m_s)，m_l 可取 $2l+1$ 个值.

可以看出，对应一个 n 值，l 可以取 n 个值；对应一个 l 值，m 又可以取$(2l+1)$个值，所以，对每一个 n 值，波函数 $\psi_{nlm}(r,\theta,\varphi)$ 的数目为

$$\sum_{l=0}^{n-1}(2l+1) = n^2 \tag{3.6.10}$$

可见，氢原子的能级是 n^2 度简并的.

3.6.2　电子的几率分布

当氢原子处在 $\psi_{nlm}(r,\theta,\varphi)$ 态时，电子在(r,θ,φ) 点周围的体积元 $d\tau = r^2\sin\theta drd\theta d\varphi$ 内几率是

$$P_{nlm} = |\psi_{nlm}(r,\theta,\varphi)|^2 r^2\sin\theta drd\theta d\varphi \tag{3.6.11}$$

氢原子的归一化的波函数应满足

$$\int |\psi|^2 d\tau = \int |R|^2 |\Theta|^2 |\Phi|^2 r^2\sin\theta drd\theta d\varphi = 1$$

$|\psi|^2$ 是电子在空间分布的几率密度. 因 R,Θ,Φ 分别是 r,θ,φ 的函数，所以电子在三个坐标的几率密度是独立的，可以分不同坐标来观察. 上述归一化条件可以写成

$$\int |\Phi|^2 d\varphi = 1,\int |\Theta|^2 \sin\theta d\theta = 1,\int |R|^2 r^2 dr = 1 \tag{3.6.12}$$

前面已经证明 $|\Phi|^2=1/2\pi$，即电子的几率分布是旋转对称的，且与磁量子数 m 无关. $|\Theta|^2\sin\theta$ 是电子出现在 $(\theta,\theta+d\theta)$ 中的几率密度 $(0\leqslant\theta\leqslant\pi)$，因 Θ 是 $\cos\theta$ 的函数，故 $|\Theta|^2\sin\theta$ 对称于 $\theta=\pi/2$ 平面. 又因 Θ 是决定于角量子数 l 和磁量子数 m 的函数，故电子在 θ 角的几率分布决定于量子数 l 和 m. $|R|^2r^2$ 是电子出现在 $(r,r+dr)$ 中的几率密度，叫做径向几率密度. 因 R 是决定于主量子数 n 和角量子数 l 的多项式 $(R=R_{n,l})$，所以径向几率密度决定于主量子数和角量子数.

表 3.6.1 列出了从 $n=1$ 到 $n=3$ 各态 $R_{n,l}(r)$ 的表达式，图 3.6.2 给出 $n=3$ 各态径向波函数 R_{3l} 与 r 的关系曲线. 图 3.6.3 则给出了径向几率密度 r^2R^2. 从表 3.6.1 及图 3.6.2 中可以看到，只有 s 电子 $(l=0)$ 的波函数在 $r=0$ 处才不为零，表示 s 电子在原子核处还有几率分布. 在玻尔理论中，对某一 E_n 能态，$n_\varphi=n$ 的态是圆轨道，$n_\varphi=1$ 是最扁平的轨道，$n_\varphi=0$，即角动量为零的轨道是不允许的，因为那意味着电子轨道通过原子核. 但在量子力学中 l 可取零值，即电子有出现在核中的几率.

表 3.6.1　氢 $R_{n,l}(r)$ 部分表达式

能态	n,l	$R_{nl}(r)$
$1s$	1　0	$a_1^{-3/2}2e^{-r/a_1}$
$2s$	2　0	$a_1^{-3/2}\frac{1}{\sqrt{2}}\left(1-\frac{r}{2a_1}\right)e^{-r/2a_1}$
$2p$	2　1	$a_1^{-3/2}\frac{1}{2\sqrt{6}}\cdot\frac{r}{a_1}e^{-r/2a_1}$
$3s$	3　0	$a_1^{-3/2}\frac{2}{3\sqrt{3}}\left[1-\frac{2r}{3a_1}+\frac{2}{27}(\frac{r}{a_1})^2\right]e^{-r/3a_1}$
$3p$	3　1	$a_1^{-3/2}\frac{8}{27\sqrt{6}}\cdot\frac{r}{a_1}\left(1-\frac{r}{6a_1}\right)e^{-r/3a_1}$
$3d$	3　2	$a_1^{-3/2}\frac{4}{81\sqrt{30}}\cdot\left(\frac{r}{a_1}\right)^2e^{-r/3a_1}$

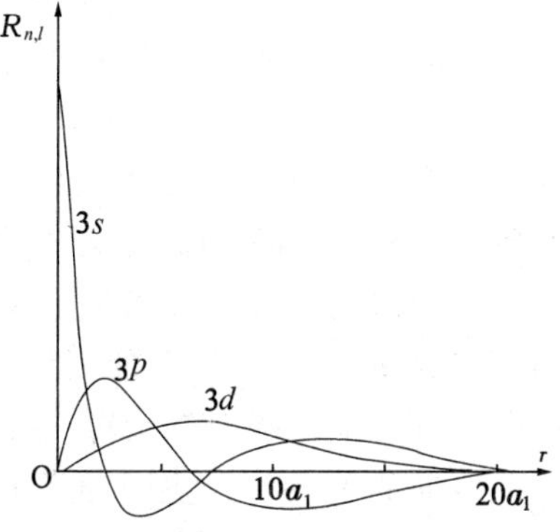

图 3.6.2　R_{3l} 与 r 关系图

从图 3.6.3 可以看出，凡 $l=n-1$ 的态（$1s,2p,3d,\cdots$），即在某一个 E_n 态中角动量最大的态，其径向几率密度只有一个极大值，其位置恰恰在 n^2a_1 处，即经典理论所给出的圆轨道位置处. 在

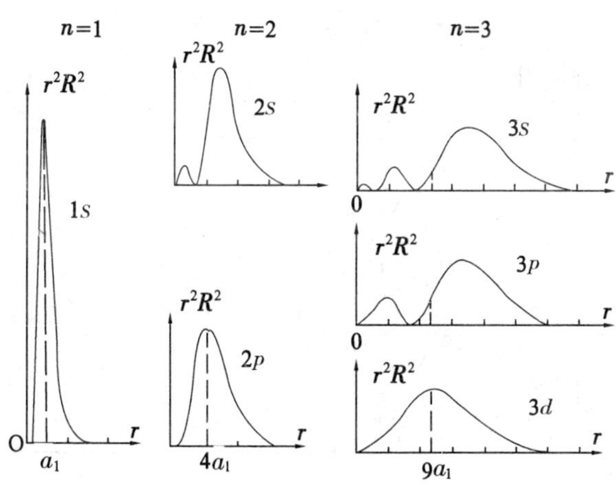

图 3.6.3　氢径向几率密度

量子力学中，这个态就称作圆态. 当 l 值减小时，r^2R^2 的变化有两点趋向. 一是几率分布的主要部分向远处移动. 二是在靠近原子核处的分布有所增大，这与玻尔 — 索末菲理论定性地一致.

因为 n_φ 越小，轨道越呈扁平，偏心度也越大. 这相当于电子在距原子核近处及更远处都有分布. 由此可见，玻尔理论在一定程度上反映了实际，经典图像对于形象地了解原子结构是有益处的.

表 3.6.2 给出了 s,p,d 电子 $Y_{l,m}$ 的表示式，图 3.6.4 给出 $|\Theta|^2$ 与 θ 的关系，其图形应是绕 Z 轴旋转一周的一个旋转体，表示几率密度与空间取向的关系. 在这图中还把用矢量模型画的空间量子化图附上，以资比较. 可以看到其中有某种对应关系.

表 3.6.2 $Y_{l,m}$ **及** $\sum |Y_{l,m}|^2$

<table>
<tr><th>l</th><th>m</th><th>$Y_{l,m}$</th><th>$\sum |Y_{l,m}|^2$</th></tr>
<tr><td>0</td><td>0</td><td>$\sqrt{\frac{1}{4\pi}}$</td><td>$\frac{1}{4\pi}$</td></tr>
<tr><td rowspan="2">1</td><td>0</td><td>$\sqrt{\frac{3}{4\pi}}\cos\theta$</td><td rowspan="2">$\frac{3}{4\pi}$</td></tr>
<tr><td>± 1</td><td>$\mp\sqrt{\frac{3}{8\pi}}\sin\theta e^{\pm i\varphi}$</td></tr>
<tr><td rowspan="3">2</td><td>0</td><td>$\sqrt{\frac{5}{15\pi}}(3\cos^2\theta-1)$</td><td rowspan="3">$\frac{5}{4\pi}$</td></tr>
<tr><td>± 1</td><td>$\mp\sqrt{\frac{15}{8\pi}}\sin\theta\cos\theta e^{\pm i\varphi}$</td></tr>
<tr><td>± 2</td><td>$\sqrt{\frac{15}{32\pi}}\sin^2\theta e^{\pm 2i\varphi}$</td></tr>
</table>

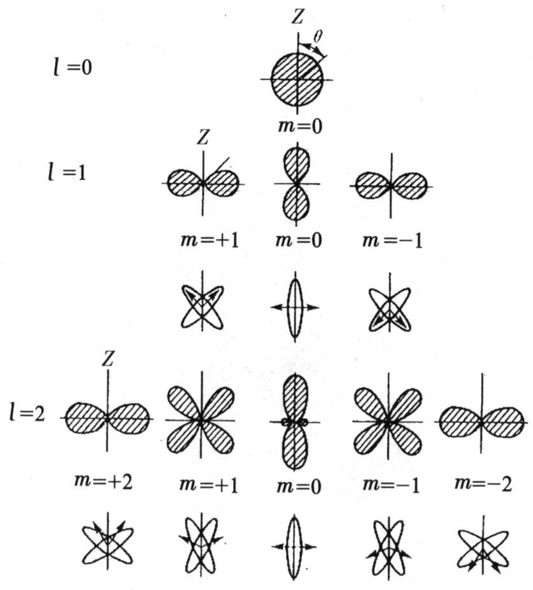

图 3.6.4　Θ^2 作为 θ 的函数和对应的轨道

在几率密度的角分布中，只有 s 电子的分布是球对称的，即各向同性的，其他电子都在某些特殊的方向上有较大的几率分布. 这是一个重要的性质. 在原子与原子结合形成分子时，价电子的方向性将发生作用. 另一值得注意的事实是，在每一个 l 态中，若$(2l+1)$个不同的 m 态中各有一个电子，则它们的 $|Y_{l,m}|^2$ 之和(表 3.6.2 中最右边一列值）为一常数，与方向无关. 这就是说，这$(2l+1)$个电子总的几率分布也是球对称的. 以后将指出，在封闭壳层中就存在这种情况.

最后需要指出，电子在空间中真实的分布情况，需要把径向分布图及角向分布图综合起来才能得到，这是需要一点想象力的. 电子在原子内部的几率分布，常被称作“电子云”的分布. 几率大的区域,“云”的浓度也相应加大.这也是一种形象地描述抽象概念的说法.如图 3.6.5 是氢原子基态 ψ_{100} 的电子云图;图 3.6.6 分别是氢原子 ψ_{200},ψ_{210},$\psi_{21\pm1}$ 各态的电子云图.

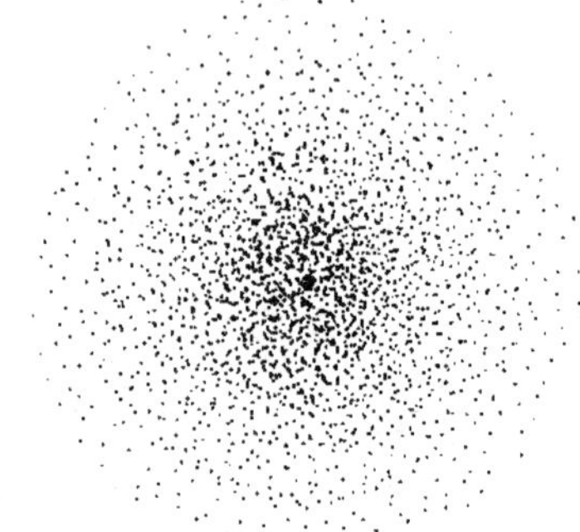

图 3.6.5　氢原子基态的电子云图

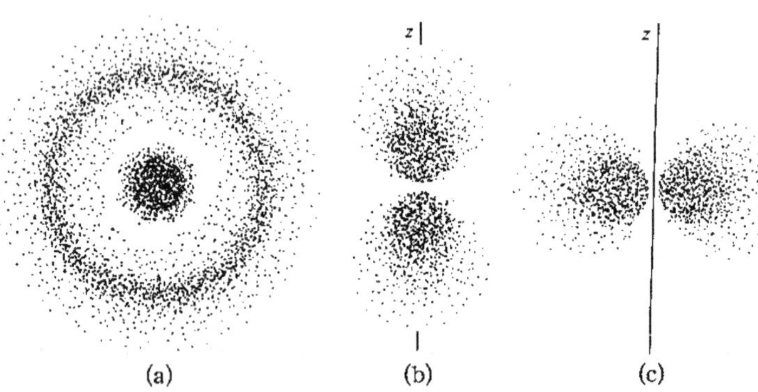

图 3.6.6　氢原子 $n=2$ 的各状态的电子云图

(a)$l=0, m_l=0$;(b)$l=1, m_l=0$;(c)$l=1, m_l=\pm 1$

§3.7　宇　　称

宇称是描述微观粒子波函数空间反演对称性的一个物理量. 设有某函数 $\psi(\boldsymbol{r})$，当对坐标作反演变换，即把 $\boldsymbol{r}\rightarrow-\boldsymbol{r}$，$\psi(\boldsymbol{r})\rightarrow\psi(-\boldsymbol{r})$ 时，会出现不同的情况. 如 $\psi(-\boldsymbol{r})$ 与 $\psi(\boldsymbol{r})$ 完全不同（如（e^{-x} 与 e^{x} 完全不同），则此函数没有反演对称性. 如 $\psi(-\boldsymbol{r})$ 与 $\psi(\boldsymbol{r})$ 仅差一个正负号，则它具有空间反演对称性，并有一定的宇称值：$\psi(\boldsymbol{r})=\psi(-\boldsymbol{r})$，有偶宇称；$\psi(\boldsymbol{r})=-\psi(-\boldsymbol{r})$，有奇宇称.

如用宇称算符 $\hat{P}$ 来表示，则有

$$\hat{P}\psi(\boldsymbol{r})=P\psi(\boldsymbol{r}) \tag{3.7.1}$$

$\hat{P}$ 是将函数进行空间反演，上式是标符 $\hat{P}$ 的本征方程，P 是它的本征值. 如果进行两次反演变换，必回到原来的状态，即

$$\hat{P}(\hat{P}\psi(\boldsymbol{r}))=\psi(\boldsymbol{r}) \tag{3.7.2}$$

$$\therefore P^2=1, P=\pm 1 \tag{3.7.3}$$

可以证明，在反演变换下，球谐函数

$Y_{l,m}$ 具有下列性质

$$\begin{aligned}\hat{P}Y_{l,m}(\theta,\varphi)&=Y_{l,m}(\pi-\theta,\varphi+\pi)\\&=(-1)^{l}Y_{l,m}(\theta,\varphi)\end{aligned} \tag{3.7.4}$$

即 $P=(-1)^{l}$ $\quad$ (3.7.5)

$Y_{l,m}$ 的反演变换性质取决于量子数 l 的值. 当 l 为奇数时，$Y_{l,m}$ 变号；l 为偶数时，$Y_{l,m}$ 不变. 由(3.7.4)式表明 $Y_{l,m}$ 是 $\hat{P}$ 的本征函数，本征值 $P=(-1)^{l}$，等于 ± 1.

在反演变换下径向距离 r 是不变的，所以 $\hat{P}$ 不改变径向函数 $R(r)$，则有

$$\begin{aligned}\hat{P}\psi(r,\theta,\varphi) &= \hat{P}[R_{nl}(r)Y_{lm}(\theta,\varphi)] \\ &= (-1)^l\psi_{nlm}(r,\theta,\varphi)\end{aligned} \tag{3.7.6}$$

$\psi(r,\theta,\varphi)$ 的宇称性质也取决于 l 的值.

宇称的概念在考虑光的跃迁过程，以及在粒子物理、原子核物理和分子物理中都有着重要的意义.

思考题

3.1 对氢原子，量子力学模型与玻尔模型有什么相同之处，又有什么区别？

3.2 为什么说原子内电子的运动状态用轨道来描述是错误的？

3.3 爱因斯坦说“上帝不掷骰子”，不满意于量子力学的几率解释，你对此有何看法？

习 题

3.1 求 H 原子 1s 态电子径向几率密度最大处的位置和距核平均位置 $\bar{r}$，将结果与玻尔理论作比较.

3.2 一粒子在一维无限深势阱中运动，已给 $\psi(x) = A\sin\frac{\pi x}{a}$，求归一化

常数 A，又若 $\psi(x)=Ax(a-x)$，$A=?$粒子在何处几率最大？

3.3　有一粒子质量为 m，在一个长、宽、高分别为 a,b,c 的势箱中运动．在势箱内、势能 $V=0$，在势箱外，$V=\infty$，试求出粒子可能具有的能量．

* 3.4　氢原子的 $n=2,l=1$ 和 $m_l=0,+1,-1$ 三个状态的电子的波函数分别是

$$\psi_{2,1,0}(r,\theta,\varphi)=(1/4\sqrt{2}\pi)(a_1^{-3/2})(r/a_1)e^{-r/2a_1}\cos\theta$$

$$\psi_{2,1,1}(r,\theta,\varphi)=(1/8\sqrt{\pi})(a_1^{-3/2})(r/a_1)e^{-r/2a_1}\sin\theta e^{i\varphi}$$

$$\psi_{2,1,-1}(r,\theta,\varphi)=(1/8\sqrt{\pi})(a_1^{-3/2})(r/a_1)e^{-r/2a_1}\sin\theta e^{-i\varphi}$$

(1) 求每一状态的几率密度分布 $P_{2,1,0}$，$P_{2,1,1}$ 和 $P_{2,1,-1}$ 并和图3.6.6(b)(c)对比验证．

(2) 说明这三个状态的几率密度之和是球对称的．

(3) 证明 $P_{2,1,0}$ 对全空间积分等于1，即 $P=\int P_{2,1,0}=\int_0^{2\pi}\int_0^{\pi}\int_0^{\infty}|\psi_{2,1,0}|^2r^2\sin\theta\mathrm{d}r\mathrm{d}\theta\mathrm{d}\varphi=1$，并说明其物理意义．

第4章　碱金属原子

氢原子问题是可以用薛定谔方程量子力学的方法来严格求解的,但对于多电子原子,从氦原子开始,由于存在核外电子间的相互作用属多体问题,用量子力学方法来求解,要用复杂的数学过程来计算,通常只能利用各种近似方法或简化模型来处理.碱金属原子是具有一个价电子的原子,内部是封闭壳层,它们的结构比单电子的氢原子和类氢离子要复杂些,但同其他原子相比,还是比较简单的.

本章从碱金属原子光谱规律出发,去研究其能级和结构,并引入电子自旋这一重要概念,从自旋与轨道的相互作用去说明碱金属原子光谱的精细结构.

§4.1　碱金属原子光谱与能级

碱金属元素是锂 Li,钠 Na,钾 K,铷 Rb,铯 Cs,钫 Fr,它们属于元素周期表的第 I 族,它们的原子只有一个价电子,在化学性质上与氢比较接近，它们的光谱也与氢原子光谱有相似特点. 早在19 世纪末，人们就发现了碱金属原子光谱可以归纳为几个线系. 以锂(Li) 原子为例，可观察到 4 个线系，即主线系，第一辅线系，第二辅线系和柏格曼系，如图 4.1.1 所示. 主线系的波长范围最广，它的第一条线是红色谱线，其余谱线都在紫外区. 第一辅线系在可见光区，谱线较宽，边缘有些模糊，故又称为漫线系，第二辅线系的第一条线在红外区，其余在可见区，谱线较窄，边缘较清晰，故又称为锐线系；柏格曼线系全在红外区，其频率在这几个线系中最低，故又称之为基线系.

从图 4.1.1 还可以看到，各线系中相邻谱线的间隔随波数的增大而减少；每个线系都有一个线状谱和连续谱的分界线，叫线系限(图 4.1.1 中的虚线)，两个辅线系有同一的线系限.

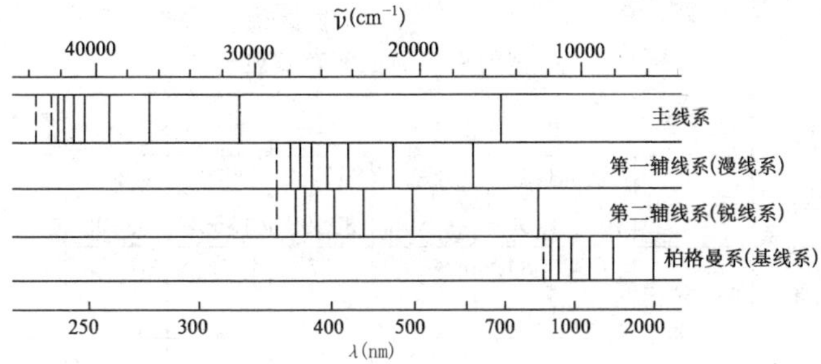

图 4.1.1　锂原子的光谱线系

也与氢光谱的情形类似，里德伯研究出碱金属原子光谱的波数也可以表达为二项差

$$\tilde{\nu}_n = \tilde{\nu}_\infty - \frac{R}{n^{*2}} \tag{4.1.1}$$

式中：$\tilde{\nu}_n$ 是谱线的波数；$\tilde{\nu}_\infty$ 是线系限的波数，R 是里德伯常数；n^* 称为有效量子数，是由实验数据计算出来的. n^* 不是整数，这是碱

金属原子与氢原子不同之处.

对每一线系,测出各谱线的波数后,用适当的数据处理方法可以比较准确的求得线系限的波数$\tilde{\nu}_{\infty}$. 把每一条谱线的波数$\tilde{\nu}_n$和$\tilde{\nu}_{\infty}$代入(4.1.1)式,即可求出第二光谱项 $T=\frac{R}{n^{*2}}$ 和 n^* 的值. 表4.1.1所列是锂的光谱项值和有效量子数.

表中的有效量子数 n^* 都比对应的量子数 n 略小些,故可写成 $n^*=n-\Delta$,Δ 称量子数亏损或量子改正数. 从表中可以看出,对同一线系,Δ 值差不多相同;而对不同线系相比较,量子数 l 值越小的,Δ 值越大,即 Δ 是 l 的函数,记为 Δ_l. 因而碱金属原子每一光谱项可写为

$$T=R/(n-\Delta_l)^2 \tag{4.1.2}$$

式中 n 仍为整数.

表 4.1.1 锂的光谱项值和有效量子数

数据来源	电子态		$n=2$	3	4	5	6	Δ
第二辅线系	s,$l=0$	T	43484.4	16280.5	8474.1	5186.9	3499.6	0.40
		n^*	1.589	2.596	3.598	4.599	5.599	
主线系	p,$l=1$	T	28581.4	12559.9	7017.0	4472.8	3094.4	0.05
		n^*	1.960	2.956	3.954	4.954	5.955	
第一辅线系	d,$l=2$	T		12202.5	6862.5	4389.2	3046.9	0.001
		n^*		2.999	3.999	5.000	6.001	
柏格曼线系	f,$l=3$	T			6855.5	4381.2	3031.0	0.000
		n^*			4.000	5.004		
氢		T	27419.4	12186.4	6854.8	4387.1	3046.6	

于是碱金属原子光谱各谱线波数可一般性地表示为

$$\tilde{\nu}=R\left[\frac{1}{(n-\Delta_l)^2}-\frac{1}{(n'-\Delta_l')^2}\right] \tag{4.1.3}$$

对 Li 原子,当 $l=0,1,2,3$ 时,由表4.1.1可看出 $\Delta_s=0.40$,$\Delta_p=$

0.05，$\Delta_d = 0.001$，$\Delta_f \approx 0$.

由玻尔的频率法则，及(4.1.2)式和(4.1.3)式，可以得到碱金属原子的能级公式为

$$E_{nl} = -\frac{Rhc}{(n-\Delta_l)^2} \tag{4.1.4}$$

由(4.1.4)式可见，碱金属原子的能级不仅与主量子数有关，而且还与轨道量子数l有关. 由实验得到的Li原子的能级图如图4.1.2所示. 为了便于比较，图 4.1.2 中还画出了氢原子的相应能级. 从图 4.1.2 可以看出碱金属原子能级与氢原子能级的不同点. n 相同而 l 不同的能级有较大差别，l 愈小能级愈低. 若 n 愈小，则不同

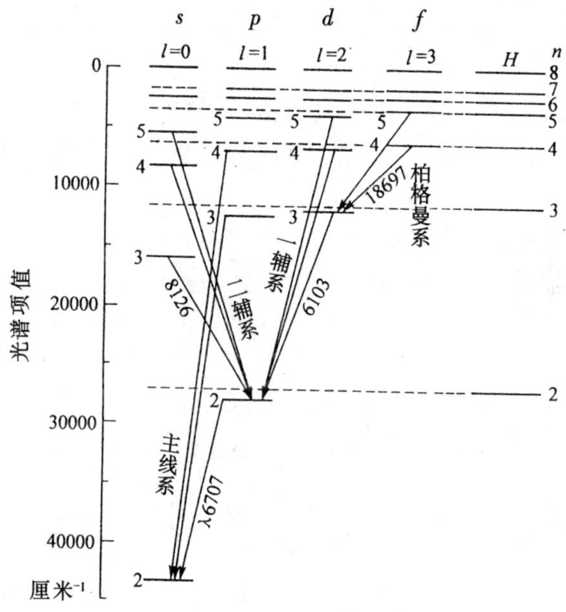

图 4.1.2　锂原子能级图

l 的能级差别愈大. 当 n 很大时，碱金属原子能级与氢原子能级趋

于一致. Li 原子最低能级是 $n = 2$.

里德伯对 Li 原子光谱实验数据的进一步分析还表明:锂的主线系是由诸 p 能级跃迁到 2s 能级时产生的光谱线;第一和第二辅线系分别是从诸 d 能级和诸 s 能级跃迁到 2p 能级产生的,因而二者有共同的系限波数;柏格曼系则是由诸 f 能级跃迁到 3d 能级产生的. 由(4.1.3) 式可将 Li 原子各线系波数写为

$$\left.\begin{aligned}
&\text{主线系} && \tilde{\nu}_p = \frac{R}{(2-\Delta_s)^2} - \frac{R}{(n-\Delta_p)^2} && n = 2,3,4,\cdots \\
&\text{第一辅线系} && \tilde{\nu}_d = \frac{R}{(2-\Delta_p)^2} - \frac{R}{(n-\Delta_d)^2} && n = 3,4,5,\cdots \\
&\text{第二辅线系} && \tilde{\nu}_d = \frac{R}{(2-\Delta_p)^2} - \frac{R}{(n-\Delta_s)^2} && n = 3,4,5,\cdots \\
&\text{柏格曼线系} && \tilde{\nu}_f = \frac{R}{(3-\Delta_d)^2} - \frac{R}{(n-\Delta_f)^2} && n = 4,5,6,\cdots
\end{aligned}\right\} \tag{4.1.5}$$

光谱学上形如(4.1.2) 式的光谱项简写为 nL,因此,(4.1.5) 式可简记为

$$\left.\begin{aligned}
&\text{主线系} && \tilde{\nu} = 2S - nP && n = 2,3,\cdots \\
&\text{二辅系} && \tilde{\nu} = 2P - nS && n = 3,4,\cdots \\
&\text{一辅系} && \tilde{\nu} = 2P - nD && n = 3,4,\cdots \\
&\text{柏格曼系} && \tilde{\nu} = 3D - nF && n = 4,5,\cdots
\end{aligned}\right\} \tag{4.1.6}$$

对于钠原子,四个线系的波数的表示式为

$$\left.\begin{aligned}
&\text{主线系} && \tilde{\nu}_p = \frac{R}{(3-\Delta_s)^2} - \frac{R}{(n-\Delta_p)^2} && n = 3,4,5,\cdots \\
&\text{第一辅线系} && \tilde{\nu}_d = \frac{R}{(3-\Delta_p)^2} - \frac{R}{(n-\Delta_d)^2} && n = 3,4,5,\cdots \\
&\text{第二辅线系} && \tilde{\nu}_s = \frac{R}{(3-\Delta_p)^2} - \frac{R}{(n-\Delta_s)^2} && n = 4,5,6,\cdots \\
&\text{柏格曼线系} && \tilde{\nu}_f = \frac{R}{(3-\Delta_d)^2} - \frac{R}{(n-\Delta_f)^2} && n = 4,5,6,\cdots
\end{aligned}\right\} \tag{4.1.7}$$

可简记为

$$
\left.\begin{array}{lll}
\text{主线系} & \tilde{\nu} = 3S - nP & n = 3,4,\cdots \\
\text{一辅系} & \tilde{\nu} = 3P - nD & n = 3,4,\cdots \\
\text{二辅系} & \tilde{\nu} = 3P - nS & n = 4,5,\cdots \\
\text{柏格曼系} & \tilde{\nu} = 3D - nF & n = 4,5,\cdots
\end{array}\right\} \qquad (4.1.8)
$$

§4.2　价电子模型和原子实极化与轨道贯穿

4.2.1　碱金属原子的价电子模型

碱金属元素锂、钠、钾、铷、铯、钫的原子序数分别是 3,11,19,37,55,87,这些数可以列成

$$3 = 2 \times 1^2 + 1$$
$$11 = 2 \times (1^2 + 2^2) + 1$$
$$19 = 2 \times (1^2 + 2^2 + 2^2) + 1$$
$$37 = 2 \times (1^2 + 2^2 + 3^2 + 2^2) + 1$$
$$55 = 2 \times (1^2 + 2^2 + 3^2 + 3^2 + 2^2) + 1$$
$$87 = 2 \times (1^2 + 2^2 + 3^2 + 4^2 + 3^2 + 2^2) + 1$$

碱金属元素的原子具有相似的结构,原子核和内层电子形成一个稳固的结构,称为原子实,最外层只有一个阶电子,价电子在较大的轨道上运动,它与原子实之间的结合不很牢固,容易使碱金属原子电离成为带一个单位正电荷的离子,所以它们在化学上都是一价元素. 碱金属原子中那些较小的电子轨道已被原子实的电子占据,价电子只能在离核较远的许多轨道上运动,或在这些轨道

之间跃迁，碱金属原子光谱就是价电子在外层轨道之间跃迁而产生的. 例如锂($Z=3$)原子中，原子实的两个电子占了 $n=1$ 的轨道，价电子只能处在 $n\geqslant 2$ 的轨道上. 同样，钠($Z=11$)原子中原子实的 10 个电子占了 $n=1$ 和 $n=2$ 的轨道，价电子只能处在 $n\geqslant 3$ 的轨道上，其余类推. 这就是碱金属原子的价电子模型. 由此可知，碱金属原子和氢原子或类氢离子有相同之处，即最外层都只有一个电子；也有不同之处，前者原子实与一个价电子相互作用，后者是原子核与一个电子相互作用.

4.2.2 原子实极化和轨道贯穿

1. 原子实的极化

原子实是一个球形对称的结构，其中原子核带有 Z 个正电荷，核外有 $Z-1$ 个电子. 价电子在原子实外运动时，好像是处在一单位正电荷的库仑场中. 但由于价电子电场的作用，原子实中带正电的原子核和带负电的电子中心会发生微小的相对位移，于是负电荷的中心不再位于原子核上，形成一个电偶极子，这就是原子实的极化，如图 4.2.1 所示. 极化而产生的电偶极子的电场又作用于价电子，使它增加一份大小为 $-e\boldsymbol{p}\cdot\boldsymbol{r}/(4\pi\varepsilon_0 r^3)$ 的势能，式中 $\boldsymbol{p}$ 是电偶极矩. 因而要导致原子能量的降低. 对同一 n，l 愈小的轨道，其偏心率愈大，极化作用就愈强，能级下降得愈多；反之，l 愈大的轨道，能量降低愈少. 这就解释了 Li 原子能级中为什么同一 n，l 不同的状态能量不同.

2. 价电子轨道贯穿

前节中我们已了解到 Li 原子能级中，$n=2$ 时，其 s 和 p 的轨道的能级差别很大. 由分析可知，单纯的极化不会引起原子能量如此大的差别. 考虑到 s 轨道的偏心率很大，人们设想价电子轨道的一部分穿进了原子实. 这就是价电子轨道贯穿现象. 图 4.2.2 描述了这种情况.

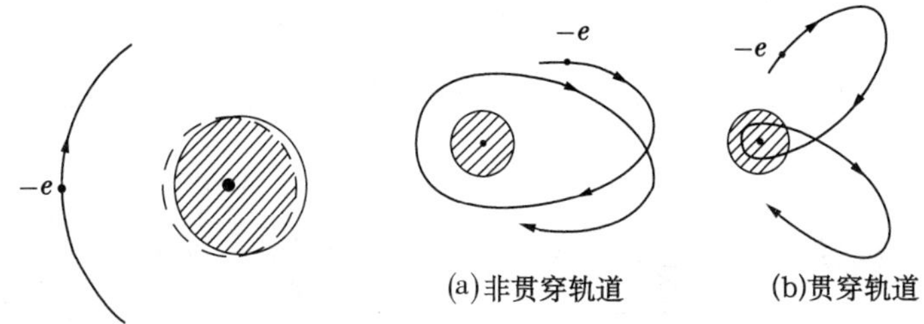

图 4.2.1 原子实极化示意图　　　　图 4.2.2 价电子的轨道运动

当价电子处于原子实外的那部分轨道上时，它仍在原子实的库仑场中运动，原子实对它的作用好像是带单位正电荷的球体，其有效电荷 $Z^* = 1$，所以能级很接近氢原子能级，虽有原子实极化的影响，但能级下降很少. 当电子处在穿入原子实的那部分轨道上时，情况就不同了. 这时对它起作用的有效电荷 $Z^* > 1$. 例如，Li 原子核电荷数是 3，原子实中有 2 个电子，对原子实外部的电子，有效电荷 $Z^* = 3 - 2 = 1$. 当价电子进入原子实时，它在这部分轨道上时离原子核的距离可能比原子实中的两个电子还要近些，那么它的有效电荷数 $Z^* = 3$. 这样，价电子在贯穿轨道上运动时平均有效电荷数 $Z^* > 1$. 由于 l 愈小的轨道，愈容易贯穿原子实，因而这类轨道能量下降愈厉害，造成了 n 相同时，s 和 p 轨道的能级差别较大.

4.2.3　碱金属原子光谱和能级的形成

现在可以直接应用玻尔理论中的光谱项表达式，写出碱金属原子的光谱项公式，但这里要有 Z^* 代替 Z

$$T = \frac{Z^{*2}R}{n^2} = \frac{R}{\left(\frac{n}{Z^*}\right)^2} = \frac{R}{n^{*2}} \tag{4.2.1}$$

式中 $n^* = \frac{n}{Z^*}$ 称为有效量子数. 如前所述 $Z^* > 1$,所以 $n^* < n$,可以写成 $n^* = n - \Delta_l$. 于是,碱金属原子的光谱项公式又可改写为

$$T = \frac{R}{(n-\Delta_l)^2} \tag{4.2.2}$$

其光谱线的波数公式可表示为上述两光谱项之差,即

$$\tilde{\nu} = \frac{R}{(n-\Delta_l)^2} - \frac{R}{(n'-\Delta_{l'})^2} \tag{4.2.3}$$

按玻尔的光谱项与能量间的关系可得碱金属原子能量表达式为

$$E_{nl} = -hcT = -\frac{Rhc}{(n-\Delta_l)^2} \tag{4.2.4}$$

下标 nl 表示能量与这两个量子数有关. l 愈小的轨道,原子实极化和轨道贯穿愈厉害,因而原子能级下降愈大. 反之,l 愈大的轨道,能级愈接近氢原子能级. 在这里,原子能量 E 与角量子数 l 有关,是原子实极化和轨道贯穿的结果,这使得能量简并部分解除.

4.2.4 跃迁选择定则

从图 4.1.2 中可以看到,发生在各光谱线系的跃迁,角动量的改变存在着某些规律性,无论是主线系、第一、二辅线系,还是柏格曼线系,在所有跃迁中,角量子数 l 的变化量 Δl 都是 ± 1,即可表示为

$$\Delta l = \pm 1 \tag{4.2.5}$$

这个式子称为角动量 l 的跃迁选择定则. 式(3.7.5) 指出,波函数的宇称 p 与 l 有关,即

$$p = (-1)^l \tag{4.2.6}$$

式(4.2.5) 和式(4.2.6) 表明,跃迁过程必须改变原子的宇称状态,即原先为偶宇称态的原子,在跃迁后将处于奇宇称态,反之,亦然. 两个偶宇称态之间或两个奇宇称态之间都不会发生跃迁. 因

此，式(4.2.5) 相当于宇称选择定则.

原子实与价电子的异性等量电荷构成了一个电偶极子. 这个电偶极子与外来光波的电场发生相互作用后，促使原子发生跃迁，这种跃迁称为电偶极跃迁. 式(4.2.5) 又称为电偶极跃迁选择定则. 由其他相互作用引起的跃迁，不一定服从电偶极跃迁的选择定则. 凡是违反电偶极跃迁选择定则的跃迁称为禁戒跃迁. 由于其他相互作用(例如磁偶极或电四极相互作用等) 都远小于电偶极相互作用，因此，禁戒跃迁产生的谱线通常很弱，观察到的大都是电偶极跃迁产生的谱线.

§4.3　碱金属原子光谱的精细结构

如果用分辨本领足够高的摄谱仪观察，会发生碱金属原子光谱中每条谱线并不是简单的一条线，而是由二条或三条线组成的.

其规律是：主线系和第二辅线系的每一条线都由两条分线组成，而第一辅线系和柏格曼系的每条线则都由三条分线组成. 谱线的这种细微结构称为光谱的精细结构. 例如，常见的钠黄光是由 $\lambda_1 = 588.996\text{nm}$ 与 $\lambda_2 = 589.593\text{nm}$ 两条很靠近的谱线组成的，其波长差约为 0.6nm. 所有的碱金属原子光谱都有相似的精细结构. 图 4.3.1 是碱金属原子光谱三个线系头四条线的精细结构示意图，竖直线代表光谱线的精细成分，它们的高低代表光谱线强度的大小，它们之间的间隔代表谱线精细结构成分的波数差. 由图 4.3.1 可看到，主线系每条谱线的两条分线的间隔随波数的增加而逐渐减小，最后并入一个线系限. 第二辅线系每条谱线的两条分线具有相同的间隔，直到两条线系限也是这样. 第一辅线系每条谱线由三条线构成，最外两线的间隔同第二辅线系的双线间隔相同，而三线结构中波数较小的(图 4.3.1 中靠左的)两条线的间隔随波数的增加而减小，最后并入一条线系限. 柏格曼系(图中未画出)各线的分裂情况和漫线系类似，但其间隔更小.

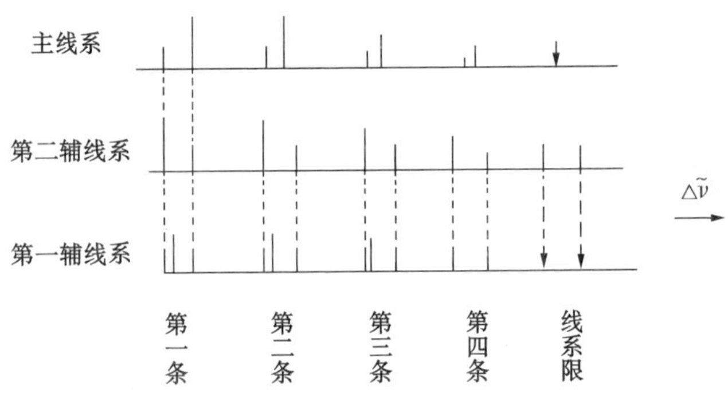

图 4.3.1　谱线的精细结构

原子谱线是由原子能级之间跃迁产生的，谱线的这种分裂反映了原子能级具有更复杂的结构. 对碱金属原子光谱的精细结构规律作仔细分析，可以得知：碱金属原子的价电子除 $l=0$ 的 s 能级外，其余 p，d，f 等能级都是由两个很靠近的能级所组成，或者说，这些能级都分裂为两个靠近的能级. 对同一 l 值，例如 $l=1$ (p 能级) 双层能级间隔随量子数 n 增加而渐减；从光谱线结构也可以看出，对同一 n 值，双层能级间隔随 l 值的增加而渐减. 例如 $n=4$，$4d$ 的双层间隔小于 $4p$ 的，而 $4f$ 的又小于 $4d$ 的. 总之，碱金属原子的能级是一个双层结构的能级，只有 s 能级是单层的，只有这样才能说明碱金属原子光谱的精细结构，这是为什么呢？

§4.4　史特恩—盖拉赫实验

我们已经知道不仅角动量是量子化的，角动量的空间取向也是量子化的. 史特恩(O・Stern)和盖拉赫(W・Gerlach)在1921年第一次通过实验直接证明了原子在外场中角动量空间取向的量子化现象. 角动量的空间取向与原子磁矩的空间取向有着密切的联系，下面首先介绍原子磁矩的知识.

4.4.1　电子轨道运动的磁矩

一个电流为 i，所包面为 S 的闭合电流(见图 4.4.1)产生的磁矩 μ 为

$$\mu = iS \tag{4.4.1}$$

原子中电子的运动将产生电流，因而也有磁矩产生. 设电子运动速度为 v，则产生的电流为

$$i = e\frac{v}{2\pi r} \tag{4.4.2}$$

其中 r 为轨道半径(设电子作圆运动)；电流的方向与 v 相反，所以磁矩 μ 的方向应如图 4.4.1 所示. 式(4.4.1)中 S 应为：

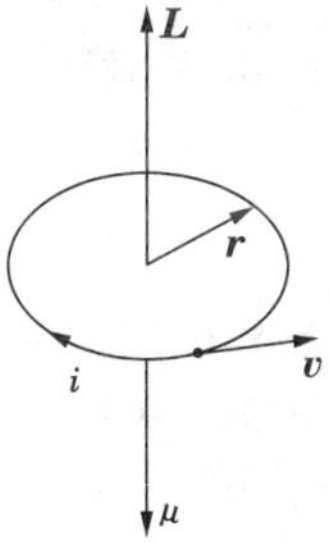

$$S = \pi r^2$$

图 4.4.1 电流产生的磁矩

代入可得：

$$\mu = \frac{ev}{2\pi r}\pi r^2 = \frac{e}{2m_e}(m_e r v)$$

式中 m_e 为电子质量;m_erv 为电子的角动量 L. $\boldsymbol{L}$ 的方向如图 4.4.1 所示,即与 μ 的方向相反

$$\boldsymbol{\mu}=-\frac{e}{2m_e}\boldsymbol{L} \tag{4.4.3}$$

$\boldsymbol{L}$ 与 $\boldsymbol{\mu}$ 方向相反是由于电子带负电的缘故.

将 $L=\sqrt{l(l+1)}\hbar$ 代入上式,则轨道磁矩的大小为

$$\mu=\frac{e}{2m_e}\sqrt{l(l+1)}\hbar=\sqrt{l(l+1)}\frac{he}{4\pi m_e}$$

$$=\sqrt{l(l+1)}\mu_B \tag{4.4.4}$$

式中 $\mu_B=\dfrac{he}{4\pi m_e}=\dfrac{\hbar e}{2m_e}\approx 9.2741\times 10^{-24}$(J/T)(焦耳 / 特斯拉),称之为玻尔磁子,是轨道磁矩的最小单元. 它是原子物理学中一重要常数.

由于原子具有磁矩,因此,它在外磁场中将受到力矩的作用. 令 $\boldsymbol{B}$ 为原子所在位置的磁感应强度,$\boldsymbol{M}$ 为原子受到的力矩,则

$$\boldsymbol{M}=\boldsymbol{\mu}\times\boldsymbol{B} \tag{4.4.5}$$

M 的作用使 $\boldsymbol{\mu}$ 转向 $\boldsymbol{B}$(见图 4.4.2),即使 θ 减小,若使 θ 增加 $\mathrm{d}\theta$,则 M 作的功,为:

$$\mathrm{d}A=-\mu B\sin\theta\mathrm{d}\theta$$

其中 $\mu B\sin\theta$ 即 $\boldsymbol{\mu}\times\boldsymbol{B}$ 的值. 外力矩作的功 $\mathrm{d}A$ 应等于位能的减少

$$-\mathrm{d}U=\mathrm{d}A=\mathrm{d}(\mu B\cos\theta)$$

如选 $\theta=\pi/2$ 时为位能零点,则

$$U=-\mu B\cos\theta=-\boldsymbol{\mu}\cdot\boldsymbol{B} \tag{4.4.6}$$

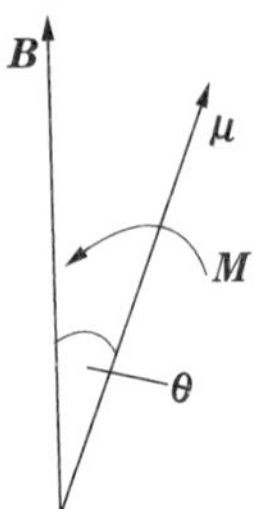

图 4.4.2　M 使 μ 转向 B 的方向

4.4.2　史特恩－盖拉赫实验

实验装置如图 4.4.3 所示,被测定的是处在基态的银原子,在

电炉 O 内使银蒸发，喷出的银原子通过狭缝 S_1 和 S_2 后形成一细束原子射线，这一细束原子经过一个横向不均匀的磁场区域，最后到达相片 P 上. 为使银原子的运动不受意外的干扰，将它经过的区域抽成真空. 显像后的相片中显出两条黑斑（图 4.4.3(c)）说明银原子在经过横向不均匀磁场区域时已分成两束.

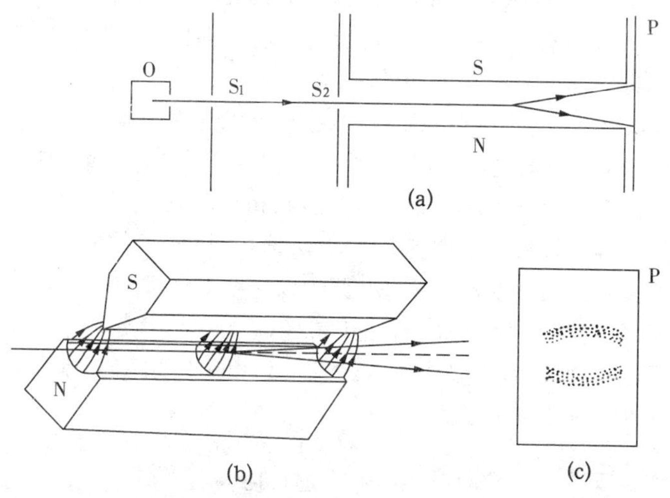

图 4.4.3　史特恩－盖拉赫实验的仪器示意图

实验中一个技术上的关键问题是设计一不均匀磁场，盖拉赫采用不对称的磁极成功地解决了这一难题. 如图 4.4.3(b) 表示原子经过不均匀磁场的立体图.

实验原理大体是这样：首先，给出原子在外磁场中的受力情况. 原子内电子运动具有确定的角动量因而有确定的磁矩 $\boldsymbol{\mu}$，故原子与外磁场 $\boldsymbol{B}$ 的耦合能量为

$$U = -\boldsymbol{\mu} \cdot \boldsymbol{B} \tag{4.4.7}$$

而受外磁场的力为

$$F = -\nabla U = \nabla(\boldsymbol{\mu} \cdot \boldsymbol{B}) \tag{4.4.8}$$

已知外磁场的方向沿 z 轴，且大小沿 z 轴逐渐增强，即磁感应强度

的梯度$\frac{dB}{dz}$大于零，是一常数. 具有磁矩的原子在这样的磁场中受的力

$$F=\mu_z\frac{dB}{dz}=\mu\frac{dB}{dz}\cos\theta \tag{4.4.9}$$

式中:θ是磁矩与磁场方向的夹角;μ_z是磁矩在磁场方向的分量. 当$\theta<90^\circ$时，有$F>0$，即力是沿着磁场方向的；当$\theta>90^\circ$时，$F<0$，即力是逆着磁场方向的.

其次，给出原子束在外磁场中的偏转情况. 由于原子所受的力F垂直于原子束前进的方向，既然力F垂直于原子前进的方向，那么将会使原子的路径产生偏转. 因此，在相片上原子束实际到达的位置离开其原入射的方向有一段横向偏移. 设原子的质量为M，它沿z方向的加速度$a=F/M$. 原子以速度v经过距离为L的磁场区域，所用时间为$t=L/v$. 由于狭缝S_2与相片P分别靠近磁场的前后边界，所以L近似认为是狭缝S_2到相片P的距离. 原子到达P上而产生的横向偏移就等于：

$$S=\frac{1}{2}at^2=\frac{1}{2}\frac{F}{M}\cdot\left(\frac{L}{v}\right)^2=\frac{1}{2M}\frac{dB}{dz}\left(\frac{L}{v}\right)^2\mu\cos\theta \tag{4.4.10}$$

很明显，μ在磁场中有几个取向，也即有几个θ值，根据上式就可知有几个S值，因此，在相片P上就该出现几条斑，在斯特恩和盖拉赫的最初实验中，在相片P上出现两条银的黑斑. 可见基态银原子的磁矩在外场中只能有两个取向. 否则，如果磁矩取向任意，那么μ_z从正到负连续变化，将导致银原子束经磁场后在相片P上出现连续的一片黑斑. 后来有人对其他几种原子先后重复这一实验，都清楚地显示出原子轨道在外磁场中的取向是量子化的.

对应于这两条黑斑的θ值可合理的设想为0°和180°，根据(4.4.10)式，由测得的S值进而求出μ值，它正好是一个玻尔磁子μ_B的理论值，表明原子的磁矩确实具有一个玻尔磁子那样的数量级. 从而证明了原子磁矩的量子性.

实验表明，对于氢、锂、钠、钾、铜、银、金等原子束，得到的都是两个分立的黑斑，这两条黑斑对称地分布在两侧，在中间处没有原子出现. 这些实验一方面令人鼓舞地证实了空间量子化的现象，另一方面却又提出了一个令人不解的问题. 前面指出 m 可取 $2l+1$ 个值，如果 l 是整数，那么 m 可取奇数个值，应当得到奇数个分立的黑斑，而不是两个黑斑，而且应当存在 $m=0$ 的情形，这时应在中间位置出现原子. 如何解释这个实验事实呢？

§4.5　电子的自旋假设

为了说明碱金属原子能级的精细结构及史特恩 — 盖拉赫实验结果以及后面要讲的反常塞曼效应等现象，1925 年，两位年轻的荷兰物理系学生乌伦背克(G • E • Uhlenbeck) 和古德史密特(S • Goudsmit) 提出了关于电子自旋的大胆假设并解决了上述问题.

他们认为，电子不是一个质点，除了轨道运动之外，还存在着一种内秉运动，称为自旋. 与轨道运动相联系，存在轨道角动量 $\boldsymbol{L}$. 与自旋运动相联系也存在一种角动量，称为自旋角动量 $\boldsymbol{S}$. $\boldsymbol{S}$ 的值与自旋量子数 s 有关，即

$$S=\sqrt{s(s+1)}\hbar \tag{4.5.1}$$

对于电子，s 恒等于 1/2，即

$$s=\frac{1}{2} \tag{4.5.2}$$

因而

$$S=\sqrt{s(s+1)}\hbar=\sqrt{\frac{3}{4}}\hbar$$

$\boldsymbol{S}$ 也是空间量子化的,有

$$S_z = m_s \hbar \tag{4.5.3}$$

m_s 称为自旋磁量子数. 为了加以区别,下面将轨道磁量子数改写成 m_l. m_s 的值为:

$$m_s = s, s-1, \cdots -s \tag{4.5.4}$$

即可取 $2s+1$ 个值. 由于 $s=1/2$,所以 $2s+1=2$,m_s 可取 $+1/2$ 和 $-1/2$ 两个值

$$m_s = \frac{1}{2}, -\frac{1}{2} \tag{4.5.5}$$

如果假设 μ_s 为自旋磁矩,则 μ_{sz} 应与 S_z 有关. 由式(4.5.3) 及式(4.5.5) 可得

$$S_z = +\frac{1}{2}\hbar, -\frac{1}{2}\hbar \tag{4.5.6}$$

正好说明史特恩 - 盖拉赫实验中出现的两个黑斑. 也就是说,如果原子中只有一个电子,而且它的轨道角动量为零,只存在自旋角动量,那么一束原子束经过非均匀磁场后,将分成两束. 上述原子,氢、锂、钠、钾、铜、银、金等都只有一个价电子(外层电子),后来证明,它们的内层电子(原子实) 的总角动量(轨道和自旋角动量) 恰好为零,而且基态($n=1$) 情况下,它们价电子的轨道角动量亦为零(即 S 态),因此,只有价电子的自旋角动量对原子的磁矩有贡献. 这样便很好地解释了史特恩 - 盖拉赫实验中观察到的现象.

从实验中测得的两个黑斑的分裂距离可以通过式(4.4.10) 计算出 μ 的值,从而得出 $\boldsymbol{\mu}_s$ 与 $\boldsymbol{S}$ 的定量关系为:

$$\boldsymbol{\mu}_s = -\frac{e}{m_e}\boldsymbol{S} \tag{4.5.7}$$

与式(4.4.3) 比较可知,比值

$$\frac{\mu_s}{S} = \frac{e}{m_e}$$

为比值 μ_l/L 的两倍,这里轨道磁矩已改用 μ_l 表示.

自旋磁矩 $\boldsymbol{\mu}_s$ 在 Z 方向的分量为

$$(\boldsymbol{\mu}_s)_z = -\frac{e}{m_e}(\boldsymbol{S})_z = \pm\frac{e}{2m_e}\hbar = \pm\mu_B \quad (4.5.8)$$

是一个玻尔磁子的量级.

实际上,当初乌伦贝克和古德史密特关于电子自旋的想法,曾受到洛伦兹的质疑.洛伦兹把电子设想成一个半径为 r_e 的刚性球.如果它具有 $\hbar$ 大小的自旋角动量,则从

$$\hbar = I\omega = \frac{2}{5}m_e r_e^2 \cdot \frac{v}{2\pi r_e},$$

可以估计出电子的赤道速度 v 为

$$v = 5\pi\hbar/m_e r_e,$$

代入电子的经典半径公式 $r_e = \dfrac{e^2}{4\pi\varepsilon_0 m_e c^2}$,就有

$$v/c = 5\pi/\alpha \gg 1.$$

这违反了狭义相对论,所以洛伦兹认为电子不可能具有 $\hbar$ 大小的自旋角动量.所以正确的理解应该是:电子确实具有 $\hbar$ 大小的自旋角动量,电子自旋是一种量子效应,把自旋看成电子的经典转动是不恰当的,它是电子的一种内禀属性,没有经典对应.

§4.6　电子自旋与轨道运动的相互作用

4.6.1　电子的总角动量

电子既有轨道角动量 $\boldsymbol{L}$,又有自旋角动量 $\boldsymbol{S}$,它们将合成一个总角动量 $\boldsymbol{J}$:

$$\boldsymbol{J} = \boldsymbol{L} + \boldsymbol{S} \quad (4.6.1)$$

根据量子力学,这些角动量的大小和相应的量子数有如下关系

$$L=\sqrt{l(l+1)}\hbar$$
$$S=\sqrt{s(s+1)}\hbar \qquad (4.6.2)$$
$$J=\sqrt{j(j+1)}\hbar$$

式中 j 是总角动量量子数,它决定着总角动量的大小.量子数 j 的取值由 l 和 s 决定

$$j=l+s,l+s-1,\cdots,|l-s|$$

相邻的 j 值均相差 1.由于 $s=1/2$,所以对某一确定的 l,j 为 $j=l+\frac{1}{2},|l-\frac{1}{2}|$

即当 $l\neq 0$ 时,j 只有两个取值 $j=l\pm 1/2$;当 $l=0$ 时,j 只有一个值 1/2.

例题 4.6.1　求 p 电子的 $\boldsymbol{L}$,$\boldsymbol{S}$ 和 $\boldsymbol{J}$ 的大小.并画出矢量图.

解　p 电子 $l=1$,$s=\frac{1}{2}$,所以 $j=1\pm\frac{1}{2}=\frac{3}{2},\frac{1}{2}$.

$$L=\sqrt{1(1+1)}\hbar=\sqrt{2}\hbar$$
$$S=\sqrt{\frac{1}{2}(\frac{1}{2}+1)}\hbar=\frac{\sqrt{3}}{2}\hbar$$
$$J_{j=\frac{3}{2}}=\sqrt{\frac{3}{2}(\frac{3}{2}+1)}\hbar=\frac{\sqrt{15}}{2}\hbar$$
$$J_{j=\frac{1}{2}}=\sqrt{\frac{1}{2}(\frac{1}{2}+1)}\hbar=\frac{\sqrt{3}}{2}\hbar$$

可见,为了满足(4.6.2)式,$\boldsymbol{L}$ 与 $\boldsymbol{S}$ 就不能是平行或反平行的.其矢量图见图 4.6.1.

在电子不受外力矩作用时,其处于某一状态的总角动量 $\boldsymbol{J}$ 是守恒的.自旋角动量应绕由轨道运动产生的磁场进动;同样,轨道角动量应绕由自旋运动产生的磁场进动.因此,这两个角动量都在不断地进动,相应的磁场方向也在不断变化.在无外磁场存在时,

总角动量$\boldsymbol{J}$应守恒，它的方向不变，$\boldsymbol{S}$与$\boldsymbol{L}$都绕它进动. 进动时应保持$\boldsymbol{L}$与$\boldsymbol{S}$的夹角α不变(见图4.6.2). 总之，电子自旋与轨道运动及绕$\boldsymbol{J}$的附加运动会产生附加能量，造成能级精细分裂.

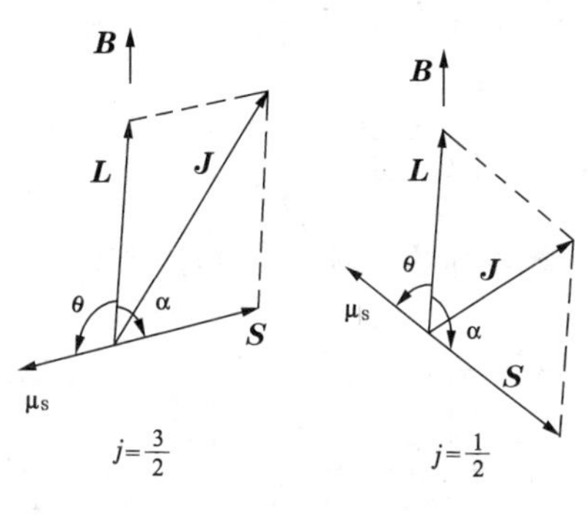

图4.6.1　电子角动量矢量图

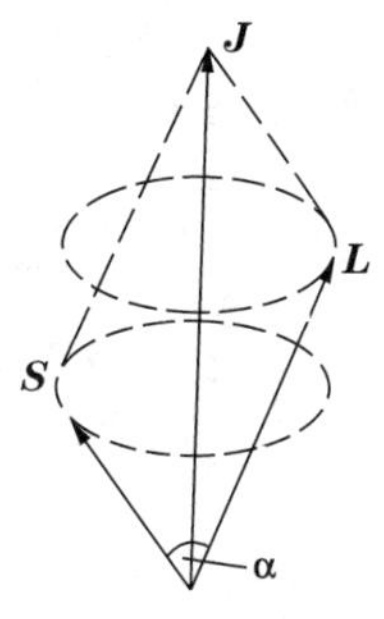

图4.6.2 $\boldsymbol{L}$,$\boldsymbol{S}$ 绕$\boldsymbol{J}$的进动

4.6.2　电子自旋与轨道运动的相互作用能

按照电磁理论，电子自旋磁矩μ_s与因其轨道运动而产生的磁场B_l间的相互作用能可表示为

$$\Delta E = -\mu_s B_l \cos\theta \tag{4.6.3}$$

由于自旋取向的量子化，从图4.6.1可知，θ有两个值，j值较大的$\left(j=\dfrac{3}{2}\right)$，$\theta > 90°$，$\Delta E > 0$，故能级较高；$j$值较小的$\left(j=\dfrac{1}{2}\right)$，$\theta < 90°$，$\Delta E < 0$，故能级较低，这样构成双层能级.

下面我们对(4.6.3)式作进一步的推算

由于轨道运动，电子感受到的磁场可以从如下的考虑求出. 在电子的坐标中，原子实绕电子运动，构成一个等效电流，如图4.6.3(b)所示：令Z^*代表原子实的有效电荷数，v代表原子实对电子的相对速度，按照毕奥·萨伐尔定律，电子感受的磁场强度应

等于

$$B = \frac{\mu_0}{4\pi}\frac{Z^* ev}{r^2}\sin\alpha \tag{4.6.4}$$

式中的 r 和 α 如图 4.6.3(b) 所示. 但 v 也是电子相对于原子实的速度,由图 4.6.3(a) 可知 $mrv\sin\alpha = L$,所以

$$B = \frac{1}{4\pi\varepsilon_0}\frac{Z^* e}{mc^2}\cdot\frac{1}{r^3}\cdot L\left(\varepsilon_0\mu_0 = \frac{1}{c^2}\right) \tag{4.6.5}$$

现在计算(4.6.3)式中的 $\cos\theta$,θ 是 $\boldsymbol{\mu}_s$ 和 $\boldsymbol{B}$ 间的夹角. 由图 4.6.1 可得

$$J^2 = L^2 + S^2 - 2LS\cos\theta$$

$$\cos\theta = -\frac{J^2 - L^2 - S^2}{2LS} \tag{4.6.6}$$

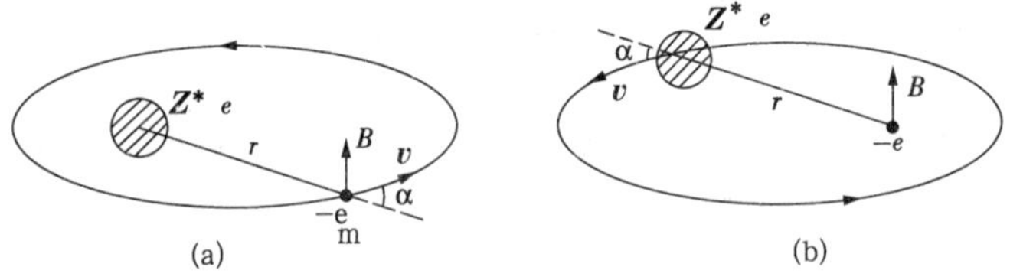

图 4.6.3 电子在轨道运动中如何感受磁场的示意图

把(4.5.7),(4.6.5),(4.6.6) 三式代入(4.6.3) 式,就得

$$\Delta E_{ls} = \frac{1}{4\pi\varepsilon_0}\cdot\frac{e}{m}\cdot\frac{Z^* e}{mc^2}\cdot\frac{1}{r^3}\cdot\frac{J^2 - L^2 - S^2}{2} \tag{4.6.7}$$

根据托马斯在 1926 年按相对论处理的结果,ΔE_{ls} 值是上式的 $\frac{1}{2}$. 再把(4.6.2) 各式代入

$$\Delta E_{ls}=\frac{1}{4\pi\varepsilon_0}\frac{Z^*e^2}{2m^2c^2}\cdot\frac{h^2}{4\pi^2}\cdot\frac{1}{r^3}\cdot\frac{j(j+1)-l(l+1)-s(s+1)}{2}\tag{4.6.8}$$

上式中的 r 是电子到原子核的距离，它应该是 Z^*，n 和 l 的函数；而且在同一轨道上，r 是在一个范围内连续变化的，因而上式表示的电子自旋和轨道运动的相互作用能量也是在一个范围内连续变化的. 但这能量在原子的总能量中是很小的，只要算出平均值就可以了. 这就需要计算 $\frac{1}{r^3}$ 的平均值. 根据量子力学的计算

$$\overline{\left(\frac{1}{r^3}\right)}=\frac{Z^{*3}}{a_1^3n^3l\left(l+\frac{1}{2}\right)(l+1)}\tag{4.6.9}$$

式中的 a_1 是玻尔第一轨道的半径，$a_1=\frac{4\pi\varepsilon_0h^2}{4\pi^2me^2}$. 把(4.6.9)式代入(4.6.8)式，得

$$\overline{\Delta E_{ls}}=\frac{1}{4\pi\varepsilon_0}\frac{Z^*e^2}{2m^2c^2}\cdot\frac{h^2}{4\pi^2}\cdot\frac{Z^{*3}}{a_1^3n^3l\left(l+\frac{1}{2}\right)(l+1)}\cdot\frac{j(j+1)-l(l+1)-s(s+1)}{2}\tag{4.6.10}$$

用里德伯常数 $R=\frac{2\pi^2me^4}{(4\pi\varepsilon_0)^2ch^3}$ 和精细结构常数

$$\alpha=\frac{2\pi e^2}{4\pi\varepsilon_0ch}$$

来表示，上式成为

$$\overline{\Delta E_{ls}}=\frac{Rch\alpha^2Z^{*4}}{n^3l\left(l+\frac{1}{2}\right)(l+1)}\cdot\frac{j(j+1)-l(l+1)-s(s+1)}{2}\tag{4.6.11}$$

该式表达了电子自旋和轨道运动的相互用能. 对每一对双层能级，

n 和 l 是相同的，$s=\frac{1}{2}$ 是不变的，只有 j 不同，$j=l+\frac{1}{2}$，$j=l-\frac{1}{2}$，把这两个 j 值分别代入(4.6.11) 式得

$$\overline{\Delta E_{l,s}}=\frac{Rhc\alpha^2 Z^{*4}}{n^3(2l+1)}\begin{cases}\dfrac{1}{l+1} & j=l+\dfrac{1}{2}\\ -\dfrac{1}{l} & j=l-\dfrac{1}{2}\end{cases} \tag{4.6.12}$$

于是，双层能级的能量差为

$$\Delta\varepsilon=\overline{\Delta E}_{j=l+\frac{1}{2}}-\overline{\Delta E}_{j=l-\frac{1}{2}}=\frac{Rhc\alpha^2 Z^{*4}}{n^3 l(l+1)} \tag{4.6.13}$$

用波数差表示，就是

$$\Delta\bar{\nu}=\frac{R\alpha^2 Z^{*4}}{n^3 l(l+1)} \tag{4.6.14}$$

可见，双能级间隔与 n^3 和 $l(l+1)$ 成反比，即在 n 相同 l 不同的诸能级中，l 值越大的，双层能级间隔越小；在 l 相同 n 不同的诸能级中，n 值越大的双层能级间隔越小，当 $n\to\infty$ 时，双层能级并为单层. 碱金属原子的所有 s 能级都是单层的，这是因为对 s 能级，$l=0$，因此 $j=\frac{1}{2}$. 至于 $j=-\frac{1}{2}$，由 $J=\sqrt{j(j+1)}\hbar$ 可知，J 为虚数，这是不能存在的，所以只有一个 j 值，因而能级是单层的. 由(4.6.13) 式还可以看出，双层能级间隔 $\Delta\varepsilon$ 与 Z^{*4} 成正比，即随 Z 的增加，$\Delta\varepsilon$ 增加.

4.6.3 碱金属原子态的符号

由于原子实的电子分布呈对称结构，可以证明其总轨道角动量，总自旋角动量和总角动量都为 0. 因而价电子的各角动量也就等于原子的各角动量，描述价电子状态的诸量子数可以用来描述整个原子状态. 我们规定以大写的 S,P,D,F 等表示轨道角动量量子数取 0,1,2,3 时的值，并在其左上角标以 $2s+1$ 表示能级层

数,在右下角标以总角动量量子数 j,在其前面标以主量子数 n,这样原子态的标记为 $n^{2s+1}L_j$. 对单个价电子原子,$s=\dfrac{1}{2}$,所以 $2s+1=2$,即能级是双层结构. 对 S 态,虽只有单层能级,但它仍属于双重态体系,故仍用 $^2S_{\frac{1}{2}}$ 表示. 表 4.6.1 列出了碱金属原子一些较低能态的原子态符号.

表 4.6.1　碱金属原子态的符号

n	l	j	价电子的状态符号	原子态符号
1	0	$\frac{1}{2}$	$1s$	$^2S_{\frac{1}{2}}$
2	0	$\frac{1}{2}$	$2s$	$^2S_{\frac{1}{2}}$
	1	$\frac{1}{2}$	$2p$	$^2P_{\frac{1}{2}}$
		$\frac{3}{2}$		$^2P_{\frac{3}{2}}$
3	0	$\frac{1}{2}$	$3s$	$^2S_{\frac{1}{2}}$
	1	$\frac{1}{2}$	$3p$	$^2P_{\frac{1}{2}}$
		$\frac{3}{2}$		$^2P_{\frac{3}{2}}$
	2	$\frac{3}{2}$	$3d$	$^2D_{\frac{3}{2}}$
		$\frac{5}{2}$		$^2D_{\frac{5}{2}}$

4.6.4 对碱金属原子谱线精细结构的解释

由于电子的能量与量子数 j 有关，所以，在研究跃迁发光的过程中还必须考虑有关 j 的跃迁选择定则. 式(4.2.5) 给出，在电偶极跃迁中，应遵守选择定则

$$\Delta l = \pm 1$$

量子力学理论还可以证明，这时对于量子数 j 应遵守选择定则

$$\Delta j = 0, \pm 1 \tag{4.6.15}$$

主量子数 n 的改变不受限制，这就是单电子辐射跃迁的选择定则.

我们看到，碱金属原子各光谱线产生时，对应的原子态跃迁情况是

主线系

$$\left.\begin{matrix} {}^2P_{\frac{1}{2}} \searrow \\ {}^2P_{\frac{3}{2}} \nearrow \end{matrix}\right. {}^2S_{\frac{1}{2}} \qquad \Delta l = -1, \Delta j = 0, -1$$

第二辅线系

$$ {}^2S_{\frac{1}{2}} \begin{matrix} \nearrow {}^2P_{\frac{1}{2}} \\ \searrow {}^2P_{\frac{3}{2}} \end{matrix} \qquad \Delta l = +1, \Delta j = 0, +1$$

第一辅线系

$$\begin{matrix} {}^2D_{\frac{3}{2}} \to {}^2P_{\frac{1}{2}} \\ {}^2D_{\frac{3}{2}} \to {}^2P_{\frac{3}{2}} \\ {}^2D_{\frac{5}{2}} \to {}^2P_{\frac{3}{2}} \end{matrix} \qquad \Delta l = -1, \Delta j = 0, -1$$

柏格曼线系

$$\begin{matrix} {}^2F_{\frac{5}{2}} \to {}^2D_{\frac{3}{2}} \\ {}^2F_{\frac{5}{2}} \to {}^2D_{\frac{5}{2}} \\ {}^2F_{\frac{7}{2}} \to {}^2D_{\frac{5}{2}} \end{matrix} \qquad \Delta l = -1, \Delta j = 0, -1$$

这里看到为什么第一辅线系和柏格曼线系诸谱线都是三线

结构，而$^2D_{\frac{5}{2}}$到$^2P_{\frac{1}{2}}$和$^2F_{\frac{7}{2}}$到$^2D_{\frac{3}{2}}$不会出现，因为这样 j 的改变为 2，不符合选择定则. 图 4.6.4 是锂原子能级的精细结构示意图.

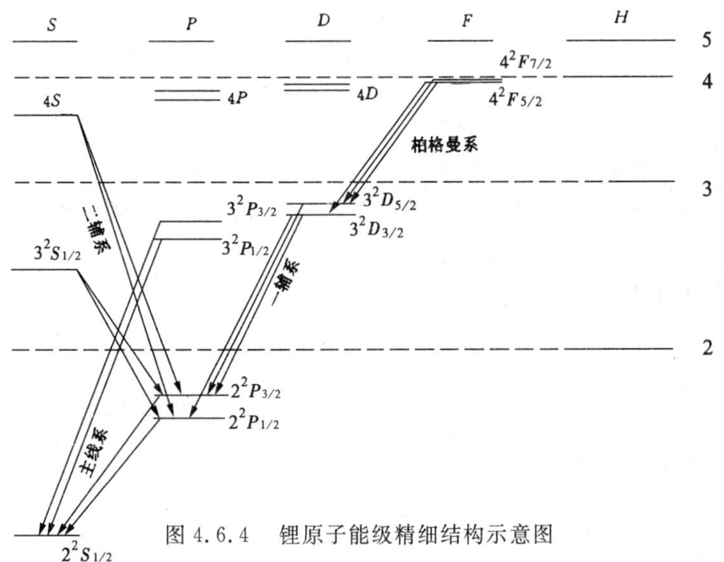

图 4.6.4　锂原子能级精细结构示意图

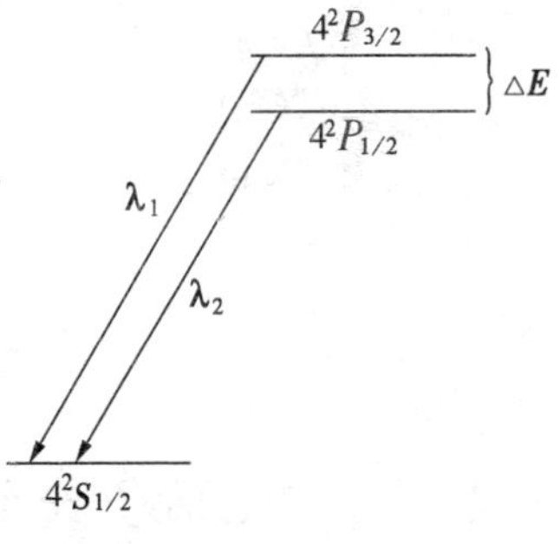

例题 4.6.1　钾原子的共振线具有双线结构，波长分别为 766.4nm 和 769.9nm 试计算相应的双层 P 能级的间隔，并估计电子轨道运动所产生的磁感应强度.

解　钾原子基态的电子态为 $4s$，原子态为 $4^2S_{1/2}$. 第一激发态为 $4p$，原子态为 $4^2P_{1/2}$ 和 $4^2P_{3/2}$. 产生共振线的跃迁方式如图 4.6.5 所示.

图 4.6.5　钾原子共振线的产生方式

已知 $\lambda_1 = 766.4\text{nm}$，$\lambda_2 = 769.9\text{nm}$，可求出 $4^2P_{3/2}$ 和 $4^2P_{1/2}$ 的能级间隔

$$\Delta E = \frac{hc}{\lambda_1} - \frac{hc}{\lambda_2} = \frac{hc(\lambda_2 - \lambda_1)}{\lambda_1 \lambda_2} = \frac{1.24\text{keV}\cdot\text{nm}(769.9-766.4)\text{nm}}{769.9\times 766.4\text{nm}^2} = 7.4\times 10^{-3}\text{eV}(\text{电子伏})$$

由于电子的轨道运动，在固定于电子的坐标系中观察，原子实绕着电子运动，因而感受到存在一个磁场 $\boldsymbol{B}_l$. 相对于这个磁场，电子自旋有两种取向，它在 $\boldsymbol{B}_l$ 方向的分量 $\mu_{sz}=\pm\mu_B$，故电子自旋和轨道运动的相互作用能

$$U = -\boldsymbol{\mu}_s \cdot \boldsymbol{B}_l = \begin{cases} \mu_B B_l & \text{对应于 } j = l + \frac{1}{2} \text{ 即 } \boldsymbol{\mu}_S \text{ 和 } \boldsymbol{B}_l \text{ 反向} \\ -\mu_B B_l & \text{对应于 } j = l - \frac{1}{2} \text{ 即 } \boldsymbol{\mu}_S \text{ 和 } \boldsymbol{B}_l \text{ 同向} \end{cases}$$

其差值即为双层能级的间隔

$$\Delta E = 2\mu_B B_l$$

所以 $B_l = \frac{\Delta E}{2\mu_B} = \frac{7.4\times 10^{-3}\text{eV}}{2\times 0.5788\times 10^{-4}\text{eV/T}} \approx 64(\text{T})$

由此可见，由于电子轨道运动形成的内磁场是相当强的.

§4.7 氢原子光谱的精细结构与兰姆移位

实验已发现氢原子光谱和碱金属原子光谱类似，也呈现精细结构. 但由于氢原子不存在轨道贯穿和极化现象，因而它的自旋轨道耦合能 E_{ls} 比碱金属原子小很多，与其相对论效应导致的附加能

E_r 同数量级. 所以在研究了碱金属原子光谱精细结构之后，再来讨论氢原子光谱精细结构的问题.

4.7.1　氢原子能级精细结构

按照玻尔理论，在仅考虑电子与核静电库仑相互作用的情形下，氢原子能量的主要部分由下式给出

$$E_0 = -Rhc/n^2 \qquad n = 1,2,3,\cdots \tag{4.7.1}$$

它只与主量子数 n 有关，能级的简并度为 n^2.

第二章我们曾讲过，索末菲考虑到电子运动的相对论效应，推得这个效应引起的附加能量修正为

$$\Delta E_r = -\frac{Rhc\alpha^2}{n^3}\left(\frac{1}{n_\varphi} - \frac{3}{4n}\right) \tag{4.7.2}$$

后来海森伯(W · Heisenberg) 和约丹(P · Jordan) 按照量子力学方法重新推得该修正应为

$$\Delta E_r = -\frac{Rhc\alpha^2}{n^3}\left(\frac{1}{l+\frac{1}{2}} - \frac{3}{4n}\right) \tag{4.7.3}$$

这同索末菲的结论大致相同，只是把那里的 n_φ 改成了 $l+\frac{1}{2}$. 这样能量就不仅与 n 有关，而且也与 l 有关，能级对 l 的简并被解除.

电子因自旋与轨道相互作用而引起的附加能量 $\overline{\Delta E_{ls}}$ 与 (4.6.12) 式的结果相同，只是把 Z^* 换成 1. 所以

$$\overline{\Delta E_{ls}} = \frac{Rhc\alpha^2}{n^3(2l+1)}\begin{cases} \dfrac{1}{l+1} & j = l+\dfrac{1}{2} \\ -\dfrac{1}{l} & j = l-\dfrac{1}{2} \end{cases} (l \neq 0) \tag{4.7.4}$$

这将使 $l \neq 0$ 的能级发生分裂.

把(4.7.3) 式与(4.7.4) 式合并得

$$\Delta E_r + \overline{\Delta E_{ls}} = -\frac{Rhc\alpha^2}{n^3}\begin{cases}(\frac{1}{l+1}-\frac{3}{4n}) & j=l+\frac{1}{2}\\ (\frac{1}{l}-\frac{3}{4n}) & j=l-\frac{1}{2}\end{cases}\quad (l\neq 0) \tag{4.7.5}$$

若用 j 代替(4.7.5) 式中的 l,则(4.7.5) 式可进一步简化为

$$\Delta E_r + \overline{\Delta E_{ls}} = -\frac{Rhc\alpha^2}{n^3}(\frac{1}{j+\frac{1}{2}}-\frac{3}{4n}) \quad \begin{matrix} j=l\pm\frac{1}{2} \\ l\neq 0 \end{matrix} \tag{4.7.6}$$

应该指出:当 $l=0$ 时,不存在自旋轨道耦合能,但由相对论效应产生的附加能量 ΔE_r 却存在,这是一种纯量子效应. 因而应把该项加到(4.7.6) 式中,这样(4.7.6) 式对所有的 l 都成立. 再综合(4.7.1) 式后,可得到氢原子的能量公式为

$$E_{nlj} = -\frac{Rhc}{n^2}-\frac{Rhc\alpha^2}{n^3}(\frac{1}{j+\frac{1}{2}}-\frac{3}{4n}) \tag{4.7.7}$$

该式也可以从狄喇克的相对论量子力学直接推得. 式中右边第一项是氢原子能量的主要部分;第二项含有小量 α^2,是能量的精细部分,它使原来的能级向下有一个微小的位移,并发生分裂. 由(4.7.7) 式还可看出氢原子能级的如下特征:

(1) 当 $l=0$ 时,(4.7.7) 式中只有一个 j 值,故能级只是向下移动而不发生分裂,并且随 n 的增大,这种移动迅速减小.

(2) 当 $l\neq 0$ 时,(4.7.7) 式中每一个 j 联系着两个 l,可见具有相同 n 值及相同 j 值,而具有不同 l 值的能级是简并的. 例如,$2\,^2P_{1/2}$ 与 $2\,^2S_{1/2}$ 能量相同;$3^2D_{3/2}$ 与 $3^2P_{3/2}$ 能量亦相同. 这一点与碱金属原子的情况不同. 见图 4.7.1 所示.

(3) 精细结构能量与 n^3 成反比,也随 j(或 l) 的增加而减小.

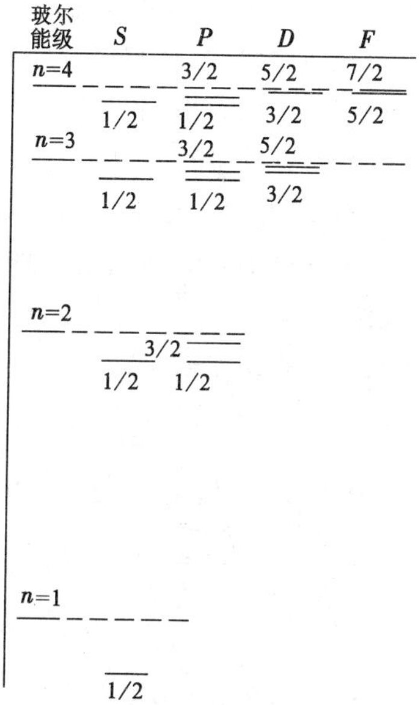

图 4.7.1　氢原子光谱精细结构

4.7.2　氢原子光谱的精细结构

有了能级的精细结构，再按选择定则 $\Delta l = \pm 1, \Delta j = 0, \pm 1$ 就可以分析氢原子光谱的精细结构. 例如赖曼系是由激发能级跃迁到 $n = 1$ 能级产生的. 由于 $n = 1$ 是单一的 S 能级，所以向该能级跃迁的只能是 P 能级，即 $n\,^2P_{3/2,1/2} \rightarrow 1\,^2S_{1/2}$. 它的每一条线都是由双线构成. 下面我们具体研究巴耳末系精细结构的形成.

巴耳末系是由高能态向 $n = 2$ 的能级跃迁形成的. $n = 2$ 的能级有两层，其中 $2\,^2P_{1/2}$ 与 $2\,^2S_{1/2}$ 能级简并成一层，$2\,^2P_{3/2}$ 代表能级的另一层. 根据选择定则能够向这些能级跃迁的高能态只可能是 $n\,^2P$，$n\,^2S$ 和 $n\,^2D$ 三种. 对每一个 n，这三种能态共有 5 个能级，由于相同 j 的能级简并，所以能级只有 3 层. 这些上下能级间的跃迁较复杂，造成巴耳末系的每一条线都是由多条线构成．为简单起见，图 4.7.2 只给出了氢 H_α 线的精细结构和相关的能级跃迁．图 4.7.3 是对应谱线的强度．可以看出，II_3 线是由两种跃迁 $3\,^2P_{\frac{1}{2}} \to 2\,^2S_{\frac{1}{2}}$ 和 $3\,^2S_{\frac{1}{2}} \to 2\,^2P_{\frac{1}{2}}$ 产生，II_2 线也是由两种跃迁 $3^2P_{\frac{3}{2}} \to 2\,^2S_{\frac{1}{2}}$ 和 $3\,^2D_{\frac{3}{2}} \to 2\,^2P_{\frac{1}{2}}$ 产生．I_1 与 II_2 线波数差理论值为 $0.364 - 0.036 = 0.328\mathrm{cm}^{-1}$．氢原子光谱精细结构理论提出后，实验工作迅速进行，但实验测到的 I_1 与 II_2 的波数差总比理论值约小 $0.010\mathrm{cm}^{-1}$，这已不能用实验误差来解释．

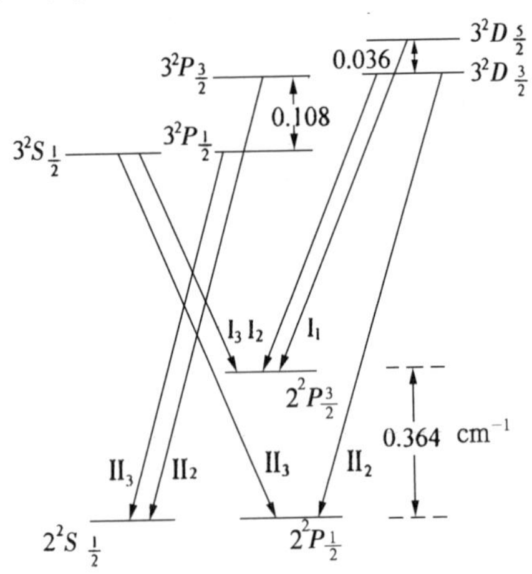

图 4.7.2 巴耳末线系第一谱线的能级跃迁图

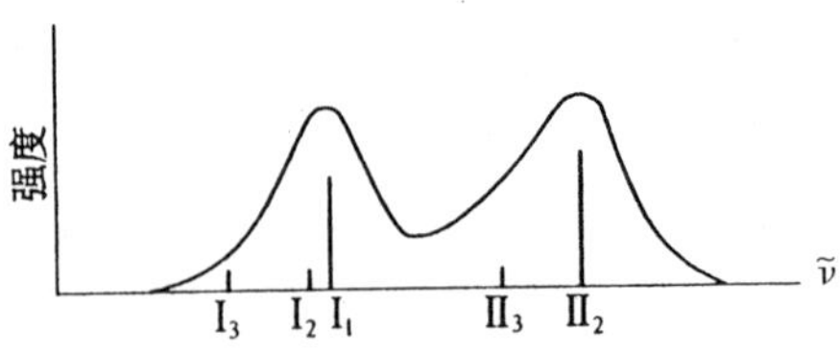

图 4.7.3 巴耳末线系第一线的精细结构

*4.7.3　兰姆移位

1947 年兰姆（W. E. Lamb）和他的学生雷瑟福（R. C. Retherford）观测到氢原子的 $2^2S_{1/2}$ 和 $2^2P_{1/2}$ 的能级并不重合，而有一个大小为 1057.8MHz 的裂距，这就是著名的**兰姆移位**.

图 4.7.4 为兰姆－雷瑟福实验装置，当炉子 F 的温度为 2500K 时，进入炉中 64% 的氢气分子解离成氢原子. 出射氢原子的平均速度达 8×13^3 m/s. 氢原子束通过能量大于 10.2eV 的电子轰击器 B 时，部分氢原子从基态被激发到 $2\ ^2S_{1/2}$，$2\ ^2P_{1/2}$ 和 $2\ ^2P_{3/2}$ 态. 由于 $2\ ^2S_{1/2}$ 态不能自发跃到基态，因为这是选择定则所不允许的，因此是亚稳态. 处于 $2\ ^2P_{1/2}$ 和 $2\ ^2P_{3/2}$ 态的氢原子，它将很快通过自发跃迁回到基态，到达不了探测器 PA. 处于 $2\ ^2S_{1/2}$ 态的氢原子通过 S_1 经过同轴管和射频调谐共振腔，到达探测器 P 板，将激发能量给了钨的电子. 由于钨的脱出功小于 10.2eV，因此可以

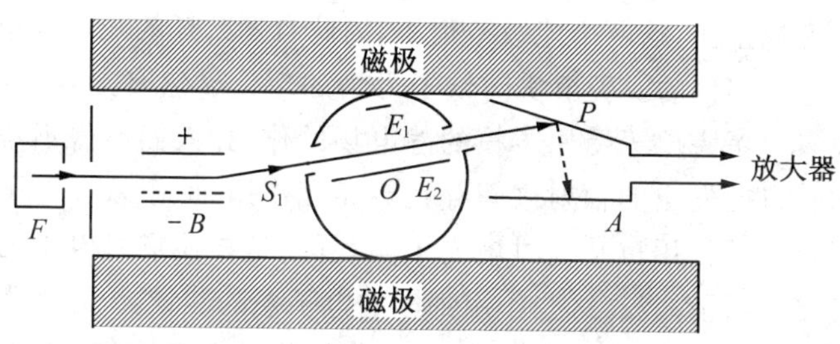

图 4.7.4　兰姆－雷瑟福实验装置

打出电子，从而使 PA 板间接收到电流讯号. 射频调谐共振腔中平板 E_2 可以送出平面射频电磁波，频率为 $\nu=\Delta E/h$，当 ΔE 为 $2S$ 和 $2P$ 之间的能级差时，氢原子从 $2^2S_{1/2}$ 态被激发到 $2^2P_{3/2}$ 态. 原子很快自发跃迁回基态. 到达探测器 P 板上的原子数减少，调整电磁波频率达到 PA 间电流突然下降时，表示电磁波频率满足 $2^2S_{1/2}$ 和

$2^2P_{3/2}$ 之间的能级差.谐振频率是利用磁场中的塞曼效应进行微调的.

由于 $2^2P_{1/2}$ 和 $2^2P_{3/2}$ 相差 $0.365\mathrm{cm}^{-1}$，或 10950MH$_Z$，如果 $2^2S_{1/2}$ 和 $2^2P_{1/2}$ 重合，那么，当谐振腔内的射频频率调到 10950MH$_Z$ 时，发生共振吸收，$2^2S_{1/2}$ 态都跃迁到 $2^2P_{3/2}$ 态，在到达探测器 P 之前就自发跃迁到基态，PA 间电流应该出现低谷.兰姆和雷瑟福观测到发生这个吸收跃迁的谐振腔内的射频频率不是 10950MH$_Z$，而是比此数少了 1000MH$_Z$，说明 $2\ ^2S_{1/2}$ 态在 $2\ ^2P_{1/2}$ 态之上.后来用电磁波使氢原子从 $2\ ^2S_{1/2}$ 态受激跃迁到 $2\ ^2P_{1/2}$ 态，测得所需频率也是 1000MH$_Z$，更精确测量的结果是 1057.11±0.10MH$_Z$. $2\ ^2S_{1/2}$ 能级的这一移位称为兰姆移位.兰姆和雷瑟福又测得 $3\ ^2S_{1/2}$ 态要比原来的理论值高出 $0.010\mathrm{cm}^{-1}$.既然肯定了 $2\ ^2S_{1/2}$ 态在 $2\ ^2P_{1/2}$ 态之上，$2\ ^2S_{1/2}$ 态不自发跃迁到 $2\ ^2P_{1/2}$ 态上，却仍然有亚稳态的性质，这是因为**自发跃迁的几率与所辐射频率的立方成正比，这两个能级差很小，因此自发跃迁的几率很小**.

兰姆移位的实验事实同量子力学的理论显然有出入，这是由于原来只考虑电子受原子核的静电场的作用.人们不得不考虑电子和它自己发出的辐射之间存在着相互作用.原子核和电子之间的库仑场的作用也是通过虚光子实现的，这样使场对电子的作用比直接作用稍减弱.这些作用都影响电子态的能量，S 态受影响最大，所以能级显现出微小的移动.兰姆移位这一实验事实是对量子电动力学理论的有力验证，推动了量子电动力学理论的发展.由于工作的重要性和创新性，兰姆获得了 1955 年诺贝尔物理学奖.

§4.8　碱金属原子能级的超精细结构

碱金属原子能级和谱线的超精细结构是由原子核自旋和核外电子的角动量相互作用而引起的.原子核是由质子和中子构成的,质子和中子一样也都有轨道和自旋角动量,核内所有质子和中子的自旋与轨道角动量的矢量和就是原子核角动量,习惯称为原子核的自旋,以 $\boldsymbol{I}$ 来表示

$$|\boldsymbol{I}| = \sqrt{I(I+1)}\hbar \tag{4.8.1}$$

I 为核自旋量子数,可取整数或半整数.

$$I_Z = m_I\hbar \qquad m_I: I, I-1, \cdots -I \tag{4.8.2}$$

m_I 是核磁量子数,可取 $(2I+1)$ 个值.

与核自旋联系着的核磁矩是 $\boldsymbol{\mu}_I$

$$\boldsymbol{\mu}_I = g_I \frac{e}{2m_P}\boldsymbol{I} \tag{4.8.3}$$

$$\mu_{IZ} = g_I \frac{e}{2m_P}I_Z \tag{4.8.4}$$

m_P 是质子的质量,g_I 是核磁 g 因子.定义 μ_{IZ} 的最大值作为衡量核磁矩大小的量

$$\mu_I = g_I \frac{e}{2m_P}(m_I\hbar)\max = g_I \frac{e}{2m_P}I\hbar = g_I I\mu_N \tag{4.8.5}$$

$\mu_N = \dfrac{e\hbar}{2m_P}$,叫做核磁子,是玻尔磁子 μ_B 的 1/1836.

原子的总角动量是电子角动量与原子核角动量之和

$$\boldsymbol{F} = \boldsymbol{I} + \boldsymbol{j} \tag{4.8.6}$$

$\boldsymbol{F}$ 是总角动量,按角动量耦合规律可知量子数 F 的取值

$$F: I+j, I+j-1, \cdots |I-j| \tag{4.8.7}$$

则有：$F_Z = m_F \hbar \qquad m_F: F, F-1, \cdots -F$ (4.8.8)

由量子力学计算得 $\boldsymbol{I}$ 与 $\boldsymbol{j}$ 相互作用的附加能量为

$$\Delta E_{Ij} = \frac{1}{2}A[F(F+1)-j(j+1)-I(I+1)] \tag{4.8.9}$$

A 是与 F 无关的量. 因为核磁矩约为原子磁矩的 1‰，所以能级和谱线的超精细分裂和精细结构分裂相差三个数量级. 例如钠黄线的精细结构是由两条相差 0.6nm 的谱线 D_1(589.593nm) 和 D_2(588.996nm) 组成的，核自旋的存在使钠的精细能级进一步分裂. 钠 $^2S_{\frac{1}{2}}$，$^2P_{\frac{1}{2}}$ 和 $^2P_{3/2}$ 三个能级的超精细分裂如图 4.8.1 所示.

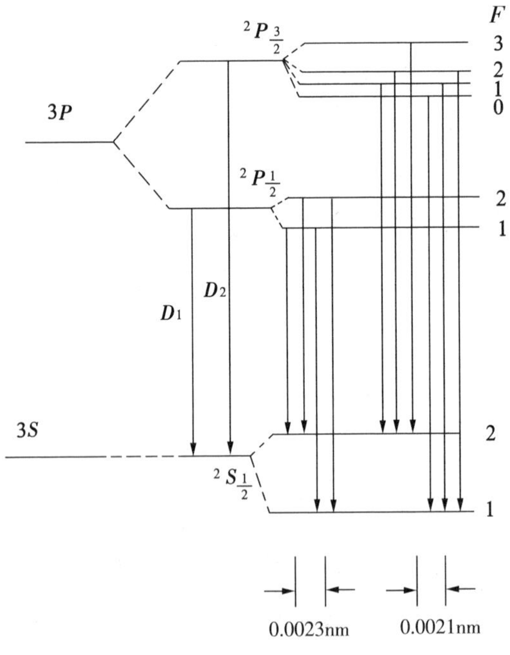

图 4.8.1 Na 共振线超精细分裂

钠原子的核自旋 $I = 3/2$，对 $^2P_{3/2}$，$J = 3/2$，量子数 F 有四个值，$F = 3,2,1,0$；对 $^2P_{\frac{1}{2}}$ 和 $^2S_{1/2}$，$J = \dfrac{1}{2}$，$F = 2,1$，根据跃迁选择定则

$$\Delta F = 0, \pm 1 \tag{4.8.10}$$

可得到图 4.8.1 所示的光谱线. 由于 $^2P_{1/2}$ 和 $^2P_{3/2}$ 分裂较小，可近似看作不分裂，因此通常能看到的仅是由 D_1 线分裂成的波长间隔为 0.0023nm 的两条谱线，和由 D_2 线分裂成的波长间隔为 0.0021nm 的两条谱线.

在超精细结构子能级之间发生的跃迁具有特殊的意义. 由于原子谱线频率的稳定性和精确性，$^{133}C_S$ 基态 $6^2S_{1/2}$ 超精细分裂的两个子能级 $F = 4$ 和 $F = 3$ 之间的跃迁频率，1960 年被规定为国际频率标准. 其频率为 9192631770Hz. 频率的倒数为时间，所以"1 秒"的定义为：$^{133}C_S$ 基态 $6^2S_{1/2}$ 超精细分裂的两个子能级 $F = 4$ 和 $F = 3$ 之间的跃迁对应的电磁波振动 9192631770 个周期的时间.

由于频率和时间的精确定义，1983 年国际会议通过长度米的定义："一米是光在真空中在 1/299792458 秒的时间间隔内所经路径的长度."

思考题

4.1　什么是电子自旋？电子自旋角动量等于多少？什么是自旋量子数，其数值等于多少？电子为什么会有自旋磁矩，自旋磁矩等于多少？

4.2　如何用电子自旋概念定性地解释碱金属原子光谱项的双重性？

4.3　当年有人反对电子自旋的假设，理由之一如下：电子的经典半径 $r_e \approx 2.8 \times 10^{-15}$m，按力学原理计算，电子就不可能具有 $\hbar/2$ 的自旋角动量，请用经典力学与相对论观点对此加以评论.

习　题

4.1　已知锂原子光谱主线系最长波长 $\lambda = 670.7\text{nm}$，辅线系系限波长 $\lambda_{\infty} = 351.9\text{nm}$，求锂原子第一激发电势和电离电势.

4.2　钠原子基态为 S，已知其主线系第一条线（共振线）波长为 589.6nm，漫线系第一条线的波长为 819.3nm，基线系第一条的波长为 1845.9nm，主线系的系限波长为 241.3nm. 试求 $3S$，$3P$，$3D$，$4F$ 各谱项的项值.

4.3　钾原子共振线波长为 766.5nm，主线系系限波长为 285.8nm，已知钾原子基态为 $4S$. 试求 $4S$，$4P$ 谱项的量子数亏损 Δ_S，Δ_P 各为多少？

4.4　处于 $3D$ 激发态的锂原子，向低能级跃迁时可产生哪些光谱线？在能级图中表示出来：

(1) 不考虑精细结构；(2) 考虑精细结构.

4.5　为什么 S 谱项的精细结构总是单层的？试直接从碱金属光谱双线的规律性和从电子自旋与轨道相互作用的物理概念两个方面分别说明之.

4.6　钠原子共振线的双线波长分别为 589.0nm 和 589.6nm，试求 $3P$ 能级精细结构的裂距.

4.7　钠原子光谱主线系短波限的波长为 241.3nm，主线系最长波长为 589.6nm，求钠原子基态能量和辅线系短波限.

4.8　试计算氢原子赖曼线系第一条谱线的精细结构分裂的波长差.

4.9　已知斯特恩—盖拉赫实验中 $\frac{\mathrm{d}B}{\mathrm{d}Z} = 1.5 \times 10^2\,\text{T/m}$. 如基态氢原子在磁场中速度 $v = 10^4\,\text{m/s}$，磁极纵向范围 $L = 10\text{cm}$，见图 4.4.3，试求裂矩 S.

第5章 多电子原子

凡是有两个及两个以上核外电子的原子，在力学上都属于“多体系统”，多体问题不能精确求解，在量子力学中也需要用复杂的近似方法来进行计算. 对于原子，除氢以外都可以看作“复杂”原子. 上章所研究的碱金属原子，虽然也是多电子系统，但是我们基本上是把它作为单电子系统来研究的，因为原子的能级与光谱在一般情况下取决于价电子的运动状态. 本章中我们首先介绍原子的电子壳层结构与元素周期表的排列情况；然后主要研究两个或两个以上电子的运动及它们间的耦合作用所产生的能级与光谱；最后研究 X 射线的能级及 X 射线谱等问题.

§5.1 原子的电子壳层结构

1869 年，俄国科学家门捷列夫(Д. И. Менделеев，1834 ～ 1907) 发现，元素的性质随其原子量的增加呈现周期性的变化，并以此创立了元素周期表. 后来，随着新元素的陆续发现和研究的进一步深入,人们认识到,这种周期性变化取决于原子中原子核的电荷数 Z(即核外电子数) 而不是它的原子量. 接着,玻尔指出,元素性质的周期性重复可用核外电子的壳层排列来解释. 此后不久,泡利提出了著名的泡利不相容原理,再加上能量最小原理,解决了原子中电子在各个能级上排列的问题. 本节从元素性质周期性变化的实验事实出发,讨论原子中电子的壳层结构,从而揭示元素周期表的物理本质.

5.1.1 元素性质的周期性变化和元素周期表

门捷列夫创立元素周期表时,已发现的元素只有 63 种. 根据这些元素的性质来排列,表中出现一些空位. 随着新元素的陆续发现,表中的空位被逐一填补,周期表也日趋完善. 至今已发现和被合成的元素有 112 种(据报道,第 114 号元素也发现). 第 92 号元素(铀) 以后的元素称为超铀元素,自然界中都不存在,均由人工制备(第 43 号锝、第 61 号钷自然界中也不存在). 根据目前的资料,元素周期表如表 5.1.1 所示.

由表可见,全部元素共排成 7 个周期. 第一周期中只有氢和氦 2 种元素. 第二、三周期都有 8 种元素. 第四、五周期都有 18 种元素. 第六周期有 32 种元素,其中有 15 种化学性质很接近的元素(称镧系元素或稀土元素),排在周期表的同一格中. 第七周期尚未排满,其中也有 15 种元素(称锕系元素) 排在同一格中. 这样,周期表中各周期所包含的元素个数依次为 2,8,8,18,18,32,…

根据这个周期表,元素的化学、物理性质的周期性变化是很明显的. 表中同一竖列的各元素具有相似的化学、物理性质. 如第一列中的 Li,Na,K,… 诸元素都是金属性很强的一价元素 —— 碱金属元素;自左向右的各列,其金属性依次减弱,而非金属性相应增加;最后一列则是化学性质很稳定的零族元素. 前面讲过,碱金属元素具有相似的光谱规律,其实,周期表中同一竖列的各元素都有相似的光谱规律.还有其他一些物理量,如原子的电离能、摩尔体积、线胀系数等也都呈现周期性变化.图 5.1.1 画出了原子的电离能随其原子序数 Z 的变化曲线,表现出明显的周期性变化规律.由图可见,碱金属原子的电离能都在曲线的最低点,而惰性气体则都处于曲线的峰值处.这说明,前者的一个价电子很容易电离,而后者则是一个比较稳固的集团.

表 5.1.1　元素周期系

第一周期	1 H																	2 He
第二周期	3 Li	4 Be											5 B	6 C	7 N	8 O	9 F	10 Ne
第三周期	11 Na	12 Mg											13 Al	14 Si	15 P	16 S	17 Cl	18 Ar
第四周期	19 K	20 Ca	21 Sc	22 Ti	23 V	24 Cr	25 Mn	26 Fe	27 Co	28 Ni	29 Cu	30 Zn	31 Ga	32 Ge	33 As	34 Se	35 Br	36 Kr
第五周期	37 Rb	38 Sr	39 Y	40 Zr	41 Nb	42 Mo	43 Tc	44 Ru	45 Rh	46 Pd	47 Ag	48 Cd	49 In	50 Sn	51 Sb	52 Te	53 I	54 Xe
第六周期	55 Cs	56 Ba	57–71 *	72 Hf	73 Ta	74 W	75 Re	76 Os	77 Ir	78 Pt	79 Au	80 Hg	81 Tl	82 Pb	83 Bi	84 Po	85 At	86 Rn
第七周期	87 Fr	88 Ra	89–103 **															

稀土元素	57 La	58 Ce	59 Pr	60 Nd	61 Pm	62 Sm	63 Eu	64 Gd	65 Tb	66 Dy	67 Ho	68 Er	69 Tm	70 Yb	71 Lu
锕系元素	89 Ac	90 Th	91 Pa	92 U	93 Np	94 Pu	95 Am	96 Cm	97 Bk	98 Cf	99 Es	100 Fm	101 Md	102 No	103 Lw

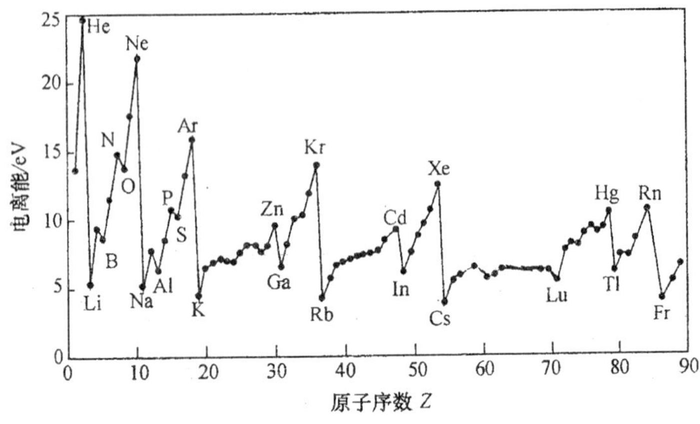

图 5.1.1 元素的电离能

有关元素化学、物理性质周期性变化的实验事实还有很多，这里不再一一列举.

5.1.2 泡利不相容原理与原子的电子壳层结构

为了解释元素的周期规律，玻尔认为原子内电子按一定壳层排列，即第一层电子的主量子数等于1，第二层电子的主量子数等于2，依次类推，每壳层内的电子都具有相同的主量子数. 元素的物理、化学性质主要取决于原子外层电子（价电子）的数目和排列. 每一新的周期是从电子填充一个新的壳层开始的. 因此，周期填充电子就导致元素性质的周期性；或者说，元素的周期性反映了原子内部电子排列的周期性.

由上一章的研究，我们知道，原子中电子的状态可以由四个量子数来描述：n,l,m_l,m_s. 为了解释元素的周期性质，泡利（W · Pauli）于1925年提出了重要的泡利不相容原理：在一个原子中不可能有两个或两个以上的电子具有完全相同的四个量子数（$n,l,$

m_l,m_s),或者说,原子中的每一个状态只能容纳一个电子.后来这条原理被证明为:在全同费米子组成的系统中,不能有两个或更多的粒子处于完全相同的状态.对于泡利不相容原理所反映的这种严格的排斥性的物理本质是什么?至今还是物理学界未完全揭开的一个谜.

能量最小原理即要求在基态时原子中电子的排布能使整个原子的能量最小.其实,这是物理学中普遍规律的体现,即体系能量越低,该体系越稳定.

根据上面这两个原理,电子在原子中排布时,总是先占据能量最低的壳层,而每个壳层都只包含一定数目的量子态,故也只能容纳一定数目的电子.当一个壳层的各量子态都被电子填满(该壳层成满壳层或闭合壳层)时,电子只能依次填充较高能量的壳层.因而,为了弄清核外电子的排布规律,必须知道各个壳层所能容纳的电子数,即这些壳层所包含的量子态数.

相应于 $n=1,2,3,4,5,6,7$ 的各个壳层分别用符号 K,L,M,N,O,P,表示.如 $n=1$ 为 K 壳层,$n=2$ 为 L 壳层等等.在同一壳层中,因 l 的不同又有 n 个不同的支壳层(或次壳层),相应于 $l=0,1,2,3,\cdots$ 的各壳层仍用符号 $s,p,d,f,\cdots$ 表示.这样,K 壳层中只有 1s 一个支壳层,L 壳层中有 2s,2p 两个支壳层等等.而对于一个给定的支壳层 l,可有 $(2l+1)$ 个不同的 m_l,而对应每一个 m_l,又有 2 个不同的 m_s,故 (n,l) 支壳层中所包含的量子态数为 $2(2l+1)$ 个,也就可以容纳

$$N_l=2(2l+1)$$

个电子.在一个主量子数为 n 的壳层中,有 $l=0,1,2,\cdots,(n-1)$ 共 n 个支壳层,故该壳层中所包含的量子态数为

$$N_n=\sum_{l=0}^{n-1}2(2l+1)=2n^2$$

即可容纳 $2n^2$ 个电子,n 从 1 到 5 的各壳层能容纳的电子数如表

5.1.2 所示

表 5.1.2 各壳层电子数

n 壳层	K(1)	L(2)		M(3)			N(4)				O(5)				
n,l 壳层	$1s$	$2s$	$2p$	$3s$	$3p$	$3d$	$4s$	$4p$	$4d$	$4f$	$5s$	$5p$	$5d$	$5f$	$5g$
电子数	2	2	6	2	6	10	2	6	10	14	2	6	10	14	18
$2n^2$	2	8		18			32				50				

这样,K,L,M,N,O,P 各个壳层中所能容纳的电子数分别为 2,8,18,32,50,72 个,这和周期表各周期内所包含的元素个数并不完全相符.事实上,能级的高低次序(即电子的填充次序)并不完全由 n 决定,l 的大小也会影响能级的次序.某些 n 小而 l 大的能级可以高于 n 较大而 l 较小的能级,从而打乱能级的正常次序,也就使电子实际填充的次序有所改变.n 越大时,这种情况越普遍.斯莱特(J. C. Slater,1900 ～ 1976)和徐光宪等人总结出一条经验规律:原子中的电子大致按 $n+0.7l$ 值的大小依次填充到(n,l)支壳层中,该值小的支壳层先被填充.于是,电子实际填充的顺序是:$1s,2s,2p,3s,3p,4s,3d,4p,5s,4d,5p,6s,4f,5d,6p,\cdots$ 这个顺序大致可用图 5.1.2 表示,箭头所示即为电子填充顺序.由此可见,从 $4s$ 开始,不同 n 的壳层间发生交错,且随 n 的增大,这种交错越来越普遍.根据这个次序,每个壳层实际容纳的电子数和周期表中各周期所包含的元素个数完全相符.

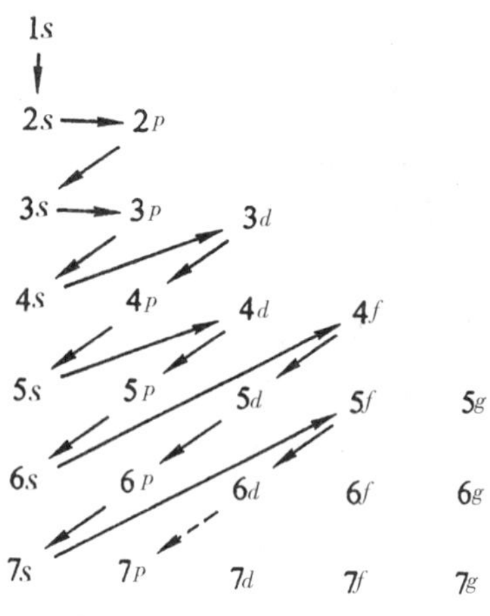

图 5.1.2 电子壳层排列顺序

5.1.3　原子基态时电子在各壳层上排列的详细情况

由表 5.1.3 可见，$n=1$ 的 K 壳层只能容纳 2 个电子，因此第一周期中只有氢和氦 2 种元素. $n=2$ 的 L 壳层有 $2s$ 和 $2p$ 两个支壳层，共可容纳 $2+6=8$ 个电子，因此第二周期中有从锂到氖的 8 种元素. $n=3$ 的 M 壳层本来有 $3s$，$3p$ 和 $3d$ 这 3 个支壳层，但因 $3d$ 能级高于 $4s$，故电子填满 $3p$ 支壳层后就去填充 $4s$ 壳层，从而开始了第四个周期. 第三周期中就只有从钠到氩这 8 种元素，它们几乎是第二周期的重复. 第四周期从钾原子开始，它的第 19 个电子填在 $4s$ 支壳层上. 接着，钙原子的最外层 2 个电子将 $4s$ 层填满. 后面从钪($Z=21$) 到镍($Z=28$) 的 8 种元素基本上陆续填充 $3d$ 支壳层，它们称为该周期的过渡元素. 铜原子($Z=29$) 将 $3d$ 层填满后又在 $4s$ 层上保留了 1 个电子，故它显示出和碱金属原子类似的性质. 第 30 号元素锌又将 $4s$ 层填满. 此后的 6 种元素(从镓到氪) 则陆续填充 $4p$ 层. 由于 $4d$，$4f$ 能级都高于 $5s$，故第四周期到氪结束，共包含 18 种元素. 这样，前四个周期共有 36 种元素.

第 37 号元素铷的最后一个电子填在 $5s$ 层，从而开始了第五周期. 和上面同样的原因，到氙原子($Z=54$) 填满 $5p$ 支壳层后该周期即告结束. 它包含了填充 $5s$，$4d$ 和 $5p$ 这 3 个支壳层的原子共 18 种，它们又几乎是第四周期的重复.

第六周期从铯原子($Z=55$) 开始，它的最后一个电子填在 $6s$ 层上. 这个周期因多包含了一个 $4f$ 支壳层，因而比前两个周期多了 14 种元素(从铈到镥). 从镧到镥的 15 元素，它们的 $5s$，$5p$，$6s$ 支壳层都被填满，只是内层($4f$ 或 $5d$) 上的电子数有所不同，故它们有极相似的化学性质，自成一体，在周期表中占据同一位置，被称为镧系元素(或稀土元素，见表 5.1.1). 第七周期也有类似的情况，从锕到铹的 15 种元素在周期表中也同处一格，叫做锕系元素，后面的从第 104 号到第 112 号元素应陆续填充 $6d$ 支壳层. 迄今为止，第七周期尚未完成. 由表 5.1.3 可以看出，周期表完全可以用原子的电子壳层结构来说明，表中附有第一电离电势和基态光谱项.

原子中各电子所处能量状态(用量子数 n、l 表示)的组合称为该原子的电子组态. 如氦原子基态时的电子组态为 $1s1s$，或表示为 $1s^2$；从锂到氖这 8 种原子基态的电子组态分别为 $1s^22s$，$1s^22s^2$，$1s^22s^22p$，$1s^22s^22p^2$，…$1s^22s^22p^6$. 可依次类推.

例题 5.1.1　当考虑电子自旋和轨道运动相互作用时，描写电子状态的量子数可用 j 和 m_j 代替 m_l，m_s，即一个状态用四个量子数(n，l，j，m_j) 来描述，试证同样能得出 n 壳层中最多能容纳 $2n^2$ 个电子.

证明：因为对每一个 j，有 $2j+1$ 个 m_j，对每一个 l，有两个 j，即 $j=l+\dfrac{1}{2}$ 和 $l-\dfrac{1}{2}$，所以每一次壳层可以有的状态数也就是可以容纳的最多电子数是

$$N_l=\left[2\left(l+\frac{1}{2}\right)+1\right]+\left[2\left(l-\frac{1}{2}\right)+1\right]=2(2l+1)$$

同理可以得到 n 壳层可容纳的电子数

$$N_n=\sum_{l=0}^{n-1}2(2l+1)=2n^2$$

两种表述状态的方式可得到同样的结果. 一般来说外磁场比内磁场(自旋与轨道运动) 强时用量子数(n，l，m_l，m_s) 来描述一个状态；当外磁场比内磁场弱时，用量子数(n，l，j，m_j) 来描述一个状态.

例题 5.1.2　试证闭合壳层或闭合子壳层(原子实) 的合成角动量 $\boldsymbol{L}=0$，$\boldsymbol{S}=0$

证明：对 n，l 一定的一个闭合子壳层，m_l 和 m_s 应取所有可能的值，即下表

n,l 壳层中电子的 m_l,m_s 值

m_l	l	$l-1$	…	$-l$
m_s	$1/2,-1/2$	$1/2,-1/2$	…	$1/2,-1/2$

所以，m_l 和 m_s 都是正、负成对地出现($m_l=0$ 除外)，由于正负相消，对于一个闭合壳层或闭合子壳层来说，它们的总磁量子数必然为零，即

$$M_L=\sum m_l=0,M_s=\sum m_S=0$$

由于 M_L，M_S 都只有一个状态(零)，因而，只可能 $L=0$，$S=0$ 因而 $\boldsymbol{L}=0$，$\boldsymbol{S}=0$，总角动量和磁矩也为零.

由上可见，假如满壳层之外另有几个价电子，假定价电子不影响满壳层电荷的球对称性，满壳层电子的作用相当于起了一种屏蔽作用，使核电荷对价电子的吸引力减弱了，因而价电子仍可看作受到一个有心力场的作用，这对价电子的总能量是有影响的，但价电子与满壳层之间没有角动量的耦合作用，没有磁性相互作用，因而我们一般只须考虑价电子之间的各种耦合作用. 因此上一章分析碱金属原子结构的方法是有理论根据的.

表 5.1.3　原子在基态时的电子组态

周期	壳层名称			K	L		M			N				
	主量子数 n			1	2		3			4				
	辅量子数 l			0	0	1	0	1	2	0	1	2	3	
	电子符号			1s	2s	2p	3s	3p	3d	4s	4p	4d	4f	
	元素	Z	第一电离电势(V)											基态的光谱项
1	H	1	13.595	1										$^2S_{1/2}$
	He	2	24.580	2										$^1S_0$
2	Li	3	5.390	2	1									$^2S_{1/2}$
	Be	4	9.320	2	2									$^1S_0$
	B	5	8.290	2	2	1								$^2P_{1/2}$
	C	6	11.264	2	2	2								$^3P_0$
	N	7	14.54	2	2	3								$^4S_{3/2}$
	O	8	13.614	2	2	4								$^3P_2$
	F	9	17.418	2	2	5								$^2P_{3/2}$
	Ne	10	21.559	2	2	6								$^1S_0$
3	Na	11	5.138	氖的壳层结构(10个电子)			1							$^2S_{1/2}$
	Mg	12	7.644				2							$^1S_0$
	Al	13	5.894				2	1						$^2P_{1/2}$
	Si	14	8.149				2	2						$^3P_0$
	P	15	10.55				2	3						$^4S_{3/2}$
	S	16	10.357				2	4						$^3P_2$
	Cl	17	13.01				2	5						$^2P_{3/2}$
	Ar	18	15.755				2	6						$^1S_0$

（续）

周期	壳层名称			K	L		M			N				
	主量子数 n			1	2		3			4				
	辅量子数 l			0	0	1	0	1	2	0	1	2	3	
	电子符号			$1s$	$2s$	$2p$	$3s$	$3p$	$3d$	$4s$	$4p$	$4d$	$4f$	
	元素	Z	第一电离电势(V)											基态的光谱项
4	K	19	4.339							1				$^{2}S_{1/2}$
	Ca	20	6.111							2				$^{1}S_{0}$
	Sc	21	6.538						1	2				$^{2}D_{3/2}$
	Ti	22	6.818						2	2				$^{3}F_{2}$
	V	23	6.743						3	2				$^{4}F_{3/2}$
	Cr	24	6.764						5	1				$^{7}S_{3}$
	Mn	25	7.432						5	2				$^{6}S_{5/2}$
	Fe	26	7.868						6	2				$^{5}D_{4}$
	Co	27	7.862	氩的壳层结构（18 个电子）					7	2				$^{4}F_{9/2}$
	Ni	28	7.688						8	2				$^{3}F_{4}$
	Cu	29	7.724						10	1				$^{2}S_{1/2}$
	Zn	30	9.391						10	2				$^{1}S_{0}$
	Ga	31	6.000						10	2	1			$^{2}P_{1/2}$
	Ge	32	7.88						10	2	2			$^{3}P_{0}$
	As	33	9.81						10	2	3			$^{4}S_{3/2}$
	Se	34	9.75						10	2	4			$^{3}P_{2}$
	Br	35	11.84						10	2	5			$^{2}P_{3/2}$
	Kr	36	13.996						10	2	6			$^{1}S_{0}$

(续)

周期	壳层名称			K	L		M			N				O		
	主量子数 n			1	2		3			4				5		
	辅量子数 l			0	0	1	0	1	2	0	1	2	3	0	1	
	电子符号			$1s$	$2s$	$2p$	$3s$	$3p$	$3d$	$4s$	$4p$	$4d$	$4f$	$5s$	$5p$	
	元素	Z	第一电离电势(V)													基态的光谱项
	Rb	37	4.176											1		$^2S_{1/2}$
	Sr	38	5.692											2		$^1S_0$
	Y	39	6.38									1		2		$^2D_{3/2}$
	Zr	40	6.835									2		2		$^3F_2$
	Nb	41	6.88									4		1		$^6D_{1/2}$
	Mo	42	7.13									5		1		$^7S_3$
	Tc	43	7.23									5		2		$^6S_{5/2}$
	Ru	44	7.36									7		1		$^5F_5$
	Rh	45	7.46									8		1		$^4F_{9/2}$
5	Pd	46	8.334	氪的壳层结构(36个电子)								10				$^1S_0$
	Ag	47	7.574									10		1		$^2S_{1/2}$
	Cd	48	8.991									10		2		$^1S_0$
	In	49	5.785									10		2	1	$^2P_{1/2}$
	Sn	50	7.332									10		2	2	$^3P_0$
	Sb	51	8.64									10		2	3	$^4S_{3/2}$
	Te	52	9.01									10		2	4	$^3P_2$
	I	53	10.44									10		2	5	$^2P_{3/2}$
	Xe	54	12.127									10		2	6	$^1S_0$

（续）

周期	壳层名称			K	L	M	N		O					P		
	主量子数 n			1	2	3	4		5					6		
	辅量子数 l							3	0	1	2	3	4	0	1	
	电子符号							$4f$	$5s$	$5p$	$5d$	$5f$	$5g$	$6s$	$6p$	
	元素	Z	第一电离电势(V)													基态的光谱项
	Cs	55	5.61						2	6				1		$^2S_{1/2}$
	Ba	56	5.21						2	6				2		$^1S_0$
	La	57	5.61						2	6	1			2		$^2D_{3/2}$
	Ce	58	6.91					1	2	6	1			2		$^1G_4$
	Pr	59	5.76					3	2	6				2		$^4I_{9/2}$
	Nd	60	6.31					4	2	6				2		$^5I_4$
	Pm	61	5.55					5	2	6				2		$^6H_{5/2}$
	Sm	62	5.6	钯(46)的壳结构(1s～4d 支壳层共 46 个电子)				6	2	6				2		$^7F_0$
6	Eu	63	5.67					7	2	6				2		$^8S_{7/2}$
	Gd	64	6.16					7	2	6	1			2		$^9D_2$
	Tb	65	6.74					9	2	6				2		$^6H_{15/2}$
	Dy	66	6.82					10	2	6				2		$^5I_3$
	Ho	67	6.02					11	2	6				2		$^4I_{15/2}$
	Er	68	6.10					12	2	6				2		$^3H_6$
	Tm	69	6.18					13	2	6				2		$^2F_{7/2}$
	Yb	70	6.2					14	2	6				2		$^1S_0$
	Lu	71	5.0					14	2	6	1			2		$^2D_{3/2}$
	Hf	72	5.5					14	2	6	2			2		$^3F_2$

（续）

周期	壳层名称			K	L	M	N	O					P				Q	
	主量子数 n			1	2	3	4	5					6				7	
	辅量子数 l							0	1	2	3	4	0	1	2	3	0	
	电子符号							$5s$	$5p$	$5d$	$5f$	$5g$	$6s$	$6p$	$6d$	$6f$	$7s$	
	元素	Z	第一电离电势(V)															基态的光谱项
6	Ta	73	7.7	$1s\sim5p$ 共 68 个电子						3			2					$^4F_{3/2}$
	W	74	7.98							4			2					$^5D_0$
	Re	75	7.87							5			2					$^6S_{5/2}$
	Os	76	8.7							6			2					$^5D_4$
	Ir	77	9.2							7			2					$^4F_{9/2}$
	Pt	78	8.96							9			1					$^3D_3$
	Au	79	9.223							10			1					$^2S_{1/2}$
	Hg	80	10.434							10			2					$^1S_0$
	Tl	81	6.106							10			2	1				$^2P_{1/2}$
	Pb	82	7.415							10			2	2				$^3P_0$
	Bi	83	8.3							10			2	3				$^4S_{3/2}$
	Po	84	8.4							10			2	4				$^3P_2$
	At	85	9.5							10			2	5				$^2P_{3/2}$
	Rn	86	10.745							10			2	6				$^1S_0$
7	Fr	87	4.0										2	6			1	$^2S_{1/2}$
	Ra	88	5.277										2	6			2	$^1S_0$
	Ac	89	6.9										2	6	1		2	$^2D_{3/2}$
	Th	90											2	6	2		2	$^3F_2$

（续）

周期	壳层名称			K	L	M	N	O					P				Q	
	主量子数 n			1	2	3	4	5					6				7	
	辅量子数 l							0	1	2	3	4	0	1	2	3	0	
	电子符号							$5s$	$5p$	$5d$	$5f$	$5g$	$6s$	$6p$	$6d$	$6f$	$7s$	
	元素	Z	第一电离电势(V)															基态的光谱项
	Pa	91	5.7								2		2	6	1		2	$^4K_{11/2}$
	U	92	6.80								3		2	6	1		2	$^5L_6$
	Np	93	5.8								4		2	6	1		2	$^6L_{11/2}$
	Pu	94	5.8								6		2	6			2	$^7F_0$
	Am	95	6.05								7		2	6			2	$^8S_{7/2}$
	Cm	96									7		2	6	1		2	$^9D_2$
	Bk	97									9		2	6			2	$^8H_{17/2}$
	Cf	98									10		2	6			2	$^5I_8$
	Es	99									11		2	6			2	$^4I_{15/2}$
7	Fm	100		$1s$～$5d$ 支壳层（共78个电子）							12		2	6			2	$^3H_6$
	Md	101									13		2	6			2	$^2F_{7/2}$
	No	102									14		2	6			2	$^1S_0$
	Lr	103									14		2	6	1		2	$^2D_{5/2}$
	Rf	104									14		2	6	2		2	
	Ha	105									14		2	6	3		2	
	Unh	106									14		2	6	4		2	
	Uns	107									14		2	6	5		2	
		108	1984年发现															
	Une	109	1982年发现								14		2	6	7		2	

§5.2 角动量的耦合模型

当研究原子实外只有一个价电子时，它的轨道角动量与自旋角动量的耦合相对来说是比较简单的，但对于多价电子原子来说，多个价电子角动量之间的耦合作用将很复杂. 例如，对于一个二价原子，令 l_1, l_2, s_1, s_2 分别表示两个价电子的轨道和自旋角动量，由于每一种运动都会产生磁场，因而各种运动间相互影响，产生 6 种相互作用. 这 6 种相互作用可表示为：两个电子的自旋相互作用 $G_1(s_1 s_2)$，两个电子的轨道相互作用 $G_2(l_1 l_2)$；单个电子的自旋与轨道相互作用 $G_3(s_1 l_1)$，$G_4(s_2, l_2)$；一个电子的自旋与另一电子的轨道相互作用 $G_5(s_1 l_2)$，$G_6(s_2 l_1)$. 其中 G_5 与 G_6 较弱可忽略. 实验表明，对比较轻的元素，G_1，G_2 比 G_3，G_4 强得多；对较重的元素，G_3，G_4 比 G_1，G_2 强得多.

多电子原子中价电子所处的各种状态称为价电子组态. 对两个价电子的情形，电子组态标记为 $nln'l'$. 例如，氦原子的一个价电子处于 $1s$ 态，另一个处于 $2s$ 态，则其价电子组态为 $1s2s$(氦原子的第一激发电子组态).

在后面的讨论中，我们只研究两个价电子原子的电子组态，并且其中的一个价电子始终处于基态，另一个被激发. 两个价电子都被激发的情况较为复杂，我们这里不讨论.

因而当电子组态形成原子态时，采用 G_1，G_2 相互作用的方式简称 $L-S$ 耦合，采用 G_3，G_4 相互作用的方式简称 $j-j$ 耦合.

5.2.1　角动量耦合的一般规律

设 $\boldsymbol{F}_1$ 和 $\boldsymbol{F}_2$ 分别表示量子数为 f_1 和 f_2 的两个角动量，这两个角动量矢量和为 $\boldsymbol{F}$

$$\boldsymbol{F} = \boldsymbol{F}_1 + \boldsymbol{F}_2 \tag{5.2.1}$$

$$|\boldsymbol{F}_1|^2 = f_1(f_1+1)\hbar^2 \tag{5.2.2}$$

$$|\boldsymbol{F}_2|^2 = f_2(f_2+1)\hbar^2$$

$$|\boldsymbol{F}|^2 = f(f+1)\hbar^2 \tag{5.2.3}$$

f 是总角动量量子数. 由空间量子化及量子力学可知，f 可取下列数值

$$f = f_1 + f_2, f_1 + f_2 - 1, \cdots |f_1 - f_2| \tag{5.2.4}$$

这些数值相邻间隔为 1，若 $f_1 > f_2$ 则 f 可取 $2f_2+1$ 个值，若 $f_2 > f_1$，f 共可取 $2f_1+1$ 个数值.

$$F_z = M\hbar \tag{5.2.5}$$

式中 $M = f, f-1, f-2, \cdots -f$ 叫磁量子数.

5.2.2　$L-S$ 耦合模型

由于 $\boldsymbol{L}_1$ 与 $\boldsymbol{L}_2$，$\boldsymbol{S}_1$ 与 $\boldsymbol{S}_2$ 之间的耦合作用较强，因此，$L-S$ 耦合模型假设它们分别耦合成一个总的轨道角动量 $\boldsymbol{L}$ 和总的自旋角动量 $\boldsymbol{S}$

$$\boldsymbol{L} = \boldsymbol{L}_1 + \boldsymbol{L}_2 \tag{5.2.6}$$

$$\boldsymbol{S} = \boldsymbol{S}_1 + \boldsymbol{S}_2 \tag{5.2.7}$$

习惯上分别以小写字母 l_i, s_i, m_{li}, m_{si} 等表示单个电子的角量子数和磁量子数；以大写字母 L, S 及 M_L, M_S 分别表示合成的角量子数和磁量子数. 下角 i 表示某一电子.

当 l_1, l_2 和 s_1, s_2 已知时

$$L = l_1 + l_2, l_1 + l_2 - 1, \cdots |l_1 - l_2| \tag{5.2.8}$$

$$S = s_1 + s_2, s_1 + s_2 - 1, \cdots |s_1 - s_2| \tag{5.2.9}$$

由于 $s_1 = s_2 = 1/2$,所以

$$S = 1,0 \tag{5.2.10}$$

两价原子中只有两个价电子,它们合成的自旋角量子数为 1 和 0. 这也就是整个原子的总自旋角量子数. 由 S 可分别得到

$$|\boldsymbol{S}|^2 = S(S+1)\hbar^2 \tag{5.2.11}$$

$$S_z = M_S\hbar \tag{5.2.12}$$

其中

$$M_S = S, S-1, \cdots, -S \tag{5.2.13}$$

由式(5.2.8) 求得 L 后可得到

$$|\boldsymbol{L}|^2 = L(L+1)\hbar^2 \tag{5.2.14}$$

$$L_z = M_L\hbar \tag{5.2.15}$$

其中

$$M_L = L, L-1, \cdots, -L \tag{5.2.16}$$

当 $L-S$ 耦合模型成立时,$\boldsymbol{L}$ 与 $\boldsymbol{S}$ 耦合成总角动量 $\boldsymbol{J}$

$$\boldsymbol{J} = \boldsymbol{L} + \boldsymbol{S} \tag{5.2.17}$$

量子数 $J = L+S, L+S-1, \cdots, |L-S|$ (5.2.18)

求得 J 后便可得:

$$|\boldsymbol{J}|^2 = J(J+1)\hbar^2 \tag{5.2.19}$$

$$J_z = M\hbar \tag{5.2.20}$$

其中

$$M = J, J-1, \cdots -J \tag{5.2.21}$$

对于 $L-S$ 耦合原子态的标记与表示碱金属原子态的符号相似,当 $L = 0,1,2,3,\cdots$ 时,分别用大写的 $S,P,D,F,\cdots$ 来表示. 在这些大写字母的左上角用 $2S+1$ 来表示能级的多重性,即精细结构成分的个数,这样每一个 ^{2S+1}L 形成一个光谱项. 在 L 右下角用总角动量量子数 J 表示同一光谱项形成的不同多重态(原子态),其标记为

$$^{2s+1}L_J \text{ 或 } n_1 l_1\, n_2 l_2\, {}^{2s+1}L_J$$

$n_1l_1\ n_2l_2$ 是电子组态.

例题 5.2.1　求电子组态为 n_1pn_2d 的某二价原子形成的原子态

解　由式(5.2.8)及式(5.2.9)角动量耦合规则可得两个电子总自旋角动量量子数 $S=1,0$;两个电子总轨道角动量量子数 $L=1,2,3$. 由式(5.2.18)L 与 S 耦合可得总角动量子数 J,相应的光谱态项如表 5.2.1 所示. 也可做如下简表得到耦合的原子态项.

$L=$	$S=0$	1
1	$^1P_1$	$^3P_{0,1,2}$
2	$^1D_2$	$^3D_{1,2,3}$
3	$^1F_3$	$^3F_{2,3,4}$

表 5.2.1　不同的 J 值及原子态符号

S	L	J	原子态符号
0	1 2 3	1 2 3	$^1P_1$ $^1D_2$ $^1F_3$
1	1 2 3	2. 1. 0 3. 2. 1 4. 3. 2	$^3P_2$　$^3P_1$　$^3P_0$ $^3D_3$　$^3D_2$　$^3D_1$ $^3F_4$　$^3F_3$　$^3F_2$

当原子的状态发生改变(跃迁)时,量子数 L,S,J 也应满足一定的选择定则. 在 $L-S$ 耦合下电偶极跃迁的选择定则为

$\Delta l_i=\pm 1$(跃迁只发生在宇称偶奇性态之间)　　(5.2.22)

$\Delta S=0$　　(5.2.23)

$$\Delta L = 0, \pm 1 \tag{5.2.24}$$

$$\Delta J = 0, \pm 1 (J = 0 \rightarrow J' = 0 \text{ 除外}) \tag{5.2.25}$$

其中 $\Delta S = 0$ 表示跃迁过程 S 保持不变,对于二价原子,三态与单态之间无跃迁产生.

5.2.3 两个价电子原子的能级与光谱

二价原子中 Be,Mg,Ca,Sr,Ba 以及 Zn,Cd,Hg 等原子,在满壳层外有两个价电子,He 原子也是核外有两个电子,它们的能级结构属同一类型,本节先以 He 原子为例来讨论,兼及其他二价原子的能级和光谱.

1. 氦原子的能级

氦原子共有两个电子,当它们都处于 $1s$ 态时,为氦原子的基态.对于氦原子的激发态,通常是其中一个电子被激发到高能态(nl)另一个留在基态.因此,基态氦原子可表示为 $1s^2$,激发态氦原子表示为 $1snl$.可以证明,处于基态或低激发态的氦原子服从 $L-S$ 耦合模型.表 5.2.2 中给出了由 $L-S$ 耦合模型得到的氦原子的一些原子态.下面将说明,对于 $1s1s$ 组态的 $^3S_1$ 态在氦原子中实际上是不存在的.因为按照泡利不相容原理,$1s1s$ 组态两个电子的 n,l 已经相等,那么要求 m_l,m_s 不能再相等,因 $1s$ 态电子 $l=0$,得 $m_l=0$,因而两个电子的 m_s 只能是 $+\frac{1}{2}$ 或 $-\frac{1}{2}$.因此基态是 $1s1s\,^1S_0$,其余都是激发态.图 5.2.1 给出了氦原子的能级和跃迁图.图中每一能级旁都用数字表示被激发电子所处状态的量子数 n.左半部分是 $s=0$ 的单态能级,右半部分是 $s=1$ 的三重态能级,历史上曾分别把它们叫做正氦($s=0$)和仲氦($s=1$),后来得知这是同一种氦原子的两种不同自旋状态.由图 5.2.1 可见,同一电子组态形成的能级中,三重态能级低于单重态能级,且二者的差别随 n,l 的增大很快减小.图中还显示第一激发态 $^3S_1(1s2s)$ 和第二激发态 $^1S_0(1s2s)$

的能量分别是 19.77eV 和20.55eV. 这两个态上的电子都不能向基态跃迁,它们不满足选择定则,电子在这两个态上可以存留较长时间,称它们叫亚稳态. 要使电子从亚稳态回到基态,可通过电子和原子的碰撞使其无辐射地回到基态.

表 5.2.2　$L-S$ 耦合模型下氦原子的原子态

$n_1 l_1$　$n_2 l_2$	L	$S=0$		$S=1$	
		J	符号	J	符号
1s　1s	0	0	$^1S_0$	1	$^3S_1$
1s　2s	0	0	$^1S_0$	1	$^3S_1$
1s　2p	1	1	$^1P_1$	0　1　2	$^3P_0$　$^3P_1$　$^3P_2$
1s　3s	0	0	$^1S_0$	1	$^3S_1$
1s　3p	1	1	$^1P_1$	0　1　2	$^3P_0$　$^3P_1$　$^3P_2$
1s　3d	2	2	$^1D_2$	1　2　3	$^3D_1$　$^3D_2$　$^3D_3$
1s　4s	0	0	$^1S_0$	1	$^3S_1$
1s　4p	1	1	$^1P_1$	0　1　2	$^3P_0$　$^3P_1$　$^3P_2$
1s　4d	2	2	$^1D_2$	1　2　3	$^3D_1$　$^3D_2$　$^3D_3$
1s　4f	3	3	$^1F_3$	2　3　4	$^3F_2$　$^3F_3$　$^3F_4$

2. **氦原子的光谱**

氦原子中一个电子始终处于 1s 态，只有一个电子发生跃迁，为满足选择定则，只须

$$\Delta S = 0$$

$$\Delta L = \pm 1, \Delta J = 0, \pm 1 \quad (0 \xrightarrow{\text{禁}} 0)$$

即可. 由于 $\Delta S = 0$，两套能级之间无跃迁. 形成单重谱线和三重线两套谱线系. 如图 5.2.1 所示. 其波数公式分别为

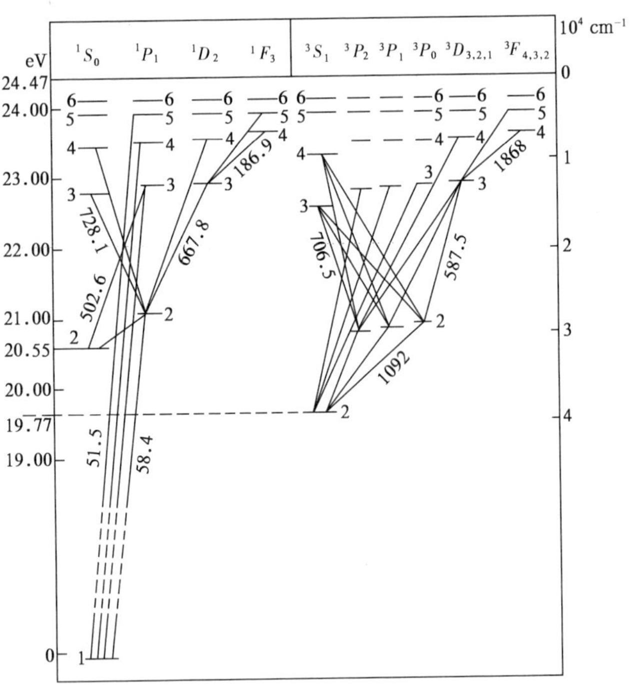

图 5.2.1 He 原子能级图

单重线系

$$\left.\begin{aligned}&\text{主线系}\quad \tilde{\nu}=1s1s\,{}^1S_0\text{——}1snp\,{}^1P_1\\&\text{二辅系}\quad \tilde{\nu}=1s2p\,{}^1P_1\text{——}1sns\,{}^1S_0\\&\text{一辅系}\quad \tilde{\nu}=1s2p\,{}^1P_1\text{——}1snd\,{}^1D_2\end{aligned}\right\}\tag{5.2.26}$$

三重线系

$$\text{主线系}\begin{cases}\tilde{\nu}=1s2s\,{}^3S_1\text{——}1snp\,{}^3P_0\\\tilde{\nu}=1s2s\,{}^3S_1\text{——}1snp\,{}^3P_1\\\tilde{\nu}=1s2s\,{}^3S_1\text{——}1snp\,{}^3P_2\end{cases}\tag{5.2.27}$$

$$\text{二辅系}\begin{cases}\tilde{\nu}=1s2p\,{}^3P_0\text{——}1sns\,{}^3S_1\\\tilde{\nu}=1s2p\,{}^3P_1\text{——}1sns\,{}^3S_1\\\tilde{\nu}=1s2p\,{}^3P_2\text{——}1sns\,{}^3S_1\end{cases}\tag{5.2.28}$$

$$\text{一辅系}\begin{cases}\tilde{\nu}=1s2p\,{}^3P_0\text{——}1snd\,{}^3D_1\\\tilde{\nu}=1s2p\,{}^3P_1\text{——}1snd\,{}^3D_2\\\tilde{\nu}=1s2p\,{}^3P_2\text{——}1snd\,{}^3D_3\end{cases}\tag{5.2.29}$$

由选择定则可知，(5.2.29) 式应出现 6 条线，但通常只能观察到 3 条，其余 3 条太弱不易观察.

3. 钙原子的能级

钙是二价碱土金属原子能级的代表. 例如 Ca 原子基态为 $4s^2\,{}^1S_0$，最低的(第一)激发态为 $4s4p\,{}^3P$，由于受到 $\Delta S=0$ 的限制，它不应向基态跃迁. 为电偶极跃迁选择定则允许的从最低的激发态向基态跃迁产生的辐射称为**共振线**. 例如，Ca 原子由 $4s4p\,{}^1P_1$ 到 $4s^2\,{}^1S_0$ 的跃迁谱线就是共振线，其 $4s4p\,{}^1P_1$ 是允许跃迁到基态的最低激发态称为共振态. 实验发现，从 $4s4p\,{}^3P_1$ 到基态 $4s4s\,{}^1S_0$ 也能发生跃迁，这一跃迁违反 $\Delta S=0$ 选择定则，这种谱线称为互组合线. 如图 5.2.2 所示，画出了 422.8nm 共振线和 657.3nm 的互组合线.

Be，Mg，Ca，Sr，Ba 等碱土金属都具有两个价电子，它们的基态电子组态分别是 $2s^2$，$3s^2$，$4s^2$，$5s^2$ 和 $6s^2$. 这些原子的激发电势和电离电势都比较低，它们的激发态电子组态一般是 $nsn'l'$ 的形式.

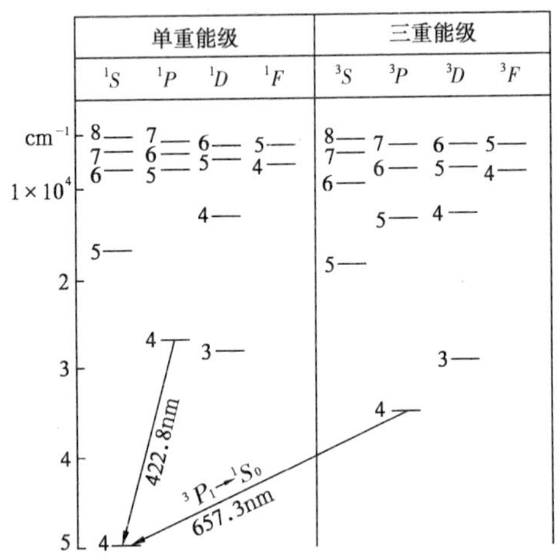

图 5.2.2 Ca 原子能级

除 Be 之外的其他碱土金属都存在违反 $\Delta S=0$ 的选择定则的互组合线，选择定则 $\Delta S=0$ 是对 $L-S$ 耦合模型成立的，$\Delta S=0$ 的破坏说明了 $L-S$ 耦合模型的失败. 由此可以看到这一模型的近似性.

4. $L-S$ **耦合引起的能级分裂**

由前面讨论看到，电子间的角动量耦合使系统的能量有了变化，例如，一个二价原子，设电子组态为 $nln'l'$，则原子的能量不仅与电子的状态（即 n,l,n',l' 等值）有关，而且与它们合成的状态 $^{2s+1}L_J$（即 S,L,J 等值）有关.

各光谱项 ^{2s+1}L 间的能量差别（即 S,L 不同引起的能量差）主要是由于两个电子间的静电库仑能 $e^2/(4\pi\varepsilon_0 r)$ 的不同引起的. 其中 r 为电子间的距离. 由于自旋或轨道角动量（即 S 或 L）的不同，影响电子空间分布不同，从而引起静电相互作用能的不同. 对于一定的光谱项（即 S,L 一定）不同的 J 值，也具有不同能量，这一能量是由于自旋 — 轨道耦合能与 J 有关而引起的. 在 $L-S$ 耦合条件下，不同电子间的静电相互作用能比自旋 — 轨道相互作用能大许多，因此 S 或 L 的不同引起的能量差，将比 J 不同引起的大许多.

通过对 Ca 原子光谱的观察，发现存在双电子激发的情形. 这时 Ca 原子的两个价电子从基态 $4s^2$ 都被激发到更高能态，例如分别激发到 $3d$ 和 $4p$ 态. 由 $L-S$ 耦合，$3d4p$ 电子组态可得到 ^3P，^3D，^3F 和 ^1P，^1D，^1F 等光谱项. 其中 ^3P，^3D，^3F 都是三重态，它们的 J 可取三个不同的值，能量顺序为 $E(^3P)>E(^3D)>E(^3F)$. 测得

$$E(^3P)-E(^3F)=3.4\times10^3\,\mathrm{cm}^{-1}$$

$$E(^3D)-E(^3F)=2.5\times10^3\,\mathrm{cm}^{-1}$$

^3D 的 $J=3,2,1$，能量顺序为 $E(^3D_3)>E(^3D_2)>E(^3D_1)$，测得

$$E(^3D_3)-E(^3D_1)=67.14\,\mathrm{cm}^{-1}$$

这些数据说明，静电相互作用能确实比自旋 — 轨道耦合能大许多.

在某一光谱项中，能级间隔与量子数 J 的关系，朗德（A. Lande）曾给出一个定则，称为**朗德间隔定则**，叙述如下：某一光谱项 ^{2S+1}L 中的诸能级中，两相邻能级的间隔正比于这两个能级的较大的 J 量子数. 例如由 Si 原子基态组态 $3p^2$ 得到的 ^3P 态中 $J=2,1,0$. 能量差 $E(^3P_2)-E(^3P_1)=146.16\,\mathrm{cm}^{-1}$ 应正比于 $J=2$；$E(^3P_1)-E(^3P_0)=77.15\,\mathrm{cm}^{-1}$ 应正比于 $J=1$.

应有

$$\frac{E(^3P_2)-E(^3P_1)}{E(^3P_1)-E(^3P_0)}=\frac{2}{1}=2$$

实际值为 $146.16/77.15\approx1.9$ 与 2 十分接近.

但对于 Si 原子的激发组态 $3p4p$ 产生的光谱项 ^3P，朗德间隔

定则遵守得不好.测得

$$\frac{E(^3P_2)-E(^3P_1)}{E(^3P_1)-E(^3P_0)}=\frac{128.06}{32.38}\approx 3.9$$

与 2 偏离较大.认为这时 $L-S$ 耦合模型并不是好的近似.

5.2.4 $j-j$ 耦合模型

$j-j$ 耦合模型认为每个电子自身的轨道与自旋角动量耦合作用强,电子间耦合作用弱,因此设想 L_1 和 S_1,L_2 和 S_2 耦合成 J_1,J_2

$$\boldsymbol{J}_1=\boldsymbol{L}_1+\boldsymbol{S}_1 \tag{5.2.30}$$

$$\boldsymbol{J}_2=\boldsymbol{L}_2+\boldsymbol{S}_2 \tag{5.2.31}$$

由于 $s_1=s_2=1/2$,当 l_1,l_2 已知时,可由耦合定则式(5.2.4)得到 $\boldsymbol{J}_1$,$\boldsymbol{J}_2$ 的量子数

$$j_1=l_1+\frac{1}{2},l_1-\frac{1}{2} \tag{5.2.32}$$

$$j_2=l_2+\frac{1}{2},l_2-\frac{1}{2} \tag{5.2.33}$$

以及

$$|\boldsymbol{J}_1|^2=J_1(J_1+1)\hbar^2$$

$$|\boldsymbol{J}_2|^2=J_2(J_2+1)\hbar^2$$

$\boldsymbol{J}_1$ 与 $\boldsymbol{J}_2$ 之间存在较弱的耦合作用,可把它看成是修正项.令 $\boldsymbol{J}_1$ 与 $\boldsymbol{J}_2$ 耦合成 $\boldsymbol{J}$

$$\boldsymbol{J}=\boldsymbol{J}_1+\boldsymbol{J}_2 \tag{5.2.34}$$

由耦合定则得

$$J=j_1+j_2,j_1+j_2-1,\cdots,|j_1-j_2| \tag{5.2.35}$$

以及

$$|\boldsymbol{J}|^2=J(J+1)\hbar^2$$

例题 5.2.2 已知某二价原子的两个价电子的角量子数分别为 $l_1=2,l_2=1,s_1=1/2,s_2=1/2$,试求该原子的总角动量状态.

解　由式(5.2.32)及式(5.2.33)得

$$j_1=\frac{5}{2},\frac{3}{2};j_2=\frac{3}{2},\frac{1}{2}$$

j_1,j_2 的不同组合由式(5.2.35)可得到 $j-j$ 耦合时的各种状态，如表 5.2.3 所示.

表 5.2.3　$j-j$ 耦合时的不同状态

j_1	j_2	J
5/2	3/2	4,3,2,1
5/2	1/2	3,2
3/2	3/2	3,2,1,0
3/2	1/2	2,1

$j-j$ 耦合条件下，电子自身的自旋与轨道角动量之间有较强的耦合作用；电子之间的角动量耦合较弱. 这时系统的能量与量子数 j_1,j_2 的依赖关系较强，不同 j_1,j_2 的组合态的能量差别大；相同的 j_1,j_2 组合而不同的 J 之间能量差别小. 例如 Sn 原子的激发组态 $5p6s$ 服从 $j-j$ 耦合. $5p$ 电子的 $l_1=1,j_1=3/2,1/2$；$6s$ 电子的 $l=0,j_2=1/2$. 由不同 j_1,j_2 组合得到的光谱项表示为 $(j_1,j_2)_J$，其中下标 J 表示由 j_1,j_2 合成得到的总角量子数. 于是可得

$$(\frac{3}{2},\frac{1}{2})_2,(\frac{3}{2},\frac{1}{2})_1$$

$$(\frac{1}{2},\frac{1}{2})_1,(\frac{1}{2},\frac{1}{2})_0$$

四个状态，如图 5.2.3 所示. 可以看到，光谱 $(\frac{3}{2},\frac{1}{2})$ 和 $(\frac{1}{2},\frac{1}{2})$ 之间的能量差远比仅仅由于 J 不同引起的能量差大.

表 5.2.1 与表 5.2.3 是在相同电子组态条件下分别由 $L-S$ 和 $j-j$ 耦合模型给出的两种结果，它们都是 12 个状态，但分类方式明显不同. $L-S$ 耦合由不同的 L,S 组合给出六个相隔较大的能

量状态，然后由不同 J 给出若干相隔较小的能量状态. $j-j$ 耦合由不同的 j_1, j_2 组合给出二个相隔较大的能量状态，然后由不同 J 给出若干相隔较小的能量状态. 通过与测定的光谱相比较我们判断那一种模型更符合实际.

已知 C,Si,Ge,Sn,Pb 的第一激发态有一个 p 电子和一个 s 电子，表示为 $nsn'p$，考虑角动量耦合它们的能级都是四个能级，但它们的组合方式是不同的. C 和 Si 的结构相似，按一、三分组，Sn 和 Pb 的相似，按二、二分组. Ge 很难说属于那种情况，为过渡情形. 显然，由 $L-S$ 耦合模型可得到一、三分组的情形，由 $j-j$ 耦合模型可得到二、二分组情况，因此，认为 C,Si 原子服从 $L-S$ 耦合模型，Sn,Pb 服从 $j-j$ 耦合模型，但无论那一种模型对 Ge 都不合适. 图 5.2.4 把五种元素相对应的能级按比例画出，以资比较.

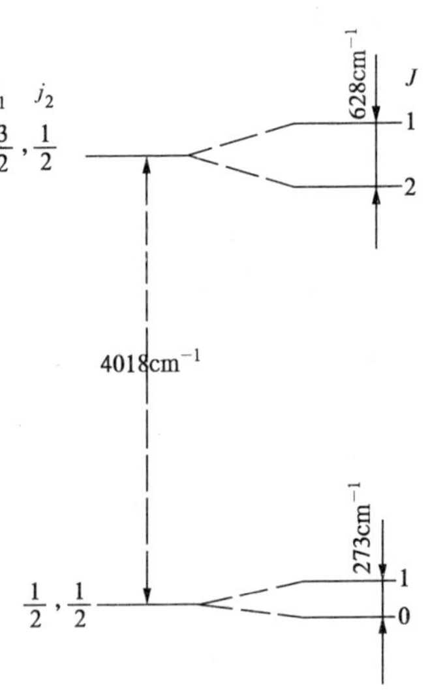

图 5.2.3 Sn 原子 $5p6s$ 组态 $j-j$ 耦合产生的能级分裂

一般来说，原子序数 Z 小的原子在低激发态时服从 $L-S$ 耦合；Z 大的原子在高激发态时服从 $j-j$ 耦合. 这是因为，当两个电子相距近时易发生 $L-S$ 耦合，当它们相距远时易发生 $j-j$ 耦合.

$j-j$ 耦合条件下电偶极跃迁选择定则为：

$$\Delta l_i = \pm 1 \tag{5.2.36}$$

$$\Delta j_i = 0, \pm 1 \tag{5.2.37}$$

$$\Delta J = 0, \pm 1 \quad (0 \nrightarrow 0) \tag{5.2.38}$$

$$\Delta M = 0, \pm 1 \qquad (\Delta J = 0 \text{ 时 } 0 \xrightarrow{\text{禁}} 0) \tag{5.2.39}$$

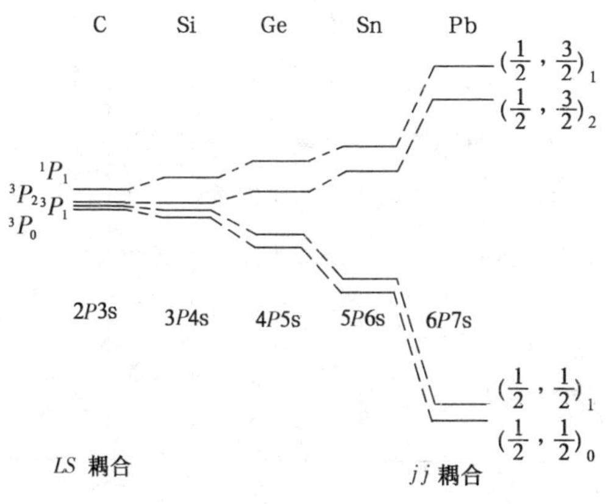

图 5.2.4　碳族元素从 LS 耦合到 jj 耦合

5.2.5　多电子原子光谱的一般规律

多电子原子的能级与光谱比较复杂，这里只将其中一些重要规律作一介绍.

1. 能级和光谱的位移律

实验表明，具有原子序数为 Z 的中性原子的能级和光谱，同具有原子序数为 $Z+1$ 的原子的一次电离后的能级与光谱相似. 例如，H 与 He^+，He 与 Li^+ 的能级和光谱相似. 这主要是由于它们具有相似的电子组态所致.

2. 多重性的交替律

由于能级的多重性决定于 $2S+1$，而 S 由单电子数决定，所以按周期表的顺序，元素交替具有偶数或奇数的多重态，见表 5.2.4.

表 5.2.4 **交替的多重态**

19K	20Ca	21Sc	22Ti	23V	24Cr	25Mn	26Fe	27Co	28Ni	29Cu
	单一		单一		(单一)		(单一)		单一	
双重		双重		(双重)		(双重)		双重		双重
	三重		三重		三重		三重		三重	
		四重		四重		四重		四重		四重
			五重		五重		五重		五重	
				六重		六重		六重		
					七重		七重			
						八重				

例如,单个价电子的原子 $S=\frac{1}{2}$,是双重态;两个价电子原子 $S=1,0$,是单重和三重态;对三个价电子原子,$S=\frac{1}{2},\frac{3}{2}$,构成双重态和四重态能级等等.

3. **多电子原子原子态的形成**

由于元素周期表中任一元素的原子态与相邻的前一元素的原子态加一电子而形成的原子态相似,所以可仿照二电子体系角动量合成的原则,令前一元素的总轨道角动量,总自旋角动量量子数分别为 L_p 和 S_p,加入电子的轨道和自旋量子数分别为 l 和 s. 根据角动量耦合的一般原则,由 L_p 与 l 可形成总轨道量子数 L;由 S_p 与 s 形成总自旋量子数 S,再由 S 和 L 形成总角动量量子数 J. 例如,前一元素的原子态为 $^3P_1$,现加一 d 电子,则形成的总 $L=1,2,3$,总 $S=\frac{3}{2},\frac{1}{2}$,合成的光谱项为 $^2P,^2D,^2F,^4P,^4D,^4F$,共17个原子态.

总之，电子数增加时，可按上述逐一形成的原则合成原子态．$j-j$ 耦合的情况与之类似．

§5.3　等效电子角动量的合成

5.3.1　泡利不相容原理与等效电子

处于同一支壳层中的电子称为等效（同科）电子．等效电子的 n 和 l 量子数相同，根据泡利不相容原理，它们的 m_l 和 m_s 量子数不能完全相同，这样就限制了某些状态的存在，因此，同科电子形成的原子态比非同科电子形成的原子态少．例如氦原子的基态电子组态为 $1s1s$，只能形成 $^1S_0$ 态，而不存在 $^3S_1$ 态；但两个非同科 s 电子（$1s2s$，$2s3s$ 等）可形成 $^1S_0$，$^3S_1$ 态．对两个非同科的 P 电子，由 $L-S$ 耦合可形成 $^3S_1$，$^1S_0$，$^3P_{2,1,0}$，$^1P_1$，$^3D_{3,2,1}$，$^1D_2$ 共 10 个原子态．但对两个同科的 P 电子，其中有些原子态不出现．

由于两个同科 P 电子的 n 和 l 已分别相等，则它们的 m_l 和 m_s 值中至少必须有一个是不同的，表 5.3.1 给出了这四个值的满足泡利不相容原理的 15 种可能组合及形成的 M_L 和 M_S 值．表中括号内表示（m_{l1}，m_{l2}，m_{s1}，m_{s2}），括号前的数字 ①，② 等表示这四个量子数的可能配合种数，共 15 种．

现在我们必须求出形成原子态的 L 和 S 值，它们必须说明所有 15 个态的（M_L，M_S）值（也只能有这些值）．首先由表中 ① ～ ⑤ 的配合得

$$\left.\begin{array}{ll} M_L = 2,1,0,-1,-2 & L = 2 \\ M_S = 0,0,0,0,0 & S = 0 \end{array}\right\}\quad {}^1D_2$$

表 5.3.1 两个同科 p 电子的 $(m_{l1}, m_{l2}, m_{s1}, m_{s2})$ 排列

M_L \ M_S	+1	0	−1
+2		①$(+1,+1,+\frac{1}{2},-\frac{1}{2})$	
+1	⑥$(+1,0,+\frac{1}{2},+\frac{1}{2})$	②$(+1,0,+\frac{1}{2},-\frac{1}{2})$ ⑦$(+1,0,-\frac{1}{2},+\frac{1}{2})$	⑧$(+1,0,-\frac{1}{2},-\frac{1}{2})$
0	⑨$(+1,-1,+\frac{1}{2},+\frac{1}{2})$	③$(+1,-1,+\frac{1}{2},-\frac{1}{2})$ ⑩$(+1,-1,-\frac{1}{2},+\frac{1}{2})$ ⑮$(0,0,+\frac{1}{2},-\frac{1}{2})$	⑪$(+1,-1,-\frac{1}{2},-\frac{1}{2})$
−1	⑫$(0,-1,+\frac{1}{2},+\frac{1}{2})$	④$(0,-1,+\frac{1}{2},-\frac{1}{2})$ ⑬$(0,-1,-\frac{1}{2},+\frac{1}{2})$	⑭$(0,-1,-\frac{1}{2},-\frac{1}{2})$
−2		⑤$(-1,-1,+\frac{1}{2},-\frac{1}{2})$	

由 ⑥ ～ ⑭ 得

$$\left.\begin{array}{l} M_L = 1,0,-1;1,0,-1;1,0,-1 \\ M_S = 1,1,1;0,0,0;-1,-1,-1 \end{array}\right. \quad \text{即} \quad \left.\begin{array}{l} L = 1 \\ S = 1 \end{array}\right\} \quad {}^3P_{2,1,0}$$

由 ⑮ 得

$$\left.\begin{array}{l} M_L = 0 \\ M_S = 0 \end{array}\right. \quad \text{即} \quad \left.\begin{array}{l} L = 0 \\ S = 0 \end{array}\right\} \quad {}^1S_0$$

共形成 5 种原子态，比两个非同科 p 电子的原子态少很多.

同科电子合成的谱项见表 5.3.2. 表 5.3.2 中 p 与 p^5 以及 d^2 与 d^8 给出相同的谱项，其理由以后再说明. 表 5.3.3 给出了部分非同科电子的谱项，以便于进行比较.

表 5.3.2　同科电子的态项

电子组态	态　项	电子组态	态　项
s	^2S	d,d^9	^2D
s^2	^1S	d^2,d^8	$^1S,^1D,^1G,^3P,^3F$
p,p^5	^2P	d^3,d^7	$^2P,^2D,^2F,^2G,^2H,^4P,^4F$
p^2,p^4	$^1S,^1D,^3P$	d^4,d^6	$^1S,^1D,^1F,^1G,^1I,^3P,^3D,^3F,^3G,^3H,^5D$
p^3	$^4S,^2P,^2D$	d^5	$^2S,^2P,^2D,^2F,^2G,^2H,^2I,^4P,^4F,^4D,^4G,^6S$

表 5.3.3　非同科电子的态项

电子组态	态　项
ss	$^1S,^3S$
sp	$^1P,^3P$
sd	$^1D,^3D$
pp	$^1S,^1P,^1D,^3S,^3P,^3D$
pd	$^1P,^1D,^1F,^3P,^3D,^3F$
dd	$^1S,^1P,^1D,^1F,^1G,^3S,^3P,^3D,^3F,^3G$

同科电子形成的多重能级比单重能级低的原因：

从氦光谱可看出，同科电子形成的三重能级总比单重能级低，这是由于体系倾向于取能量较低的状态，因此两个电子倾向于取自旋平行. 本质是二电子的 n,l 已分别相等，当电子自旋平行，即 m_s 相同时，由泡利不相容原理知，二电子的 m_l 一定不同，即轨道面取向不同. 此时二电子在各自轨道上运动时，平均距离比较远，又由于二电子间的排斥势能与 r 成反比，r 大时，体系势能低，较稳定，所以二电子倾向于取自旋平行. 对其他非同科电子的情况可给出相似解释.

泡利原理在物理学上的应用很广泛，随着学习的深入，我们会逐渐了解.

5.3.2　洪特定则的应用

由角动量合成得到的光谱项（例如 np^2 的 ^1D，^3P，^1S）的能量值是不同的，洪特（Hund）提出了一个规则来判断其最低能量项（基态），称为洪特定则. 叙述如下：

由等效电子形成的所有 $L-S$ 耦合光谱项中，具有最大 S 值的那些谱项中 L 值最大者能量最低.

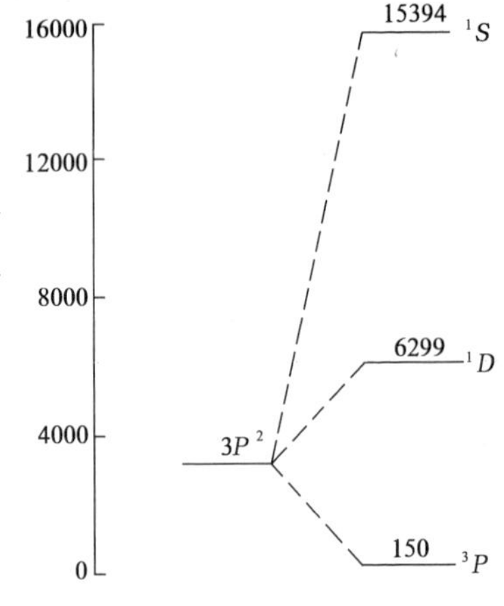

图 5.3.1　Si 原子基态组态 $3p^2$ 的 $L-S$ 耦合产生的能级分裂

例如，np^2 组态的三个光谱项 ^1D，^3P，^1S 中 ^3P 的 $S=1$ 最大，它的能量最低. 图 5.3.1 是 Si 原子基态组态 $3p^2$ 形成的三个光谱项，其中 ^3P 态确实能量最低. 因此，Si 原子基态应为 $3p^2\ ^3P$.

表 5.3.2 中所列状态中，都是最后一项的能量最低. 例如，d^2 组态的五个状态中 ^3P 和 ^3F 的 $S=1$ 最大，其中 ^3F 的 $L=3$ 比 ^3P 的 $L=1$ 大，因此，^3F 态能量最低.

洪特定则是作为经验规律提出来的，应用量子力学可以对它作出解释. 这个定则只能判断 $L-S$ 耦合光谱项中的最低能量状态，不能用它判断其他光谱项之间的能量高低. 例如，图 5.3.2 是 $Z=22$Ti 原子和 $Z=40$Zr 原子的能级图，它们的未闭合壳层分别是 $3d^2$ 和 $4d^2$，由两个等效 d 电子组成. 从图中可以看到基态为 ^3F，与洪特定则符合. 如果按照 S 大的能量低，S 相同的 L 大的能量低的原则，应当按^3F，^3P，^1G，^1D，^1S的顺序递增，与图中顺序不同.

对于非等效电子产生的光谱项，也不能应用洪特定则排列其能量顺序. 图5.3.3是$Z=14$Si原子激发态($1s^22s^22p^63s^23p4p$)的两个非等效电子$3p4p$产生的光谱项，按照洪特定则最低能量项应为^3D态，实际上却是^1P态，它的S值和L值都不是最大值.

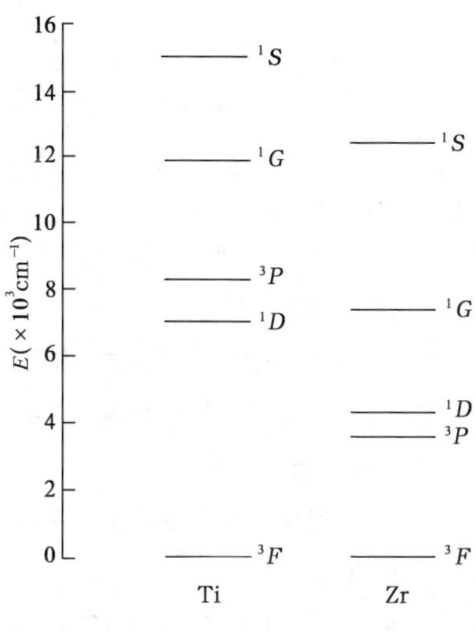

图5.3.2 Ti和Zr原子nd^2组态的光谱项

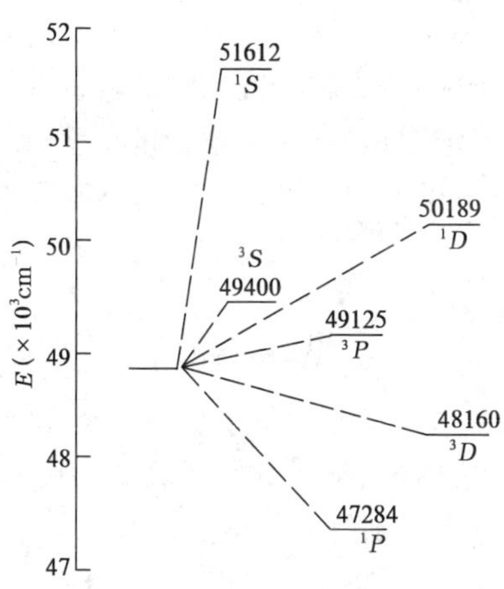

图5.3.3　Si原子激发态$3p4p$的光谱项

下面是非等效电子系统可以应用洪特定则的特例：

(1) 对于组态 $nl^N n's$（N 个 nl 等效电子，再加一个非等效 s 电子）形成的 $L-S$ 耦合光谱项，能应用洪特定则判断最低能量. 这时应先将 N 个 nl 等效电子的角动量合成，再将合成结果与 $n's$ 的角动量合成. 例如，$Z=24$Cr 原子的电子组态为 $1s^2 2s^2 2p^6 3s^2 3p^6 3d^5 4s$，其中只有 $3d^5 4s$ 为非闭合壳层，其余壳层中电子对原子的角动量没有贡献. 这里 $nl=3d, N=5, n's=4s$. 由表 5.3.2 可知 $3d^5$ 的最低能量态应是 ^6S. ^6S 态与 $4s$ 电子的角动量再进行 $L-S$ 耦合得到 ^7S 和 ^5S 两个状态，其中 ^7S 的自旋量子数大，因此应为基态.

(2) 对于电子组态 $nsn'l$，当 $l=0,1,2,3,\cdots$ 时，可由 $L-S$ 耦合形成光谱项依次为 $(^1S,{}^3S)(n\neq n')$，$(^1P,{}^3P)$，$(^1D,{}^3D)$，$(^1F,{}^3F)\cdots$ 等光谱态项，则由洪特定则可以判定其单一态能级高于相应的三重态能级. 例氦 $1s2s$ $E(^1S)>E(^3S)$，$1s2p$ $E(^1P)>E(^3P)$，$1s3d$ $E(^1D)>E(^3D)$；镁原子 $3s4s$ $E(^1S)>E(^3S)$，$3s3p$ $E(^1P)>E(^3P)$，$3s3d$ $E(^1D)>E(^3D)\cdots$

对于等效电子的 $L-S$ 耦合光谱项的能量顺序与 J 的关系，洪特还提出了另一条定则：**若某一壳层中的电子数小于半满壳层的电子数（即满壳层电子数的一半），则 J 越小能量越小；若电子数大于半满壳层的电子数，则 J 越大能量越小.** 例如，p 壳层的满壳层电子数为 6，半满壳层电子数为 3，所以 $np^2\ {}^3P_{2,1,0}$ 光谱项中 $J=0$ 的状态能量最低；$np^4\ {}^3P_{2,1,0}$ 光谱项中 $J=2$ 的能量最低. 这一结论的正确性可由表 5.1.3 中诸多元素的基态光谱项得到证实. 若电子数正好等于半满壳层电子数结果又如何呢？这个问题可以从后面的例题 5.3.1 中得到解释.

由图 5.3.1 可知，Si 原子基态组态 $3p^2$ 的三个 $L-S$ 耦合光谱项分别为 ^1S，^1D 和 ^3P，它们的能量差分别为

$$E(^1S)-E(^1D)=9095\text{cm}^{-1},$$

$$E(^1D)-E(^3P)=6149\text{cm}^{-1},$$

其中^3P 的 J 可取 2,1,0 三个值,由 J 不同引起的能量差为

$$E(^3P_2)-E(^3P_1)=146.16\text{cm}^{-1},$$

$$E(^3P_1)-E(^3P_0)=77.15\text{cm}^{-1},$$

能量顺序为$E(^3P_2)>E(^3P_1)>E(^3P_0)$. 可见由于$L,S$值不同引起的能级分裂比由 J 不同引起的大许多,前面指出这是$L-S$耦合模型的特点.

图 5.3.4 是 He$1s2p^3P$ 和 Ca$4s4p^3P$ 精细结构能级. Ca 的$^3P_{2,1,0}$ 顺序是正序,也符合朗德间隔定则. 但 He 的$^3P_{2,1,0}$ 是倒序,间隔也不符合朗德间隔定则,是因为 He 不仅仅是$L-S$耦合,还存在着 $G_5(S_1,l_2)$ 作用的影响,所以对 He 只考虑$L-S$耦合太近似. 但对镁原子(基态 $3s3s$),锌原子(基态 $4s4s$),铍原子(基态 $2s2s$) 所形成的激发态光谱项$^3P_{2,1,0}$,$^3D_{3,2,1}$,$^3F_{4,3,2}$ 等精细结构都类似钙原子,是正序,且符合朗德间隔定则.

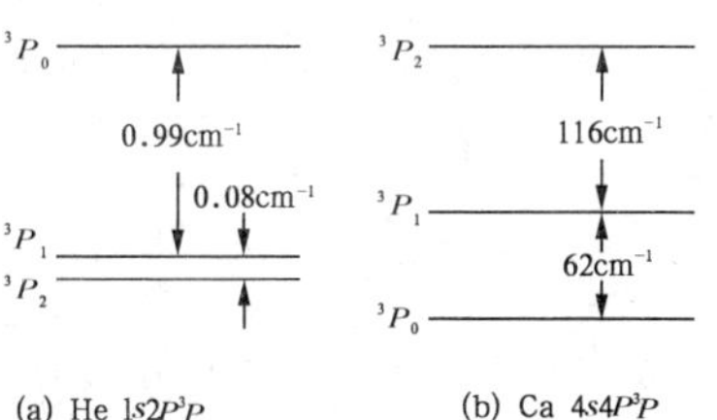

图 5.3.4　^3P 精细结构两例

例题 5.3.1　利用 LS 耦合、泡利原理和洪特定则来确定碳 $Z=6$,氮 $Z=7$,氯 $Z=17$ 原子的基态.

解　首先写出原子的基态电子组态,其次在满足泡利原理条件下依照洪特定则做出壳层排列找最大 S 与 L,最后在$L-S$耦合作用下得到 J 值,并利用洪特定则的正序或倒序理论找到基态的 J 值,然后得基态光谱项.

(1)C 原子 $Z=6$,基态电子组态 $1s^2 2s^2 2p^2$,价电子是 $2p^2$,对 p 电子 $l=1, m_l=1,0,-1, m_s=+\frac{1}{2},-\frac{1}{2}$,则满足泡利原理与洪特定则的排列为

m_s \ m_l	1	0	-1
$+\frac{1}{2}\uparrow, -\frac{1}{2}\downarrow$	$\uparrow$	$\uparrow$	

$$M_S = \sum m_s = \frac{1}{2} + \frac{1}{2} = 1$$

$$\therefore S = 1$$

$$M_L = \sum m_l = 1 + 0 = 1$$

$$\therefore L = 1$$

由 $L-S$ 耦合得 $J=2,1,0$. 由于电子不到半满,正序,$\therefore {}^3P_0$ 态是基态

(2)N 原子　$Z=7$ 基态电子组态 $1s^2 2s^2 2p^3$,价电子是 $2p^3$,半满. 满足泡利原理与洪特定则的排列为

m_s \ m_l	1	0	-1
$+\frac{1}{2}\uparrow, -\frac{1}{2}\downarrow$	$\uparrow$	$\uparrow$	$\uparrow$

$$M_S = \sum m_s = \frac{1}{2} \times 3 = \frac{3}{2}$$

$$\therefore S = \frac{3}{2}$$

$$M_L = \sum m_l = 0$$

$$\therefore L = 0$$

$J = \frac{3}{2}$　　$\therefore$ 基态为 ${}^4S_{\frac{3}{2}}$.

(3)Cl 原子　　$Z=15$,基态电子组态 $1s^2 2s^2 2p^6 3s^2 3p^5$,价电子是 $3p^5$,满足泡利原理与洪特定则的排列为

m_s \ m_l	1	0	-1
$+\frac{1}{2}\uparrow, -\frac{1}{2}\downarrow$	$\uparrow\downarrow$	$\uparrow\downarrow$	$\uparrow$

$$M_S = \sum m_s = \frac{1}{2} \times 3 + \left(-\frac{1}{2}\right) \times 2 = \frac{1}{2}$$

$$\therefore S = \frac{1}{2}$$

$$M_L = \sum m_l = 1 \times 2 + 2 \times 0 + (-1) = 1$$

$$\therefore L = 1$$

$J = \frac{3}{2}, \frac{1}{2}$,由于电子多于半满,倒序,所以基态为 ${}^2P_{\frac{3}{2}}$.

§5.4　氦氖激光器

在光学教程中,我们已经系统学习了关于激光器的知识.

一般的激光器都由工作物质、激励系统和光学共振腔三个主要部分组成.氦氖激光器中的工作物质是按一定比例混合的氦、氖混合气体,其中氦是辅助气体,实际发出激光的是氖原子.它们的工作原理是怎样的呢?

我们知道,氖原子中有10个电子,基态时的电子组态是$1s^2 2s^2 2p^6$,正好是满壳层,原子态为$^1S_0$.它的几个激发态是最外层的一个$2p$电子分别被激发到$3s$,$3p$,$4s$,$4p$和$5s$等能级,相应地形成$1s^2 2s^2 2p^5 3s$,$1s^2 2s^2 2p^5 3p$,$1s^2 2s^2 2p^5 4s$,$1s^2 2s^2 2p^5 4p$和$1s^2 2s^2 2p^5 5s$等组态,同氦氖激光器有关的就是这几个较低的激发态.$1s^2 2s^2$不影响原子态的形成,只需考虑外面的不满壳层,对$2p^5 ns(n=3,4,5)$电子组态,5个同科p电子与一个p电子形成同样的^2P态,它又与s电子耦合,形成$^1P_1$和$^3P_{0,1,2}$四个原子态.对$2p^5 3p$与$2p^5 4p$则相当于两个非同科p电子耦合,形成$^1S_0$,$^1P_1$,$^1D_2$,$^3S_1$,$^3P_{0,1,2}$ $^3D_{1,2,3}$共10个原子态.通常情况下粒子数总是正常分布的,即能级越高,其粒子的布居数就越少.它是依靠氦原子的作用而实现粒子数反转的.氦原子基态时两个电子均在$1s$态,组态为$1s^2$,构成$^1S_0$原子态.最低的激发态是其中一个电子被激发到$2s$态,成$1s2s$组态.它可构成两个原子态(能级):$1s2s\,^3S_1$和$1s2s\,^1S_0$,前者的能量低于后者.这两个状态都是亚稳态,有较长的寿命,而且它们又正好分别和氖原子$1s^2 2s^2 2p^5 4s$,$1s^2 2s^2 2p^5 5s$组态所形成的能级很接近(见图5.4.1).通过高电压使气体放电时,加速的电子可以把氦原子激发到这两个亚稳态上.实验表明,在稀薄的氦气中进行放电激发时,会有很大数目的氦原子积累到这两个亚稳态上.然后,通过原子间的碰撞,氦原子可将激发能无辐射地转移给氖原子,使之处于 $2p^5 5s$ 与 $2p^5 4s$ 相应的激发态.由于两者能级很接近,故这种转移的概率是很大的,称为能量的共振转移.这样,可以使处于 $2p^5 4s$ 和 $2p^5 5s$ 组态的氖原子数目很快增加,形成和下面 $2p^5 3p$ 和 $2p^5 4p$ 能级间的粒子数反转.按照选择定则,可以发生辐射跃迁且具有反转分布关系的组态有三对:$2p^5 5s$ 和 $2p^5 4p$;$2p^5 5s$ 和 $2p^5 3p$;$2p^5 4s$ 和 $2p^5 3p$,它们间跃迁所产生的谱线可以有许多,其中波长为 632.8nm(橘红色)谱线是从 $^3P_2(2p^5 5s)$ 到 $^3S_1(2p^5 3p)$ 跃迁所产生的,它是氦氖激光器最有用的一条,其他有很多红外线产生,但在激光器设计时常只保留 632.8nm 这一条.

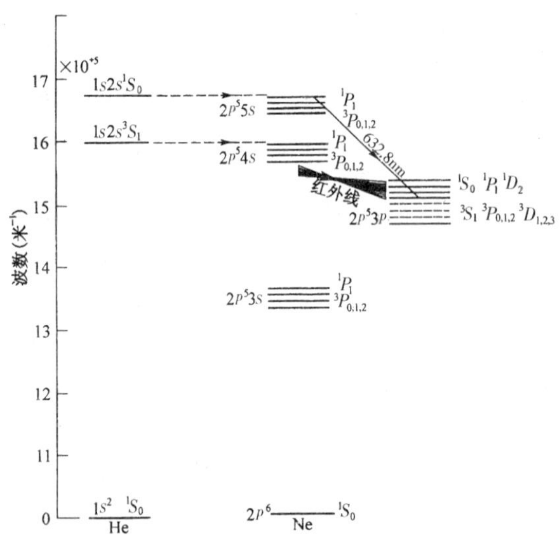

图 5.4.1　氦氖能级图

图5.4.2是一种氦氖激光器的结构示意图.在密封的玻璃管内充以稀薄的氦和氖的混合气体,其中氦和氖的比例为5∶1～10∶1,总压强约为260～400Pa.在毛细管两端的正、负电极上加高电压使气体放电,实现粒子数反转.这就是该激光器和激励系统.激光在毛细管内形成,玻璃管内的混合气体给毛细管提供新鲜的工作物质.玻璃管外两侧装有两个面对面的球面反射镜,其中一个完全反射,另一个部分透射(反射率为98%),它们组成光学共振腔.这是一种外腔式的激光器.(若反射镜固定于管的两端,则称内腔式激光器)共振腔不仅保证实现光放大,并使只有沿管子轴线方向的光才被输出,以保证激光的方向性;而且,精确地选择共振腔两镜面间的距离,可使具有某一特定波长的光在多次反射中被相干加强,而其他波长的光则被减弱或抵消,从而保证激光的单色性.图中管子两端封装倾斜的窗口,其法线和管子轴线的夹角等于和输出波长相应的布儒斯特角,故称布儒斯特窗.当激光反复经过窗口时,可减小反射损失并获得完全偏振光.

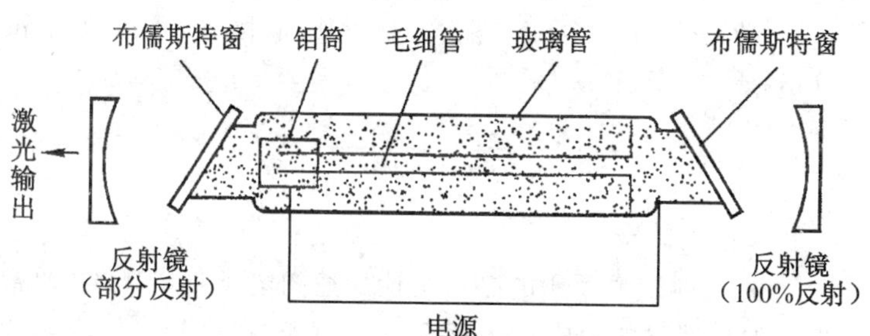

图5.4.2　氦氖激光器结构简图

由于激光是一种方向性很好的强光,有很高的功率密度,同时又是一种单色性很好的相干光,其时间相干性和空间相干性均很好,因而它在各个领域中都有广泛的应用.自1960年第一台激光器问世以来,几十年中发展极为迅速.激光器的种类也很多,上述氦氖激光器只是气体激光器中的一种.除气体激光器外,还有用固体、液体、半导体等作工作物质的固体激光器、液体激光器、半导体激光器等.除了可输出具有确定波长激光束的激光器外,20 世纪 70 年代又发展起能输出波长在一定范围内连续可调激光束的染料激光器(用有机染料液体做工作物质),它们在光谱分析和其它科学研究中起着重要作用.

§5.5 X 射线

X 射线曾被称为伦琴射线,是德国物理学家伦琴于 1895 年发现的.当时他正在研究阴极射线,偶然发现放在阴极射线管附近的荧光屏上发出了荧光.经查找,证实是阴极射线管壁发出的新射线使荧光屏发光的.这种新射线就是 X 射线.后来的研究表明,X 射线是一种波长很短的电磁波,其波长范围约为 0.001nm ~ 10.0nm.

5.5.1 X 射线的产生及其波长的测定

1. X 射线的产生

产生 X 射线最常用的办法是让加速的电子轰击靶子(通常用高熔点的金属材料制成),从而发出 X 射线.在伦琴当年的实验中则是用高速电子打在阴极射线管的玻璃壁上,从管壁发出 X 射线.图 5.5.1 是 X 射线管的简单示意图.在一个真空管里装有灯丝电极(阴极)K 和靶子(阳极,又称对阴极)P.灯丝通电加热后会发出电子,经两极间的高电压(几十至几百千伏或更高)加速后打到阳极上,就能产生 X 射线.此外,用能量足够高的光子照射物质材料也可产生 X 射线.有些原子核在发生自发转变时也会伴随有 X 射线的产生. 还有, 在同步回旋加速器(或其他环形加速器)中, 高速运动的带电粒子也会产生电磁辐射, 称为同步辐射, 是产生 X 射线的一种新手段.

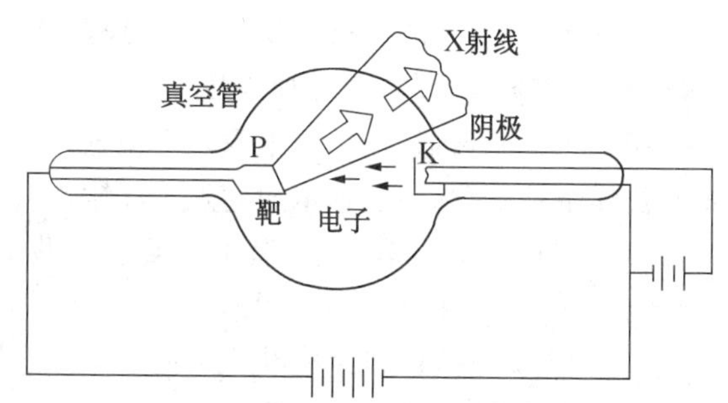

图 5.5.1　X 射线管

2. X 射线波长的测定

X 射线是一种电磁波, 具有干涉、衍射、偏振等波动的特性. 对 X 射线波长的测定可通过它在晶体上的衍射来进行. 我们知道, 晶体由原子的规则排列构成, 晶体中两相邻原子的间距约为 0.1nm 的数量级, 与 X 射线波长数量级相同, 因此, 晶体对于 X 射线来说可作为天然的光栅. 利用 X 射线在这种"光栅"上的衍射可测定其波长.

在介绍电子衍射实验时曾讲过, 波长为 λ 的 X 射线在晶体上衍射产生干涉极大值的条件由布拉格公式

$$2d\sin\theta = k\lambda \quad (k = 1,2,3,\cdots) \tag{5.5.1}$$

决定, 式中: d 为晶格常数(即两晶面间的距离); θ 为掠射角; k 为干涉级数. 原子在晶体中可构成很多组不同方向的平行平面. 当一束 X 射线射入晶体而发生衍射时, 从任何一组晶面上和入射线以相同倾角(即掠射角)出射的射线只要满足(5.5.1)式都会得到加强. 已知晶格常数 d, 实验上确定 θ 和 k 后, 即可由(5.5.1)式得到波长 λ. 当然, 实验的测量要复杂得多, 需要专门的仪器. 此外, 利

用 X 射线的电离作用或使底片曝光的程序可测定它的强度.

5.5.2 X 射线的发射谱

由实验测量发现,X 射线的发射谱线由两部分构成,即连续谱和标识谱.对于确定的阳极材料,当加速电压 U 小于某一限度,即加速电子的动能小于某个数值时,阳极上只发射出连续的 X 射线,即其强度随波长连续地变化;当加速电压超过某一限度,即电子动能超过某一数值时,则会在连续谱线的背景上叠加一些细锐的线状谱线,这种谱线可表征阳极材料的特征,故称标识谱线.阳极材料不同,产生线状谱所需的加速电压 U 也不同.图 5.5.2 画出了外加电压 $U=35\text{kV}$ 时,阳极材料为钨(W)和钼(Mo)的 X 射线谱.由图可见,这时钨只有连续谱,而钼则在连续谱的基础上叠加有两条标识谱.为得到钨的标识谱线,需要将工作电压增大至 70kV 以上.下面分别讨论连续谱和标识谱的一些特点.

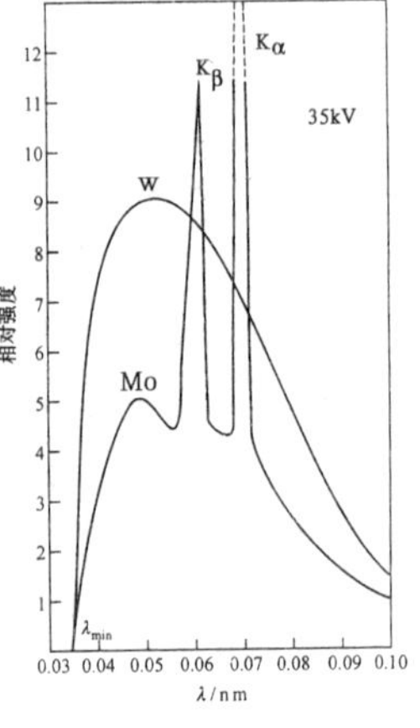

图 5.5.2 X 射线发射谱

1. X 射线的连续谱

连续谱的一个显著特点是对于确定的工作电压 U,存在一个波长的最小值 λ_{min},它和阳极材料的性质无关,只取决于工作电压 U.如在图 5.5.2 中,$U=35\text{kV}$ 时,钨和钼的 λ_{min} 均为约0.035nm.实验表明,λ_{min} 和工作电压 U 有如下关系

$$hc/\lambda_{min} = eU \tag{5.5.2}$$

其中 h,c,e 分别为普朗克常量、真空中的光速和电子电荷.

连续谱线的这一特点是由它的产生机制所决定的.X 射线的连续谱是高速电子打到靶子骤然减速时产生的.故又称**韧致辐射**.这时,电子的动能转变为辐射能,以 X 射线的形式发射出来.由于这种减速是连续的(电子速度的改变是连续的),故形成连续的 X 射线谱.若电子和靶作用的结果使电子的全部动能($E_k = eU$)一次性地转变为辐射能,则出射光子能量最大,为 $h\nu_{\max} = eU$,故有最短波长

$$\lambda_{\min} = \frac{c}{\nu_{\max}} = \frac{hc}{eU} \approx \frac{1.24 \times 10^3}{U}\text{nm} \qquad (5.5.3)$$

其中电压 U 以伏(V)为单位.由该式可见,在实验中测出 $\lambda_{\min}$ 和 U 后,可由此算出普朗克常量 h.这是早期测定 h 值的一种有效方法.我国物理学前辈叶企孙先生曾进行过这项工作.

2. X 射线的标识谱与原子的电离能级

标识谱线最早被巴克拉(C. G. Barkla,1877 ~ 1944)于 1906 年发现,它是叠加在连续谱上的细锐的线状谱,只有当工作电压超过某一临界值时才会出现.它与阳极材料有关.同种元素,无论它是单质还是存在于化合物中,其标识谱是相同的,不同元素的标识谱不同.随着元素原子序数的增大,标识谱线的波长单调地减小,而并不像光学光谱那样出现周期性变化.标识谱线的数目通常比光学光谱要少,结构也较简单.它们也分成几个线系.对于原子序数 Z 不太大的元素,一般可观察到标识谱线的 K 线系和 L 线系,在 Z 较大的元素中还能出现 M 线系、N 线系等.其中 K 线系的波长最短,它又可分为 K_α,K_β 等谱线,L 线系的波长比 K 线系的要长,谱线也多些.M,N 等线系的波长更长.

标识谱线的产生机制与连续谱线不同,它是由靶原子中内层电子的跃迁产生的.由于某种原因(例如高速电子或其他粒子的碰撞),靶原子内某壳层中的电子被击出(电离或被打到外层空着的能级上),该内壳层上出现空位,则较外层的电子就会来填充从而辐射电磁波,这就是 X 射线的标识谱线.当 K 层有一个电子被击出时,若 L 壳层的电子去填充,则产生 K_α 线;若 M 壳层的电子去填充,则产生 K_β 线……当 L 层有一电子被击出时,若 M 层的电子去填充,则产生 L_α 线;若 N 层的电子去填充,则产生 L_β 线,如此

等等.

因此,标识谱线的结构取决于原子内层的电子壳层结构.只有在较重的元素中,其 M 壳层、N 壳层才可能是闭合的内壳层,也才有可能产生 M 线系、N 线系的标识谱线.不同元素的原子具有相似的内层结构,只是各壳层的能量不同,因而它们的标识谱线都有相似的成分,只是波长不同而不显示周期性.另外,因原子内壳层间的能量差较大,故产生的标识谱线的波长较短.随着 Z 的增大,内壳层间的能量差也增大,故相应标识谱线的波长单调减小.如图 5.5.3 是 Cd 原子的 X 射线能级图,也叫镉原子的电离能级(限一个电子被电离).

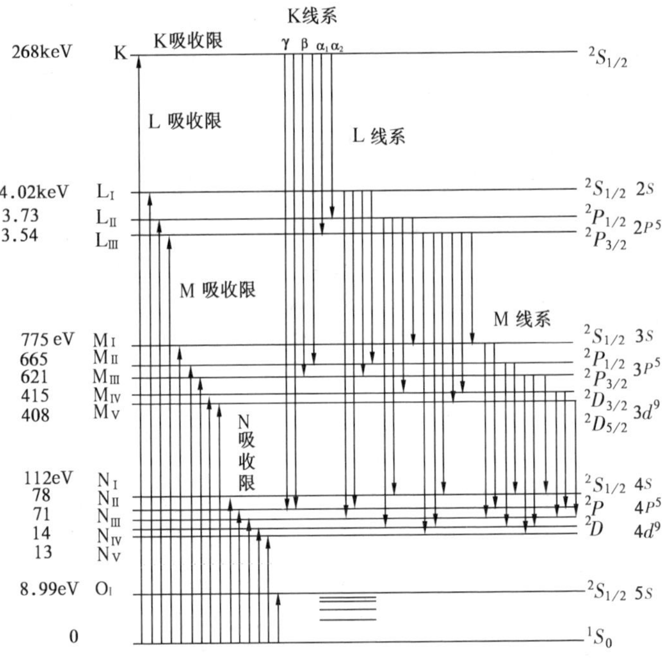

图 5.5.3 Cd X 射线能级图

在图 5.5.3 中，最上面一个能级左端所标的 K，指的是一个 K 电子（1s 电子）被电离的能级，268keV 则是指这个电子的电离能，即在中性 Cd 原子中将一个 1s 电子电离所需的最低能量. 下面 L 指一个 L 层电子被电离的能级，余类推. 注意 L 能级能量差不多只有 K 能级的十分之一，M 能级能量差不多只有 K 能级的百分之一，等等. 图上能级间隔不是按比例画出的.

Cd 的基态最外层是 $5s^2$ 组态，能级 $^1S_0$. 图中 O_{I} 能级是一个 5s 电子被电离的能级，电离能 8.99eV，能级符号 $^2S_{1/2}$. 在基态与 O_{I} 态之间就是普通一个价电子被激发的光学能级. 在 O_{I} 能级之上是一组 5 个能级，能量在 13 ～ 112eV 之间. 它们是一个 $n = 4$ 的内层电子（4s，4p 或 4d）被电离后的能级. 试看其中 N_{IV}，N_{V} 一对能级. 它们是一个 4d 电子被电离的能级，即 4d 层现在有 $4d^9$ 电子. 由上节得知，$4d^9$ 能级符号与 $4d^1$ 相同，即为 ^2D，但精细结构是倒置的，$^2D_{1/2}$ 能级高于 $^2D_{3/2}$ 能级，如图所示. 这些符号列于能级右侧. 其余能级的意义可类推.

对应于标识谱各线系谱线的跃迁已在图中画出，例 K_{α_1} 线是从 K 能级跃迁到 L_{III} 能级所产生的，这是说原子从 K 层有一空位的状态变成 L_{III} 层有一空位的状态，实质上就是电子从 L_{III} 跃迁到 K 层. 产生 X 射线标识谱的跃迁也遵守选择定则

$$\Delta L = \pm 1, \Delta J = 0, \pm 1$$

正是由于 X 射线的标识谱线是原子内层结构情况的反映，因此对它的研究成为人们了解原子内部壳层结构的一个重要手段.

5.5.3　莫塞莱定律

英国物理学家莫塞莱（H. G. J. Moseley，1887 ～ 1915）研究了从铝到金几十种元素的 X 射线标识谱线波长，于 1913 年总结出如下规律：标识谱 K 线系的频率 ν 近似地正比于产生该谱线的元素的原子序数 Z 的平方. 这一规律被称为莫塞莱定律. 他给出 K_{α} 线

波数的经验公式为

$$\tilde{\nu}_{K_\alpha} = R(Z-\sigma_K)^2(\frac{1}{1^2}-\frac{1}{2^2}) \tag{5.5.4}$$

其中:R是里德伯常数;σ_K 是K 壳层的屏蔽因子,有 $\sigma_K \approx 1$. 故上式成

$$\tilde{\nu}_{K_\alpha} = \frac{3}{4}R(Z-1)^2 \tag{5.5.5}$$

与类氢离子的规律相似. 后来,人们对 L 线系也作了研究,发现有和(5.5.5) 式类似的近似关系,只是括号中的屏蔽因子和前面的数值系数有所不同.

如对 L_{β_1} 线,则有公式

$$\tilde{\nu}_{L_{\beta_1}} = \frac{5}{36}R(Z-7.4) = R(Z-7.4)^2(\frac{1}{2^2}-\frac{1}{3^2}) \tag{5.5.6}$$

图 5.5.4 给出几种原子K线系的谱线系,可看出其规律性. 利用莫塞莱定律,特别是(5.5.5) 式可确定未知元素的原子序数 Z. 在实验中测定元素 K_α 线的波长 λ_{K_α} 即可算出原子序数 Z. 莫塞莱的实验第一次提供了精确测量原子序数 Z 的方法,历史上就是用莫塞莱公式定出了元素的原子序数 Z,并纠正了^{27}Co 与^{28}Ni 在周期表上的次序.

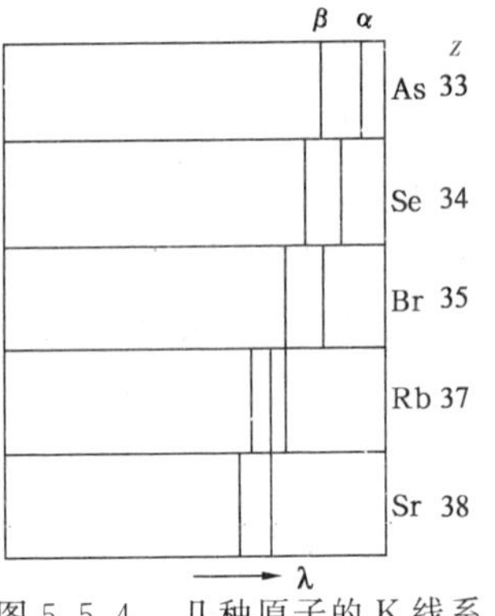

图 5.5.4 几种原子的 K 线系

5.5.4 X 射线的吸收谱

X 射线虽因其波长很短,在物质中有很强的穿透本领,但各种物质对它仍有一定的吸收作用. 实验表明,对于确定的物质材料,这种吸收作用会随着入射线波长的减小而很快降低,说明波长越

短的 X 射线在物质中的穿透本领越大;但当 X 射线的波长为某些特定值时,吸收会突然加强.这种吸收作用的突变,称为吸收限(又叫吸收边缘),这时入射 X 射线的波长称**吸收限波长**.不同的物质材料吸收限位置不同,图 5.5.5 给出了铅作为吸收物对 X 射线的吸收作用随入射线波长的变化关系.图中横轴 λ 是 X 射线的波长(单位为nm),纵轴 μ_m 为质量吸收系数(单位为 $cm^2 \cdot g^{-1}$),表示

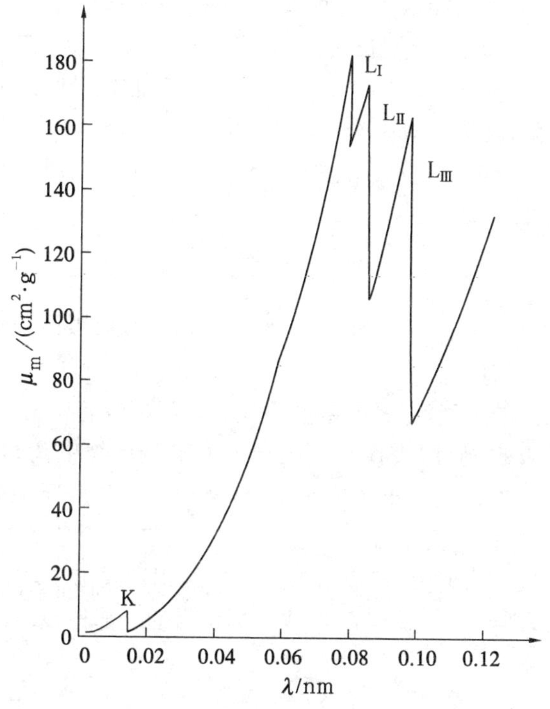

图 5.5.5　X 射线吸收限

单位密度的物质对于 X 射线的吸收系数,它直接反映了物质对 X 射线的吸收本领,和物质的物理状态(气态、液态或固态)无关.而所谓吸收系数,则表示单位长度的物质对 X 射线的吸收.由图可

见,随着 λ 的减小,μ_m 很快减小,但有几处突然增加,分别为 $L_{Ⅲ}$,$L_{Ⅱ}$,$L_{Ⅰ}$ 和 K 吸收限.

吸收限的产生是不难理解的,吸收物原子中的电子按壳层排列,各个壳层上的电子有不同的电离能.当入射光子的能量正好等于某壳层上电子的电离能时,射线就会被共振吸收,使吸收系数突然增大,出现吸收限.和电离 K 层电子(即 1s 电子)相应的就是 K 吸收限,它的电离能最大,故射线波长最短;和电离 L 层电子相应的 L 吸收限有较长的波长,且因 L 壳层有^2S,$2^P_{1/2}$,$2^P_{3/2}$ 三个相近的能级,故有相应的 $L_{Ⅰ}$,$L_{Ⅱ}$,$L_{Ⅲ}$ 三个相近的吸收限.同理,M 壳层有五个吸收限、N 壳层有七个吸收限等等.

根据这种解释,吸收限波长 λ 和原子中相应壳层能级的电离能 E 应有如下关系

$$\lambda = \frac{hc}{E} = \frac{1.24 \times 10^3}{E}\text{nm} \tag{5.5.7}$$

其中 E 以 eV 为单位.这样,在实验上测出某吸收限波长后即可算出相应壳层的电离能.

由上面的解释还可知,吸收限应和标识谱线有密切联系.一旦出现某个吸收限,即表示相应壳层上的电子已被电离,出现了空位,这时,较外层上的电子会来填充,从而产生相应于该壳层的标识谱线.实验结果完全证实了这一推论.例如,对于吸收物银来说,当出现 L 吸收限时,同时就有 L 线系的标识谱线出现,而当出现 K 吸收限时,则能同时观察到 K 线系标识谱的全部谱线.

思考题

5.1　用电子去填充原子的壳层以形成周期表中各元素时,要按什么原则进行?

5.2　原子中能够具有下列相同量子数的最大电子数是多少?

(1)n,l,m_l;(2)n,l;(3)n

5.3　判断下列各态项中哪些是不可能存在的?

$$^1S_0, {}^1P_2, {}^2D_2, {}^7F_0, {}^8F_{1/2}, {}^8F_1,$$
$$^7D_{3/2}, {}^4K_{11/2}, {}^8H_{17/2}, {}^5I_8, {}^5P_0$$

5.4　正氦与仲氦有什么区别?原因何在?

5.5　什么叫轫致辐射?什么叫标识辐射?

5.6　从哪些元素开始,预期会出现标识辐射的K系和L系?

习　题

5.1　某原子含有若干封闭壳层和封闭次壳层,当未满次壳层内有同科电子p^5(或p^4)时,试证明按LS耦合,可能的原子态和单个p单子(或p^2)可能形成的原子态相同. 同样可推知,原子中未满次壳层同科电子d^9与d电子、(d^8和d^2电子)可能形成的原子态相同.

5.2　已知氦原子的$2p3d$组态所构成的光谱项之一为^3D,问这两个电子的轨道角动量$\boldsymbol{L}_1$与$\boldsymbol{L}_2$之间的夹角,自旋角动量$\boldsymbol{S}_1$与$\boldsymbol{S}_2$之间的夹角分别是多少?

5.3　按$L-S$耦合写出下列组态所构成的全部原子态,并写出原子态

符号

(1) $nsn's$ (2) $nsn'p$ (3) $nsn'd$ (4) $npnd$ (5) $ndn'd$

5.4 已知Mg原子($Z=12$)的光谱项的各多重态(原子态)属于$L-S$耦合,则该原子由$3s4s$组态向$3s3s$组态跃迁时,将出现哪些谱线?画出能级跃迁图.(提示:中间有$3s3p$组态,三重态为正常次序)

5.5 Ca原子的能级是单层和三重结构,三重结构中J大的能级高,其锐线系的三重线的频率$\nu_2>\nu_1>\nu_0$,其频率间隔为$\Delta\nu_1=\nu_1-\nu_0$,$\Delta\nu_2=\nu_2-\nu_1$.试求其频率间隔值$\Delta\nu_2/\Delta\nu_1$.

5.6 已知He原子的一个电子被激发到$2p$轨道,而另一个电子还在$1s$轨道.试作出能级跃迁图来说明可能出现哪些光谱线的跃迁.

5.7 P_b原子基态的两个价电子都在$6p$轨道.若其中一个价电子被激发到$7s$轨道,而其价电子间相互作用属于$j-j$耦合.问此时P_b原子可能有哪些状态.

5.8 铍原子基态的电子组态是$2s^2$,若其中有一个电子被激发到$3p$态,按LS耦合可形成哪些原子态?写出有关的原子态符号,从这些原子态向低能态跃迁时,可以产生几条光谱线?

5.9 求出第二周期各原子基态光谱项,并与表5.1.3相比较.

5.10 (1)波长为0.21nm的X射线在NaCl晶体的天然晶面上"反射".已知掠入角为$21°55'$时发生第一级"镜反射",试确定晶体的点阵常数d;(2)根据求得的d值和NaCl的密度($\rho=2.1\times10^3\text{kg/m}^3$),试计算阿伏伽德罗常数.已知Na的原子量为22.99,Cl的原子量为35.36.

5.11 测得当工作电压为35kV时,由钼靶发出的伦琴射线连续谱的最短波长为0.0355nm,试计算普朗克常数h.

5.12 已知钨的K吸收限波长$\lambda=0.0178$nm,则要产生钨的K线系标识谱,X射线管的工作电压至少应多大?

5.13 已知某元素X射线标识谱的K_α线波长为0.1935nm,试由莫塞莱定律确定该元素的原子序数Z.

5.14 铝的K系谱线之一的波长为0.797nm,已知相应的改正数为1.65,问这条谱线是何种跃迁产生的?

5.15 已知铜($Z=29$)的K_α线波长为0.154nm,试计算其K层电子的屏蔽系数σ.

第 6 章　磁场中的原子

原子具有磁性，在外加磁场中将产生磁效应，本章讨论有关的现象. 1896 年，塞曼(P·Zeeman) 发现，当把发射原子光谱的光源放在静磁场中时，每一条谱线都将分裂成频率相近的几条，它们都是偏振的，这就是塞曼效应. 后来，人们又陆续从实验中发现并揭示了有关电子自旋、磁共振(包括电子自旋共振，核磁共振，原子束共振和双共振等) 现象的规律. 一方面，从这些效应可以窥见原子结构性质，尤其是原子的磁性(电子轨道磁矩、电子自旋磁矩、核自旋磁矩)；另一方面，它们所提供的实验手段和理论方法在现代高新技术的许多领域有重要的应用，推动了物理学的发展. 上述相应工作的创始人均曾获得诺贝尔物理学奖. 如：塞曼(P·Zeeman) 和洛伦兹(H·A·Lorentz)(1902，塞曼效应与电子论)；史特恩(O·Stern)(1943，史特恩—盖拉赫实验)；拉比(I·I·Rabi)(1944，核磁共振方法)；布洛赫(F·Bloch) 和珀塞尔(E·M·Purcell)(1952，磁共振能谱学)；兰姆(W·E·Lamb) 和库什(P·Kusch)(1955，兰姆移位和电子磁矩)；卡斯特勒(A·Kastler)(1966，双共振方法)；拉姆赛(N·F·Ramsey)(1989，铯原子钟).

由于实验中所用磁场通常较弱($< 10^2$ T)，一般涉及的原子的磁效应都可用弱场近似处理，用量子力学的微扰论可以很好地加以解释. 强场下原子光谱具有完全不同的性质，类似现象在普通场

强下对高激发态原子的光吸收谱的观测中也可得到. 本章最后一节对近年来新提出的回归谱和量子混沌作一概念性的介绍.

§6.1 原子的磁矩

6.1.1 单个价电子原子的磁矩

原子内部闭壳层的总轨道角动量和总自旋角动量均为零,对原子磁矩没有贡献,只须考虑外层价电子. 电子作轨道运动时伴有轨道磁矩 $\boldsymbol{\mu}_l$

$$\boldsymbol{\mu}_l = -g_l \frac{e}{2m}\boldsymbol{L}, g_l = 1 \tag{6.1.1}$$

电子具有自旋磁矩 $\boldsymbol{\mu}_s$

$$\boldsymbol{\mu}_s = -g_s \frac{e}{2m}\boldsymbol{S}, g_s \approx 2 \tag{6.1.2}$$

原子的总角动量是 $\boldsymbol{J}$,$\boldsymbol{J} = \boldsymbol{L} + \boldsymbol{S}$,总磁矩是 $\boldsymbol{\mu}$,$\boldsymbol{\mu} = \boldsymbol{\mu}_l + \boldsymbol{\mu}_s$,由于 $g_l \neq g_s$,则 $\boldsymbol{\mu}$ 不与 $\boldsymbol{J}$ 反平行. 孤立原子的总角动量 $\boldsymbol{J}$ 是守恒量,而轨道角动量 $\boldsymbol{L}$,自旋角动量 $\boldsymbol{S}$ 和总磁矩 $\boldsymbol{\mu}$ 不是守恒量,它们绕 $\boldsymbol{J}$ 旋进,不断改变方向. $\boldsymbol{\mu}$ 在 $-\boldsymbol{J}$ 方向的分量 $\boldsymbol{\mu}_J$ 是守恒量,因此一般将 $\boldsymbol{\mu}_J$ 定义为总磁矩,如图 6.1.1 表示的情况.

$$\boldsymbol{\mu}_J = \frac{(\boldsymbol{\mu}_l + \boldsymbol{\mu}_s) \cdot \boldsymbol{J}}{J^2}\boldsymbol{J} \tag{6.1.3}$$

把式(6.1.1) 和(6.1.2) 式代入(6.1.3) 式得

$$\boldsymbol{\mu}_J = -\frac{e}{2m}\frac{(\boldsymbol{L} \cdot \boldsymbol{J} + 2\boldsymbol{S} \cdot \boldsymbol{J})}{J^2}\boldsymbol{J} \tag{6.1.4}$$

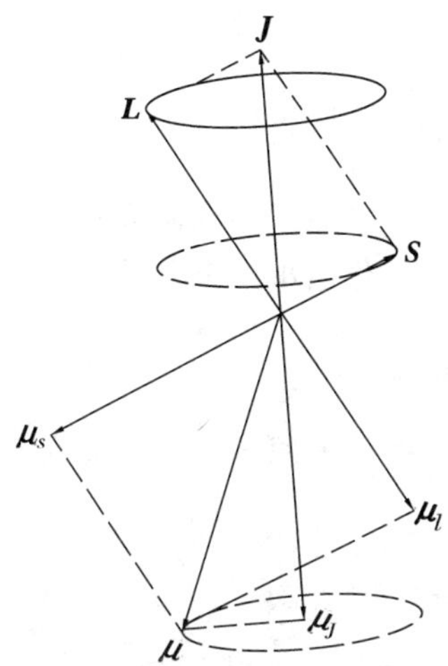

图 6.1.1　原子磁矩 $\boldsymbol{\mu}_J$ 与角动量 $\boldsymbol{J}$ 的矢量图

据矢量图,利用余弦定理可以得出

$$2\boldsymbol{L}\cdot\boldsymbol{J}=\boldsymbol{L}^2+\boldsymbol{J}^2-\boldsymbol{S}^2,2\boldsymbol{S}\cdot\boldsymbol{J}=\boldsymbol{S}^2+\boldsymbol{J}^2-\boldsymbol{L}^2$$

式(6.1.4) 变为

$$\boldsymbol{\mu}_J=-\frac{e}{2m}\left[1+\frac{j(j+1)-l(l+1)+s(s+1)}{2j(j+1)}\right]\boldsymbol{J}\qquad(6.1.5)$$

写成与(6.1.1) 式及(6.1.2) 式一致形式,有

$$\boldsymbol{\mu}_J=-g_J\frac{e}{2m}\boldsymbol{J}\qquad(6.1.6)$$

其中朗德因子

$$g_J=1+\frac{j(j+1)-l((l+1)+s(s+1))}{2j(j+1)}\qquad(6.1.7)$$

按量子力学 $J_z=M_J\hbar,M_J=j,j-1,\cdots-j+1,-j$,磁矩和它在 z 方向的分量为

$$\mu_J=g_J\sqrt{j(j+1)}\mu_B$$
$$\mu_{Jz}=g_JM_J\mu_B\qquad(6.1.8)$$

μ_B 为玻尔磁子.采用高斯单位制可以改写为

$$\mu_B = \frac{e\hbar}{2mc} = \frac{1}{2} \cdot \frac{e^2}{4\pi\varepsilon_0 \hbar c} \cdot \frac{4\pi\varepsilon_0 \hbar^2}{me^2} e = \frac{1}{2}\alpha(ea_1) \tag{6.1.9}$$

式中，α 是精细结构常数，$\alpha = \frac{1}{137}$；a_1 为玻尔半径. 显然，ea_1 为原子的电偶极矩的量度，而 μ_B 则是原子的磁偶极矩的量度. 此式说明，磁相互作用一般要比电相互作用小两个数量级.

6.1.2 多电子原子的磁矩

与单电子原子类似，多电子原子的总磁矩可定义为(6.1.6)式，即

$$\boldsymbol{\mu}_J = - g_J \frac{e}{2m}\boldsymbol{J}$$

每个电子的轨道和自旋 g 因子分别用 1 和 2 等标记，有

$$g_J = \frac{(\boldsymbol{L}_1 + 2\boldsymbol{S}_1 + \boldsymbol{L}_2 + 2\boldsymbol{S}_2 + \cdots) \cdot \boldsymbol{J}}{J^2} \tag{6.1.10}$$

相应于 LS 耦合和 jj 耦合情况，可以得出

$$g_J = \begin{cases} 1 + \dfrac{J(J+1) - L(L+1) + S(S+1)}{2J(J+1)} & LS\ 耦合 \\ g_{J1} \dfrac{j(j+1) + j_1(j_1+1) - j_2(j_2+1)}{2j(j+1)} & jj\ 耦合 \\ + g_{J2} \dfrac{j(j+1) + j_2(j_2+1) - j_1(j_1+1)}{2j(j+1)} & \end{cases} \tag{6.1.11}$$

其中对 jj 耦合这里仅给出两电子情况，g_{J1} 和 g_{J2} 分别是两电子的自旋—轨道耦合因子. 如果有 n 个电子，若最后一个电子与其余 $n-1$ 个构成的集体成为 jj 耦合，这时 g_{J2} 相应于 $n-1$ 个电子的朗德因子，g_{J1} 则是最后一个电子的值. 至于 g_{J2} 的计算，又按那 $n-1$ 个集体是遵从 LS 耦合或 jj 耦合进行.

§ 6.2　外磁场对原子的作用

6.2.1　拉莫尔(Larmor)进动

我们用经典物理的方法,分析原子的微观磁矩 $\boldsymbol{\mu}_J$ 在外磁场 $\boldsymbol{B}$ 中的运动.这种外磁场的作用总是力图使 $\boldsymbol{\mu}_J$ 与 $\boldsymbol{B}$ 方向一致,因为这种取向时势能最小.但是在原子中,磁矩 $\boldsymbol{\mu}_J$ 与角动量 $\boldsymbol{J}$ 相联系,这样,在它们自己轨道上运动的电子(其角动量设为 $\boldsymbol{J}$)受到力矩 $\boldsymbol{N}$ 的作用

$$\boldsymbol{N} = \boldsymbol{\mu}_J \times \boldsymbol{B} \tag{6.2.1}$$

又角动量的变化率等于所作用的外力矩

$$\boldsymbol{N} = \frac{\mathrm{d}}{\mathrm{d}t}\boldsymbol{J} \tag{6.2.2}$$

由于 $\boldsymbol{\mu}_J$ 与 $\boldsymbol{J}$ 方向相反,因此 $\mathrm{d}\boldsymbol{J}$ 垂直于 B,L 所构成的平面,如图 6.2.1,这将引起 $\boldsymbol{J}$ 绕 B 的转动(进动)称为拉莫尔进动.由图 6.2.1 可以计算进动的角速度 ω(进动频率)

$$\mathrm{d}J = J\sin\theta\mathrm{d}\varphi$$

$$\frac{\mathrm{d}J}{\mathrm{d}t} = J\sin\theta\frac{\mathrm{d}\varphi}{\mathrm{d}t}$$

又由(6.2.1)式力矩的大小

$$N = \mu_J B\sin(180° - \theta)$$

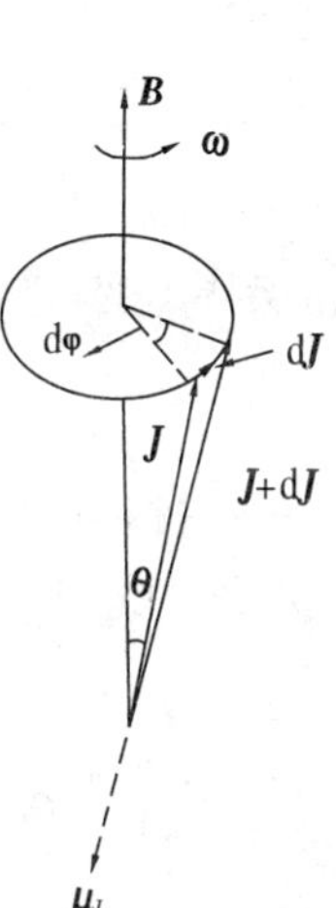

图 6.2.1　拉莫尔进动

所以 $J\sin\theta\dfrac{\mathrm{d}\varphi}{\mathrm{d}t}=\mu_J B\sin\theta$ (6.2.3)

$$\omega=\frac{\mathrm{d}\varphi}{\mathrm{d}t}=\frac{\mu_J}{J}B=\gamma B \tag{6.2.4}$$

这就是拉莫尔进动的角速度公式，且 ω 的方向与 B 方向一致，$\gamma=g\dfrac{e}{2m}$ 叫旋磁比.

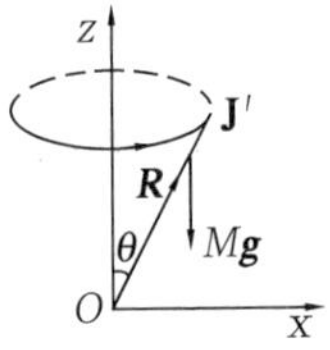

图 6.2.2 陀螺进动

为了便于理解，将拉莫尔旋进和绕定点转动陀螺的运动进行对比. 图 6.2.2 是一质量为 M 的陀螺，陀螺可绕固定点 O 运动，陀螺本身又在绕自己的对称轴作高速转动，并具有角动量 $\boldsymbol{J}'$. 图中 O 为坐标原点，z 轴竖直向上，陀螺对称轴与 z 轴夹角为 θ. 这时，陀螺受到一个力矩 $\boldsymbol{N}'$ 的作用，

$$\boldsymbol{N}'=\boldsymbol{R}\times M\boldsymbol{g} \tag{6.2.5}$$

式中，$\boldsymbol{R}$ 为陀螺质心位置矢量，$\boldsymbol{g}$ 是重力加速度，运动方程是

$$\boldsymbol{N}'=\frac{\mathrm{d}\boldsymbol{J}'}{\mathrm{d}t} \tag{6.2.6}$$

由力学知道，在一定条件下陀螺将绕 z 轴进动而不发生章动，这时 θ 角保持不变，进动角速度为

$$\Omega=\frac{\mathrm{d}\varphi}{\mathrm{d}t}=\frac{RMg}{J} \tag{6.2.7}$$

与它相类比可知，微观磁矩在静磁场中也将发生进动，进动角速度

$$\boldsymbol{\omega}_J=\frac{\mathrm{d}\varphi}{\mathrm{d}t}=\frac{|\boldsymbol{\mu}_J|}{|\boldsymbol{J}|}B \tag{6.2.8}$$

粒子的磁矩与角动量（分别以 μ_B 和 $\hbar$ 为单位）之比称旋磁比，以 γ 表示

$$\gamma=|\boldsymbol{\mu}_J/\boldsymbol{J}| \tag{6.2.9}$$

写成磁矩与角动量关系的标准形式

$$\boldsymbol{\omega}_J=g\frac{e}{2m}\boldsymbol{B} \tag{6.2.10}$$

与经典推算是一致的.

由于原子在磁场中附加了拉莫尔旋进,会使其能量发生变化.旋进角动量叠加到 $\boldsymbol{J}$ 在磁场方向的分量上,将使系统能量增加($\boldsymbol{J}$ 与 $\boldsymbol{B}$ 方向一致),或使系统能量减少($\boldsymbol{J}$ 与 $\boldsymbol{B}$ 方向相反).

6.2.2　原子在外磁场中的能级分裂

设具有磁矩 $\boldsymbol{\mu}$ 的粒子,处在沿 z 方向的静磁场 $\boldsymbol{B}$ 中,两者的相互作用能是

$$\Delta E = -\boldsymbol{\mu}\cdot\boldsymbol{B} = -\mu_z B \tag{6.2.11}$$

利用(6.1.6)式,并考虑到 $J_Z = M\hbar$,M 是磁量子数,用 g 表示该磁矩的朗德因子,则

$$\Delta E_m = Mg\mu_B B \tag{6.2.12}$$

具体到原子某一 J 能级,由于有外场作用,原子的总角动量 $\boldsymbol{J}$ 可能不守恒.但若外场较弱,基本上不影响原子内部相互作用,J 还是好量子数,就有

$$\Delta E_m = M_J g_J \mu_B B \tag{6.2.13}$$

若写成谱项的改变,可得

$$-\Delta T = \frac{\Delta E}{hc} = M_J g_J \frac{eB}{4\pi mc} = M_J g_J L \tag{6.2.14}$$

其中 $L = eB/4\pi mc$ 称为洛伦兹单位.由于 $M_J = -j, -j+1, \cdots, j-1, j$,共有 $2j+1$ 个取值,所以 J 能级在磁场中将分裂成 $2j+1$ 个子能级,能级间距正比于 g_J 和 B.

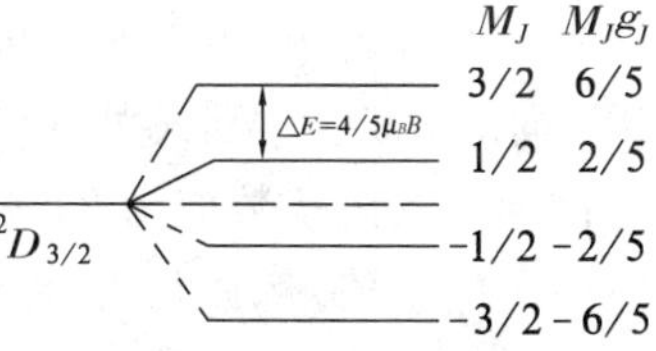

图 6.2.3　$^2D_{3/2}$ 能级分裂

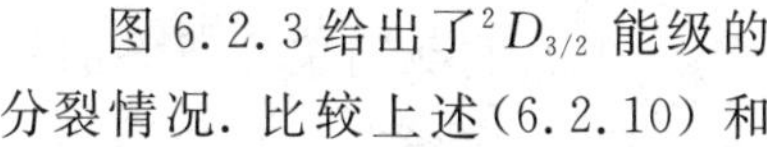

图 6.2.3 给出了 $^2D_{3/2}$ 能级的分裂情况. 比较上述(6.2.10)和(6.2.13)式,可以发现其间的对应关系. 两相邻能级间距 $\delta_E = g_J\mu_B B$,而 $\omega_L\hbar = g_J\mu_B B = \delta_E$,可见如在分裂的相邻能级间跃迁

(磁共振),其频率恰好等于 Larmor 频率 ω_L.

6.2.3 史特恩—盖拉赫实验结果的再分析

史特恩—盖拉赫实验的方法已经在第四章讨论过,在那里我们解释了在银原子的实验中证实了空间量子化以及电子自旋的存在.现在我们知道了原子的总磁矩和总角动量的关系,我们可以再把史特恩—盖拉赫实验结果同理论进行对比分析.

在第四章中已给出原子受不均匀磁场的作用达到相片时横向移动是

$$S=\frac{1}{2m}\frac{\mathrm{d}B}{\mathrm{d}z}\left(\frac{L}{v}\right)^2\mu_z \tag{6.2.15}$$

式中,S 是原子束横向位移;μ_z 是 $\boldsymbol{\mu}_J$ 在 $\boldsymbol{B}$ 方向的分量.因为

$$\begin{aligned}\mu_z=(\boldsymbol{\mu}_J)_z&=-g_J\frac{e}{2m}(\boldsymbol{J})_z\\&=-g_J\frac{e}{2m}M_J\hbar\\&=-M_Jg_J\mu_B\end{aligned} \tag{6.2.16}$$

式中 $M_J=J,J-1,\cdots-J$.所以

$$S=-\frac{1}{2m}\frac{\mathrm{d}B}{\mathrm{d}z}\left(\frac{L}{v}\right)^2M_Jg_J\mu_B \tag{6.2.17}$$

这里"—"号表明,当 M_J 为正时,$\boldsymbol{\mu}_J$ 与 $\boldsymbol{B}$ 反向;当 M_J 为负时,$\boldsymbol{\mu}_J$ 与 $\boldsymbol{B}$ 同向.由(6.2.17)式可看出,每一个 M_J 值对应一个 S 值,因此实验得到的黑线条数应为 $2J+1$ 条.由实测黑线条数可推得未知状态原子的 J 值.例如,二条黑线时,$J=1/2$;三条黑线时,$J=1$;五条黑线时,$J=2$ 等等.测出了 S 的大小,并推断出 J 值后,由(6.2.17)式可求原子的朗德因子 g_J,从而得到有关原子态的信息.

对基态银原子,测得黑线条数为 2,可推知其 $J=1/2$.由于轨道角动量量子数是整数,此时必有 $L=0$,因而也必有 $J=S=$

1/2,故银原子的基态为$^2S_{\frac{1}{2}}$.可见磁场中基态银原子束的分裂,完全是由于电子自旋运动引起的.实验结果证明了自旋量子数为 1/2 的正确性,故该实验是电子存在自旋运动的有力证明.用该实验对其它原子测得的结果列于表 6.2.1 中.

史特恩—盖拉赫实验,不仅在历史上有重要意义,验证了空间量子化,证实了电子具有自旋磁矩.他们同时也提出了一个重要的实验方法.其装置可以做成粒子磁能态选择器.例如,在磁铁后面适当位置上安放狭缝,可以选择处于某一能态的粒子通过,这类技术后来被广泛应用.

表 6.2.1　史特恩—盖拉赫实验结果

原子	基态	g	Mg	相片图样
Sn,Cd,Hg,Pb	$^1S_0$	—	0	
Sn,Pb	$^3P_0$	—	0	
H,Li,Na,K Cu,Ag,Au	$^2S_{\frac{1}{2}}$	2	± 1	
Tl	$^2P_{\frac{1}{2}}$	$\frac{2}{3}$	$\pm\frac{1}{3}$	
O	$^3P_2$	$\frac{3}{2}$	$\pm 3, \pm\frac{3}{2}, 0$	
	$^3P_1$	$\frac{3}{2}$	$\pm\frac{3}{2}, 0$	
	$^3P_0$	—	0	

§6.3 塞曼(Zeeman)效应

6.3.1 塞曼效应的观察

原子处在恒定外磁场中,它的光谱线常常发生复杂的分裂,裂距正比于磁场强度,且谱线各分量有特殊的偏振和方向特性.这就是光谱的塞曼效应.如图 6.3.1 是塞曼效应的实验结果.

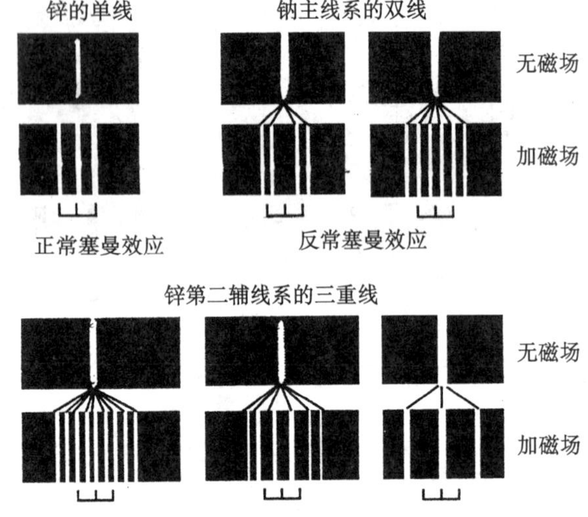

图 6.3.1 塞曼效应的实验结果:在垂直于磁场的方向观察到的现象.相片下面附加的线表示左右各一个洛仑兹单位的间距.

1. **镉(Cd)643.847nm 谱线的塞曼效应**

将镉光源放入磁场中，对谱线进行测量. 当垂直磁场 B 方向观察时，测得三条谱线：$\tilde{\nu}_0-\Delta\tilde{\nu}$，$\tilde{\nu}_0$，$\tilde{\nu}_0+\Delta\tilde{\nu}$，这三条谱线都是线偏振的. 波数为 $\tilde{\nu}_0$ 的谱线的偏振方向平行磁场，记为 π 线，其波数与原谱线波数相同. 而波数为 $\tilde{\nu}_0\pm\Delta\tilde{\nu}$ 的两条线的偏振方向与磁场垂直，记为 σ 线，它们与 $\tilde{\nu}_0$ 有同样的间隔 $\Delta\tilde{\nu}$，而 $\Delta\tilde{\nu}=eB/4\pi mc=L$(洛伦兹单位). 当平行于磁场方向观察时，只观察到波数分别为 $\tilde{\nu}_0+\Delta\tilde{\nu}$ 和 $\tilde{\nu}_0-\Delta\tilde{\nu}$ 的谱线，中间那条不出现，而且这两条线都是圆偏振的，其中 $\tilde{\nu}_0+\Delta\tilde{\nu}$ 线沿逆时针方向作圆偏振，而 $\tilde{\nu}_0-\Delta\tilde{\nu}$ 线沿顺时针作圆偏振，如图 6.3.2 所示.

2. **钠的黄色双线 D_1 和 D_2(589.593nm 与 588.996nm)的塞曼效应**

把钠光源放入适当强的磁场中，在垂直磁场观察时，其 D_1(589.6nm)和 D_2(589.0nm)两线各分裂成四条和六条分线，如图 6.3.3 所示. 在 D_1 的四条分线中，中间两条 π 线的间隔是两旁 σ 线与近邻 π 线的间隔的两倍. D_2 的六条偏振分线是等间隔的，但其间隔不是 L. 在平行磁场观察时，π 线同样不出现，只能观察到 σ 线.

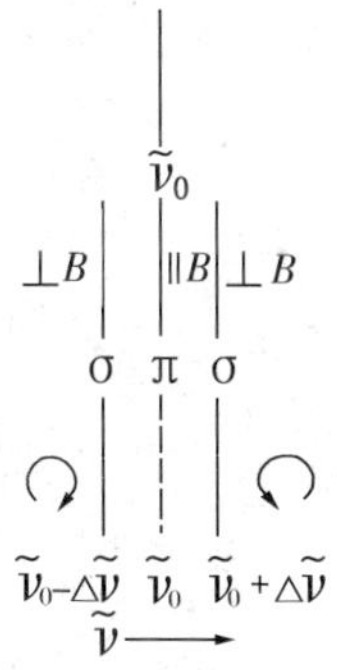

图 6.3.2　镉(Cd)643.8nm 谱线的塞曼效应

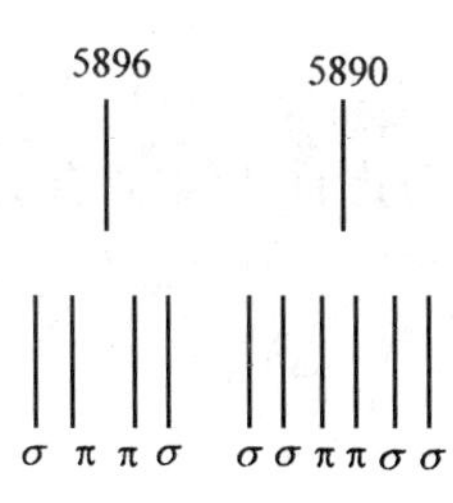

图 6.3.3　钠(Na)589.6nm 和 589.0nm 谱线的塞曼效应

相应于单态谱线在外磁场中的分裂称为正常塞曼效应;相应于非单态谱线在外磁场中的分裂,称为反常塞曼效应.如果外磁场足够强,自旋—轨道耦合将被破坏,磁量子数 m_L, m_s 对应的简并能级将被外磁场消除,这种塞曼分裂称为帕邢—贝克效应.

6.3.2 正常塞曼效应

当外磁场 $\boldsymbol{B}$ 的作用比原子内部轨道磁矩 $\boldsymbol{\mu}_l$ 与自旋磁矩 $\boldsymbol{\mu}_s$ 间的耦合作用弱,原子内部 $L-S$ 耦合成 $\boldsymbol{\mu}_J$,$\boldsymbol{\mu}_J$ 在 $\boldsymbol{B}$ 中产生附加能量 $\Delta E_m = M_J g_J \mu_B B$,其中 $M_J = j, j-1, \cdots, -j+1, -j$,于是能级 $E_{n,l,j}$ 对磁量子数 M_J 的简并解除.电子发生跃迁前后两个原子态的总自旋都为零的谱线称为单态谱线,单态谱线分裂为三条的现象称为正常塞曼效应.

考虑一个原子的两个能级 E_2 和 E_1 之间的跃迁,无外磁场时,跃迁的能量为 $h\nu = E_2 - E_1$.在外磁场中,两个能级的能量分别为

$$E_2' = E_2 + M_2 g_2 \mu_B B \qquad (6.3.1)$$

$$E_1' = E_1 + M_1 g_1 \mu_B B$$

量子跃迁的能量为

$$\begin{aligned} h\nu' = E_2' - E_1' &= (E_2 - E_1) + (M_2 g_2 - M_1 g_1)\mu_B B \\ &= h\nu + (M_2 g_2 - M_1 g_1)\mu_B B \end{aligned} \qquad (6.3.2)$$

由于不考虑自旋(或总自旋均为 0),此时 $g_2 = g_1 = 1$,因此

$$h\nu' = h\nu + (M_2 - M_1)\mu_B B \qquad (6.3.3)$$

据选择定则 $\Delta M = 0, \pm 1$,只能有三条谱线

$$h\nu' = h\nu + \begin{cases} \mu_B B \\ 0 \\ -\mu_B B \end{cases} \qquad (6.3.4)$$

相邻两条谱线的间隔相等,用波数表示则有

$$\frac{1}{\lambda'} - \frac{1}{\lambda} = \frac{e\hbar}{2m} \cdot \frac{B}{hc} = \frac{eB}{4\pi mc} = L \tag{6.3.5}$$

式中 $L = \dfrac{eB}{4\pi mc}$ 为洛伦兹单位. 洛伦兹用经典理论算出了这个量，解释了正常塞曼效应. 为此，他与塞曼一起分享了 1902 年的诺贝尔物理学奖.

例题 6.3.1　计算镉 643.8nm 谱线（$^1D_2$ 到 $^1P_1$ 跃迁）在外磁场 B 中发生的塞曼分裂，并画出能级跃迁图.

解　这条谱线是 $^1D_2 \to {}^1P_1$ 跃迁的结果. 这两能级的 g 可以算出都等于 1，$M_2 = 2,1,0,-1,-2$；$M_1 = 1,0,-1$. 现在进行光谱线在磁场中频率改变的计算. 为了计算方便，多采用德国人格罗春(Grotrain)设计的格罗春图. 其方法是将 $M_2 g_2$ 值依递减次序等间隔放在上能级水平线上，将 $M_1 g_1$ 依次等间距放在下能级水平线上. 对 $\Delta M = 0$ 的跃迁，上下相对的 Mg 值相减；对 $\Delta M = \pm 1$，斜角位置的 Mg 值相减，如下表中直线所示；把算得的 $M_2 g_2 - M_1 g_1$ 数值列在下一行，这些数值乘以洛伦兹单位，就是裂开后每一谱线同原谱线的波数差.

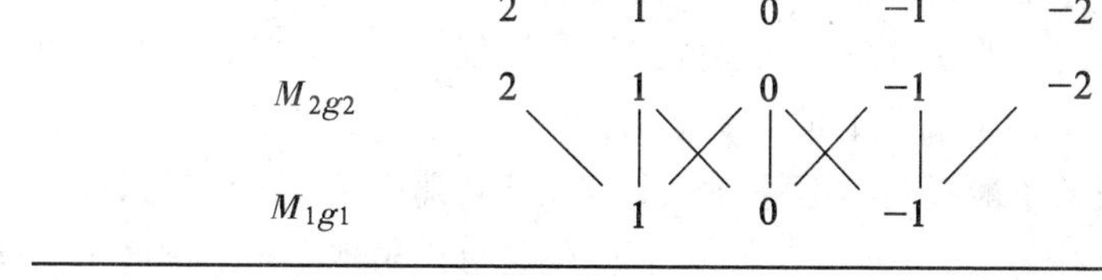

$M_2 g_2 - M_1 g_1$　　$-1\ -1\ -1$　　0　　0　　0　　1　1　1

$$\Delta\left(\frac{1}{\lambda}\right) = (-1, 0, +1)L$$

上述镉谱线的塞曼效应及有关能级和跃迁如图 6.3.4 所示，这里有九种跃迁，但只有三种能量差值，所以出现三条分支谱线，每条包含三种跃迁. 中间那条谱线仍在原谱线位置，左右二条同中间一条的波数差等于一个洛伦兹单位，结论同实验完全一致.

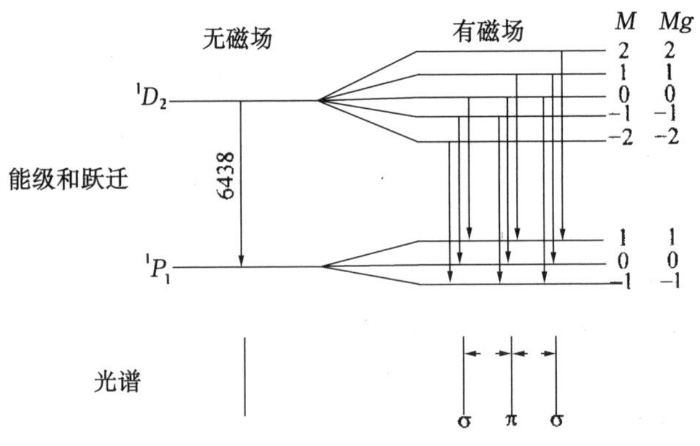

图 6.3.4 $^1D_2 \to {}^1P_1$ 谱线的正常塞曼效应

6.3.3 反常塞曼效应

非单态谱线在外磁场中的分裂，称为反常塞曼效应. 大多数原子谱线的塞曼分裂比上述的三线结构复杂，都属于这一类. 如果两个在零磁场中发生量子跃迁的能级，在外磁场中每个原子态能级分裂的子能级间隔不等，例 $\Delta E_1 \neq \Delta E_2$，那么虽然由偶极跃迁的选择定则仍然是 $\Delta m = 0, \pm 1$ 三种，但是可以出现多于三种的不同能量差，因而零磁场中的一条谱线可能分裂成多条谱线；另一种情况，虽然一条谱线在外磁场中分裂为三条，而且频率间隔相等，但是不等于洛伦兹单位，此时跃迁前后两个原子态的总自旋必定不为零，也属于反常塞曼效应. 如图 6.3.1 所示.

反常塞曼效应能级之间的量子跃迁，如公式(6.3.2)，即 $h\nu' = h\nu + (M_2 g_2 - M_1 g_1)\mu_B B$，写成波数差的形式，为

$$\frac{1}{\lambda'}-\frac{1}{\lambda}=\Delta\tilde{\nu}=(M_2g_2-M_1g_1)L, L=\frac{Be}{4\pi mc} \text{为洛伦兹单位} \tag{6.3.6}$$

塞曼跃迁满足选择定则:$\Delta M=0$ 产生 π 线

$\Delta M=\pm 1$ 产生 σ 线

例题 6.3.2　求钠原子 589.0nm 和 589.6nm 谱线的塞曼效应.

解　这两条谱线是从 $^2P_{3/2,1/2}\rightarrow {}^2S_{1/2}$ 跃迁的结果,其 M,g 值如表 6.3.1.

表 6.3.1　^2P 和 ^2S 的磁能级计算

	g	M	Mg
$^2P_{\frac{3}{2}}$	$\frac{4}{3}$	$\pm\frac{1}{2},\pm\frac{3}{2}$	$\pm\frac{2}{3},\pm\frac{6}{3}$
$^2P_{\frac{1}{2}}$	$\frac{2}{3}$	$\pm\frac{1}{2}$	$\pm\frac{1}{3}$
$^2S_{\frac{1}{2}}$	2	$\pm\frac{1}{2}$	± 1

$^2P_{\frac{3}{2}}\rightarrow {}^2S_{\frac{1}{2}}$ 跃迁的格罗春图为

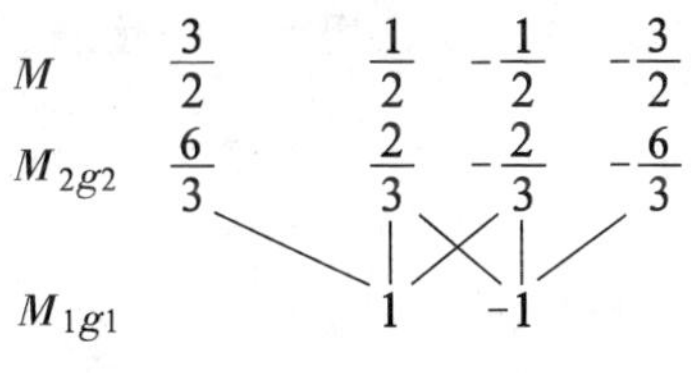

M	$\frac{3}{2}$	$\frac{1}{2}$	$-\frac{1}{2}$	$-\frac{3}{2}$
$M_{2}g_{2}$	$\frac{6}{3}$	$\frac{2}{3}$	$-\frac{2}{3}$	$-\frac{6}{3}$
$M_{1}g_{1}$		1	-1	

$$M_2g_2-M_1g_1 \quad -\frac{5}{3}-\frac{3}{3} \qquad -\frac{1}{3}+\frac{1}{3} \qquad +\frac{3}{3}+\frac{5}{3}$$

$$\Delta\left(\frac{1}{\lambda}\right)=\left(-\frac{5}{3},-\frac{3}{3},-\frac{1}{3},+\frac{1}{3},+\frac{3}{3},+\frac{5}{3}\right)L$$

$^2P_{\frac{1}{2}} \to {}^2S_{\frac{1}{2}}$ 跃迁的格罗春图为

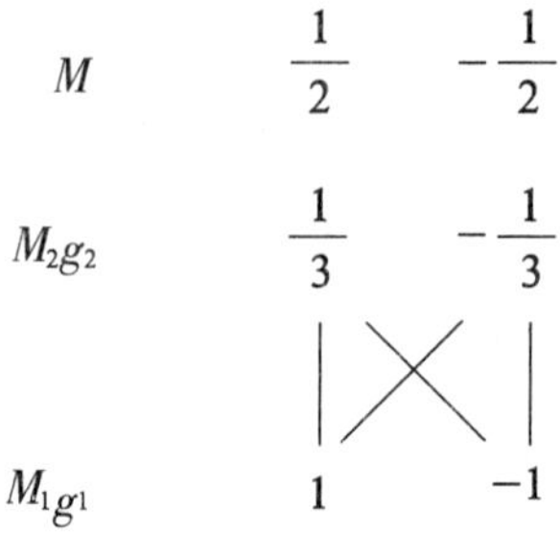

$$M_2g_2 - M_1g_1 \quad -\frac{4}{3} - \frac{2}{3} \qquad +\frac{2}{3} + \frac{4}{3}$$

$$\Delta\left(\frac{1}{\lambda}\right) = \left(-\frac{4}{3}, -\frac{2}{3}, +\frac{2}{3}, +\frac{4}{3}\right)L$$

钠的这两条谱线的塞曼效应及有关能级和跃迁如图 6.3.5 所示. 这里 589.0nm 那一条裂为六条，二邻近线波数相差都是 $(2/3)L$，589.6nm 那一条裂为四条，两边二邻近线波数相差是 $(2/3)L$，而中间两条差 $(4/3)L$. 分裂后，原谱线位置上不再出现谱线，与图 6.3.1 比较，可知理论同实验一致.

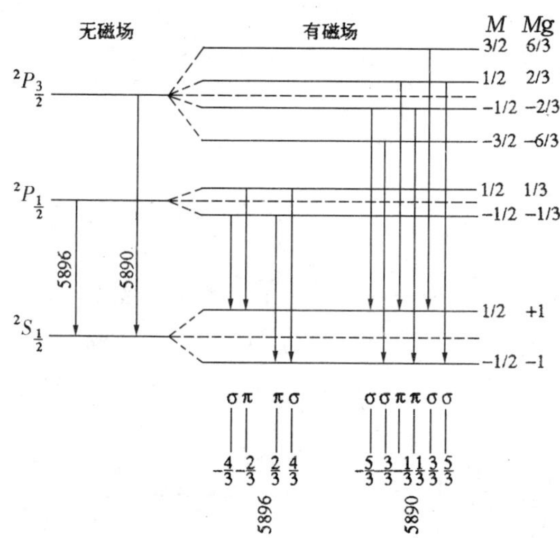

图 6.3.5　钠原子 589.6nm 和 589.0nm 谱线在外磁场中反常塞曼效应

6.3.4　塞曼效应的偏振特性

为了说明塞曼效应的偏振与 ΔM 的关系，我们先复习一下电磁学中偏振及角动量方向的定义.

对于沿 Z 方向传播的电磁波，它的电矢量必定在 xy 平面（横波特性），并可分解为 E_x 和 E_y

$$E_x = A\cos\omega t, E_y = B\cos(\omega t - \alpha)$$

当 $\alpha = 0$ 时，电矢量就在某一方向做周期变化，此即线偏振；当 $\alpha = \pi/2, A = B$ 时，合成的电矢量的大小为常数，方向做周期性变化，矢量箭头绕圆周运动，此即圆偏振. 下面定义右旋偏振和左旋偏振：若沿着 z 轴对准光传播方向观察见到的电矢量作顺时针转动，称右旋（圆）偏振[图 6.3.6(a)]；假如见到的电矢量作逆时针转动，则称为左旋（圆）偏振[图 6.3.6(b)]. 圆偏振光具有角动量的实验事实，是由贝思（R · A · Beth）在 1936 年观察到的，光的角动量方向和电矢量旋转方向组成右手螺旋定则.因而对右旋偏振,角动量方向与传播方向相反,对左旋偏振,两者相同.

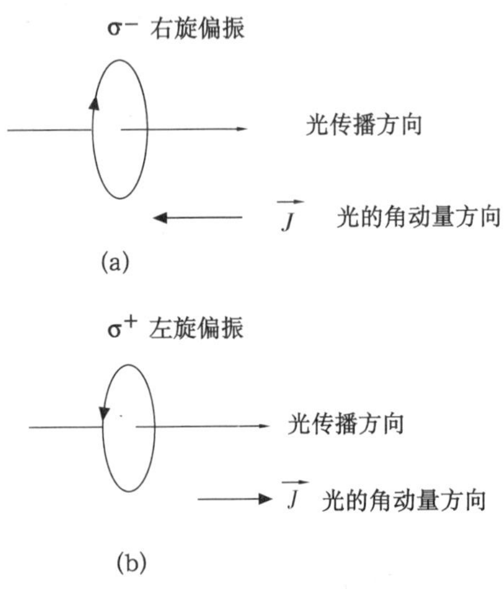

图 6.3.6 偏振及角动量的定义

再来看塞曼效应,对于 $\Delta M = M_2 - M_1 = 1$,原子在磁场方向(z)的角动量减少 1 个 $\hbar$;把原子和发出的光子作为一个整体,角动量必须守恒,因此,所发光子必定在磁场方向具有 $\hbar$ 角动量.因此,当面对磁场方向观察时,由于磁场方向即光传播方向,所以 $\boldsymbol{J}$ 与光传播方向一致,我们将观察到 σ^+ 偏振.同理,对于 $\Delta M = M_2 - M_1 = -1$,原子在磁场方向的角动量增加 1 个 $\hbar$,所发光子必定在与磁场相反的方向上具有 $\hbar$ 角动量,因此,面对磁场方向时,将观察到 σ^- 偏振.在图 6.3.7 中给出了面对磁场方向观察到的 $\sigma^\pm$ 偏振的情况.

对于这两条谱线,电矢量在 xy 平面,因此,在与磁场 B 垂直的方向(例如 x 方向)观察时,只能见到 E_y 分量(横波特性),我们观

察到二条与 B 垂直的线偏振光 $\sigma^{\pm}$.

对于 $\Delta M = M_2 - M_1 = 0$ 的情况,原子在磁场方向(z 方向)的角动量不变,光子必定具有在与磁场垂直方向(设为 x 方向)的角动量 $\hbar$,光的传播方向与磁场方向垂直,与光相应的电矢量必定在 yz 平面内,它可以有 E_y 和 E_z 分量. 但是,凡角动量方向在 xy 平面上的所有光子都满足 $\Delta M = 0$ 的条件,因此,平均的效果将使 E_y 分量为零. 于是,在沿磁场方向(z)上既观察不到 E_y 分量,也不会有 E_z 分量(横波特性),因此就观测不到 $\Delta M = 0$ 相应的 π 偏振谱线. 在与磁场垂直的方向上只能观测到与磁场平行的 E_z 分量,即与磁场平行的 π 偏振谱线.

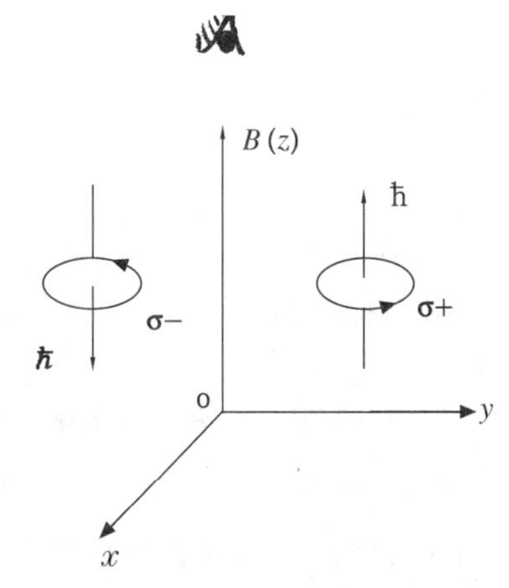

图 6.3.7　面对磁场观察到的 $\sigma^{\pm}$ 谱线

6.3.5　帕邢 — 贝克效应

外磁场足够强时,原子内部自旋 — 轨道耦合被破坏,使自旋磁矩和轨道磁矩分别独立地与外磁场耦合,从而能级分裂与电子的量子数 M_l,M_s 有关,而与 M_J 无关. 这样,在足够强的外磁场中的能量修正为

$$\Delta E_m = \Delta E_L + \Delta E_S = M_L \mu_B B + 2M_s \mu_B B \qquad (6.3.7)$$

可见能级分裂的条数是由($M_L + 2M_S$)的个数确定. 比较(6.3.2)与(6.3.7)式发现,只要把前式中的 $M_j g_j$ 代之以 $M_L + 2Ms$,则可得谱线的波数间隔.

$$\tilde{\nu}' - \tilde{\nu} = \Delta\tilde{\nu} = (\Delta M_L + 2\Delta M_S)L \tag{6.3.8}$$

根据跃迁的选择定则

$$\Delta M_L = 0, \pm 1, \Delta M_S = 0 \tag{6.3.9}$$

因此

$$\Delta\tilde{\nu} = \begin{cases} L \\ 0 \\ -L \end{cases} \tag{6.3.10}$$

此时，谱线呈现三分裂，回到了正常塞曼效应的结果．这一现象是1912年德国物理学家帕邢(F・Paschen)和贝克(E・Back)发现的，所以称为帕邢—贝克效应．

例如，钠原子的^2P能级，由于LS耦合被破坏，轨道角动量和强外磁场相互作用，分裂成三个轨道磁子能级，$M_L = 1, 0, -1$，磁子能级间距为$\mu_B B$，由于自旋量子数$S = \frac{1}{2}$，每一个轨道磁子能级分裂成两个自旋磁子能级$m_s = \frac{1}{2}$和$m_s = -\frac{1}{2}$，自旋磁子能级间距为$2\mu_B B$．考虑$^2P \rightarrow {}^2S$的跃迁．对于^2S能级，由于轨道量子数为零，在外磁场中，轨道磁能级只能有一个，这个轨道磁能级由于自旋角动量和外磁场的相互作用而分裂成两个自旋磁子能级，$m_s = \frac{1}{2}, -\frac{1}{2}$，根据跃迁选择定则(6.3.9)，可能的跃迁有6种，然而能量的差值只有三种．所以，无场的$^2P \rightarrow {}^2S$的一条谱线，在强外磁场中分裂成三条，成为正常塞曼效应．这个结果可由图6.3.8看出．

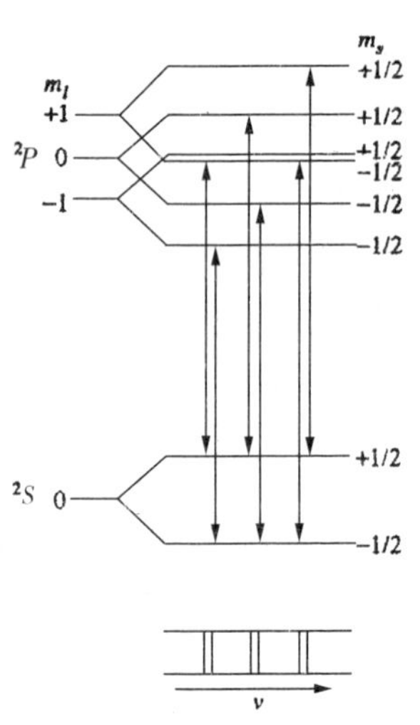

图6.3.8　在强外磁场中钠原子$^2P \rightarrow {}^2S$跃迁的帕邢—贝克效应

必须指出的是，外磁场的强弱完全是一个相对的概念，因为自旋—轨道相互作用的强弱随元素和量子数 n 而变. 例如，外磁场 $B = \mu_0 H = 3\text{T}$（特斯拉）时，Na 原子的共振线 D 线由于自旋—轨道耦合形成的 D_1 和 D_2 线之间的间距仍然远大于 D_1 和 D_2 线每一条线自己在外磁场中的塞曼分裂，因此 3T 的外磁场对 Na 的 D 线来说，仍然是弱场. 但是，对于 Li 原子的共振线，由于自旋 — 轨道耦合形成的双线波长分别为 670.785nm 和 670.800nm，它们之间的间距为 0.333cm^{-1}，而 3T 的外磁场引起的分裂为 1.4cm^{-1}，远大于自旋 — 轨道耦合形成的双线的间距，这时自旋 — 轨道的耦合将被破坏，帕邢 — 贝克效应将代替反常塞曼效应.

对类氢原子，外磁场的强弱相对于不同的量子数 n 和核电荷数 z 而变，其弱场条件有人计算如下：

$n = 2$　　$z = 1, B < 1.6\text{T}; z = 2, B < 26\text{T}$

$n = 3$　　$z = 1, B < 0.15\text{T}; z = 2, B < 2.5\text{T}$

$n = 4$　　$z = 1, B < 0.03\text{T}; z = 2, B < 0.5\text{T}$

帕邢 — 贝克效应的计算是在略去 LS 耦合情况下得到的，但各电子的轨道角动量仍合成总轨道角动量 $\boldsymbol{L}$，各自旋角动量仍合成总自旋角动量 $\boldsymbol{S}$. 若进一步增强外场，使得各电子之间的耦合都被破坏，这时每个电子的轨道角动量 $\boldsymbol{L}_i$ 和自旋角动量 $\boldsymbol{S}_i$ 将分别绕外磁场进动，则会出现不同于上面的情况，称为完全的帕邢 — 贝克效应. 至于大 n 或极强场下，谱的新特点留待最后一节讨论.

6.3.6　有超精细结构时塞曼分裂

氢原子和碱金属原子基态 $^2S_{1/2}$ 在磁场中具有特殊的能级分裂. 即这些能级没有精细结构，但有超精细结构. 这里存在着三种相互作用：电子磁矩 $\boldsymbol{\mu}_j$（因 $^2S_{1/2}$ 态 $L = 0$，总磁矩 $\boldsymbol{\mu}_j = \boldsymbol{\mu}_s$）与外场相互作用 $-\boldsymbol{\mu}_j \cdot \boldsymbol{B}$；原子核磁矩与外场的相互作用 $-\boldsymbol{\mu}_I \cdot \boldsymbol{B}$ 以及 $\boldsymbol{\mu}_I$ 与 $\boldsymbol{\mu}_j$ 间的相互作用，这项作用可用 $A\boldsymbol{I} \cdot \boldsymbol{j}$ 表示. 总的相互作用产生

的能量修正是

$$\Delta E = -\boldsymbol{\mu}_j \cdot \boldsymbol{B} - \boldsymbol{\mu}_I \cdot \boldsymbol{B} + A\boldsymbol{I} \cdot \boldsymbol{j} \tag{6.3.11}$$

当无外磁时，$\boldsymbol{B}=0$，上式仅有 $A\boldsymbol{I}\cdot\boldsymbol{j}$ 一项，由 $\boldsymbol{F}=\boldsymbol{I}+\boldsymbol{j}$ 得出量子数 F，能级按不同的 F 值而分裂，F 是好量子数，矢量图见 6.3.9(a). 在极弱磁场中，(6.3.11) 式中此相互作用项仍为主项，F 仍保持为好量子数，每个 F 能级分裂为 $2F+1$ 个塞曼子能级，附加的能量修正是

$$\Delta E_F = m_F g_F \mu_B B \tag{6.3.12}$$

结果如图 6.3.9(b) 所示.

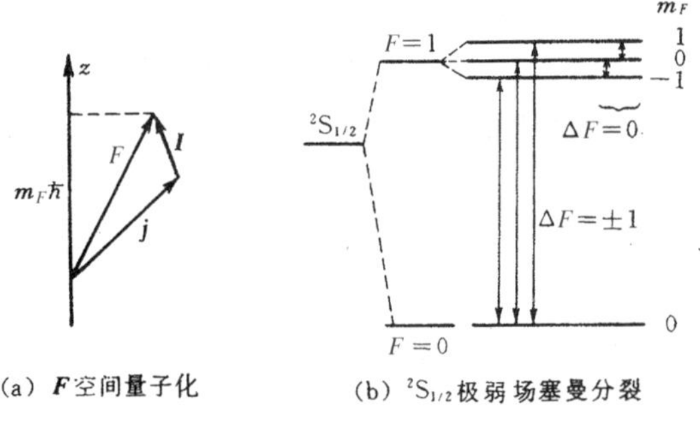

(a) $\boldsymbol{F}$空间量子化　(b) $^2S_{1/2}$极弱场塞曼分裂

图 6.3.9　有超精细结构时极弱场塞曼效应

当外磁场较强，磁场引起的分裂远大于超精细分裂时，情况比较复杂. (6.3.11) 式中三项的大小依次排列为：$-\boldsymbol{\mu}_j\cdot\boldsymbol{B}$，$A\boldsymbol{I}\cdot\boldsymbol{j}$ 和 $-\boldsymbol{\mu}_I\cdot\boldsymbol{B}$，它们共同作用引起的分裂为

$$\Delta E = m_j g_j \mu_B B + a m_I m_j - m_I g_I \mu_N B \tag{6.3.13}$$

式中 m_I 是核磁量子数，可从 $-I$ 至 I 取值，a 是一系数. 由于电子自旋磁矩与磁场的相互作用最大，$\boldsymbol{\mu}_j$ 在空间取向量子化，$m_j g_j \mu_B B$ 表示由此引起的能级分裂. 电子磁矩与核磁矩之间的相互作用居其次，但比前者小得多，它使上述能级有进一步微小的分裂. 图 6.3.10 给出空间量子化和 $^2S_{1/2}$ $\left(I=\dfrac{1}{2}\right)$ 能级分裂情况.

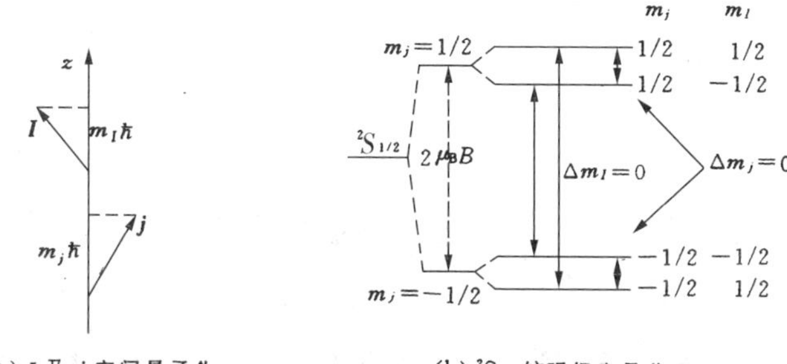

图 6.3.10　$^2S_{1/2}(I=\frac{1}{2})$ 在较强磁场中的分裂

这里因电子的轨道角动量为零，所以第一级分裂就等同于自由电子的分裂，裂距为 $2\mu_B B$，(6.3.13) 式中的第三项表示核自旋磁矩与磁场的相互作用，这一项最小，比第一项小三个数量级，在图中反映不出来. 值得注意的是，如果原子基态 $j=0$，则(6.3.13)式只剩下这一项，核磁能级的效应就凸现出来.

6.3.7　塞曼效应的物理意义

塞曼效应是考虑到电子具有自旋，原子具有磁矩，角动量耦合及空间量子化前提下成立. 理论和实验的一致反过来证实了原子的确有磁矩，电子具有自旋，且自旋量子数为 1/2. 因此，该效应是近代物理最重要实验之一.

塞曼效应反映了原子所处的状态. 通过分析实验数据，可推断出原子能级及分布情况. 例如，从谱线分裂的条数及裂距可得出能级分裂的个数及能级间隔，从而可了解有关原子态的 J 值和 g_J 因子. 可见，塞曼效应是研究原子结构的主要途径之一.

由正常塞曼效应的谱线频率间隔为洛伦兹单位，很容易测得电子的荷质比.

塞曼分裂子能级间的跃迁则是各种磁共振技术的理论依据.

§6.4 磁共振

人们关心原子基态能级在外磁场中的细微变化，主要目的不在于研究光谱线的塞曼分裂，而是为了研究在塞曼子能级间的直接跃迁，即磁共振. 磁共振是共振电磁场中的磁分量与原子中的感生磁偶极矩相互作用产生的，量子力学中称为磁偶极跃迁. 磁偶极跃迁有与电偶极跃迁不同的选择定则. 在原子中，首先有

$$\Delta n = 0, \Delta L = 0, \Delta S = 0, \Delta J = 0, \pm 1, \Delta F = 0, \pm 1 \tag{6.4.1}$$

由于前三条选择定则的限制，磁共振只能在精细结构的塞曼子能级之间，以及超精细结构的塞曼子能级之间发生，所以磁共振频率一般比较低，常常在微波或更低频率的波段.

磁量子数的选择定则，则视具体情况而定，对于$^2S_{1/2}$能级，在极弱磁场中，如 6.3.9 图中，有两组跃迁

$$\Delta F = 0, \Delta m_F = \pm 1 (\text{二线}) \tag{6.4.2}$$

$$\Delta F = \pm 1, \Delta m_F = 0, \pm 1 (\text{三线})$$

其中，$F = 0, m_F = 0 \leftrightarrow F = 1, m_F = 0$ 的跃迁线，其频率受外界磁场的影响最小，往往被选作频率标准. 在较强磁场中，图 6.3.10 中也给出两组跃迁

$$\Delta m_j = 0, \Delta m_I = \pm 1 (\text{二线}) \tag{6.4.3}$$

$$\Delta m_I = 0, \Delta m_j = \pm 1 (\text{二线})$$

注意在后一组跃迁中，双线的频率非常接近于自由电子磁共振频率 $2\mu_B B$，它是在原子中发生的电子顺磁共振.

磁偶极跃迁的辐射场的偏振也有自己的特点，它与电偶极跃迁情况不同，为解释其中道理，可以直观地采用经典描述. 前已指出，$\Delta m = 0$ 的跃迁对应于电偶极矩沿 z 方向的振动(即电场矢量在 yz 平面内，而 E_y 方向平均为0). 磁偶极跃迁也是如此，z 方向磁偶极矩振动应该与交变场中沿 z 轴振动的磁分量 B 相互作用，如图 6.4.1 所示. 对于 $\Delta M = \pm 1$ 的跃迁，也应作类似考虑.

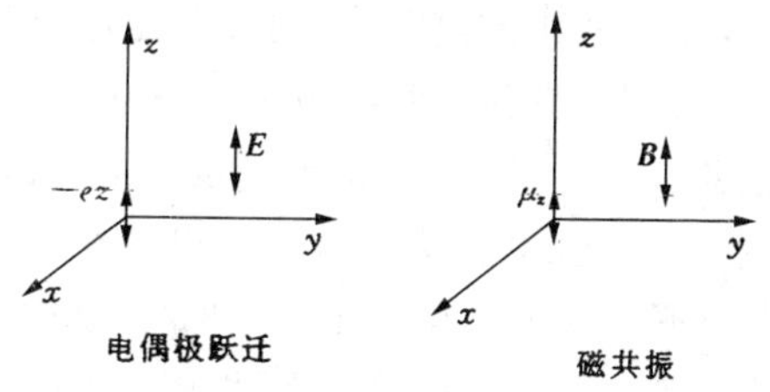

图 6.4.1　与 $\Delta m = 0$ 相应的交变场下磁共振

6.4.1　电子顺磁共振

当磁矩不为零的原子处在外磁场 B 中时，由于原子的总角动量和外磁场的相互作用引起能级的塞曼分裂，裂距 $\Delta E = g_J \mu_B B$，若在垂直于外磁场的方向再加上一个频率为 ν 的电磁波，当它满足

$$h\nu = g_J \mu_B B \tag{6.4.4}$$

的条件时，电磁波的能量将会被强烈地吸收而发生共振现象，这是由于磁偶极跃迁产生的

$$\nu(\mathrm{GH_z}) = \frac{g_J \mu_B}{h} B = \frac{\gamma_J}{2\pi} B(\mathrm{T}) \tag{6.4.5}$$

其中 γ_J 为旋磁比. 通常，磁场小于1T，此时频率为GHz量级，在微波波段. 一般把磁矩不为零的原子称为顺磁原子，因此，这种共振也称为电子顺磁共振(electron paramagnetic resonance)，简称

EPR. 在许多情况下，分子中的磁矩主要是由电子的自旋磁矩贡献的，轨道磁矩的贡献仅是很小的一部分，故又称为电子自旋共振(electron spin resonance)，简称 ESR. 只有当原子或分子上具有未成对电子时，总自旋磁矩才有可能不为零，所以电子自旋共振研究的对象必须是具有未成对电子的材料.

前面叙述的顺磁共振原理是对磁场中的孤立原子而言的，这时原子的磁能级是等间距的. 实验上是用固定频率的电磁波进行的，通过调节电磁铁的电流，使磁场强度逐渐改变. 当 H 达到(6.4.5) 式条件时，探测器显示电磁波强度骤减，表示顺磁物质从电磁波共振吸收了能量. 共振吸收造成了电子在等间隔的磁能级间跃迁，因而共振吸收谱显示出一个孤立的峰. 如图 6.4.2 左图所示，纵坐标代表吸收，横坐标是磁场强度，其单位为奥斯特(O_e). 如果用固体样品，往往会出现几个共振峰，如右图显示了 $NH_4Cr(SO_4)_2 \cdot 12H_2O$ 晶体的复杂共振吸收情况. 这里，顺磁原子的电子由于受到邻近粒子的影响(如不均匀晶场影响)，使得在同一磁场下裂开的能级可以不等间隔，每一种间隔相当于一个共振峰. 由于顺磁共振波谱能够反映原子受邻近原子作用的情况，所以已经成为研究分子结构以及固体、液体结构的很好方法.

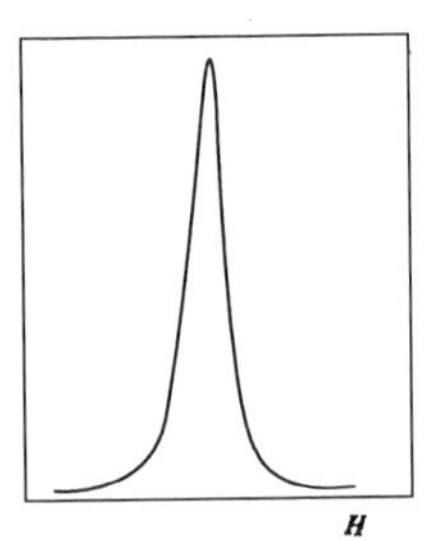

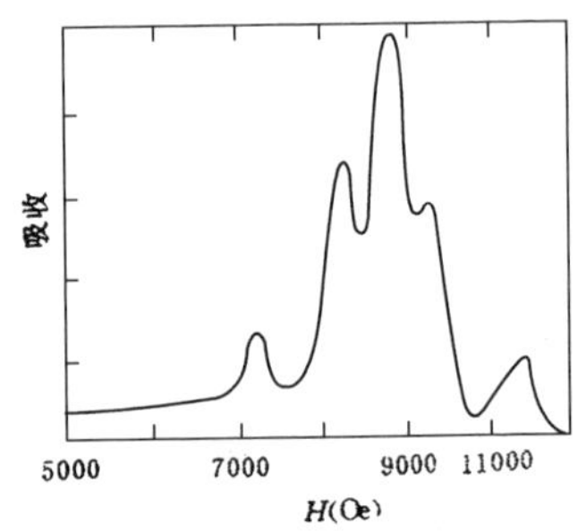

图 6.4.2　顺磁共振吸收曲线

6.4.2　核磁共振

在 6.3.6 节中我们已经看到，在基态总角动量量子数 $J=0$ 的原子中，原子核磁矩与价电子之间的磁耦合为零. 在这种情况下，如有外磁场，核自旋角动量就和外磁场相互作用，产生核能级的塞曼分裂，其子能级为

$$E_I = m_I g_I \mu_N B \tag{6.4.6}$$

原子核从外加电磁场中吸收能量，其量子态在这些核磁子能级之间发生的磁偶极跃迁称为核磁共振（nuclear magnetic resonance），简称 NMR. 基态总角动量量子数 $J=0$ 的原子极少，惰性气体元素原子是其中最重要的. 但是，基态 $J=0$ 的分子却占分子的绝大多数. 这些分子中每个核磁矩不为零的核，都可以分别地发生核磁共振，它们的核能级分裂仍然可以由式(6.4.6) 表示. 例如 ^{131}Xe 原子核 $I=3/2$，$g_I=0.461$，$\mu_I=g_I I\mu_N=0.691\mu_N$，核磁能级有 4 个，按照选择定则 $\Delta m_I=\pm1$，核磁共振的跃迁发生在相邻磁子能级之间，跃迁频率为

$$\nu = \frac{\Delta E_I}{h} = g_I \mu_N B/h \tag{6.4.7}$$

磁共振频率在 $B=1\text{T}$ 时为 3.51MHz. 又如 ^{129}Xe 的 $I=1/2$，$B=1\text{T}$ 时，核磁共振频率为 11.8MHz，它的一个应用是肺部成像. ^{14}N 原子核 $g_I=0.4036$，在 $B=1\text{T}$ 外磁场中，核磁共振频率为 3.08MHz. 此外，常用的还有氢原子核 $g_I=5.58$，在 1T 外磁场下，共振频率 $\nu=42.58\text{MHz}$. 与电子自旋共振频率(GHz) 相比，核磁共振频率一般低三个数量级.

6.4.3　有关磁共振的实验方法

磁共振的研究和发展，在物质结构分析以及成像应用方面产生了巨大的影响. 下面就其相关现象及实验技术作一介绍.

1. **化学移位**

按上述关系式，一种原子核，不论它在哪种分子中，或者是分子的哪一部位，其核磁共振频率都是相同的. 但是研究发现，情况并非完全如此，同一种原子核在原子的不同化合情况下，其核磁共振频率有微小的差别. 以酒清分子中 H 核磁共振谱线为例，如图 6.4.3 所示，它由相距很近的三条谱线组成. 谱线的间隔仅为共振频率 $10^{-5} \sim 10^{-4}$ 量级，三线的强度比为 3∶2∶1. 研究发现，它直接来源于酒精分子的结构特点，酒精分子的结构式是 CH_3-CH_2-OH，其中有 6 个 H 原子，分为三组 CH_3 中的三个氢原子具有相同的化学环境；CH_2 中的两个氢原子具有相同的化学环境；OH 中的一个氢原子则有另一环境. 三条谱线正是分别由这三种氢核产生的. 这就表明价电子的不同结合状态，对核磁共振产生了微小的影响，由此发生的频移，称作化学移位. 图 6.4.3 中已标出频移 δ 的值. 我国物理学家虞福春是最早发现化学移位者之一.

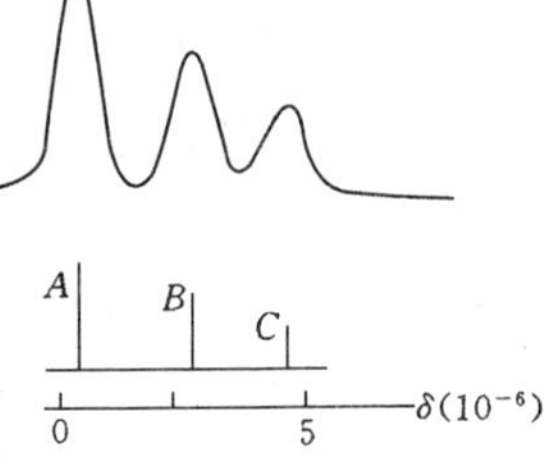

图 6.4.3 酒精分子中 H 的三条核磁共振谱线

```
    H   H
    |   |
H — C — C — O — H
    |   |
    H   H
```

2. **分子(原子)束磁共振法**

磁共振上下能级的差值小，因此在通常情况下，粒子布居数差值也小. 按玻尔兹曼分布，相邻的上能级 E_2 和下能级 E_1 上的粒子数之比

$$\frac{N_2}{N_1} = \exp\left(-\frac{\Delta E}{k_B T}\right), \Delta E = E_2 - E_1 \qquad (6.4.8)$$

这里 k_B 为玻尔兹曼常数. 粗略估计，在室温($T=300\mathrm{K}$)下，$k_B T \approx 2.585 \times 10^{-2}\,\mathrm{eV}$，折合频率 $6.25 \times 10^{12}\,\mathrm{Hz}$，而由自由电子磁矩产生

的相邻磁能级，$\Delta E \approx 2.8B$ MHz，即使 $B = 1\text{T}$，$\Delta E \approx 2.8 \times 10^{10}$ Hz，则 $\frac{N_2}{N_1} \approx 0.996$，两者相差仅千分之四. 若是由于核磁矩产生的磁能级，$\Delta E \approx 10^7$ Hz，在 $B = 1\text{T} = 10^4$ Gs 时，$(N_1 - N_2)/N_1 \approx 10^{-6}$，差别更是微不足道. 因此，为了应用磁共振，就必须设法极大地提高分辨率.

1938 年，拉比(I・I・Rabi) 提出了原子束(分子束) 磁共振法. 实验装置原理如图 6.4.4 所示

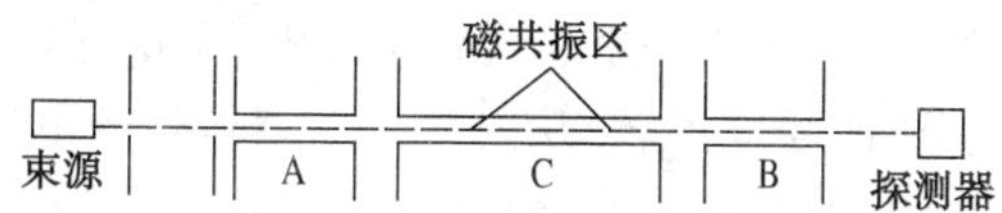

图 6.4.4　拉比原子束磁共振实验原理

在高真空系统中，在两个史特恩 — 盖拉赫装置基础上改进的磁能级选择器 A 和 B 之间安置磁铁 C 和射频设备，以实现磁共振. 调节 A 和 B，使得只具有磁能级 m_1 的原子才能通过 A，而只具有磁能级 m_2 的原子才能通过 B. 原子从束源出发，通过 A 的原子全部处于 m_1 态，在 C 区，若发生磁共振，有些原子将从 m_1 跃迁到 m_2，这部分原子将通过 B，到达探测器而被测出. 如果不发生磁共振，探测器无信号. 在原子束磁共振中，参与跃迁的原子数是极少的，而且每一跃迁吸收或发射的光子能量比可见光的光子能量要小几个数量级，这双重因素使得参与磁共振的无线电波强度的变化无法测出. 而在拉比的实验中巧妙地使用了原子检测法，只要有一个原子发生了磁共振跃迁，就能到达灵敏度足够高的探测器而被检测到. 整个设备可以有很高的灵敏度. 用这种方法已经研究了大量原子基态的精细结构和超精细结构，测量了许多原子核的磁矩. 拉比方法的成功之处在于用分辨率很大，精度很高的无线电技术直接测量核磁能级之间的间距，测量精度达 10^{-5} 以上.

从原子束磁共振发展了一项重要应用技术 —— 原子频标(原子钟),成为科学技术中最重要基准之一.

3. **磁感应法**

拉比方法的主要缺点是原子束的产生和控制很困难.1946年,布洛赫(F・Block)和珀塞尔(E. M. Purcell)发现了不仅在分子束中而且在通常状态(固体、液体和少数情况下的气体)的物质中也能观测到磁共振现象,提出了核磁共振的磁感应法.此方法设备简单,特别适合于固体和液体样品.实验装置如图6.4.5.样品放在一个小试管中,置于一个螺线管线圈内,线圈的轴垂直于外加均匀磁场 H,H 的强度可调.从射频发生器产生的电磁波通过样品管外的线圈,经射频放大器、检波器和低频放大器后在示波器中观测,改变磁场 H 的强度,当发生共振时,会在示波器中显示吸收峰.布洛赫和珀塞尔由于在核磁测量新方法的发展及相关的发现获得了1952年的诺贝尔物理学奖.

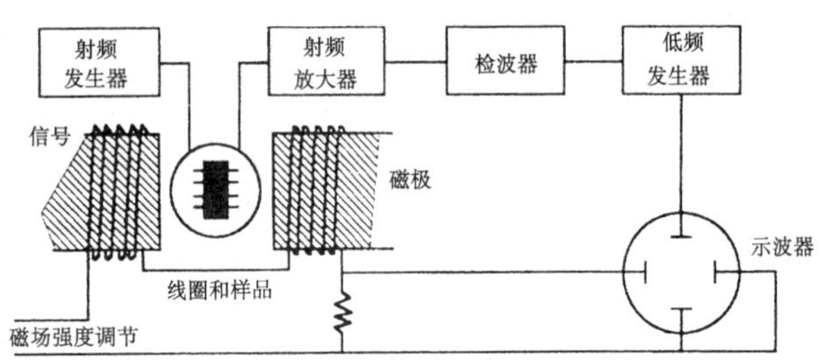

图 6.4.5 磁感应法装置的原理图

*4. **光磁双共振**

拉比方法或磁感应法,或在原子束中进行,或者在凝聚体中进行,应用于气体时却难以奏效,其原因在于气体原子浓度太低,磁共振信号太弱而难以观测.1950年,卡斯特勒(A・Kastler)提出了一种双共振方法,能有效地在气体原子中进行磁共振实验,并因此获得了1966年度诺贝尔物理学奖.

这种方法又称光抽运(光泵 optical pumping) 方法,其原理就是利用光的有选择性的激发,使相近能级间出现很大的布居数差异,图 6.4.6 是一个实验装置和工作原理的示意图. 设有某原子基态 $J=1$,激发态 $J=0$. 在磁场中,基态分为 $m_J=1,0,-1$ 三个磁能级. 用左旋圆偏振共振光照射时,将发生 m_J 的 $-1\rightarrow 0$ 的跃迁($\triangle m_J=+1$),处于基态磁子能级 $J=1, m_J=-1$ 上的原子将被激发. 但从激发态 $J=0, m_J=0$ 可以通过自发辐射回到基态三个子能级上. 这样,经过若干次循环,$J=1, m_J=-1$ 能级上的粒子数很快减少,即被"抽空". 于是在 $J=1, m_J$ 为$(1,-1)$ 和$(0,-1)$ 的能级间有足够的粒子数差,可以观察到 $m_J=-1\rightarrow m_J=0$ 的磁共振跃迁. 这里有光频和射频两个共振过程,所以叫作光磁双共振.

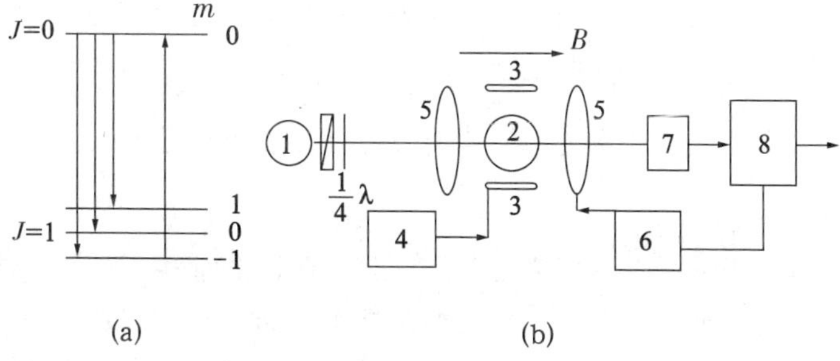

图 6.4.6　光泵磁共振原理

1. 光源 2. 吸收泡 3. rf 线圆 4. rf 源 5. 产生调制磁场的线圈 6. 低频电源 7. 探测器 8. 锁相放大器

磁共振过程也是通过光的变化来测量的. 实验原理如图 6.4.6,样品泡置于磁场中. 光源发出样品原子的共振线,此光经偏振器及 1/4 波片而成为圆偏振的,共振光照射样品,产生光泵作用,使样品基态子能级上布居数达到一个新的、稳定的分布,$J=1, m_J=-1$ 上的粒子数显著减少,导致进入(探测器) 光电管的光电流上升,并达到一个稳定值.这时,若加上射频(rf)场,发生磁共振,$m_J=-1$ 上述粒子数又会增加,因为磁共振过程是 $J=1$, $m_J=-1 \leftarrow J=1, m_J=0$ 之间的,则光电流随之减弱,磁共振的发生由光的减弱来显示.这种检测方法有很大的优点,从能量的角度看,一次磁共振跃迁,能量变化等于一个射频光子的能量,而伴随着的光频跃迁,能量变化是一个光频光子的能量,用光强度变化代替射频场强度的变化,检测的能量大了好几个量级,灵敏度大为提高.总之,光抽运和光检测是提高灵敏度,使光磁共振实验得以实现的两个关键因素.

光磁双共振法使气态原子的磁共振研究得以开展.这里介绍的光抽运概念和双共振概念,对光谱学具有普遍的意义.

* §6.5 强磁场中的原子回归谱

自发现塞曼效应以来,原子在外磁场中的行为一直是物理学家们广为研究的课题.由于实验室能产生的磁场强度通常低于 10^2 T,磁场对原子光谱的影响一般都能用微扰理论加以解释.至于强场效应,最早只是在天体光谱中被观测到.极强场条件存在于白矮星的 10^4 T 及中子星表面,那里 B 可达 10^8 T 甚至更高.随着超导物理和激光技术的发展,研究工作出现了全新的角度,提出新的问题.

6.5.1 强场条件和里德堡态

在讨论帕邢—贝克效应中,我们已经看到,磁场的"强"和"弱"随着元素的核电荷数 Z 和原子主量子数 n 的变化十分显著.

从动力学的角度看,作用在原子上的磁场的强和弱是相对于原子内部的库仑束缚能而言的.

本节我们讨论氢原子在均匀静磁场中的性质,不考虑电子的自旋,在原子单位制($e=\hbar=m_e=1$)中,其哈密顿量可以写成

$$H=\frac{P^2}{2}-\frac{1}{r}+\frac{B}{2C}L_Z+\frac{B}{8C^2}(x^2+y^2) \qquad (6.5.1)$$

其中第一项为动能,第二项为库仑吸引能,由于在无外场作用时,氢原子能级 $E_n=-\frac{1}{2n^2}$,而由维里定理知道,$<r>\sim n^2(a_1)$,a_1 为玻尔半径;第三项为顺磁作用塞曼项,与 n 无关;最后一项恒取正值,称为抗磁项. 引进无量纲参数 $\gamma_0=B/B_0$,则抗磁项写成 $\frac{1}{8}\gamma_0^2\rho^2$ 正比于 $\gamma_0^2n^4$,与库仑相互作用相比,$\gamma_0n^3\sim 1$ 时两者相当. 这样,我们得到 $\gamma_0n^3=n^3B/B_0$ 这个特征量,其中 $B_0=\frac{m^2e^3c}{\hbar}=2.35\times10^5\,\mathrm{T}$. 若 $n^3B/B_0<<1$,则可把它视为弱场处理,尤其是 B 小时,因抗磁项正比于 B^2 可以略去,而只考虑顺磁塞曼效应. 而如果 $n^3B/B_0>1$,则抗磁项成为主项,弱场处理方法不再适用,系统中电子的“经典”运动将会出现显著的混沌,相应的量子行为被称为量子混沌.

当原子主量子数 n 很大时,表示原子的高激发态,称为里德堡态. 实验室中已制备出 $n\approx105$ 的氢原子,在星际介质中已观测到 $n\approx250$ 的氢原子. 由于激发态电子受原子实的作用小(因它具有大的平均半径),它对外场的作用异常敏感,仍以氢原子为例,当 $n=30$ 时,电子能量 E_n 约为 $-10^{-3}R_y$,加上磁场 $B=12.5\mathrm{T}$,则顺磁的塞曼项 $\triangle E_m\sim5\times10^{-5}R_y$,此值与 n 无关,且为小量;但抗磁作用 $\triangle E_d\sim2\times10^{-3}R_y$,已超过 E_n 而成为能量主项.

上述分析表明,为了在实验上能观测到混沌给原子光谱带来的影响,我们既可以增强外磁场 B,也可以提高原子的主量子数 n,

而后一方案实行起来显然更容易也更为有效.这说明我们完全可以通过高激发的里德堡原子的实验来了解原子在磁场中的混沌行为,而高里德堡态的制备则是采用连续的或脉冲激光激发原子来实现的,因此问题转化成研究原子在强的外磁场中光吸收谱问题.

6.5.2 准朗道振荡谱

1969年,美国阿贡(Argonne)国家实验室的加顿(W.R.S.Garton)和汤姆金斯(F.S.Tomkins)报告了他们的实验,向世人首次揭示了原子在磁场中的准朗道共振现象.当他们把钡(Ba)原子放在2.4T的磁场里,测量其从基态跃迁到具有不同能量末态的光吸收谱时,低激发态的无磁场时的每条谱线都变成了好几十条谱线,形成谱线簇,这个区域被称为角量子数混合区.对于更高的激发态,相邻谱线簇开始重迭,使得谱线变得很复杂,这个区域后来被称为主量子数混合区.在电离阀附近,吸收谱变成在平坦的背景上迭加一个振荡.这个振荡一直延续到电离阈之上的正能量区.振荡的频率也就是吸收谱相邻极大值的能量差,约为1.5倍朗道能级间距.所谓朗道能级间距指的是一个电子在同样强度的磁场里运动时,垂直于磁场方向所具有等距离能级间的差值.由于这个原因,人们很自然地把上面描述的振荡称为准朗道振荡.

Garton和Tomkins的实验如图6.5.1所示.

朗道能级是电子在均匀磁场中的磁能级,详细分析须用量子力学计算.这里,我们从(6.5.1)式作一粗略估算:式中第二项不存在,可改写为

$$H=\frac{1}{2}P^2+\frac{1}{2}\gamma_0 L_Z+\frac{1}{8}\gamma_0\rho^2=E \qquad (6.5.2)$$

式中:$\gamma_0=B/B_0$,$\rho^2=r^2-Z^2=x^2+y^2$,L_Z是角动量的Z分量.磁场沿Z轴方向,$P^2=P_x^2+P_y^2+P_z^2$.因为L_Z是守恒量(轴对称),$L_Z=m\hbar$,又因为H中不含Z变量,说明粒子在Z方向是自由运动

的，因此电子的能级结构取决于垂直于磁场的 xy 平面内的运动

$$H' = \frac{1}{2}(P_x^2 + P_y^2) + \frac{1}{2}\omega_L^2(x^2 + y^2) \qquad (6.5.3)$$

这里已取 $\omega_L = \frac{\gamma_0}{2} = \frac{eB}{2m_e c} = \frac{1}{2}\omega_B$ 为 Larmor 频率(表示绕 Z 轴的旋转频率)，它是磁回旋频率的一半.(6.5.3) 式正是一个二维谐振子的哈密顿量，能级 $E'_N = (N+1)\hbar\omega_L$，能级间距为 $\hbar\omega_L$.

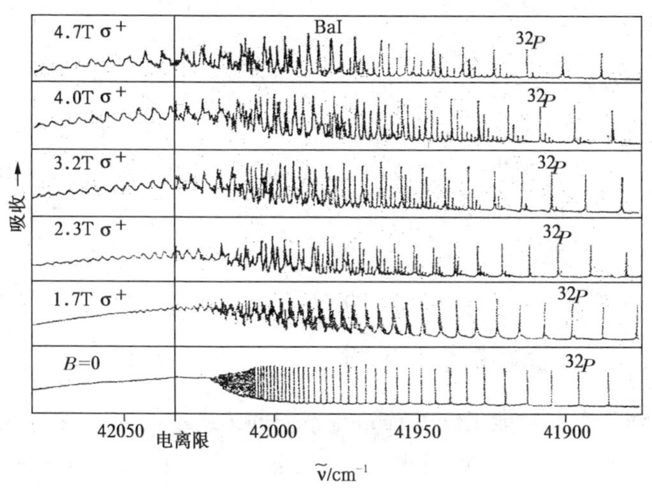

图 6.5.1　Ba $6s^2 \to 6snp$　σ^+ 吸收谱

加顿和汤姆金斯的发现极大地刺激了科学家对磁场中的原子这一问题的研究.虽然这个问题看似简单，但它却没有一般解.因为球对称的库仑势和柱对称的磁场导致不能分离变量，而微扰论又不适用.对观察结果的理解花了接近 20 年的时间，它把我们带到了现代物理所关心的一些基本问题中，如体系的可积与不可积性，规则运动和“量子混沌”等.

角动量混合区的谱线分裂是最容易、最早被理解的，因为它没

有超出微扰论的范围. 无磁场时,原子的态可用主量子数、角量子数及磁量子数标记. 有相同主量子数的态的能量很接近,近似简并. 当原子处于磁场中时,对于低激发态来说,磁场的作用就是把近似简并的有相同主量子数而有不同角量子数的态混合起来,使得混合后的每一个态都含有各种角动量分量,而能量相差不大. 选择定则告诉我们,无磁场时,如果原子能够从初态跃迁到角动量为l的末态,那么有磁场时,原子就可跃迁到含有角动量为l这个分量的所有混合态(此时它们具有不同的磁量子数).

无外场时,自由氢原子的能量、总角动量和角动量在任一方向的分量都是电子运动的守恒量. 磁场中氢原子的能量和角动量在磁场方向的分量仍是精确的守恒量. 但是,总角动量不再守恒. 角动量混合区谱的规则性似乎暗示着存在一个未被发现的守恒量. 经过努力,1981 年,苏联的索罗维耶夫(Solov′ev) 找到了一个用龙格 — 楞兹(Runge − Lenz) 向量分量表示的近似守恒量.

原子的能级间距约为$\frac{1}{n^3}$,当 n 低时,这个间距相对较大,因此,外场作用引起的能级交叉首先在不同的 l 或不同的 m 之间发生;对于高激发态,由于能级很密,间距很小,能级的交叉可能在不同的 n 之间发生,这就是主量子数混合区. 这种转变伴随着角动量混合区的近似守恒量的破坏,规则运动有一部分变得不规则. 在电离阈附近的准朗道振荡区,运动变成完全的混沌状态.

6.5.3 抗磁开普勒问题的经典动力学

考虑磁场中氢原子的哈密顿量

$$H = \frac{1}{2}P^2 - \frac{1}{r} + \frac{1}{2}\gamma_0 L_Z + \frac{1}{8}\gamma_0^2\rho^2 = E \qquad (6.5.4)$$

其中,$\gamma_0 = B/B_0$. 这里,抗磁项$\frac{1}{8}\gamma_0^2 p^2$ 起重要作用,电子的经典运

动遵从哈密顿正则方程，即 $\dot{P}_i=-\dfrac{\partial H}{\partial q_i},\dot{q}_i=\dfrac{\partial H}{\partial P_i}$. 体系被称为抗磁 Kepler 问题. 由于 $L_Z=m\hbar$ 为守恒量，令 $m=0$ 消去塞曼项. 在本节讨论中，采用了原子单位，其中 $\hbar\equiv1$，这就带来了经典极限问题，即我们用半经典方法研究结果无法与实验的量子谱进行比较. 仔细考察后发现这个问题可以通过标度变换来解决，因为这个系统存在对于磁场强度的标度律. 作下列关于坐标 $\boldsymbol{q}$、动量 $\boldsymbol{p}$ 和时间 t 的变换

$$\tilde{\boldsymbol{r}}=\gamma_0^{2/3}\boldsymbol{r},\tilde{\boldsymbol{p}}=\gamma_0^{-1/3}\boldsymbol{p},\mathrm{d}t=2r\mathrm{d}\tau \tag{6.5.5}$$

其中，时间标度变换是为了消除哈密顿量在原点处的奇异性，使新得的体系能量规则化. 这样，定义了一个新的有效普朗克常数 $\hbar_{eff}$ 和无量纲的标度能量 ε，由对易关系 $[x,P_x]=i\hbar$，可得

$$[\tilde{\boldsymbol{r}},\tilde{\boldsymbol{p}}]\sim i\gamma_0{}^{+1/3}=i\hbar_{\mathrm{eff}} \tag{6.5.6}$$

和 $$\widetilde{H}=\gamma_0{}^{-2/3}H=\frac{1}{2}\widetilde{P}^2-\frac{1}{\tilde{r}}+\frac{1}{8}\tilde{\rho}^2=\gamma_0{}^{-2/3}E=\varepsilon \tag{6.5.7}$$

这两个关系式在进行理论与实验比较时是非常重要的，(6.5.6) 式使我们在选择磁场 B 时，不能取太大值. (6.5.7) 式就是所谓标度律：同时改变激光场频率（改变光子能量从而改变 E）和磁场强度 B（从而改变 γ_0），只要标度能量 ε 不变，体系经典动力学性质不变. 这就使动力学参量减少了一个，即抗磁开普勒系统的动力学性质只依赖于标度能量 ε 而不再分别依赖于 E 和 B.

为了体现 $\gamma_0=0$ 时，(6.5.4) 式可分离变量特点，把(6.5.7) 式中的变量上的鳄号去掉，引进半抛物坐标 (Semiparabolic coordinates)

$$v=(r+z)^{1/2},u=(r-z)^{1/2} \tag{6.5.8}$$

则 $$\rho=uv,P_\rho=\frac{1}{u^2+v^2}(vp_u+up_v) \tag{6.5.9}$$

$$z=\frac{1}{2}(v^2-u^2),p_z=\frac{1}{u^2+v^2}(vp_v+up_u)$$

$$\mathrm{d}t=(u^2+v^2)\mathrm{d}\tau$$

这导致规则化的哈密顿量

$$\begin{aligned}\mathscr{H}&=(u^2+v^2)(H-E)+2\\&=\frac{1}{2}(Pu^2+Pv^2)-\varepsilon(u^2+v^2)+\frac{1}{8}u^2v^2(u^2+v^2)\end{aligned}\tag{6.5.10}$$

图 6.5.2 给出了 $\mathscr{H}=2$(即 $H=E$),$\varepsilon=-0.8$ 和 $\varepsilon=-0.5$ 时在 $v=0$ 的庞加莱截面上相轨迹图.(6.5.10) 式给出的等式,由于标度能量 ε 给定,使系统在相空间的运动由四维降为三维,再取定 $v=0$,则为一个二维截面,这种截面称为庞加莱(poincaré) 截面.

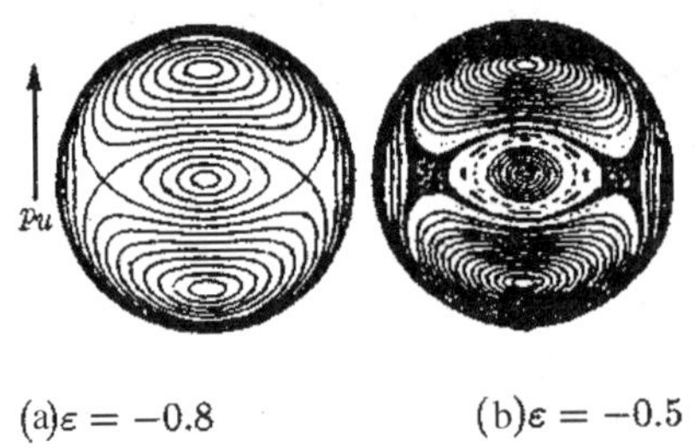

(a)$\varepsilon=-0.8$　　(b)$\varepsilon=-0.5$

6.5.2　抗磁开普勒问题的庞加莱截面图

图中的坐标是$(p_u,\sqrt{-2\varepsilon}u)$. 由于 $\mathscr{H}=2$,所有相轨道都被限制在一个 $Pu^2-2\varepsilon u^2=4$ 的圆内. 利用空间反射对称性和时间反演不变性,由一个轨迹点$(p_u,\sqrt{-2\varepsilon}u)$可确定另外三个点$(\pm p_u,\pm\sqrt{-2\varepsilon}u)$的位置. 在 $\varepsilon=-0.8$ 时,有三类周期轨道,运动是规则的. 随着能量 ε 的增加,分界线附近先转向不规则. 当 $\varepsilon=-0.5$ 时,截面呈一系列分立岛屿结构,分界处有相当厚度随机层. 若 ε 继续增大到 -0.1,截面呈全局性混沌状.

6.5.4　闭合轨道理论和回归谱

强磁场中原子的经典运动既有规则运动,也有不规则的混沌状态.这一性质于 80 年代初提出后,人们很自然就把注意力转向其所对应的量子行为.1986 年,实验上出现新的突破,德国彼乐费尔德(Bielefeld) 大学的威尔格(Welge) 小组首次用氢原子做实验,当他们把能量分辨率提高很多倍后,看到了除 $1.5\hbar\omega_L$ 间距的准朗道振荡之外的一个新的 0.64 倍朗道能级间距的新振荡!当能量分辨率进一步提高后,电离阈附近的振荡突然消失,测到的吸收谱简直就像噪音一样.当把实验上测到的吸收谱作为能量的函数通过傅立叶变换变成时间的函数时,发现其中在很多分立的时间标度上有尖峰.说明看起来像噪音的吸收谱中隐藏着许多不同频率的振荡,而 1.5 倍和 0.64 倍朗道能级间距的振荡只不过是其中两个频率最低的振荡.这种由能量函数变为时间函数的光吸收谱后来被称回归谱(recurrence spectrum),它是原子谱学的新进展.

图 6.5.3 显示了 $B = 6\mathrm{T}$,氢原子在电离阈附近的吸收谱(分辨率 $\triangle\nu \approx 1\mathrm{GH_Z}$),(a) 是吸收截面 $A(\varepsilon)$—— 标度能量 ε 图;(b) 是(a) 的傅立叶变换

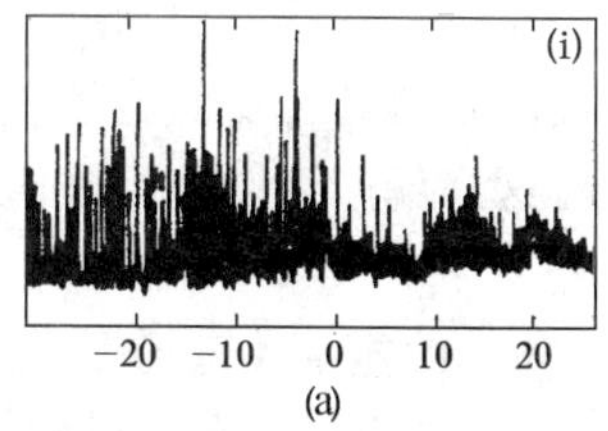

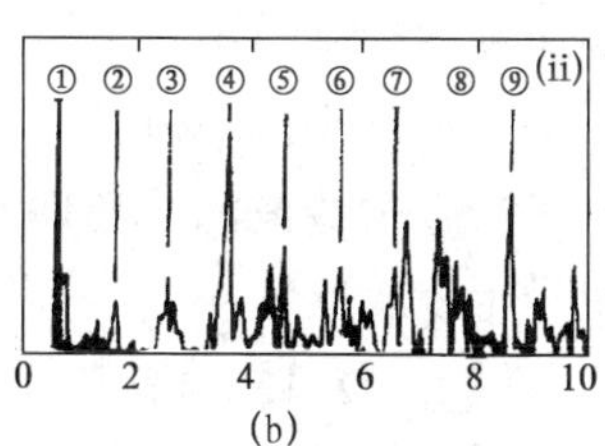

图 6.5.3　氢的光吸收谱

$$\widetilde{A}(T) = \int_{\varepsilon_1}^{\varepsilon_2} A(\varepsilon)\exp[-i\varepsilon t/\hbar]\mathrm{d}\varepsilon \qquad (6.5.11)$$

其横坐标 T 是以 $T_C = 2\pi/\gamma_0$ 为单位标定的.

对于高激发态原子,由于能级间距很小呈准分立状态,人们关注的不是单个本征态的行为,而是在能量分辨范围 $\triangle E$ 内的态密度.回归谱学的理论基础是美国科学院院士古兹维勒(M.C. Gutzwiller)的周期轨道理论和态密度的迹公式,而把这一思想在原子体系中加以具体实现的,则是闭合轨道理论(closed－orbit theory),它是由中科院理论所的杜孟利和美国的戴劳斯(J.B. Delos)于1987年首先提出的.他们提出了理论模型,推导了方法和公式.用半经典近似计算了与氢原子光吸收截面有关的振子强度分布.计算中考虑了具有较短周期的65条闭合轨道的贡献,结果与实验完全符合.

闭合轨道理论有清晰的物理图像:当原子吸收了光时,原来处于很小空间区域的电子就获得了能量,电子以电子波形式从核向外传播.电子在原子核附近只感受到库仑力的作用,外场的影响相对较弱,可略去.随着电子离原子核距离的增加,库仑力变得越来越弱,而外磁场的作用逐渐变大,电子在库仑力和磁场力的共同作用下沿经典轨迹运动.由于洛伦兹力的作用,电子沿垂直于磁场方向不能走向无穷远处.沿某些特定方向离开原子核的电子就在短时间内被挡回到原子核上.这些开始于原子核然后又回到原子核的电子轨道称为闭合轨道.由于沿这些闭合轨道传播的电子波又回到了产生这些波的波源即原子核处,这样就产生了光吸收谱中的量子干涉效应.

实验上测量标度谱时,要同时改变体系的能量和磁场强度,但要保持标度能量 ε 为常数.标度谱的傅立叶变换很干净,每一个峰对应一个闭合轨道.当标度能量改变时,峰的位置和高度也随之改变.在某些特殊的能量处,一个峰会分成为两个峰,有时候新的峰会突然出现,这就勾画出一幅闭合轨道的演化图.闭合轨道理论构建了一座沟通经典力学和量子力学的桥梁,它适用于从激发态直至正能区的可积和强不可积系统的研究.这个成功的经验,无疑可以推广到用来求解原子分子物理、核物理和固体物理学中其他难于用量子力学中常规方法求解的强不可积问题.在研究这类问题时,对系统经典混沌运动的了解以及在此基础上的半经典理论的应用都是必不可少的.

十几年来,该理论得到了广泛的应用,从最初的带负电的离子的光剥离谱、臭氧的紫外振荡,直至近年的多电子原子和分子的光吸收谱等.理论本身在不断发展,日渐成熟,出现了诸如里德堡波包干涉器、光剥离显微镜等新思路和新概念,大大丰富了强场物理的理论和方法.可以相信这方面的研究在近代物理和近代化学的前沿将形成一个新领域.

思考题

6.1　在什么条件下朗德 g 因子的值为1或2?

6.2　外磁场对原子作用引起的附加能量与那些物理量有关?

6.3　什么叫正常及反常塞曼效应?什么叫帕邢—贝克效应?它们各在什么条件下产生?在这里判断磁场强弱的依据是什么?

6.4　在史特恩—盖拉赫实验中,接收屏上原子束为$(2J+1)$条,在塞曼效应中,塞曼磁能级分为$(2J+1)$层,这当然是两回事,但在本质上又有何相同之处。

6.5　按量子观点,微观磁矩在外磁场中有附加的相互作用能$-\boldsymbol{\mu}\cdot\boldsymbol{B}$.按经典观点,微观磁矩在外磁场中作拉莫尔(Larmor)进动,具有附加动能.这两者之间有无矛盾?

6.6　原子相邻塞曼(zeeman)子能级间的跃迁频率恰等于经典Larmor进动频率,请回忆一下在原子物理中还有类似的现象吗?

习　题

6.1　已知某原子处于$^4D_{3/2}$态。(1) 计算其有效磁矩的值;(2) 在外磁场中它将分裂为几个子能级;(3) 若外磁场$B=0.5\text{T}$,则分裂后子能级间的最大间隔有多大?相邻子能级的间隔有多大?

6.2　氦原子单态 $1s3d\,^1D_2 \rightarrow 1s2p\,^1P_1$ 跃迁发出的谱线波长为 667.81nm,在 $B=1.2\text{T}$ 的磁场中发生正常塞曼效应.

(1) 垂直于磁场方向观测有几条谱线?波长是多少?

(2) 迎着磁场方向观测有几条谱线?波长各是多少?

6.3　锌原子光谱正常的一条谱线($^3S_1 \rightarrow {}^3P_0$)在 $B=1.00\text{T}$ 的磁场中发生塞曼分裂.从垂直于磁场方向观测,原谱线分裂为几条?相邻谱线的波数差等于多少?是否属于正常塞曼效应?

6.4　已知钠原子的 D_1、D_2 线间隔为 1720m^{-1},求有效核电荷 Z.在钠原子的光谱线中,谱线 D_1 来自第一激发态 $3^2P_{1/2}$ 到基态 $3^2S_{1/2}$ 的跃迁,其波长为 589.6nm.当钠原子放在磁场 B 中时,D_1 线将分裂成四条谱线.设磁场强度 $B=0.2\text{T}$,求四重线中最短与最长的两条谱线之间的波长差.

6.5　基态钠原子处在磁场为 B 的微波谐振腔中,频率为 $\nu=1.0\times10^{10}\text{Hz}$ 的电磁波经波导输入谐振腔,磁场多强时,电磁波能量会被强烈吸收?

6.6　在核磁共振谱仪中,当共振频率调谐到 42.57MHz 时,观测到含氢样品的共振吸收,求所加磁场的大小.当调谐到 16.55MHz 时,观测到^{7}Li 样品的共振吸收,已知 $g_H=5.585$,$I_{^7\text{Li}}=3/2$,计算^{7}Li 的 g 因子和磁矩值.

6.7　试证原子在$^6G_{3/2}$态的磁矩为 0,用矢量模型说明之.

6.8　求 Na $3^2P_{3/2} \rightarrow 3^2S_{1/2}$ 线(589.0nm)在 $B=0.1\text{T}$ 磁场中,塞曼分裂的结构图,标明能级跃迁关系、谱线的偏振及相对频移(忽略超精细结构).

6.9　已知铁(^5D)的原子束在横向不均匀磁场中分裂为 9 束。问铁原子

的 J 值多大?总磁矩多大?如果已知上述铁原子的速度 $v=10^3\,\mathrm{m/s}$,铁原子量为 55.85,磁极范围 $L_1=0.03\mathrm{m}$(习题图 6.9),磁铁到屏的距离 $L_2=0.10\mathrm{m}$,磁场中横向的磁感应强度的不均匀梯度 $\mathrm{d}B/\mathrm{d}z=10^3$ 特斯拉 / 米。试求屏上偏离最远的两束之间的距离 d。

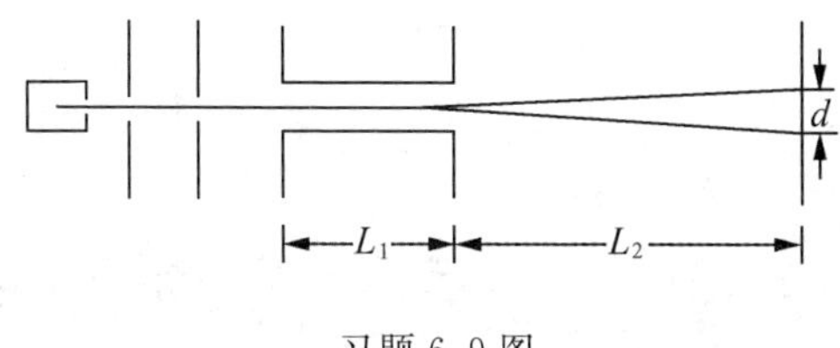

习题 6.9 图

6.10　在一次正常塞曼效应实验中,从沿磁场方向观察到钙的 422.6nm 谱线在 3T 的磁场中分裂成间距为 0.05nm 的两条线,试由这些数据求出电子的荷质比 e/m.

第 7 章　原子核物理学

原子核是原子的核心部分，简称“核”，原子核物理学研究原子核的特性、内部结构、变化规律以及与核能和核技术应用有关的物理问题，简称“核物理学”，各种原子核统称核素，目前已知的核素约有 2 000 种.

原子核物理学的发展经历了几个重要的阶段. 1896 年，天然放射性的发现是人们第一次观察到的核变化现象. 这一重大发现通常被看成是核物理学的开端. 1911 年，卢瑟福通过 α 粒子散射实验建立了原子的核式结构模型. 1919 年和 1932 年相继发现了质子和中子，确立了原子核的质子 — 中子构成，为进一步研究原子核的结构、变化规律提供了重要基础. 这是核物理学发展的初期阶段. 20 世纪 40 年代前后，核物理进入了大发展的阶段. 1939 年核裂变的发现，1942 年第一座裂变反应堆的建成，1945 年和 1952 年第一颗原子弹和氢弹的爆炸成功，使人类跨入了核能的时代，也使核物理成为国际上竞争十分激烈的科技领域. 20 世纪的六七十年代以来，随着核物理研究的进展，探测和加速粒子的仪器不断被制造出来，一大批新技术也逐渐发展起来，这些仪器和技术是研究原子核的强有力的手段. 原子核物理学的理论和技术影响并带动了其他一些学科的发展，并使它们逐渐成长为新的专门学科，如放射化学及核化学,放射医学及生物学,放射性防护学等.但核物理学至今仍有不少理论问题尚未解决,需要人们去进一步探索.

在这一章里我们将介绍原子核物理学的一些基础知识,包括原子核的基本性质、核衰变、核反应等内容,最后介绍核能利用方面的知识.

§7.1　原子核的基本性质

7.1.1　原子核的电荷、质量和密度

1. 原子核的电荷和电荷数

原子核由质子和中子构成,它们统称核子.中子不带电,质子带正电,因而原子核带正电,其电量为 Ze,Z 称为核电荷数,它就是核内的质子数,也是该原子的原子序数.

核电荷数 Z 是原子核的重要特征之一.在 §5.5 中曾讲到,利用 X 射线标识谱的莫塞莱定律可以相当精确地测定 Z.人们曾用这一办法测定了多种元素的核电荷数.

2. 原子核的质量和质量数

原子核(和原子)的质量常用原子质量单位(u)来表示,根据 1960 年和 1961 年两次国际会议的规定,取碳的最丰富的同位素 ^{12}C 原子质量的 1/12 作为 1 个原子质量单位.即

$$1u = \frac{1}{12}m_A(^{12}C)$$

这称为碳单位,它和 kg 之间的关系为

$$1u = 1.6605402 \times 10^{-27}\,kg$$

用这个单位来量度原子核(或原子)的质量时,其数值都接近于某一整数.我们把这个整数叫做原子核的质量数,并用符号 A 表示.在一些近似计算中可用 Au 代替核的质量 m_N.

质量数 A 也就是核内质子数(Z)与中子数(N)之和,即 $A = Z + N$,它又称核子数,是原子核的又一重要特征量.一种核素常用其质量数和电荷数来表征,表示为 ${}_Z^A\mathrm{X}$(或简写为 ${}^A\mathrm{X}$),其中 X 是该核素的化学符号.

为了以后叙述方便,下面给出一些常用的术语.

具有相同质子数 Z 和中子数 N 的一类原子核称为一种核素.常在其化学符号的左上角标明 A,左下角标明 Z,右下角标明 N(可省略),即表示成 ${}_Z^A\mathrm{X}_N$(通常写作 ${}_Z^A\mathrm{X}$ 或 ${}^A\mathrm{X}$).如 ${}_8^{15}\mathrm{O}$ 表示氧的一种核素,其质量数为 15,质子数为 8,故中子数为 7.

具有相同 Z,不同 A 的核素称为同位素.如 ${}_1^1\mathrm{H}$,${}_1^2\mathrm{H}$,${}_1^3\mathrm{H}$ 是氢的三种同位素;${}^{15}\mathrm{O}$,${}^{16}\mathrm{O}$,${}^{17}\mathrm{O}$ 是氧的三种同位素等等.

具有相同 A,不同 Z 的核素称为同量异位素.如 ${}_{18}^{40}\mathrm{Ar}$ 和 ${}_{20}^{40}\mathrm{Ca}$,${}_{50}^{124}\mathrm{Sn}$,${}_{52}^{124}\mathrm{Te}$ 和 ${}_{54}^{124}\mathrm{Xe}$ 等等.

具有相同 N,不同 Z 的核素称为同中子素.如 ${}_7^{14}\mathrm{N}$ 和 ${}_8^{15}\mathrm{O}$ 等.

质子数 Z 和中子数 N 都相同,但具有不同能量状态的核素称为同质异能素,通常在其质量数后标以 * 如 ${}^{60}\mathrm{Co}^*$ 即为 ${}^{60}\mathrm{Co}$ 的同一个同质异能素,处于较高的能量状态.

3. 原子核的大小和密度

原子核可近似地看成是球形的,而且它具有较为确定的表面,我们引入"核半径"表示核的大小.由实验知,核半径 R 可表示为

$$R = r_0 A^{1/3} \tag{7.1.1}$$

其中 A 为核子数,r_0 为比例常数.用不同的测量方法,测得的 r_0 的值稍有差别,在通常的计算中可取 $r_0 = 1.2 \times 10^{-15}\,\mathrm{m}$.

核半径与 $A^{1/3}$ 成正比,这说明以下两点:

(1) 原子核的体积 V 正比于核内核子数 A,即

$$V = \frac{4}{3}\pi r_0^3 A$$

也就是说，在不同的原子核内，每个核子所占的体积近似相等. 因而在各种核内的核子数密度(单位体积内的核子数)n 应大致相等

$$n = \frac{A}{V} = 3/4\pi r_0^3 \approx 10^{38}\,\mathrm{cm}^{-3}$$

(2) 不同原子核的核物质密度(单位体积内的核质量)ρ 亦大致是常量

$$\rho = \frac{m_N}{V} \approx \frac{Au}{V} = 3u/4\pi r_0^3 \approx 10^{17}\,\mathrm{kg/m^3} \qquad (7.1.2)$$

可见其密度十分巨大.

核物质密度约是水的密度的 10^{14} 倍，每立方厘米的核物质的质量约为 2.3 亿吨，是一种高密度物质. 一些晚期恒星，在它们核心中的氢作为热核聚变能源耗尽之后，星体的巨大质量引起的万有引力可将自身压缩成密度极大的天体，这个过程就是引力坍缩，或者叫超新星爆发，在这种情况下原子已破坏，电子离开核而形成电子海洋，核沉浸在电子海洋中，称为白矮星，密度约 $10^9 \sim 10^{11}\,\mathrm{kg/m^3}$. 质量更大的晚期恒星的引力甚至可将电子压入核内，与核内质子形成中子，整个星体主要由中子组成，称为中子星. 典型的中子星的质量为太阳的两倍，半径仅为 10 千米，密度达 $10^{17} \sim 10^{18}\,\mathrm{kg/m^3}$，已经是核密度量级.

7.1.2　原子核的电四极矩、自旋和磁矩、宇称及统计性质

1. 原子核的电四极矩

由实验可知，原子核的电荷分布不一定是球形对称的，当带电体的电荷分布是球形对称时，在体外球心 R 处的电势是

$$u = \frac{q}{4\pi\varepsilon_0 R}$$

q 是带电体的总电荷，非球形对称分布的电荷所产生的电势一般

可表达为

$$u = a_1 R^{-1} + a_2 R^{-2} + a_3 R^{-3} + \cdots \tag{7.1.3}$$

式中第一项是单电荷的电势，第二项是偶极子的电势，第三项是四极子的电势．例如设有点电荷的分布如图 7.1.1(a) 所示，在箭头方向上的电势可以证明是

$$u = \frac{1}{4\pi\varepsilon_0}\left[\frac{2e}{R} + \frac{2ea^2}{R^3}\right] \tag{7.1.4}$$

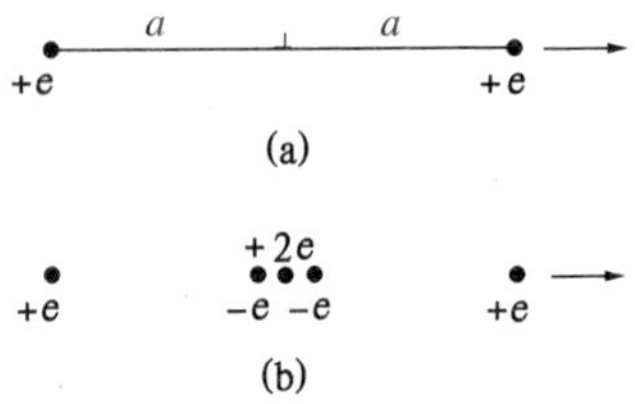

图 7.1.1 二同号点电荷及其等效电荷分布

图 7.1.1(b) 的电荷分布同图 7.1.1(a) 是等效的，可知上式是一个单电荷 $2e$ 和一个四极子联合的电势．

如果电荷作旋转椭球式的分布，在对称轴上的电势可以表达为

$$u = \frac{a_1}{R} + \frac{a_3}{R^3}.$$

所以旋转椭球式的电荷分布等效于一个单电荷和一个四极子的迭合．令 $Q = 2a_3/e$，称为电四极矩．可以证明原子核的电四极矩可以用下式表示

$$Q = \frac{2}{5}Z(a^2 - b^2), \tag{7.1.5}$$

式中 a 为旋转椭球中沿对称轴的半径，b 为垂直于对称轴最大圆截的半径，如图 7.1.2 所示．实验证明原子核有电四极矩存在，这就是说，很多原子核的电荷分布是椭球式的．

原子核形状的非球对称会影响原子的能级结构，使原子光谱产生细小的分裂，这种分裂比由于电子自旋和轨道相互作用引起的精细结构分裂还要小得多，故称为超精细结构．实验上可通过对

于原子光谱超精细结构的测量确定原子核形状偏离球对称的程度.

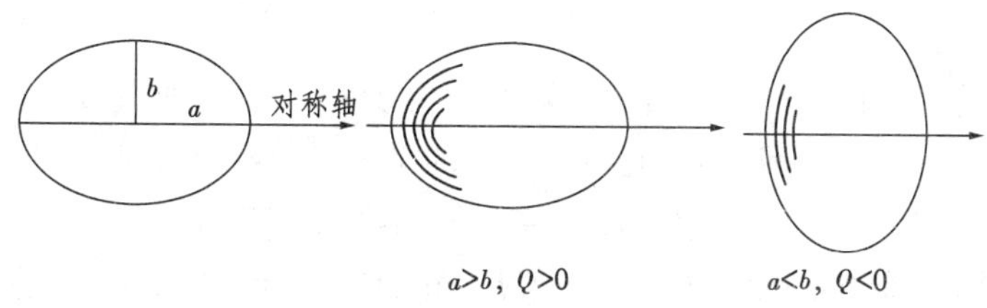

图 7.1.2　旋转椭球

2. 原子核的自旋

在 §4.8 节已经讲过原子核的自旋与磁矩的内容. 这里我们给出由实验测得原子核基态时的自旋 I 有如下规律：

(1) 所有偶 A 核(核子数 A 为偶数的核)的 I 都是整数或零. 其中偶偶核(Z 和 N 都是偶数的核)的 I 都是零. 奇奇核的 I 为整数.

(2) 所有奇 A 核的 I 都是半整数,偶奇核(Z 与 N 分别为偶奇)或奇偶核的 I 是半整数. 表 7.1.1 是部分核的自旋.

表 7.1.1　部分核的自旋　(以 $\hbar$ 为单位)

原子核	$^{1}_{1}$H	$^{2}_{1}$H	$^{6}_{3}$Li	$^{9}_{4}$Be	$^{11}_{5}$B	$^{14}_{7}$N	$^{20}_{10}$Ne
I	1/2	1	1	3/2	3/2	1	0
原子核	$^{23}_{11}$Na	$^{27}_{13}$Al	$^{40}_{19}$K	$^{113}_{49}$In	$^{135}_{55}$Cs	$^{176}_{71}$Lu	$^{235}_{92}$U
I	3/2	5/2	4	9/2	7/2	7	7/2

3. 原子核的磁矩

(1) 核子磁矩

我们在第六章已经学过电子的磁矩为

$$\boldsymbol{\mu}_e = -\frac{e\hbar}{2m_e}(g_{e,l}\boldsymbol{L} + g_{e,s}\boldsymbol{S}) \tag{7.1.6}$$

$$g_{e,l} = 1, g_{e,s} = 2$$

$$\boldsymbol{\mu}_e = -\frac{e\hbar}{2m_e}(\boldsymbol{L} + 2\boldsymbol{S}) = -(\boldsymbol{L} + 2\boldsymbol{S})\mu_B \tag{7.1.7}$$

为了讨论方便，我们已经把 $\hbar$ 从角动量中划出，即(7.1.6) 式中的轨道角动量 $\boldsymbol{L}$ 和自旋角动量 $\boldsymbol{S}$ 的平方值大小分别为

$$|\boldsymbol{L}| = \sqrt{L(L+1)}, \ |\boldsymbol{S}| = \sqrt{S(S+1)}$$

在 20 世纪 30 年代，人们只认识到，质子与电子一样是自旋为 $(1/2)\hbar$ 的费米子，都是点电荷，不同的只是电荷的符号及质量的大小. 因此，当史特恩快要结束对质子磁矩的测量时，向一些理论学家询问："您们预告质子磁矩的数值是多少?" 当时的理论学家，包括著名的玻恩在内，对描写质子磁矩大小的 g 因子，都一致地回答：$g_{p,s} = 2$，因为这是狄拉克理论所要求的，即

$$\boldsymbol{\mu}_p = \frac{e\hbar}{2m_p}(\boldsymbol{L} + g_{p,s}\boldsymbol{S}) \tag{7.1.8}$$

$g_{p,s} = 2$，而

$$\mu_N = \frac{e\hbar}{2m_p} = 3.152 \times 10^{-8}(\mathrm{eV/T}) \tag{7.1.9}$$

称之核的玻尔磁子，或简称核磁子；核磁子比电子的玻尔磁子小三个数量级，除此之外，式(7.1.8) 与式(7.1.6) 就只差一个负号.

可是，在斯特恩提出问题后的两个月，他给出的实验结果竟是

$$g_{p,s} = 5.6 \tag{7.1.10}$$

现代较精确的数值是 5.586，与理论值相差很大，使人惊异!

对于中子，因为中子不带电，原有的理论就不仅给出 $g_{n,l} = 0$，而且给出 $g_{n,s} = 0$. 但是，实验结果却是

$$\begin{aligned} \boldsymbol{\mu}_n &= \frac{e\hbar}{2m_n}g_{n,s}\boldsymbol{S} \\ g_{n,s} &= -3.82 \end{aligned} \tag{7.1.11}$$

中子不带电，与轨道角动量相联系的磁矩为零，这十分自然. 但是，与自旋角动量相联系的磁矩却不为零，这表明，虽然中子整体不带电，但它内部存在电荷分布. 中子自旋磁矩的符号与电子一致，因此，它与电子一样，自旋指向与磁矩相反.

不论是质子的磁矩，还是中子的磁矩，都清楚表明，它们不是点粒子；相反，它们肯定是有内部结构的粒子. 这要用到更深层次的理论 —— 夸克模型才能作出解释.

表 7.1.1 中所给出的质子、中子以及原子核的磁矩大小，都是以磁矩在 z 方向的投影的最大值来表征它们的磁矩大小. 所以质子和中子的磁矩值为

$$\mu_p = 2.79\mu_N$$

$$\mu_n = -1.91\mu_N$$

或者，利用 7.1.2 表给出的较精确的结果

表 7.1.2　部分核素的磁矩和电四极矩

核素	自旋($\hbar$)	磁矩(μ_N)	电四极矩(b)
n	1/2	−1.9131	0
H	1/2	2.7927	0
^{2}H	1	0.8574	0.00282
^{3}H	1/2	2.9789	0
^{3}He	1/2	−2.1275	0
^{4}He	0	0	0
^{7}Li	3/2	3.2563	−0.045
^{12}C	0	0	0
^{13}C	1/2	0.7024	0
^{176}Lu	7	3.1800	8.000
^{235}U	7/2	−0.35	4.1
^{238}U	0	0	0

(2) 核磁矩的测量

原子核磁矩 μ_M 可用核磁共振方法测得,其测量原理简介如下.

如图 7.1.3 所示,绕有高频线圈的样品放在磁场 B 中,由于原子核磁矩 μ_I 与磁场 B 相互作用,产生附加能量,使能级分裂,在满足一定的选择定则下,两能级间可发生跃迁.两相邻能级间的跃迁能量为

$$\Delta E = g_I \mu_N b \tag{7.1.12}$$

因此只要测得 ΔE 即可定出 g_I,从而求得 μ_I.

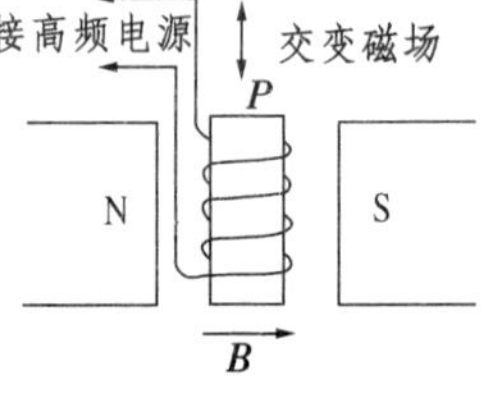

图 7.1.3 核磁共振原理图

如果我们给高频线圈通上强度较弱的高频电流,则在垂直于磁场 B 的方向上又加上一个高频交变磁场,如果这一频率 ν 满足

$$h\nu = \Delta E = g_I \mu_N B \tag{7.1.13}$$

则高频磁场的能量将被样品的原子核强烈吸收,原子核因吸收能量将在相邻近能级间产生跃迁,这种现象称为共振吸收,ν 称为共振频率.由上式可得 $g_I = \dfrac{h\nu}{\mu_N B}$,从而可得磁矩

$$\mu_M = I g_I \mu_N = \frac{Ih\nu}{B} \tag{7.1.14}$$

核磁共振方法在物质结构、生物科学和医学中都有重要的应用.

4. **原子核的宇称**

宇称是原子核的一个重要性质.宇称这个概念是微观物理领域中特有的概念,它描写微观体系的波函数在空间反射变换下的变换性质.物理规律不因左右方向的不同而有差别,这就是坐标反射对称性.

假设原子核中的每个核子皆可看作是在其他核子所形成的有心力场中独立地运动,量子力学可以证明,单个核子波函数的宇称性表现为:$\Psi(-x,-y,-z) = (-1)^l \Psi(x,y,z)$,$l$ 是轨道量子数.

可见宇称的奇偶性由 l 决定.若把原子核的波函数写为各个核子波函数的乘积:$\Psi=\Psi_1\Psi_2\Psi_3\cdots$,则 Ψ 的宇称性表现为 $\Psi(\cdots-x_j\cdots)=(-1)^{l_1+l_2+\cdots}\Psi(\cdots x_j\cdots)$,此时宇称的奇偶性由 $\sum\limits_i l_i$ 决定,l_i 是第 i 个核子的轨道量子数.

如果原子核的哈密顿算符在空间反射下保持不变,则核的宇称不会变化,除非它发射或吸收具有奇宇称的其他粒子.对原子核宇称的测定只在核的状态发生变化时才是可能的,由这种测定可以推知核内核子运动的规律,是研究核结构的重要手段之一.

人们认为孤立体系的宇称不会奇偶互换,这称为宇称守恒.宇称守恒一直被认为是普遍规律,直到1957年李政道和杨振宁指出弱相互作用过程宇称不守恒并被吴健雄用 β^- 衰变实验所证实,人们的传统观念才得以改变.弱作用过程中宇称不守恒,是近代物理学发展中的一个重大突破.

5.**原子核的统计性质**

由量子力学知道,费米子体系和玻色子体系具有不同的统计性质.费米子体系遵从费米—狄拉克统计,每个量子态上最多只能有一个粒子;玻色子体系遵从玻色—爱因斯坦统计,每个量子态可被多个粒子所占据.量子力学还告诉我们,由全同费米子组成的体系满足粒子交换反对称性,由全同玻色子组成的体系满足粒子交换对称性.

原子核的统计性质就是指原子核服从什么样的统计规律,即原子核是费米子还是玻色子.显然,这要由原子核的自旋量子数是整数还是半整数来决定.前已指出,对奇 A 核,自旋为半整数,应是费米子;偶 A 核,自旋为整数,应是玻色子.这一结论可由波函数的交换对称性质来论证.假设有两个相同的原子核,每个核有 A 个核子.核子是费米子,两个全同的核子(如质子和质子,中子和中子)互换波函数必变符号,两个原子核互换相当于 A 对核子互换,波函数的符号变化为$(-)^A$. 因此,A 为奇数时,波函数变号,即为费米子;A 为偶数时,波函数不变号,为玻色子.

原子核的统计性质对论证原子核的质子 — 中子组成起过重大的作用.

§7.2 原子核的结合能与核力

7.2.1 原子核的结合能

1. 质量亏损

尽管原子核是由质子和中子组成的,但实验表明,任何一个原子核的质量皆小于组成它的质子和中子的质量之和.

以氘($^2_1$H) 核为例,氘是氢的同位素,它由一个质子和一个中子组成,其质量为

$$M_d = 2.013553\ 2\text{u}$$

又知质子和中子质量分别为 $m_p = 1.007\ 2765\text{u}$,$m_n = 1.008\ 664\ 9\text{u}$,于是 $m_p + m_n = 2.015\ 9414\text{u}$. 它与氘核的质量之差为 $\Delta m = m_p + m_n - M_d = 0.002\ 388\ 2\text{u}$. Δm 是自由的质子与中子结合成氘核时质量的减少值,称为质量亏损. 上面所说的质量和质量亏损皆是指静质量而言. 在上述过程中,总质量实际是不变的,并无亏损,亏损的(静) 质量实际上转变成了运动质量. 运动质量伴随着能量的发生,有时把这种过程直接说成是质量转换成了能量,这种说法是不严格的,然而却很简明.

一般情况下,Z 个质子与 N 个中子组成原子核^A_ZX 时,所发生的质量亏损为

$$\begin{aligned}\Delta m &= Zm_p + Nm_n - M_N \\ &= Zm_p + Nm_n - (M_A - Zm_e) \\ &= Z(m_p + m_e) + Nm_n - M_A \\ &= ZM_H + Nm_n - M_A\end{aligned}$$

式中:M_H 为氢原子质量,m_n 为中子质量,M_A 为原子核^A_ZX 所对应的原子的质量,由上面的运算过程知道,Z 个电子质量相减时互相抵消了.当然这一结果严格来讲只是一种近似,因为多电子原子中 Z 个电子与原子核结合时所引起的质量亏损,不等于 Z 个氢原子中电子与核结合所引起的质量亏损,但二者差别甚小,可忽略不计.

2.原子核的结合能

根据狭义相对论中的质能关系式 $E = mc^2$,可知质量的改变必然伴随着能量的改变,即当核子结合成原子核时,因有质量亏损 Δm,则必有相应的能量 ΔE 释放出来.ΔE 称为原子核的结合能,并记为 E_B

$$E_B = \Delta E = \Delta mc^2 = [(ZM_H + Nm_n) - M_A]c^2 \qquad (7.2.1)$$

容易想象,如果将原子核拆散成自由核子,则必须由外界供给原子核同样大小的能量.

例题 7.2.1　氦($^4_2$He) 原子和铍($^9_4$Be) 原子的质量分别是 4.002 605u 和 9.012 183u,试计算氦核和铍核的结合能.已知 $1\text{uc}^2 = 931.5\text{MeV}$

解　对氦($^4_2$He) 核,$Z = 2$,$N = 2$,结合能

$$\begin{aligned}E_B &= (2M_{\rm H} + 2m_{\rm n} - M_{\rm He})c^2 \\ &= (2\times1.007\,825 + 2\times1.008\,665 - 4.002\,605)\times931.5 \\ &\approx 28.30\text{MeV}\end{aligned}$$

对铍($^9_4$Be) 核,$Z = 4$,$N = 5$,结合能

$$\begin{aligned}E_B &= (4M_H + 5m_n - M_{Be})c^2 \\ &= (4\times1.007\,825 + 5\times1.008\,665 - 9.012183)\times931.5 \\ &\approx 58.16\text{MeV}\end{aligned}$$

由上面的例子看，原子核的结合能是很大的，并且各种原子核的结合能都不相同. 把原子核的结合能与其核子数之比称为核子的平均结合能，也叫比结合能，可用公式表示为

$$\bar{E} = \frac{E_B}{A} \tag{7.2.2}$$

$\bar{E}$ 的物理意义可理解为，自由核子结合成原子核时平均每个核子所释放的能量，或者说，将原子核拆散为自由核子时，平均对每个核子需要提供的能量. 比结合能反映了原子核的稳定程度，$\bar{E}$ 越大说明核子结合得越牢固，原子核越稳定. 如上例中氦核的比结合能约为 7.07MeV，而铍核的比结合能约 6.46MeV，这表明氦核比铍核更稳定.

表 7.2.1 列出部分原子核的结合能和比结合能数值. 图 7.2.1 画出了各种核素的比结合能随核子数 A 变化的曲线，注意图中 $A = 30$ 以前的标尺是放大了的. 从图中曲线可以得到以下三点结论：

表 7.2.1　部分原子核的结合能、比结合能

	Z	A	质量(u)	结合能 ΔE(MeV)	核子比结合能 (MeV/核子)
$^{1}_{0}n$	0	1	1.008 664 904	—	—
$^{1}_{1}H$	1	1	1.007 825	—	—
$^{2}_{1}H$	1	2	2.014 102	2.22	1.11
$^{3}_{1}H$	1	3	3.016 050	8.48	2.83
$^{3}_{2}He$	2	3	3.016 030	7.72	2.57
$^{4}_{2}He$	2	4	4.002 603	28.30	7.07
$^{9}_{4}Be$	4	9	9.012 183	58.00	6.46
$^{12}_{6}C$	6	12	12.000 000	92.20	7.68
$^{16}_{8}O$	8	16	15.994 915	127.50	7.98
$^{63}_{29}Cu$	29	63	62.929 600	552.00	8.75
$^{238}_{92}U$	92	238	238.050 786	1,803.00	7.57

(1) 对 $A < 30$ 的轻核，$\bar{E}$ 随 A 有周期性的变化，在 A 为 4 的倍

数的地方(如$^{4}_{2}$He,$^{12}_{6}$C,$^{16}_{8}$O 等)出现极大值,说明这些核比附近的核更稳定.

(2)A 在 $30\sim120$ 之间的中等核,比结合能的值比轻核和重核的比结合能都大,且近似为常数(8.5MeV 左右),说明中等核比轻核和重核都更稳定.

(3) 在 $A>150$ 的重核区,比结合能 $\bar{E}$ 随 A 的增加而变化不大,仅略有下降,这说明结合能 E_B 近似与核子数 A 成正比,这一事实说明核子间的相互作用力具有饱和性,并为建立原子核的液滴模型提供了依据.

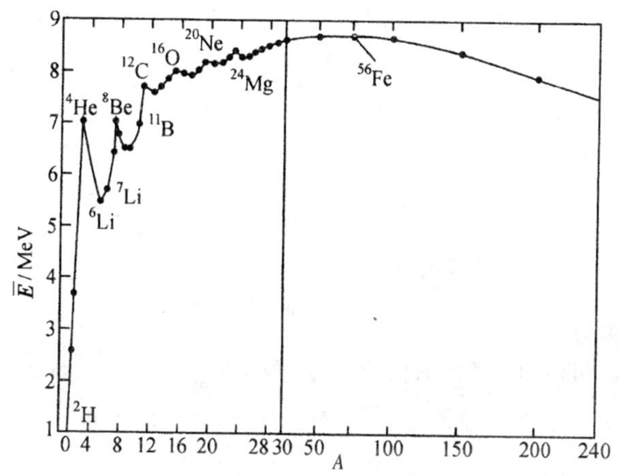

图 7.2.1　原子核的平均结合能

另外,由比结合能的概念容易想到,当比结合能小的核重新组合成比结合能大的核时,将会进一步产生质量亏损而放出能量,这便是可供人类利用的一种原子核能量. 由上述三点可知,获得原子核能量可有两个途径:一是比结合能略小的重核分裂成比结合能较大的中等质量的核;二是比结合能小的轻核聚合成比结合能大的核.这些内容后面还将进行详细研究.

例题 7.2.2　试求基态氢原子的质量亏损.

解　由一个静止的自由电子和一个静止的自由质子结合成一个基态的氢原子时,会放出 13.6eV 的能量,这就是氢原子基态的结合能.因此,相应的质量亏损为

$$\Delta M = \Delta E/c^2 = 13.6\text{eV}/c^2 \approx 1.46\times 10^{-8}\text{u}$$

可见它是十分微小的,故常可忽略不计.

例题 7.2.3　已知^{235}U 原子的质量为 235.043 944u,试计算其结合能和比结合能.

解　由(7.2.1)式和(7.2.2)式知^{235}U 的结合能为

$$E_B(235,92) = (92\times 1.007\,825+143\times 1.008\,665-235.043\,944)\times 931.5\text{MeV} \approx 1783.87\text{MeV}$$

比结合能为

$$\bar{E}(235,92) = 1\,783.87\text{MeV}/235 \approx 7.59\text{MeV}$$

7.2.2　核力及其基本性质

1. 核力

我们知道,原子核中核子的平均结合能高达 8.6MeV,比电子在原子或分子中的结合能几个至几十个电子伏大得多.这说明原子核中核子的结合非常牢固.这种使核子结合在一起的力不可能是万有引力,因为核子质量很小,万有引力微不足道;也不可能是静电力,因为质子间的库仑斥力只会使它们分开.使核子结合在一起的力是我们不曾认识的一种新的力,称之为核力.

核力使核子结合成原子核,核力问题是了解原子核结构和性质最关键的问题.但核力的性质目前还未完全搞清楚,仍是一个需要进一步探索的课题.经过了几十年的实验观察和理论研究,人们了解了核力的许多性质,下面作简要介绍.

2. 核力的基本性质

(1) 核力是短程强作用力

核力只有在核子间的距离小于 10^{-15} m 数量级时才显示出来，超出此限核力就急剧减小至零. 当核子间距为 0.8×10^{-15} m 以下时，核力表现为斥力；当间距为 $(0.8\sim2)\times10^{-15}$ m 时，核力表现为吸引力；当间距大于 10×10^{-15} m 时，核力完全消失. 这与万有引力及电磁力不同，它们都是长程力，即两物体相距很远时仍有力的作用.

核力是一种强作用力，其强度约为电磁力的 100 倍，万有引力的 10^{38} 倍. 正因如此，核力才能克服质子间的静电斥力而把核子紧密地结合在一起.

(2) 核力的电荷无关性

在原子核内，质子和质子、中子和中子、中子与质子之间都具有大致相同的核力，即核力近似地与电荷无关. 这可由核子间的散射实验得到证明.

(3) 核力是具有饱和性的交换力

原子核的比结合能近似地是个常数，说明每个核子只与它邻近的核子起作用. 这是因为若每个核子与其余所有核子都发生作用，则相互作用核子对的数目为 $\frac{1}{2}A(A-1)$，于是原子核的结合能将随 A^2 的增加而增加，而实际上它只与 A 成正比. 每个核子只与它邻近的核子相互作用，这种性质称为核力的饱和性. 它与分子结构中的化学键力很相似. 例如两个氢原子结合成氢分子后，第三个氢原子就不能与它相结合了，这就是化学键力的饱和性. 分子键力的饱和性可用两个原子相互交换电子来解释，故又称为交换力. 与此类似，核力的饱和性说明核力也是一种交换力，但核力作交换的不是电子而是 π 介子.

(4) 非有心力的存在

核力除有心力成分之外，还有微弱的非有心力，其强度与核子间的距离有关，也与核子的自旋对核子间连线的倾角有关.

3. **核力的介子理论**

量子电动力学揭示，带电粒子间是通过电磁场而进行电磁相互作用的，电磁场是量子化的，其场量子为光子，即带电粒子之间通过交换光子而发生相互作用. 日本理论物理学家汤川秀树(H · Yukawa) 受此启发，于 1935 年提出核力的介子理论. 他认为核子之间的相互作用也是通过一种场起作用的. 根据他的预言，这种场量子的质量介于质子和电子之间，故称为介子. 1947 年在宇宙射线中发现了这种介子，命名为 π 介子. π 介子分 π^+，π^- 和 π^0 三种，π^+ 和 π^- 介子质量都是电子质量的 273.3 倍，而 π^0 介子质量是电子质量的 264 倍. 介子场理论认为，两核子之间的相互作用是通过交换 π 介子实现的，即一个核子发射 π 介子，另一个核子吸收 π 介子而形成核子间的相互作用. 具体情况如下

(1) 质子和中子间的相互作用

质子发射 π^+ 介子而变成中子，中子吸收 π^+ 介子而变成质子，即 $p \rightleftharpoons n + \pi^+$；也可以是中子发射 π^- 介子而变成质子，质子吸收 π^- 介子而变成中子，即 $n \rightleftharpoons p + \pi^-$；结果使质子和中子发生相互交换，相当于使两核子之间的位置发生交换.

(2) 质子和质子或中子和中子之间的相互作用

它们之间的相互作用是通过发射和吸收 π^0 介子而产生的，如质子间的作用为 $p \rightleftharpoons p \pm \pi^0$，中子间的作用为 $n \rightleftharpoons n \pm \pi^0$，这种作用可使核子自旋方向发生变化，上述几种过程用图 7.2.2 表示出来，称为费曼图.

由于核子不断地发射 π 介子，在核子周围形成 π 介子云，在极短时间内被邻近核子吸收，或者又被核子自身吸收，于是相邻核子之间频繁地交换 π 介子，这正是核力产生的根源.

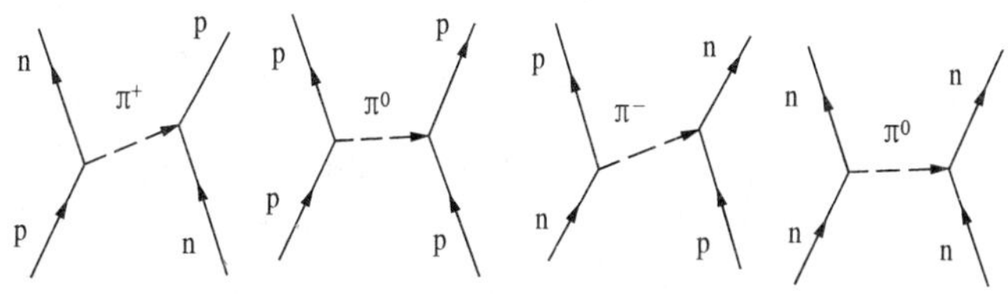

图 7.2.2　π 介子作为核力的传播子

§7.3　原子核的结构模型

原子核结构是原子核物理学研究的一个基本问题. 由于核力的性质还没完全清楚,原子核结构的理论还不成熟,大多是半唯象理论,即在一定的实验基础上,对原子核结构作某种假设,用来解释原子核的某些性质. 从 20 世纪 30 年代以来,在大量实验基础上,建立了多种原子核结构模型,这些模型从不同的侧面描述了原子核内部运动的一些特点.

本节我们将介绍较有影响的液滴模型、壳层模型与集体模型.

7.3.1　液滴模型

液滴模型最早由玻尔提出,他把原子核类比为一个液滴,其主要根据有如下两点

(1) 原子核的结合能近似地正比于核中的核子数 A,即比结合能近似为常数,这说明核子间相互作用力具有饱和性,这与液体分子间相互作用力的饱和性类似.

(2) 核物质密度近似为常数,表示原子核不可压缩,这也与液体的不可压缩性相似.

由此可把原子核类比为高质量密度的带正电的液滴.

1935 年,魏扎克(C • Weizsacker) 根据液滴模型,提出了原子核结合能的半经验公式

$$E_B = E_V + E_S + E_C + E_A + E_P \tag{7.3.1}$$

式中 E_V,E_S,E_C,E_A 和 E_P 分别表示体积能、表面能、库仑能、对称能和奇偶能,下面分别阐明它们的意义.

(1) 体积能 E_V:因为在相当大范围内,核子的比结合能近似为常数,故原子核的总结合能与质量数 A 成正比. 又因为核半径 $R = r_0 A^{1/3}$,所以原子核的体积 $V = \frac{4}{3}\pi R^3 = \frac{4\pi}{3} r_0^3 A$,即 $V \propto A$. 因此也可说原子核的结合能与体积成正比. 依上所述,可把体积能表示为

$$E_V = a_V A \tag{7.3.2}$$

式中:a_V 是一常数;E_V 是核结合能中的主要项. 体积能表示每个核子对结合能皆有贡献,且贡献相同的数值.

(2) 表面能 E_S:由于核力的饱和性,原子核表面的核子只与邻近它们的内部核子发生作用,表面核子的结合能要比内部核子小一些,因此应该在总的体积能中减去称为表面能的项,该项正比于原子核的表面积. 因此

$$E_S = - a_S A^{2/3} \tag{7.3.3}$$

式中 a_S 为一常数,负号表示使结合能减少.

(3) 库仑能 E_C:质子之间的库仑斥力使核的结合能减少. 库仑力是长程力,没有饱和性. Z 个质子中每一个与其余 $Z-1$ 个质子都有相互作用,所以库仑能项应正比于 $\frac{1}{2}Z(Z-1)$. 由静电学方法算得每对质子间的库仑能量为 $\frac{1}{4\pi\varepsilon_0}\frac{6e^2}{5R}$,所以库仑能项为

$$E_C = -\frac{1}{4\pi\varepsilon_0}\frac{6e^2}{5R}\cdot\frac{1}{2}Z(Z-1) = -a_C\frac{Z(Z-1)}{A^{1/3}} \tag{7.3.4}$$

上式中已用了 $R = r_0 A^{1/3}$；$a_C = \frac{3}{5}\frac{e^2}{4\pi\varepsilon_0 r_0}$，是常数，若取 $r_0 = 1.2\text{fm}$，则 $a_C = 0.72\text{MeV}$.

(4) 对称能 E_A：实验表明，质子数与中子数相等（$Z = N = \frac{A}{2}$）的原子核比较稳定，结合能较大. 而当 $Z \neq N$ 时，原子核的稳定性降低，结合能减小. 因此在结合能公式中还应列入一项因两种核子数不对称而引起的修正项，称为对称能

$$E_A = -\alpha_A\left(\frac{A}{2} - Z\right)^2/A \tag{7.3.5}$$

式中 α_A 是常数. 由上式可见，当 $Z = \frac{A}{2}$ 时，$E_A = 0$，这正是我们所期望的.

(5) 奇偶能 E_P：实验发现，当质子数和中子数均为偶数时原子核特别稳定，奇偶核和偶奇核均不及偶偶核稳定，而 Z 及 N 均为奇数时稳定性最差（只有 ${}^2_1\text{H}$，${}^6_3\text{Li}$，${}^{10}_5\text{B}$，${}^{14}_7\text{N}$，${}^{180}_{73}\text{Ta}$ 例外）. 这表示原子核中质子和中子各自成对相处时结合能最大，否则结合能就要小些. 因此在结合能公式中还应考虑由于 Z 和 N 的奇偶性而引起的影响，加进一个奇偶能修正项

$$E_p = \delta a_p A^{-\frac{1}{2}} \quad \delta = \begin{cases} 1，\text{对偶偶核} \\ 0，\text{对奇偶核} \\ -1，\text{对奇奇核} \end{cases} \tag{7.3.6}$$

式中 a_p 为常数. 由上式可见，E_p 可正可负，亦可为零.

将 (7.3.2) ～ (7.3.6) 式代入 (7.3.1) 式，得到原子核结合能的半经验公式

$$E_B = a_V A - a_S A^{2/3} - a_C Z(Z-1)A^{-1/3} - a_A(\frac{A}{2}-Z)^2/A + \delta a_p A^{-1/2} \tag{7.3.7}$$

式中的各个常数 a，是由此公式与很多原子核基态的结合能数据作最佳拟合定出的参数，一般不能由理论本身导出，而要依赖于实验数据. 有一组参数是

$$a_V = 15.67\text{MeV}, a_S = 17.23\text{MeV}, a_C = 0.72\text{MeV},$$
$$a_A = 93.15\text{MeV}, a_p = 12\text{MeV} \tag{7.3.8}$$

原子核的液滴模型主要用来说明原子核的整体性质，给出了结合能的半经验公式，后面将会看到，它在解释原子核裂变现象等方面也取得了很大成功. 但是液滴模型不能说明单个核子的行为和状态，因而也就不能对原子核结构的细节(如自旋、磁矩等)给予很好的说明，这是它的缺陷.

7.3.2　壳层模型

人们知道，元素的物理和化学性质具有周期性，原子中的电子数等于 2,10,18,36,54,86 等时元素特别稳定，电离能特别大. 这些性质可用核外电子按壳层填充来进行解释，上述数字正好是满壳层的电子数. 对于原子核，许多实验事实表明，当组成它的质子数或中子数等于 2,8,20,28,50,82,126 这些数字时，原子核特别稳定. 这些数字称为幻数.

幻数的存在使人们想到，原子核内也可能存在着与原子类似的壳层结构，核内的质子和中子按泡利不相容原理和能量最低原理分别填充自己的壳层，当质子数和中子数均为幻数时正好填满一个壳层.

对于核外电子，它受到原子核和其余电子的共同作用，情况是很复杂的，但可近似地把这种作用看作一个有心力场. 由此出发量子力学理论可把电子壳层的能级结构计算出来. 但是，在原子核中

核子间的作用力是短程力，不存在那种对所有核子都起作用的有心力场. 然而仍可设想核内每个核子都在其余核子的平均势场中独立运动，这种平均势场也可近似看作有心力场. 由此便可把核子作为独立运动的粒子来建立壳层模型，因此壳层模型又称为独立粒子模型.

假设原子核中每个核子所处的平均场是球形势阱，其势能函数为

$$V(r)=\begin{cases}-V_0 & r<R\\ 0 & r>R\end{cases} \tag{7.3.9}$$

式中：r 是核子矢径的大小；R 是核半径. 上式表示核子在核内外都不受力，只在核的边界上才受到很强的向核内的拉力. 把上述势函数代入薛定谔方程中，并要求在 $r=R$ 处波函数等于零，就可得到以不同的径向量子数 ν 和角量子数 l 所表示的一系列能量状态. 对于核外电子，一般说来能量决定于主量子数 n 和角量子数 l，而对原子核，核子能量决定于径向量子数 ν 和角量子数 l，且 $\nu=n-l$. 对于原子核，角量子数 $l=0,1,2,3,\cdots$ 的能态仍然以 $s,p,d,f,\cdots$ 等符号表示. 具体计算表明，核子能级从低到高的排列顺序是 $1s$，$1p$，$1d$，$2s$，$1f$，$2p$，$1g$，… 这里左边的数字代表 ν 而不是 n. 然而，仅考虑中心力场最多只能给出 2，8，20 三个幻数，显然这种中心场近似不能完全表征核内的真实情况. 在此基础上，1949 年迈耶尔(M・Myer) 和简森(A・Jensen) 加进了核子的自旋轨道耦合项，并引入总角动量量子数 $j=l\pm\frac{1}{2}(l\neq 0)$ 或 $j=\frac{1}{2}(l=0)$，从而由同一 l 决定的能级将分裂成两个. 而且核子的自旋轨道耦合非常强，它所引起的能级分裂间距较大，以致可能改变由中心力场得到的能级顺序.

根据泡利不相容原理，对于给定的(ν,l,j)，能级的次壳层最多可填充 $2j+1$ 个核子. 另外，根据能量最低原理，核子由低能级向高

能级逐步填充，从而形成原子核的壳层结构，而满壳层的同类核子数为 2,8,20,28,50,82,126 等，这正好是幻数. 可见原子核的壳层模型完满地解释了幻数的形成. 迈耶尔和简森获得了1963年诺贝尔物理学奖. 图 7.3.1 表示了由于核子能级分裂所出现的幻数.

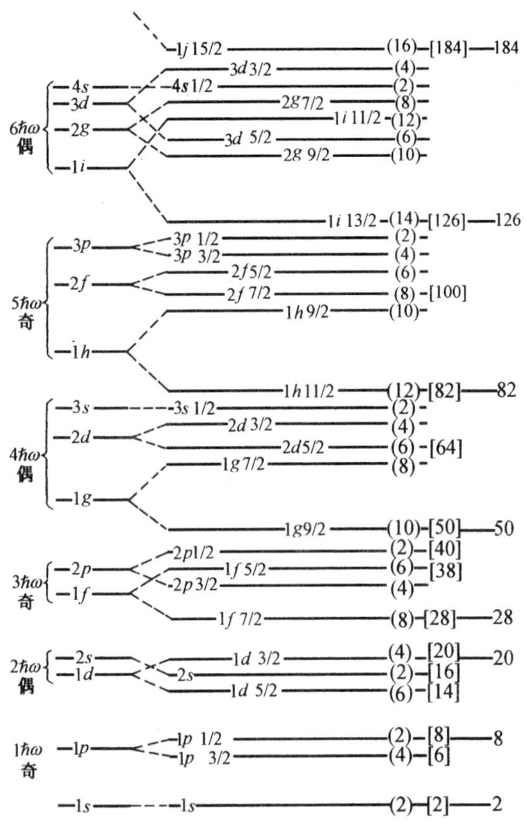

图 7.3.1　壳层模型能级图

壳层模型在解释幻数和原子核基态的许多性质（如自旋、磁矩、宇称等）方面比较成功，但该模型视核子为独立粒子在一个平均场中运动，这就大大地简化了，实际情况要比这复杂得多. 壳层模型和液滴模型各有成功之处，也各有局限性，它们都只反映了一部分实际情况.

*7.3.3　集体模型

组成平均场的满壳层的核子在不受价核子影响时应当是球对称的，简称为核心. 由于价核子对核心的强作用，核心有发生形变的趋势，这就是价核子对核的极化作用. 另一方面，核心中核子间又有强吸引力，它反抗价核子的极化而力图保持球对称形状. 满壳外围一个或少数几个价核子，极化作用较小，不足以使核产生稳定形变. 当价核子逐渐增多时极化作用也随之增大，核心的“反抗”作用相对变小，这时核将产生稳定形变. 这种稳定形变也是产生核集体运动的来源和基础.

具有大的电四极矩的核素，其核不可能是球形的. 假定这些核是一个旋转椭球体，沿旋转轴方向的半径和垂直于旋转轴方向的半径分别为 a 和 b. 常用畸变参量 $\delta=(a-b)/R_0$ 表示核的四极变形，其中 R_0 为一具有长度量纲的参数. 实验测得，在 $150<A<190$(稀土区) 和 $A>220$(锕系区) 两个区域内，核有大的变形，值在 $0.25\sim0.35$ 之间基态核为稳定变形核. 核变形将导致核的转动和振动. 核能谱图清晰地反映了这些新的运动形式的能级，因此核能谱是核的集体运动的重要实验依据.

壳层模型把原子核中的核子看成是相互独立的粒子，每一个核子只在一个球形平均势场中运动. 事实上，原子核中一大群核子相互靠近，形成一个集体，这样平均势场就不可能是静止的，而是变动的. 平均势场与所有核子的集体运动有关. 单个核子的独立运动和所有核子的集体运动相结合，这就是集体模型.

集体模型是在单粒子壳层模型的基础上考虑了核的形变和集体运动后提出的. 集体运动的本质是大量核子的相干运动

(coherent motion). 这种思想最早由雷恩沃特(J. Rainwater) 提出,后来被著名物理学家尼·玻尔的儿子奥·玻尔(A. Bohr) 和莫特尔逊(B. Mottelson) 进一步发展和完善. 它们三人同获 1975 年诺贝尔物理学奖.

当满壳层外核子数很多时,球形平衡被破坏,形成非球形平衡状态,但仍然是轴对称形,因而会发生转动运动,形成转动能级. 如果原子核的转动角动量为 R,转动的薛定谔方程为

$$\frac{\hat{R}^2}{2I}\psi = E_\gamma\psi \tag{7.3.10}$$

其中 I 为转动惯量,角动量算符 $\hat{R}^2$ 的本征值与本征函数从下式确定

$$\hat{R}^2 Y_{J,M} = J(J+1)\hbar^2 Y_{J,M} \tag{7.3.11}$$

J 为角动量量子数. 由于自旋为零的偶偶核相对于垂直对称轴的平面具有反射对称性,J 为奇数的球谐函数的宇称为奇,在反射下变号,不满足宇称守恒. J 只能取偶数. 转动能量为

$$E_r = \frac{\hbar^2}{2I}J(J+1), J = 0,2,4,\cdots \tag{7.3.12}$$

实验表明,在远离满壳层的区域,即 $150 < A < 190$ 和 $A > 220$,很多偶偶核的较低激发能级显示上述规律.

变形核除转动外,也有振动. 主要的振动形式是四极振动. 分为沿旋转轴方向的振动和垂直于旋转轴方向的振动两种. 振动运动不仅出现在变形核. 而且也存在于球形核. 振动能级出现在原子核变形较小的近满壳层区域,这时原子核的集体运动是球形平衡状态的多极振动的叠加. 振幅不大时近似于简谐振动,特别是偶偶核的振动能级为等间隔的

$$E_v = \left(N + \frac{1}{2}\right)h\nu \quad N = 0,1,2,3,\cdots \tag{7.3.13}$$

实验表明,在近满壳层区域,即 $60 < A < 150$ 和 $190 < A < 220$,

许多偶偶核的较低激发能级显示上述规律.

集体模型除能解释壳层模型可以解释的所有实验事实外,还能解释壳层模型所不能解释的,包括中、重核的低激发态能谱在内的许多实验事实,因此它比壳模型是大大前进了一步.实际上,在振动能级上会出现一组转动能级,在转动能级上也会出现一组振动能级.

§7.4　原子核的放射性衰变

在发现的二千多种核素中,绝大多数都是不稳定的,它们会自发地蜕变,变为另一种核素,同时放出各种射线,这种现象称为放射性衰变.放射性核素放出的射线主要有三种:①α 射线,由氦原子核组成,它对物质的电离作用最强,但穿透物质的能力最弱.②β 射线,是高速电子流,电离作用较弱,贯穿本领较大;另外还有所谓 β^+ 衰变放出的电量为 $+e$ 的正电子流.③γ 射线,是波长很短的电磁波,贯穿本领最大,电离作用最小.令射线通过磁场,则 γ 射线不偏转,α 和 β 射线将向相反方向偏转.

除了 α,β,γ 三种射线外,有的核素还放出含有质子或中子等粒子的射线.

7.4.1　放射性衰变的统计规律

1. 基本规律

单个放射性核素的衰变完全是一种随机事件,无法精确预言它究竟何时发生衰变,大量的核素作为一个整体,它的衰变规律是十分确定的.在 dt 时间内发生核衰变的原子核数目 dN,它必定正

比于在 t 时刻尚存的原子核的数目 $N(t)$，正比于衰变时间的长短 $\mathrm{d}t$，因此

$$-\mathrm{d}N = \lambda N(t)\mathrm{d}t \tag{7.4.1}$$

λ 为比例系数，称为衰变常数(disintegration constant).

$$\lambda = \frac{-\mathrm{d}N/\mathrm{d}t}{N(t)} \tag{7.4.2}$$

表示一个原子核在单位时间内发生衰变的几率. 设 $t=0$ 时原子核的数目为 N_0，则

$$N(t) = N_0 e^{-\lambda t} \tag{7.4.3}$$

这是放射衰变的最基本的规律. 是一个实验的统计规律，是从实验中总结出来的. 当核数目 N 很大时才成立. 所以衰变过程也存在涨落现象，即实际测量单位时间间隔内的衰变数目时并非每次都得到 $\lambda N(t)$ 的结果，而是围绕这个数有一起伏. 这规律只对单独存放的放射性核素(即所谓隔离物质)才适用，对于连续衰变过程中的居间物质(如 $A \to B \to C$ 中的 B)则不服从这个简单规律.

2. 半衰期

衰变常数 λ，半衰期 T(half-life)，平均寿命 τ 和放射性强度 A(activity)是处理原子核衰变问题时常见的几个重要的物理量. 衰变常数 λ 上面已经讲过，半衰期 T 是放射性核素衰变到其原子核数一半所需时间. 因此

$$\frac{N_0}{2} = N_0 e^{-\lambda T}, T = \frac{\ln 2}{\lambda} = \frac{0.693}{\lambda} \tag{7.4.4}$$

例如 ^{60}Co 的半衰期为 5.26y($1\mathrm{y} = 365.256\mathrm{d} = 3.1558 \times 10^7 \mathrm{s}$). 表示经过约 5.26 年 ^{60}Co 原子核数目就减少一半.

3. 平均寿命

原子核在 $t \to t + \mathrm{d}t$ 的时间间隔内有 $-\mathrm{d}N = \lambda N(t)\mathrm{d}t$ 个原子核发生了衰变，这些原子核的寿命可以取 0 到 ∞ 秒之间的任意值，单个原子核的寿命是随机的，不确定的，但是它们的总寿命为

$\int_0^\infty \lambda N(t)t\mathrm{d}t$. 于是其平均寿命为

$$\tau = \frac{1}{N_0}\int_0^\infty \lambda N(t)t\mathrm{d}t = \frac{1}{\lambda} = \frac{T}{\ln 2} \qquad (7.4.5)$$

可见平均寿命是衰变常数的倒数,它比半衰期长一些.

4. 放射性强度

放射性强度 $A(t)$(activity) 是指样品在单位时间内发生衰变的次数,即衰变掉的原子核数目. 又称为放射性活度或衰变率(decayrate). 它是时间的函数,对于隔离物质,很容易知

$$A(t) = -\mathrm{d}N(t)/\mathrm{d}t = \lambda N(t) = \lambda N_0 e^{-\lambda t} = A_0 e^{-\lambda t}, \qquad (7.4.6)$$

式中 $A_0 = \lambda N_0$,表示初始时刻的活度.

如果知道了放射性核素的半衰期 T 和它的放射性活度 A,由(7.4.4) 和(7.4.6) 两式,可以求得放射源所含的放射物核数目 N 及其质量 M,它们分别为

$$N = \frac{AT}{\ln 2} \qquad (7.4.7)$$

$$M = \frac{\mu N}{N_A} = \frac{\mu AT}{N_A \ln 2} \qquad (7.4.8)$$

式中:μ 为该放射性元素的原子摩尔质量,N_A 为阿伏伽德罗常数.

放射性强度的单位是居里(Ci),因居里夫人而命名,居里夫妇因研究放射性和贝可勒尔分享了 1903 年诺贝尔物理学奖.

$$\begin{aligned} &1\ \text{居里(Ci)} = 3.7\times10^{10}\ \text{次核衰变}/\text{秒} \\ &1\ \text{毫居(mCi)} = 3.7\times10^{7}\ \text{次核衰变}/\text{秒} \qquad (7.4.9) \\ &1\ \text{微居}(\mu\text{Ci}) = 3.7\times10^{4}\ \text{次核衰变}/\text{秒} \end{aligned}$$

容易算出,$1\mathrm{g}\,^{226}\mathrm{Ra}$ 的放射性强度就近似为 1Ci. 实际上,1Ci 的早期定义就是:$1\mathrm{g}\,^{226}\mathrm{Ra}$ 在 1 秒内的放射性衰变数.

放射性强度的另外一种单位是贝可[勒尔]

1 贝可[勒尔](Bq) = 1 次核衰变 / 秒

因此 $1\mathrm{Ci} = 3.7\times10^{10}\,\mathrm{Bq}$.

例题 7.4.1 试估算 1kg 的 $^{238}_{92}U$ 在与地球年龄($t = 2.5 \times 10^9$ 年)相同的时间内产生的最后衰变物 $^{206}_{82}Pb$ 的数量,已知 $^{238}_{92}U$ 的半衰期 $T = 4.5 \times 10^9$ 年.

解 设 $^{238}_{92}U$ 的质量数是 A,开始时质量是 M_0,核数目是 N_0,则

$$N_0 = N_A \frac{M_0}{A}$$

N_A 是阿伏伽德罗常数.到 t 时刻,$^{238}_{92}U$ 原子核衰变掉的数目是 N',则

$$N' = N_0 - N(t) = N_0(1 - e^{-\ln 2 \frac{t}{T}})$$

略去中间衰变过程,则 N' 就是最后生成的 $^{206}_{82}Pb$ 的原子核数.设 A' 与 M 分别是 $^{206}_{82}Pb$ 核的质量数和质量,则

$$M = A' \frac{N'}{N_A} = A' \frac{N_0}{N_A}(1 - e^{-\ln 2 \frac{t}{T}}) = M_0 \frac{A'}{A}(1 - e^{-\ln 2 \frac{t}{T}})$$

$$= 1000 \times \frac{206}{238}(1 - e^{-\ln 2 \times \frac{2.5}{4.5}}) \approx 280(\mathrm{g})$$

7.4.2 放射系

实验表明,放射性衰变过程中,电荷数和质量数都是守恒的,因而对 α 衰变,满足衰变方程

$$^{A}_{Z}X \xrightarrow{\alpha} {}^{A-4}_{A-2}Y + {}^{4}_{2}He \tag{7.4.10}$$

对 β 衰变,衰变方程为

$$^{A}_{Z}X \xrightarrow{\beta} {}^{A}_{Z+1}Y + {}^{0}_{-1}e \tag{7.4.11}$$

而对 γ 衰变,它往往是与 α 衰变或 β 衰变伴随发生的,由于 α 衰变或 β 衰变容易使原子核处于激发态,当它向基态跃迁时,辐射出 γ 光子,它是原子核能级间跃迁的过程,可表示为

$$^{A}_{Z}X^* \xrightarrow{\gamma} {}^{A}_{Z}X + \gamma \tag{7.4.12}$$

自然界里的一些重元素往往发生一系列连续的衰变而形成放射族(系). 天然存在的放射系有三个,它们是铀系、钍系和锕系. 它们都从一个长寿命的核素开始,这个核素被称作该族的“始祖”. 这些始祖的半衰期都可和地球年龄(约 10^9 y) 相比,因此至今这些族中的各个成员仍能在地壳中保持相当的数量. 另外还有一个人工制造的放射族,即镎系. 该族中半衰期最长的核素其寿命也比地球年龄小得多,故该族的各个成员在地壳中均已不复存在. 这四个放射系由一个核素到下一个核素的转变都是通过 α 衰变或 β^- 衰变发生的,也有些是两种衰变可同时发生.

这四个放射系的大致情况如下:

铀系始祖是 $^{238}_{92}U$, 其半衰期 $T_{1/2} = 4.51 \times 10^9$ y. 经 8 次 α 衰变和 6 次 β^- 衰变最后成稳定的 $^{206}_{82}Pb$. 该族所有成员的质量数 $A = 4n + 2$(n 是一个不定的正整数),因此又叫$(4n + 2)$ 族. 如图 7.4.1.

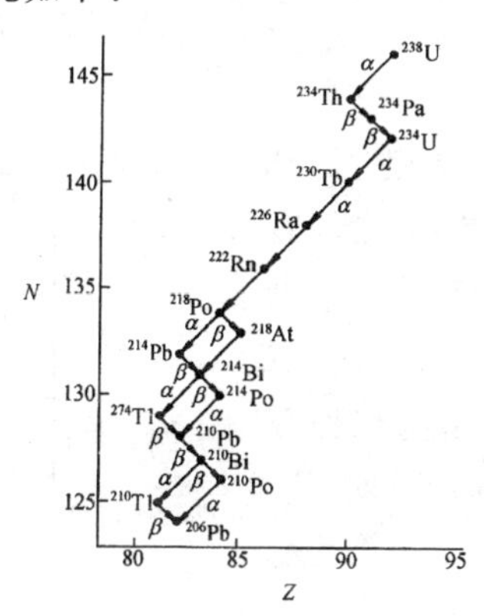

图 7.4.1　铀系($A = 4n + 2$)

钍系始祖是 $^{232}_{91}Th$, 其半衰期 $T_{1/2} = 1.4 \times 10^{10}$ y. 经 6 次 α 衰变和 4 次 β^- 衰变最后生成稳定的 $^{208}_{82}Pb$. 该族各成员的质量数 $A = 4n + 0$,又称 $4n$ 族. 如图 7.4.2.

锕系始祖是铀的同位素 $^{235}_{92}U$,它又名锕铀(AcU). 其半衰期 $T_{1/2} = 7.04 \times 10^8$ y,经 7 次 α 衰变和 4 次 β^- 衰变最后生成稳定的 $^{207}_{82}Pb$. 该族成员的质量数 $A = 4n + 3$. 如图 7.4.3.

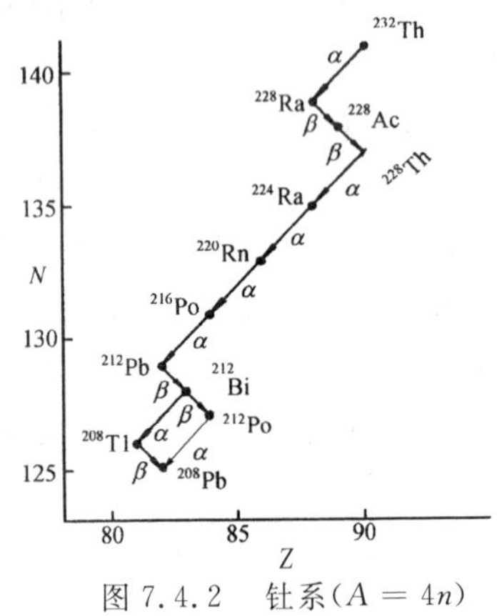

图 7.4.2 钍系($A=4n$)

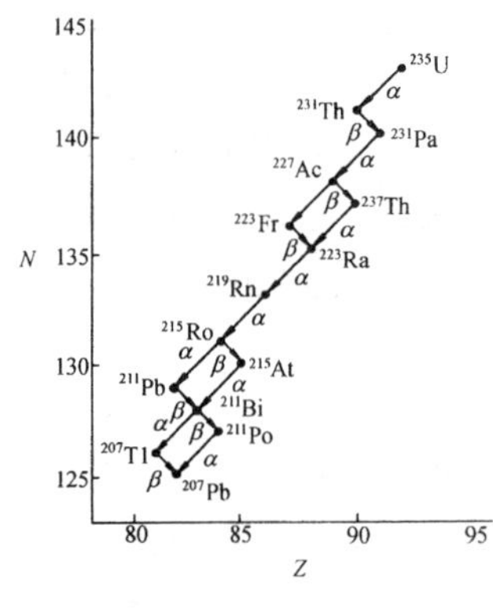

图 7.4.3 锕系($A=4n+3$)

镎系始祖是$^{241}_{94}$Pu(钚),它是在反应堆中经中子轰击^{238}U 后产生的放射性核素的衰变产物.该族中半衰期最长的核素是$^{237}_{93}$Np(镎),故称镎族.它的半衰期 $T_{1/2}=2.14\times10^6$ y.最后稳定的核素是$^{209}_{83}$Bi,该族又称($4n+1$)族.如图 7.4.4.

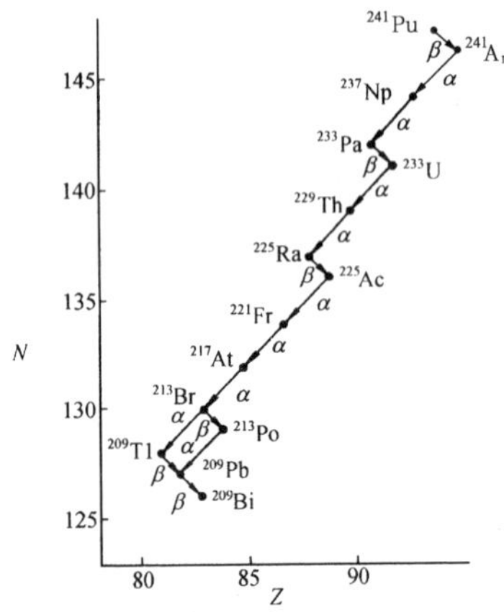

图 7.4.4 镎系($A=4n+1$)

7.4.3 α 衰变

1. α 衰变的条件

由于 α 衰变方程为

$$^{A}_{Z}X \xrightarrow{\alpha} {}^{A-4}_{Z-2}Y + {}^{4}_{2}He$$

衰变前,母核 X 可以看作静止,根据能量守恒定律有

$$m_X c^2 = m_Y c^2 + m_\alpha c^2 + E_\alpha + E_r$$

式中，m_X、m_Y 和 m_α 分别为母核、子核和 α 粒子的静止质量，E_α 和 E_r 分别为 α 粒子的动能和子核的反冲动能.

E_α 与 E_r 之和称为 α 衰变的衰变能，记为 E_0. 由前面的式子知，E_0 可以表示为

$$E_0 = E_\alpha + E_r = [m_X - (m_Y + m_\alpha)]c^2 \qquad (7.4.13)$$

核素表上给出的质量均是该核素所对应的原子质量，为查表计算方便，我们把核的静止质量转换成原子质量. 以 M 标记原子质量，则有

$$m_X = M_X - Zm_e, m_Y = M_Y - (Z-2)m_e, m_\alpha = M_{He} - 2m_e$$

m_e 是电子质量. 在上述转换中，已忽略掉了电子在原子中的结合能，于是可将衰变能表示为

$$E_0 = [M_X - (M_Y + M_{He})]c^2 \qquad (7.4.14)$$

显然，要发生 α 衰变，必须 $E_0 > 0$，即

$$M_X(Z,A) > M_Y(Z-2, A-4) + M_{He} \qquad (7.4.15)$$

也就是说，一个核素要发生 α 衰变，必须是母核的静质量大于子核与 α 粒子的静质量之和，或者是与母核对应的原子静质量大于与子核对应的原子和氦原子的静质量之和.

2. 衰变能与核能级

衰变能是不稳定原子核在进行衰变时放出来的能量. 由(7.4.15) 式，可以从衰变前后的原子质量求出衰变能. 然而，也可根据衰变能的定义直接测出子核与 α 粒子的动能求得衰变能，而后还可利用(7.4.15) 式求出未知核素的质量，但是，由于子核的质量较大，反冲动能 E_r 较小，测量就很困难. 下面我们从动量守恒定律出发，找到 E_r 和 E_α 之间的关系，只要测出 E_α 就可以知道衰变能.

衰变前母核可看作静止，动量为零，于是，根据动量守恒定律有

$$m_Y v_Y = m_\alpha v_\alpha$$

α 粒子的速度比光速小得多,可以不考虑相对论效应,于是子核的反冲能

$$E_r = \frac{1}{2}m_Y v_Y^2 = \frac{1}{2}m_\alpha v_\alpha^2 \frac{m_\alpha}{m_Y} = \frac{m_\alpha}{m_Y}E_\alpha$$

所以 $E_0 = E_\alpha + E_r = (1+\frac{m_\alpha}{m_Y})E_\alpha \approx (1+\frac{4}{A-4})E_\alpha$

$$= \frac{A}{A-4}E_\alpha \tag{7.4.16}$$

式中,已用核的质量数之比代替核质量之比,这样做所带来的误差是很微小的.

要得到 α 衰变能 E_0,需要知道 α 粒子的动能 E_α. 精确测定 E_α 通常采用磁谱仪,它利用 α 粒子在磁场中的偏转来确定其速度,从而得到动能. 精确的测量发现,同一种 α 放射源常常不是放出单一能量的 α 粒子,而是放出几组不同能量的 α 粒子,表 7.4.1 列出了 $^{212}_{83}$Bi 所放射的 α 粒子的能谱和利用(7.4.16) 式算出的衰变能.

表 7.4.1 ^{212}Bi 的 α 衰变能

	动能 E_α (MeV)	衰变能 E_0 (MeV)	强度 (%)
α_0	6.084	6.201	27.20
α_1	6.044	6.160	69.80
α_2	5.763	5.874	1.80
α_3	5.621	5.730	0.15
α_4	5.601	5.704	1.10
α_5	5.480	5.585	0.016

α 粒子的分立能谱说明原子核的内部存在能级. 例如对于 ^{212}Bi 放出 α 粒子后所变成的 ^{208}Tl 核，设想它有不同的能级，如图 7.4.5 所示. 若 ^{212}Bi 放射的是动能最大的 α 粒子，则 ^{208}Tl 核处于基态，其衰变能为 6.201MeV；若放出的 α 粒子动能较小，则 ^{208}Tl 核处于激发态. 当处于激发态的子核向基态跃迁时就会放出 γ 射线，实验得的 γ 光子的能量与这种解释完全相符，如在上述例子中，伴随着 $\alpha_1 \sim \alpha_5$ 的放射，确实观察到了五群 γ 光子，它们的能量分别为 0.041MeV，0.327MeV，0.471MeV，0.492MeV 和 0.615MeV. 当仅放出单一动能的 α 粒子时，则是母核由基态衰变到子核基态的过程，当然也就没有 γ 射线放出.

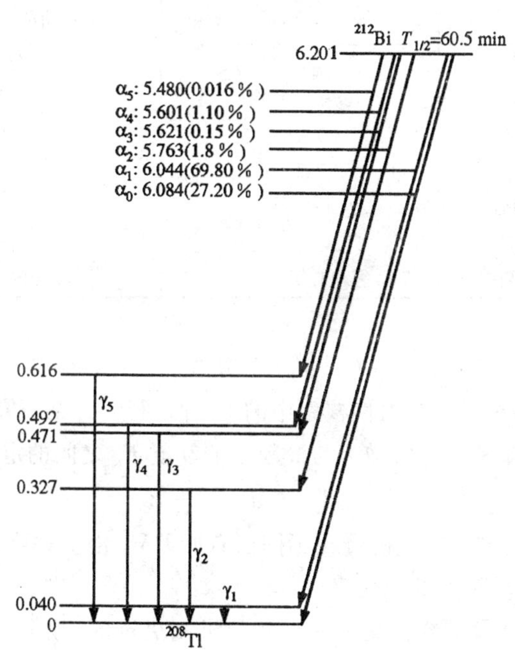

图 7.4.5　^{212}Bi 的 α 衰变及 ^{208}Tl 的核能级

3. 盖革－努塔尔定律与 α 衰变的量子理论

20 世纪初人们对 α 衰变做了大量的实验研究，发现 α 粒子动能与衰变常数之间存在着某种关系. 表 7.4.2 列举了一些 α 放射性核素的半衰期与 α 粒子的动能. 由表中可见，母核的半衰期越短，它发射的 α 粒子的动能越大；反之，半衰期越长，α 粒子的动能越小. 就四个放射系的所有 α 放射性核素来说，最长与最短的半衰期之比为 10^{24} 左右，而相应的 α 粒子的动能却仅在 4～8MeV 这一很窄的范围内变化. 可见半衰期与 α 粒子动能之间有着很强的依赖关系.

表 7.4.2　部分核素的半衰期与 α 粒子的动能

核素	半衰期	α－动能(MeV)
^{212}Po	3.0×10^{-7}s	8.784
^{214}Po	1.64×10^{-4}s	7.687
^{216}Po	0.15s	6.779
^{214}Bi	19.7min	5.616
^{210}Po	138.4d	5.305
^{235}U	17.04×10^{8}y	4.398
^{232}Th	1.41×10^{10}y	4.007

1911 年，盖革(H・Geiger) 和努塔尔(J・Nuttall) 对当时已发现的 30 多种天然放射性核素中的 17 种进行了详细研究，得到了 α 放射性核素的衰变常数 λ 与 α 粒子的动能 E_α 之间的定量关系

$$\ln T = AE_\alpha^{-1/2} + B \tag{7.4.17}$$

式中 A，B 为常数，它随母核不同而有所差异. 由上式可见，E_α 的微小变化会导致 T 的变化.

上面述及的规律是由 α 衰变的机制决定的. 根据现代量子理论，α 粒子在核内受到的力基本上可以认为是平衡力，因此 α 粒子在核内可以自由地运动，只是在核的边沿上才会受到强大的吸引

力而被拉回到核内. 当 α 粒子离开原子核后，受到核子的库仑排斥力，因此 α 粒子的势能曲线如图 7.4.6 所示，横轴表示离开原子核心的距离，a 为核半径，纵轴表示势能的大小. 由图 7.4.6 知，在 $r < a$ 的区域，核力起主要作用，在 $r > a$ 的区域，α 粒子和子核间的库仑斥力起主要作用. α 粒子要从核内放射出来，它必须穿过一个势垒，势垒的高度多在 20MeV 以上，按照经典理论，α 粒子的动能大于势垒最大高度时，才能越过势垒跑到核外来. 但实验告诉我们，大多数放射性核素放出的 α 粒子的动能皆在 10MeV 以下，但它仍能穿过势垒跑到核外来.

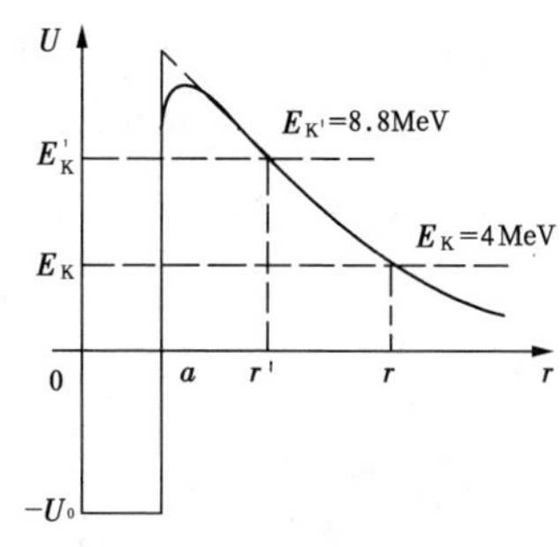

图 7.4.6　α 粒子受到的势垒

量子理论中的隧道效应告诉我们，能量比势垒顶点还小的实物粒子(α 粒子亦不例外)，仍有穿透势垒的几率. α 粒子的能量愈大(如图中 $E_k' = 8.8$MeV)，穿透的势垒愈薄，穿透的可能性则愈大，即衰变几率 λ 愈大；相反，若 α 粒子的能量愈低(如图 7.4.6 中 $E_k = 4$MeV)，穿透的势垒愈厚，穿透的可能性则愈小，即衰变几率 λ 愈小. 量子力学的详细计算能够给出与盖革 — 努塔尔定律相一致的结果.

7.4.4　β 衰变

1. β 衰变的类型及衰变条件

β 衰变是核电荷数仅改变 1 而核子数不变的一种核衰变，能发生 β 衰变的核素很多. 天然放射性核素的 β 衰变一般都放出电子，称为 β^- 衰变，衰变方程即为(7.4.11) 式. 此外，还有 β^+ 衰变和 K 俘获，β^+ 衰变是原子核自发地放射出一个正电子的核转变过程，可用方程表示为

$$ {}_{Z}^{A}X \xrightarrow{\beta+} {}_{Z-1}^{A}Y + {}_{+1}^{0}e \tag{7.4.18} $$

K俘获是原子核俘获核外K壳层上的一个电子而转变为另一种原子核的过程，同时会伴随有伦琴射线发射. K俘获有时候也可能俘获L壳层或其他壳层的电子，但几率甚小. K俘获过程可用下式表示

$$ {}_{Z}^{A}X + {}_{-1}^{0}e \xrightarrow{K\text{俘获}} {}_{Z-1}^{A}Y \tag{7.4.19} $$

根据能量守恒定律，容易推出三种β衰变类型的衰变能以及衰变产生的条件. 如果经过β^-衰变后的子核处于基态，由方程(7.4.11)式，根据能量守恒定律容易写出衰变能E_0与母核、子核质量及电子质量之间的关系式

$$ E_0 = [m_X - (m_Y + m_e)]c^2 \approx [M_X - M_Y]c^2 \tag{7.4.20} $$

即β^-衰变的衰变能等于母核原子与子核原子的静止能量之差. 于是产生β^-**衰变的条件为**

$$ M_X(Z,A) > M_Y(Z+1,A) \tag{7.4.21} $$

可见只有母核的原子量大于子核的原子量时，才能发生β^-衰变.

对于β^+衰变，类似的方法可以求得β^+衰变能

$$ E_0 = [m_X - (m_Y + m_e)]c^2 \approx [M_X - M_Y - 2m_e]c^2 \tag{7.4.22} $$

可见，β^+衰变能等于母核原子的静止能量减去子核原子和两个电子的静止能量. 产生β^+**衰变的条件为**

$$ M_X(Z,A) > M_Y(Z-1,A) + 2m_e \tag{7.4.23} $$

即两个同量异位素中，只有当电荷数为Z的核素的原子量比电荷数为$Z-1$的原子量大出$2m_ec^2$(1.02MeV)时，才能发生β^+衰变.

对于K俘获过程，母核俘获一个电子，核电荷数减小1，体系恰好形成子核原子而不需要和外界交换电子. 同样，按方程(7.4.19)写出能量守恒方程，于是从第i层俘获电子的衰变能为

$$ E_{oi} = (m_X + m_e - m_Y)c^2 - W_i $$

式中 W_i 为 i 层电子在原子中的结合能. 当换成原子质量后，有

$$E_{\mathrm{oi}} = [M_{\mathrm{X}} - M_{\mathrm{Y}}]c^2 - W_{\mathrm{i}} \tag{7.4.24}$$

由于 K 层电子最“靠近”原子核，所以 K 电子俘获最易发生. 从 K 层俘获电子的衰变能就是

$$E_{0k} = [M_{\mathrm{X}} - M_{\mathrm{Y}}]c^2 - W_K \tag{7.4.25}$$

式中 W_{K} 为 K 层电子的结合能. 发生K 俘获的条件是

$$M_{\mathrm{X}}(Z,A) - M_{\mathrm{Y}}(Z-1,A) > \frac{W_{\mathrm{K}}}{c^2} \tag{7.4.26}$$

所以，在两个相邻的同量异位素中，只有当母核的原子质量与子核的原子质量之差大于第 K 层电子结合能所对应的质量时，才能发生 K 俘获. 但需注意，当 $W_k/c^2 > (M_{\mathrm{X}} - M_{\mathrm{Y}}) > M_{\mathrm{L}}/c^2$ 时，K 俘获不能发生，而 L 俘获则可以，那时 L 俘获的几率就最大. 例如 $^{205}\mathrm{Pb}$ 的 L 俘获衰变就是如此.

原子核俘获 K 层电子以后，内层能量状态比较高的（如 L，M 等壳层）电子跃迁到 K 层填补空位，同时以 X 射线的形式辐射能量. 在这种情况下，X 射线的频率由以下方程决定

$$E_{\mathrm{X}} = W_{\mathrm{K}} - W_i = h\nu, i = \mathrm{L}, \mathrm{M}\cdots \tag{7.4.27}$$

式中：W_{K} 为 K 层电子的结合能，W_i 为 L，M… 等层电子的结合能；ν 为特征 X 射线的频率.

在有些情况下，较外层（如 L 层）的电子向 K 层跃迁时，不以 X 射线的形式放出能量，而是直接把能量给予某一层例如 M 层的某个电子，使这个电子脱离原子束缚成为自由电子（见图 7.4.7），这种效应称为俄歇效应，这个被击出的电子称为俄歇电子. 俄歇电子的能量为

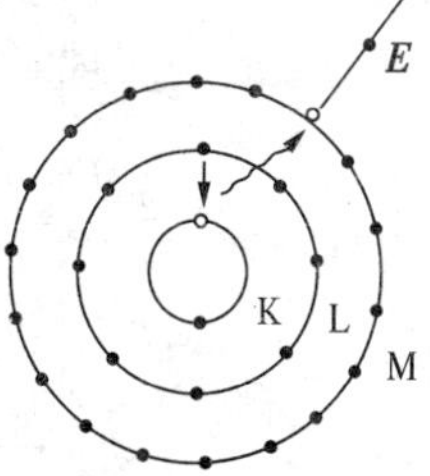

图 7.4.7　俄歇过程

$$E_{\mathrm{e}} = \Delta E_{\mathrm{K}} - W_{\mathrm{M}} = W_{\mathrm{K}} - W_{\mathrm{L}} - W_{\mathrm{M}} \tag{7.4.28}$$

W_M 为 M 层的结合能. 由于俄歇电子的能量涉及三个内层能态的能量,它能提供不少有关能级的信息.

2. β **能谱与中微子假设**

β 能谱也可以利用磁谱仪得到,测量出粒子运动轨迹的曲率半径,可以算出 β 粒子的动能(它近似等于衰变能,因为子核的质量比电子质量大几千倍,子核的反冲能量小到可忽略不计). 但 β 粒子的质量很小,速度很高,必须考虑相对论效应. 按照 $m_e v^2/\rho = evB$ 知,粒子的动量

$$P = m_e v = e\rho B$$

代入相对论动能公式

$$\begin{aligned} E_\beta &= (c^2 p^2 + m_e^2 c^4)^{1/2} - m_e c^2 \\ &= [(e\rho Bc)^2 + m_e^2 c^4]^{\frac{1}{2}} - m_e c^2 \end{aligned} \tag{7.4.29}$$

实验测得^{210}Bi 放射出的β粒子能谱如图 7.4.8 的曲线所示. 由图可见:①β 粒子的能量是连续分布的;② 能谱中有一最大能量值 E_m(该曲线 $E_m = 1.2$MeV),根据理论计算,E_m 与衰变能 E_β 基本相等;③ 能量分布曲线有一极大值,它表示具有相应能量的β粒子最多.

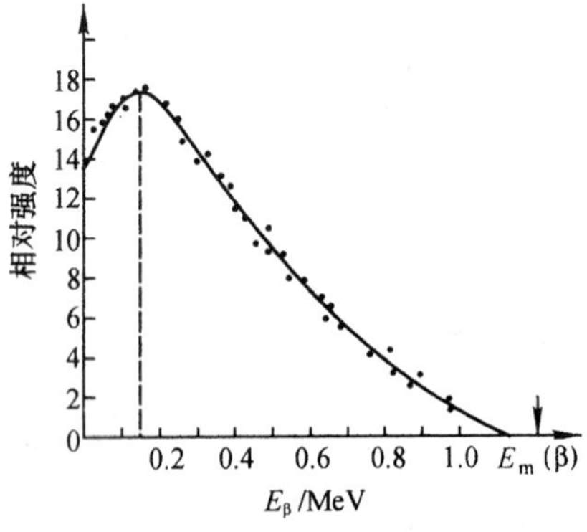

图 7.4.8 β 衰变能谱

α 粒子能谱和其他实验结果表明，原子核的能量是量子化的. β 射线来源于原子核，它的能谱为什么是连续的？为了解决这一疑难，1930 年，泡利提出了中微子假说. 他认为在 β 衰变过程中，原子核除了放出 β 粒子外，同时还放出一种静质量几乎等于零的中性粒子（称为中微子）. 这样，在母核静止的参照系中，β 衰变问题就是 β 粒子、中微子和反冲子核的三体问题，按照动量守恒，三者之间的动量关系，如图 7.4.9 所示. 在保证动量守恒的前提下，β 衰变能量可以在子核、电子和中微子三者之间任意分配. 根据能量守恒定律，若中微子带走较多能量，β 粒子的能量就较小；β 粒子有最大能量时，中微子的能量为零. 所以，β 粒子的能量可以从零到最大值 E_m，形成了 β 连续能谱. 另外，当中微子能量为零时，在忽略掉子核的反冲能时，β 粒子的能量就等于衰变能，所以 E_m 和衰变能是基本相等的.

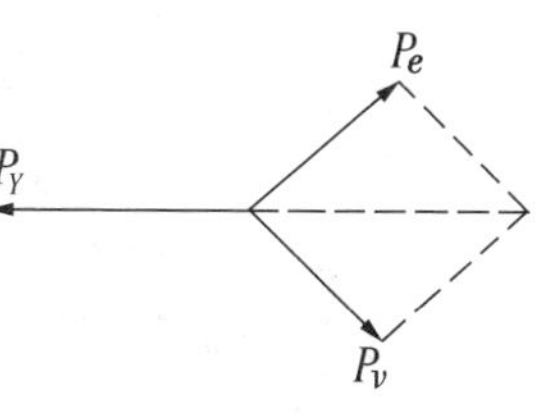

图 7.4.9

中微子的引入，也解决了 β 衰变前后角动量守恒的问题. 因为 β 衰变时原子核的质量数不变，所以原子核的角动量是整数或半奇数的性质不变. 但所放出的 β 粒子的自旋是 1/2，于是，子核与母核自旋将不再相等. 泡利假定中微子的自旋是 1/2，就保证了衰变前后的总角动量守恒.

中微子对物质贯穿力很强，它与物质的相互作用极微弱. 平均说来，一个中微子可穿透 1000 光年厚的钢铁或 3600 光年厚的水！可见对这种粒子进行测量是非常困难的，只能用间接方法探测. 1942 年我国物理学家王淦昌建议用 K 俘获来验证中微子的存在，因为在 K 俘获中没有 β 粒子放出，只放出一个中微子. 例如 ${}^{7}_{4}\mathrm{Be}$ 的 K 俘获

$$ {}^{7}_{4}\mathrm{Be} + {}^{0}_{-1}e \rightarrow {}^{7}_{3}\mathrm{Li} + \nu_e $$

在此过程中，只需确定中微子和反冲子核的能量，在测量方面

变得极为有利.王淦昌的设想是由戴维斯(R·Davis)于1952年实现的,莱尼斯(F·Reines)和柯文(C·Cowan)亦于1959年用直接方法证实了中微子的存在.

3.β **衰变的实质**

我们知道,原子核由质子和中子组成,核内不存在电子.1934年费米指出,β^- 衰变的实质是原子核内的一个中子转变成质子,β^+ 衰变或K俘获是一个质子变成中子.中子和质子可以看作是核子的两个不同量子状态,它们之间的相互转变,相当于从一个量子态跃迁到另一个量子态,在跃迁过程中放出电子和中微子.电子和中微子原先并不存在于核内,它们是核子量子跃迁的产物,这好像光子是原子在不同量子态之间跃迁的产物一样,光子原来也不存在于原子之内.

具有 β^- 衰变的核素,其核内含有较多数目的中子,例如,在四个放射系中,重核经过几次 α 衰变后核内中子数与质子数之比上升很多,因而相继出现几次 β 衰变,这是因为过多数目的中子,部分转变为质子才能使核趋于稳定.中子向质子转变的过程可用下式表示

$$n \rightarrow p + {}_{-1}^{0}e + \tilde{\nu}_e \tag{7.4.30}$$

具有 β^+ 衰变的核素,其核内质子数多于中子数,部分质子转变成中子,可用下式表示

$$p \xrightarrow{\text{(核内)}} n + {}_{+1}^{0}e + \nu_e \tag{7.4.31}$$

由于质子质量小于中子质量,故自由状态的质子不可能自发地转变为中子.但是,对束缚于核内的质子而言,核内存有的多余能量在核子间重新分配,使这种转变成为可能.

对于K俘获过程,亦是核内质子向中子转变的过程,可表示为

$$p + {}_{-1}^{0}e \rightarrow n + \nu_e \tag{7.4.32}$$

在上面三个过程中出现的 ν_e 和 $\tilde{\nu}_e$ 分别称为中微子和反中微子. 下标 e 表示中微子是伴随电子或正电子而产生,故又称为电子型中微子或反中微子. 中微子与反中微子的区别仅在于:中微子是左旋的,即自旋与动量反向,反中微子是右旋的,自旋与动量同向. 自然界中不存在右旋中微子和左旋反中微子.

7.4.5　γ 衰变和内转换

1. γ 衰变

当原子核进行 α 衰变或 β 衰变时,生成的子核可能处于激发态. 与原子情况类似,处于激发态的原子核是不稳定的. 当它向较低能态跃迁时可以向外辐射电磁波. 由于原子核的能级间隔比原子能级间隔大得多,因此原子核辐射的电磁波往往落在 γ 射线波段上. 原子核的这种衰变称为 γ 衰变或 γ 跃迁.

医学上用来治疗肿瘤的最常用的 ^{60}Co 放射源,其衰变过程是这样的: ^{60}Co 原子核通过 β^- 衰变而转变为 ^{60}Ni 的 2.50MeV 的激发态,该态寿命极短,它放出能量分别为 1.17MeV 和 1.33MeV 的 γ 光子而跃迁到基态,如图 7.4.10(a) 所示. 这样, ^{60}Co 核的一次 β^- 衰变同时伴随着两个 γ 光子的辐射,医学上就是利用 ^{60}Co 衰变产生的 γ 射线来照射肿瘤的.

原子核进行 β^- 衰变时也可能放出不同能量的 β^- 粒子,使子核处于基态或某个可能的激发态上,子核由激发态向低能态跃迁亦会发出 γ 射线. 例如 $^{64}_{29}$Cu 衰变,由图 7.4.10(b) 可见,它经过不同的 β 衰变到达 ^{64}Ni 的基态与激发态, ^{64}Ni 激发态的激发能为 1.348MeV,经 γ 衰变到达基态.

原子核激发态的寿命一般都较短,但也有许多原子核激发态寿命比较长(0.1 秒至几年) 的,并有确定的 γ 衰变半衰期.

这种长寿命的激发能态称为同质异能态,处于同质异能态的核素叫做同质异能素,同质异能素发生的跃迁称为同质异能跃迁.

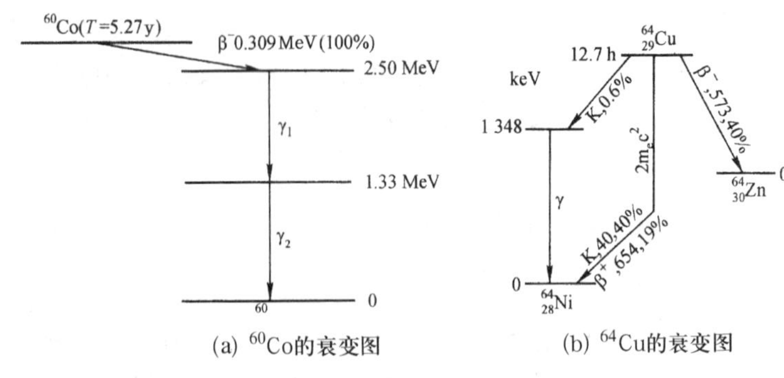

图 7.4.10 ^{60}Co 与 ^{64}Cu 的 γ 射线衰变图

2. **内转换**

在研究 β 衰变时，常发现在 β 射线的连续能谱上叠有尖锐谱线，如图 7.4.11 所示的 K，L 等峰，尖锐谱线表明在放出的 β 粒子中混有单能电子群. 把这些电子的能量同原子壳层电子的能量作比较，发现是 K，L，M 等壳层上的电子处于激发态的原子核能够通过核场的作用，直接将能量传给原子的内壳层电子，使内壳层电子脱离原子，而原子核随之跃迁到较低能态，这种过程称为内转换，从内壳层击出的电子叫做内转换电子. 我们强调指出，内转换并不经过发射 γ 光子的中间过程，是一种无辐射跃迁.

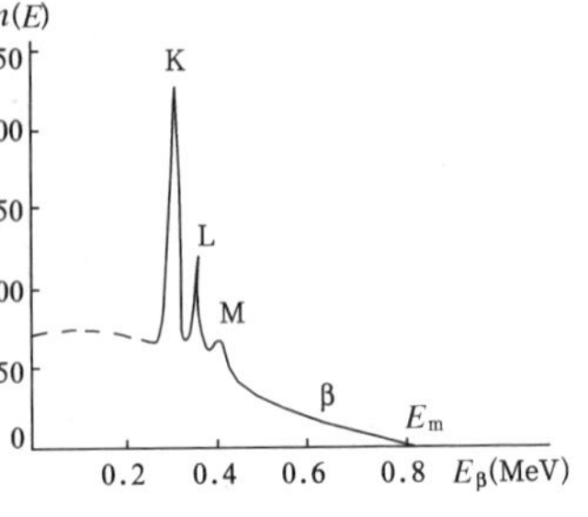

图 7.4.11 内转换电子能谱

内转换电子放射出来以后，原子壳层中便出现一个空位，当外层电子向这个空位跃迁时，多余的能量或以特征 X 射线的形式放出，或击出俄歇电子，其过程与图 7.4.7 相同.

通常原子核得到的反冲动能很小，所以内转换电子的能量近似地等于相当的 γ 衰变能与电子结合能之差，即

$$E_e \approx E_\gamma - W_i = E_\mu - E_l - W_i \tag{7.4.33}$$

式中，E_e 是内转换电子携带的能量；E_μ，E_l 是核的两个能级；W_i 是内转换电子所在壳层（K，L，M 等）的电离能；$E_\gamma = E_\mu - E_l$，是相当的 γ 光子能量.

7.4.6　穆斯堡尔效应

1. 核反冲对 γ 共振吸收的影响

从原子核激发态跃迁到基态所发生的 γ 射线能否被处于基态的另一个同类原子核吸收，并使它跃迁到激发态，从而发生共振吸收，类似的情况在原子中是很容易实现的. 但是在原子核中就困难了. 主要原因是光子发射和吸收过程中原子或原子核均有反冲，如果两个能级的能量差为 $E_0 = h\nu$，原子或原子核的反冲动量应该等于光子的动量 $p = h\nu/c$，则原子或原子核的反冲能量为

$$E_R = \frac{p^2}{2M} = \frac{(h\nu)^2}{2Mc^2}, \tag{7.4.34}$$

在发射过程中发射光子的实际能量就比两个能级差小，这部分反冲能量为

$$E_{\gamma e} = E_0 - E_R \tag{7.4.35}$$

吸收 γ 射线的原子核也有一个反冲，吸收过程中入射光子的能量应该比 E_0 大 E_R

$$E_{\gamma a} = E_0 + E_R \tag{7.4.36}$$

因此发射的 γ 射线与要求吸收的 γ 射线之间的能量相差

$$\Delta E = E_{\gamma a} - E_{\gamma e} = 2E_R \tag{7.4.37}$$

故不能发生共振吸收. 那么，为什么核外电子会发生共振吸收

呢?原来谱线总是有一定宽度的,如果谱线的自然宽度 $\Gamma << \Delta E$[图 7.4.12(a)],则不会有共振吸收;反之,如果 $\Gamma >> \Delta E$[图 7.4.12(b)],则发射谱线和吸收谱线之间有一个重叠区,在此区内可以产生共振吸收.

对于钠原子的 D 线来说,$\Gamma \approx 4.4\times10^{-8}\,\mathrm{eV}$,$E_R$ 约为 $10^{-10}\,\mathrm{eV}$,即 $\Gamma >> 2E_R$,故实验上很容易观察到共振吸收现象.可是对于原子核,Γ 约为 $10^{-6}\sim10^{-9}\,\mathrm{eV}$,但因 γ 光子的能量很大,E_R 大到 $1.9\times10^{-3}\,\mathrm{eV}$,从而 $\Gamma << 2E_{反冲}$,难怪在实验上观察不到吸收现象!

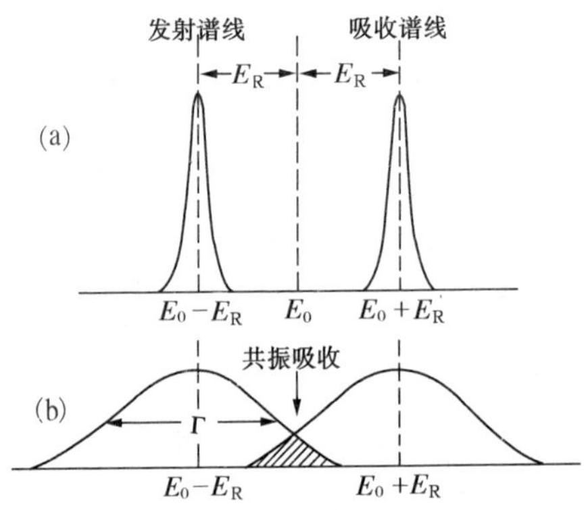

图 7.4.12 谱线的宽度与共振吸收

2. **穆斯堡尔效应**

为了实现 γ 射线的共振吸收,必须设法补偿反冲能量的损失. 1958 年德国青年物理学家穆斯堡尔(R. L. Mossbauer) 利用巧妙的办法使核的反冲几乎为零. 其基本思想是把放射源和吸收体都做成固体或晶体,将原子嵌入固体晶格,原子核受到晶格束缚能的限制,遭受反冲的不再是单个原子核,而是整个晶体,它的反冲质量比一个原子核的质量大得多,因此反冲能量完全可以忽略. 这种 γ 射线的无反冲共振吸收称为穆斯堡尔效应. 由于热运动而造成的多普勒展宽也会影响上述测量,因此很多情况下是将放射源和吸收体放在低温下,这样就进一步将它们固定,减小反冲. 1961 年穆斯堡尔获得了诺贝尔物理学奖.

由于多普勒(Doppler)效应,当光源相对于观察者的运动速

度 v 远小于光速 c 时，观察者所接收到的频率 ν' 和光源的放射频率 ν 之间的关系为

$$\nu' = \nu(1 \pm \frac{v}{c}) \tag{7.4.38}$$

当光源和观察者相向运动时取“+”号，背向运动时取“−”号. 这样，接收到的光子能量 E_γ^{d} 也将和光源所发出的光子能量 E_γ^{s} 不同，其差称为多普勒能移

$$\Delta E = E_\gamma^{\mathrm{d}} - E_\gamma^{\mathrm{s}} = \pm \frac{v}{c} E_\gamma^{\mathrm{s}} \tag{7.4.39}$$

穆斯堡尔当时所用的实验装置如图 7.4.13 所示. 放射源用 $^{191}\mathrm{Os}$(锇) 晶体，吸收体用 $^{191}\mathrm{Ir}$(铱) 晶体. 放射源和吸收体都冷却到 88K，以减小热振动的影响. 放射源装在转盘 A 的边缘上，可以相对于吸收体作前后运动，用这种多普勒运动来调节 γ 射线的能量. 放射源 $^{191}\mathrm{Os}$ 通过 β^- 衰变到 $^{191}\mathrm{Ir}$ 的激发态，后者可放射出能量为 129KeV 的 γ 射线，如图 7.4.14 所示. γ 射线经准直后透过吸收体 $^{191}\mathrm{Ir}$ 的片状晶体，被计数器 D 接收. 实验发现，当转盘不动($v = 0$) 时，计数器的计数降到最低，表明这时的共振吸收最强.

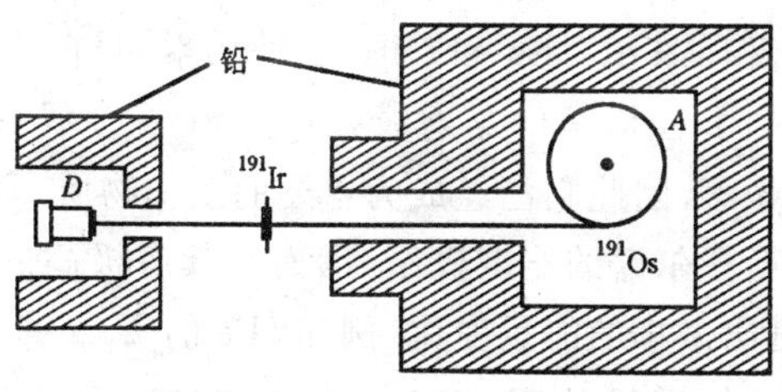

图 7.4.13　穆斯堡尔无反冲共振吸收实验装置

随着转盘转速的增大，计数迅速上升，说明共振吸收很快减小．测量不同速度时加速器所接收到的 γ 射线的相对强度，就得到^{191}Ir 的 129keV 的 γ 射线共振吸收曲线，如图 7.4.15 所示．由图可知，在 $v=0$ 处吸收最强，而几厘米每秒的速度就足以破坏共振．谱线的宽度很窄，约为 4.6×10^{-6}eV.

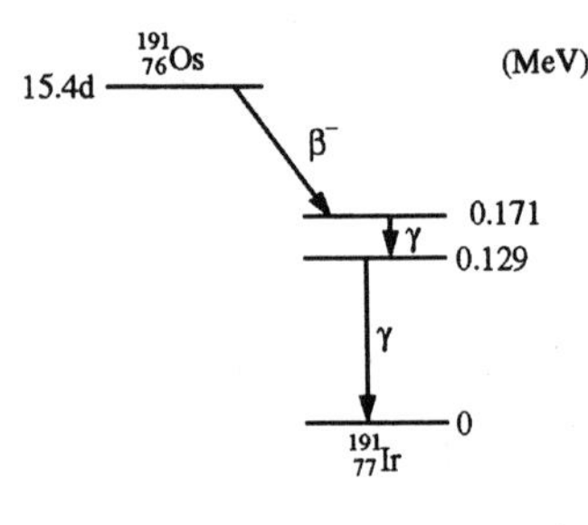

图 7.4.14 ^{191}Os 衰变图

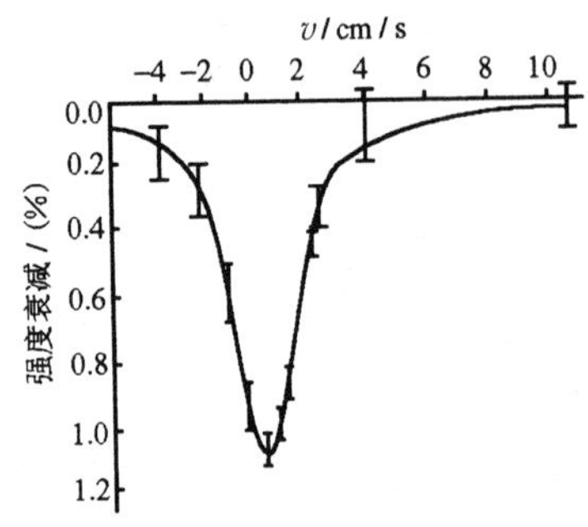

图 7.4.15 ^{191}Ir 的 γ 射线共振吸收曲线

除了^{191}Ir 以外，穆斯堡尔还观察了^{187}Re，^{177}Hf，^{166}Er 等原子核的 γ 射线的无反冲共振吸收现象．目前已经有 45 种元素大约 100 多个核素的 120 条 γ 射线被观测到有穆斯堡尔效应，不过常温下能够应用的仅有^{57}Fe，^{191}Sn 和^{151}Eu 三种元素．目前人们研究得最多的是^{57}Fe 的 14.4keV 的 γ 射线，因为^{57}Fe 在室温下其穆斯堡尔效应就相当显著，因此它已经成为重要的工作物质．

由于穆斯堡尔谱的宽度极窄，因而它具有极高的能量分辨本领，可以检测出微小的能量变化．例如^{57}Fe 的 $E_\gamma=14.4$keV 的跃迁，其穆斯堡尔谱线的宽度 $\Gamma\sim9.3\times10^{-9}$eV，$E_\gamma$ 仅为 6.5×10^{-13}，任何与此量级相应的微小扰动就可以被观测到．比如测量地球到月球的距离，可以精确到 0.01mm．有些核素的穆斯堡尔效应谱所能达到的能量分辨率更高．如^{67}Zn 的 93.3keV γ 射线可达 10^{-15}．而^{107}Ag 的 93keV 谱线竟达 10^{-22} 量级．因此穆斯堡尔效应立刻在各种精密频差测量中得到了广泛的应用.

7.4.7　放射性的应用

放射性的应用可分为下列三个方面

1. 示踪原子

由于放射性原子能够放出射线，容易用仪器探测到它，因此可以利用放射性原子作为显示踪迹的工具. 示踪原子方法在农业、工业、医疗卫生以及其他科学研究工作中有广泛的应用.

例如，在农业上曾用放射性磷(^{32}P) 研究磷肥对植物的作用. 把少量^{32}P 加在肥料中，它被植物吸收后在植物体内输运的情况，可以用仪器测出. 这样就知道磷对植物作用的一些情况. 工业上可以用来研究磨损量. 在研究半导体中的杂质扩散时，可以用放射性物质代替寻常杂质扩散到半导体中，然后逐层磨下，测量放射强度，从而了解扩散情况.

2. 在地质学和考古学上的应用

放射性可以用来推算地质年代. 例如^{238}U 在岩石中经一系列的衰变，最后成为^{206}Pb. 设岩石形成时，单位重量中含有 $N_0(^{238}U)$ 个^{238}U，经过长远年代后，至今，岩石中每单位重量中存留着 $N(^{238}U)$ 个^{238}U，和最后变成稳定的^{206}Pb 的存量 $N(^{206}Pb)$，以及其他中间衰变产物 ΣN_f. 那么可以列出下列二式

$$\begin{aligned} N(^{238}U) &= N_0(^{238}U)e^{-\lambda t}, \\ N(^{206}Pb) + \Sigma N_f &= N_0(^{238}U) - N(^{238}U) \end{aligned} \tag{7.4.40}$$

ΣN_f 因年代久远，同 $N(^{206}Pb)$ 比，量很少，可以忽略. 合并上列二式，消去 $N_0(^{238}U)$，简化即得

$$t = \frac{1}{\lambda}\ln\left[\frac{N(^{206}Pb)}{N(^{238}U)} + 1\right] \tag{7.4.41}$$

上式中^{238}U 的衰变常数 λ 已知，括号内现存的^{206}Pb 和^{238}U 的存量比值可测出，那么由上式就可推出地球的年龄.

在考古工作中，可以利用^{14}C推算年代. ^{14}C是放射性的，半衰期为5600年. 空气中^{12}C和^{14}C存量之比是$10^{12}:12$. 植物吸收空气中的二氧化碳，动物又吃植物，所以活着的生物体中碳的这两种同位素存量之比同空气中的比值相同. 死后的生物体不再吸收碳，其遗骸中的^{14}C因衰变逐渐减少. 测出古生物遗骸中^{12}C和^{14}C的存量比，与空气中的比值比较，就可以算出古生物体死亡的年代.

3. **放射线的应用**

这是指射线与实物所产生的作用效果的利用，如在医疗上用γ射线治疗肿瘤，致死癌细胞或抑制它的生长；农业上用射线照射种子，培育新品种；在工业上用射线辐照可使化学产品进行合成或变型，用γ射线对金属产品探伤，用β射线或γ射线的吸收或散射测量物体的厚度或密度等等. 总之，放射性射线在工农业生产、医疗卫生和科学研究工作中正起着越来越大的作用.

§7.5 原子核反应

原子核的放射衰变，是核自发变化的过程. 而核反应是用人工方法使原子核发生转变的过程，即具有一定能量的粒子轰击原子核，改变核素性质的反应称为核反应. 本章主要研究核反应所遵从的守恒定律、核反应中的能量关系、核反应机制、原子核的裂变和聚变等基本知识.

7.5.1 核反应及遵循的守恒定律

1. **历史上第一个人工核反应**

1919年卢瑟福利用^{212}Po放出的7.68MeV α粒子轰击氮气，结

果发现,有五万分之一的几率发生了如下的反应

$$\alpha + {}^{14}N \to p + {}^{17}O$$
$${}^{14}N(\alpha,p){}^{17}O \qquad (7.5.1)$$

这是人类历史上第一次人工实现使一个元素变成了另一个元素.

2. **第一个在加速器上实现的核反应**

1932年,英国考克拉夫(J. D. Cockcroft)和瓦耳顿(E. T. S. Walton)用自己发明的加速器,把质子加速到500keV,实现如下核反应

$$p + {}^{7}Li \to \alpha + \alpha$$
$${}^{7}Li(p,\alpha){}^{4}He \qquad (7.5.2)$$

释放出具有8.9MeV动能的两个α粒子.输入能量为0.5MeV,输出能量为17.8MeV.这是释放核能的一个例子.

3. **产生第一个人工放射性核素的反应**

1934年,法国约里奥·居里夫妇用下列反应产生了第一个人工放射性核素:

$$\alpha + {}^{27}Al \to n + {}^{30}P$$
$${}^{27}Al(\alpha,n){}^{30}P \qquad (7.5.3)$$

产物${}^{30}P$是β^+放射性核素,半衰期为2.6min

$${}^{30}P \to {}^{30}Si + e^+ + \nu \qquad (7.5.4)$$

4. **导致发现中子的核反应**

发现中子的核反应是

$$\alpha + {}^{9}Be \to n + {}^{12}C$$
$${}^{9}Be(\alpha,n){}^{12}C \qquad (7.5.5)$$

一般情况下,假定反应后仍为两个粒子,核反应可以表示为

$$i + T \to l + R$$
$$T(i,l)R \qquad (7.5.6)$$

这种核反应可以简写为:$T(i,l)R$.

核反应的类型很多，如果按入射粒子的种类来分，可以分为 α 粒子、质子(p)、中子(n)、氘核(d) 等引起的核反应，光子引起的核反应，还有一些比 α 粒子更重的核引起的核反应等等. 如果按入射粒子的能量分，入射粒子能量在 100MeV 以下的称为低能核反应；在 100MeV 到 1GeV 的称为中能核反应；在 1GeV 以上的称为高能核反应.

大量实验表明，所有的核反应都遵从下列守恒定律：

(1) 电荷守恒：即反应前后体系的总电荷数即粒子与核的电荷数代数和不变.

(2) 质量数守恒：反应前后体系总质量数不变.

(3) 质量与能量守恒：反应前后粒子的运动质量(相对论质量)总和不变；粒子的能量(相对论能量包括静能)之和不变. 一般来说，核反应前后体系的静止质量不守恒，这种静止质量的差别反映了结合能的变化.

(4) 动量守恒：反应前后粒子动量的矢量和不变，在体系的质心坐标系中，反应前后的动量矢量和等于零.

此外在核反应过程中，角动量、宇称等也是守恒的.

7.5.2 核反应中的能量

1. 反应能

在核反应过程中，体系的总质量和总能量保持不变，但是，静止质量和总动能是变化的，我们把反应后的总动能与反应前的总动能之差称为反应能，它是反应过程中放出或吸收的净能量.

在一般核反应中，i 和 T 表示入射粒子和靶核；l 和 R 表示出射轻粒子和剩余核. 用 M 和 K 表示它们相应的静质量和动能. 根据能量守恒

$$M_i c^2 + K_i + M_T c^2 + K_T = M_l c^2 + K_l + M_R c^2 + K_R, \tag{7.5.7}$$

定义反应能 Q 为

$$Q \equiv [(M_i + M_T) - (M_l + M_R)]c^2 = (K_l + K_R) - (K_i + K_T) \tag{7.5.8}$$

实验室中靶核一般处于静止状态，即 $K_T = 0$，从而

$$Q = K_l + K_R - K_i. \tag{7.5.9}$$

如果 $Q > 0$ 称放能反应；$Q < 0$ 称吸能反应.

例题 7.5.1　核反应 ${}^{14}_{7}\mathrm{N}(\alpha,\mathrm{p}){}^{17}_{8}\mathrm{O}$，反应前后的静止质量分别为

$$\begin{aligned} M_{^{14}N} + M_\alpha &= 14.003\,074\mathrm{u} + 4.002\,603\mathrm{u} \\ &= 18.005\,667\mathrm{u} \\ M_{^{17}O} + M_\mathrm{p} &= 16.999\,133\mathrm{u} + 1.007\,825\mathrm{u} \\ &= 18.006\,958\mathrm{u} \end{aligned}$$

反应能 $Q = [(M_{^{14}N} + M_\alpha) - (M_{^{17}O} + M_\mathrm{p})]c^2$

$$= -0.001281\mathrm{uc}^2 = -1.193\mathrm{MeV}$$

这个反应为吸能反应.

2. **Q 方程**

一般靶核的动量为零，若入射粒子和出射轻粒子动量之间的夹角为 θ，根据动量守恒

$$P_R^2 = P_i^2 + P_l^2 - 2P_iP_l\cos\theta \tag{7.5.10}$$

入射粒子的能量一般在 MeV 量级，远小于入射粒子的静止能量，因此可以利用经典公式 $P^2 = 2MK$，将上式改写为

$$M_RK_R = M_iK_i + M_lK_l - 2\sqrt{M_iM_lK_iK_l}\cos\theta, \tag{7.5.11}$$

与(7.5.9)式一起消去 K_R，可得反应能为

$$Q = \left(1 + \frac{M_l}{M_R}\right)K_l - \left(1 - \frac{M_i}{M_R}\right)K_i - \frac{2\sqrt{M_iM_lK_iK_l}}{M_R}\cos\theta. \tag{7.5.12}$$

这就是核反应的 Q 方程. 此方程与靶核的质量无关，因此通过测定入射粒子、出射粒子的动能以及它们运动方向之间的夹角，可以计

算其反应能 Q,再通过(7.5.8)式计算出靶核的质量,许多原子核的质量都是这样确定的.

例题 7.5.2　在核反应${}^{14}_{7}N(d,p){}^{15}N$中测得$K_d = 5.000MeV$,$K_p = 12.124MeV$,$\theta = 90°$,试计算反应能.

解　根据式(7.5.12),代入各数值,式中各粒子的质量近似地用质量数代替,得

$$Q = (\frac{2}{15} - 1) \times 5.000 + (\frac{1}{15} + 1) \times 12.124 = 8.599(MeV)$$

$Q > 0$,为放能核反应.

3. **阈能**

核反应有放能反应和吸能反应两种.对于放能反应,由于不需要外界提供能量,原则上对入射粒子的动能的大小没有什么要求,只要入射粒子能够进入原子核内,就能引起核反应.然而对于吸能反应,理论和实验皆表明,只有当入射粒子的动能等于或大于某一能量值时,核反应才能发生.能够引起核反应的入射粒子的最小动能叫做核反应的阈能.

下面我们找出阈能与反应能的关系.对于吸能反应,初看起来似乎阈能就该等于$|Q|$,实际上这是不够的.上面所说入射粒子的动能是在实验室坐标系中测量的,在这个坐标系中尽管靶核是静止的,但反应前的总动量不为零,根据动量守恒定律,反应后出射粒子和生成核的总动量也不应为零.因此,入射粒子的动能除供给反应能之外,还要供给出射粒子和生成核的动能,故入射粒子的动能需大于$|Q|$反应才能发生.为了计算阈能,利用质心坐标系是方便的,它可使计算简化.在质心系中,反应前体系的动量为零,反应后的动量也必为零.因此,在质心系中反应后的产物不一定有动能,就是说它们都可以静止.此时反应前体系的动能可全部转化为$|Q|$,由此可算出阈能.

设在实验室坐标系中入射粒子以速度v_i射向静止的靶核,则

容易算出质心的速度v_c

$$v_c = \frac{m_i}{m_i + M_T} v_i \tag{7.5.13}$$

式中,m_i 与 M_T 分别为入射粒子和靶核的质量. 在质心系中,入射粒子的速度等于 $v_i - v_c$,靶核的速度等于 $-v_c$,因此反应前体系的动能为

$$E_i^c = \frac{1}{2} m_i (v_i - v_c)^2 + \frac{1}{2} M_T v_c^2 = K_i \frac{M_T}{m_i + M_T} \tag{7.5.14}$$

式中 $K_i = \frac{1}{2} m_i v_i^2$ 是入射粒子的实验室坐标动能. 令

$$E_i^c = |Q|$$

则得到在实验室坐标系中表示的阈能

$$\begin{aligned} E_{阈} \equiv (K_i)\min &= \frac{m_i + M_T}{M_T} |Q| \\ &= (1 + \frac{m_i}{M_T}) |Q| \approx (1 + \frac{A_i}{A_T}) |Q| \end{aligned} \tag{7.5.15}$$

式中 A_i 和 A_T 分别是入射粒子和靶核的质量数. 当 $m_i << M_T$(或 $A_i << A_T$)时,$E_{阈} \approx |Q|$. 因此,从能量的角度考虑,在吸能反应中质量小的入射粒子比质量大的入射粒子更容易引起核反应.

例如在 $^{14}_{7}N(\alpha,p)^{17}O$ 反应中,由(7.5.8)式算得 $Q = -1.193MeV$,因此,

$$E_{阈} = \frac{4 + 14}{14} \times 1.193 \approx 1.534(MeV)$$

例题 7.5.3　某一实验室具有能产生 20MeV 的 $^{12}_{6}C$ 离子束的加速器,试问下列核反应能否进行

$$^{12}_{6}C + ^{16}_{8}O \rightarrow ^{17}_{9}F + ^{11}_{5}B$$

已知:$M(^{12}_{6}C) = 12.000\,000u$,$M(^{16}_{8}O) = 15.994\,915u$,$M(^{17}_{9}F) =$

17.002 095u,$M(^{11}_{5}\text{B}) = 11.009\ 305\text{u}$.

解　为确定该反应能否进行,应先求出反应能.根据(7.5.8)式

$$\begin{aligned}Q &= \Delta Mc^2 \\ &= [(15.994\ 915 + 12) - (17.002\ 095 + 11.009\ 305)] \times \\ &\quad 931.5\text{MeV} \approx -15.36\text{MeV}\end{aligned}$$

$Q < 0$,为吸能反应,阈能为

$$\begin{aligned}E_{阈} &= \frac{M_T + m_i}{M_T} \mid Q \mid \\ &= \frac{16+12}{16} \times 15.36\text{MeV} \\ &= 26.88\text{MeV}\end{aligned}$$

要使这一反应能够进行,必须使入射粒子$^{12}_{6}\text{C}$的动能至少等于阈能,现在$K_i = 20\text{MeV}$,小于阈能,故反应不能进行.

7.5.3　核反应截面和反应道

1. 反应截面

设靶子内每个原子核占有一个有效面积σ,入射粒子打在σ内就一定发生反应.因此,σ又称“命中面积”.那么,在厚度为t,面积为A的箔靶内总的有效面积是$NAt\sigma$,这里N代表单位体积内的原子核数.设入射到靶子上的粒子数是n,经过靶后由于核反应,粒子减少了$-\mathrm{d}n$,于是,入射粒子打到面积为A的靶子上发生核反应的几率为

$$-\frac{\mathrm{d}n}{n} = \frac{\sigma NAt}{A} = \sigma Nt \tag{7.5.16}$$

因此核反应截面的定义为

$$\sigma = -\frac{\mathrm{d}n}{nNt} \tag{7.5.17}$$

从式(7.5.17)可知,反应截面的物理意义是:一个入射粒子同单

位面积靶上一个原子核发生的反应的几率.它具有面积的量纲,单位是靶恩(b)

2. 反应道和守恒定律

一个入射粒子打到靶核T上,可以发生的反应方式一般不止一种,而且随入射能量的增加,反应方式增多.每一种核反应过程称为一个反应道.例如质子轰击锂靶,实际上除了放出两个α粒子的反应道外,还有弹性散射道

$$p + {}^{7}Li \rightarrow p + {}^{7}Li \tag{7.5.18}$$

当质子的能量超过1.89MeV时,下面的反应道将开放:

$$p + {}^{7}Li \rightarrow n + {}^{7}Bi \tag{7.5.19}$$

当质子的能量超过5.07MeV时,下面的反应道将开放:

$$p + {}^{7}Li \rightarrow T + {}^{5}Li \tag{7.5.20}$$

这是由于在核反应中电荷、核子数、角动量、总质量及相应的总能量和动量守恒.当入射粒子的能量满足一定条件时,某种反应道才能开放.

§7.6　核反应机制

7.6.1　复合核反应

原子核反应是通过什么方式进行的,即是核反应机制问题.1936年玻尔最早提出了复合核反应模型,玻尔认为:入射粒子i和靶核T碰撞首先形成复合核,然后,复合核再衰变,放出出射粒子l转变为生成核R.具体地说,这个模型认为核反应分为如下两个阶段:

1. **完全吸收阶段**

入射粒子进入靶核后与核内核子发生强烈作用，频繁碰撞而交换能量，很快将自己的能量分散给所有核子，它和别的核子也就无法分辨，形成一个处于激发态的复合核.复合核的寿命可以延续至 10^{-16} 秒以上，比入射粒子直接通过靶核的时间(10^{-22} 秒）长得多.

2. **衰变阶段**

复合核处于激发态是不稳定的，核子间不断地碰撞和交换能量，当有足够的能量集中到一个核子或由几个核子组成的粒子上时，便射出这个核子或粒子而衰变为生成核，从而完成核反应过程.玻尔还认为：复合核的衰变规律只取决于复合核本身的性质（能量、角动量、自旋、宇称等)，而和复合核形成的历史无关，这一假设称为“独立假设”.

据此，可以把核反应过程写为

$$i + \mathrm{T} \xrightarrow{\text{复合核形成}} [\mathrm{C}]^* \xrightarrow{\text{复合核衰变}} l + \mathrm{R} \qquad (7.6.1)$$

式中：$[\mathrm{C}]^*$ 为复合核，l 和 R 可以是多种不同的出射粒子和生成核，如以下核反应过程

$$\left.\begin{array}{l} {}^{23}\mathrm{Na} + \alpha \\ {}^{25}\mathrm{Mg} + \mathrm{d} \\ {}^{26}\mathrm{Mg} + \mathrm{p} \\ {}^{27}\mathrm{Al} + \gamma \end{array}\right\} \to [{}^{27}\mathrm{Al}]^* \to \left\{\begin{array}{l} {}^{23}\mathrm{Na} + \alpha \\ {}^{25}\mathrm{Mg} + \mathrm{d} \\ {}^{26}\mathrm{Mg} + \mathrm{p} \\ {}^{27}\mathrm{Al} + \gamma \end{array}\right. \qquad (7.6.2)$$

核反应的复合核模型的两个阶段可以比作核的液滴模型中核液滴的“加热”和“蒸发”.

玻尔的复合核反应模型在核物理学的发展史上起了极其重要的作用，但它仍有局限性，理论和实验上还存在不少问题，这表明不能把所有的核反应都归结为复合核反应过程，还有其他的核反应机制.

7.6.2　核反应的其他机制

1. 库仑散射和库仑激发

带电入射粒子到达原子核附近时，受到库仑力的作用，沿着与入射方向不同的方向射出，称为库仑散射. 另一种情况是，入射粒子的库仑场对原子核起作用，能量由入射粒子传给靶核，使靶核激发到高能态，这一过程称为库仑激发.

2. 核势散射

当入射粒子接近原子核到达核力作用范围之内，可能受到原子核平均核势场的作用而发生弹性散射，这称为核势散射.

3. 表面散射

入射粒子同原子核表面的一个或几个核子强烈作用，而发生非弹性散射，同时靶核被激发到高能态.

4. 表面嬗变

入射粒子对靶核表面的核子起作用，把一个或几个核子冲击出来，入射粒子被吸收或被散射.

5. 直接反应

即是入射粒子和靶核的一个或几个核子碰撞，交换能量，不形成复合核，而直接发射出一个或几个核子. 当入射粒子能量不太高时，碰撞主要在靶核表面发生，称为表面直接反应；当入射粒子能量增大时，碰撞可以在靶核内部发生，称为体积直接反应.

典型的直接反应过程有两类：即削裂反应和拾取反应. 削裂反应是入射粒子和靶核碰撞后，入射粒子的一个或几个核子被靶核俘获，剩余部分继续飞行，如$^{9}_{4}\mathrm{Be}(\mathrm{d},\mathrm{n})^{10}_{5}\mathrm{B}$反应等；拾取反应则是入射粒子和靶核碰撞后，拾取靶核中的一个或几个核子而出射，如$^{9}_{4}\mathrm{Be}(\mathrm{p},\mathrm{d})^{8}_{4}\mathrm{Be}$反应.

7.6.3 核反应机制的三阶段描述

1957年韦斯考夫(V·Weisskopf)提出了关于核反应机制的三阶段理论.认为:核反应可以分为如下的三个阶段,如图7.6.1所示.

1.独立粒子阶段

当入射粒子接近靶原子核时,便在整个靶核的势场中运动,与靶核整体发生相互作用,这时可能发生两种情况:一是未被靶核吸收而直接被散射,称为形状弹性散射或势散射,此时靶核内部不发生变化;二是入射粒子被靶核吸收进入第二阶段.

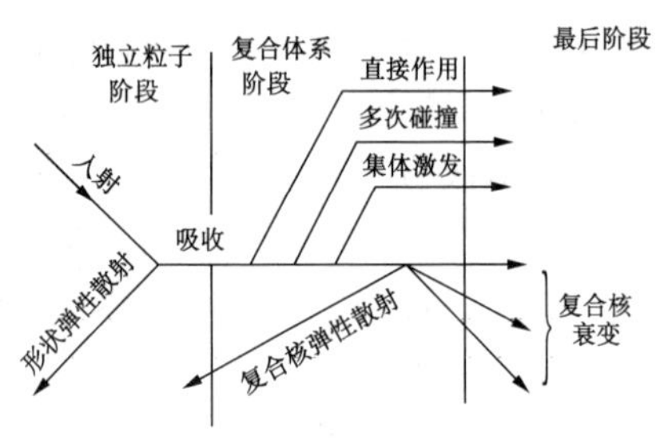

图7.6.1 核反应机制

2.复合体系阶段

入射粒子被靶核吸收后,彼此交换能量,交换能量的形式是多种多样的,可以只与靶核的表面或体内的一个或几个核子交换能量,发生表面或体内的直接反应;可以在核内发生多次碰撞后再被发射出来或将部分能量交给靶核使之激发到高能态(或产生转动、振动)后射出;也可以是入射粒子和靶核融为一体,形成复合核.

3.最后阶段

即是复合体系解体阶段,复合核分离为出射粒子和生成核,如果出射粒子和入射粒子相同,则称为复合核弹性散射,若出射粒子与入射粒子不同,便是普通的核反应.

关于核反应机制的三阶段描述已被人们广泛接受,许多实验事实说明,不能把复合核模型当作核反应的唯一机制,其他过程都有一定的发生几率.

§7.7　原子核的裂变与聚变

重核受到激发分裂为几个中等质量原子核的现象称为原子核裂变.重核裂变可以释放大量的能量,为人类提供一种新的能源.

7.7.1　重核的裂变

1938 年哈恩和斯特拉斯曼在用中子轰击铀元素,期望获得超铀元素的实验中,意外地发现:用热中子(能量为 0.025eV) 轰击 $^{235}_{92}\mathrm{U}$ 时,会使 $^{235}\mathrm{U}$ 分裂成质量差不多相等的两块,同时放出两三个中子,这个现象称为铀核裂变.例如,可以发生如下的核反应

$$^{235}\mathrm{U} + n \rightarrow {}^{236}\mathrm{U} \rightarrow \mathrm{X} + \mathrm{Y} + mn \tag{7.7.1}$$

m 的平均值为 2.47.裂变产生的碎块可以有许多组合方式,碎块的质量范围约在 75 ~ 160 之间,最可几值在 99 和 144 附近.中子进入 $^{235}\mathrm{U}$ 引起的裂变可以分裂为 $^{144}\mathrm{Ba}$ 和 $^{89}\mathrm{Kr}$,也可以分裂为 $^{140}\mathrm{Xe}$ 和 $^{94}\mathrm{Sr}$,以及其他 60 多种可能性.分裂后的碎片也是不稳定的,它们还要经历衰变过程,才稳定下来.

占天然铀 99.27% 的是 $^{238}\mathrm{U}$,只能由快中子(至少 1MeV) 诱发裂变.$^{238}\mathrm{U}$ 裂变可以用来生产有用的核燃料 $^{239}\mathrm{Pu}$,$^{239}\mathrm{Pu}$ 和 $^{235}\mathrm{U}$ 一样是最常用、最有效的裂变核素.$^{238}\mathrm{U}$ 裂变过程如下

$$\mathrm{n} + {}^{238}\mathrm{U} \rightarrow {}^{239}\mathrm{U} + \gamma \tag{7.7.2}$$

$$\begin{aligned} {}^{239}\mathrm{U} &\rightarrow {}^{239}\mathrm{Np} + \mathrm{e}^- + \bar{\nu}_\mathrm{e} \quad (T = 24\mathrm{min}), \\ {}^{239}\mathrm{Np} &\rightarrow {}^{239}\mathrm{Pu} + \mathrm{e}^- + \bar{\nu}_\mathrm{e} \quad (T = 2.35\mathrm{d}). \end{aligned} \tag{7.7.3}$$

图 7.7.1 给出了 $^{235}_{92}\mathrm{U}$ 裂变产物的产生几率随质量数 A 的分布曲线.

铀核的裂变不一定只分裂成两块碎片.1946 年我国物理学家钱三强、何泽慧夫妇发现了分裂为三块和四块的现象,但是这种情况的几率很小,分裂为三块的几率约为分裂为两块的 3%,分裂为四块约为分裂为两块的 0.3%.

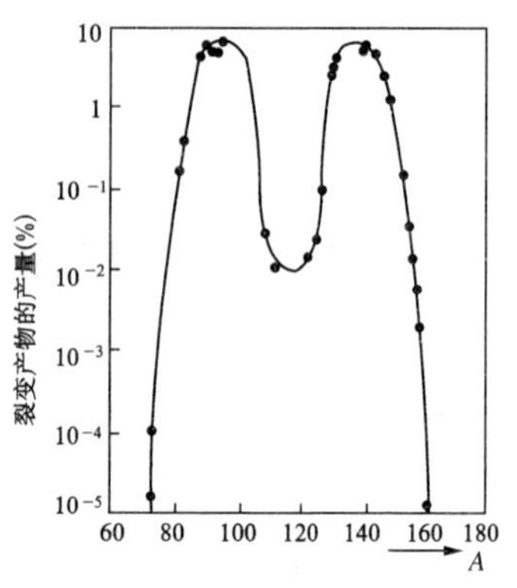

图 7.7.1 裂变产物分布

裂变不仅仅发生于铀核,比较轻的金、银直到最重的锕、镄等原子核都可以发生裂变,但较轻核的裂变较难实现,需用能量很高的入射粒子轰击.此外不仅中子可以引起核的裂变,其他粒子如光子、质子、氘核、α 粒子等都可以使核裂变.重核还存在自发裂变,但非常缓慢,如 ^{235}U 自发裂变的半衰期为 1.8×10^{17} y.

从原子核的核子平均结合能随质量数 A 变化的曲线可见,重核的核子平均结合能比中等质量的原子核小,所以重核裂变要放出能量,这个能量称为**裂变能**.一个 ^{235}U 吸收中子裂变放出的能量可以这样估算:在质量数 $A = 236$ 附近的重核,其比结合能 $\bar{E} = 7.6\text{MeV}$,而 $A \approx 118$ 附近的中等核,其 $\bar{E} \approx 8.5\text{MeV}$,因此一个 ^{236}U 分裂成两个中等质量核时放出能量 $E = (8.5 - 7.6)\text{MeV} \times 236 \approx 210\text{MeV}$.能量的分配为:

碎片的动能	170MeV
中子的动能	5MeV
β^- 粒子和 γ 光子的能量	15MeV
与 β^- 相伴的 $\tilde{\nu}$ 的能量	10MeV

除中微子及某些 γ 光子容易逃逸外,余下的约 185MeV 能量都是可以设法利用的.

7.7.2　裂变机制

利用液滴模型能够比较容易地解释重核的裂变. 按照液滴模型,原子核被看作带电的液滴. 在裂变前原子核处于能量最低状态,呈球状,当用中子轰击重核时,重核吸收中子形成复合核,能量增加,核内核子的运动加剧,原子核发生形变,当形变程度达到不可恢复时,原子核便分裂开. 这一过程如图 7.7.2 所示.

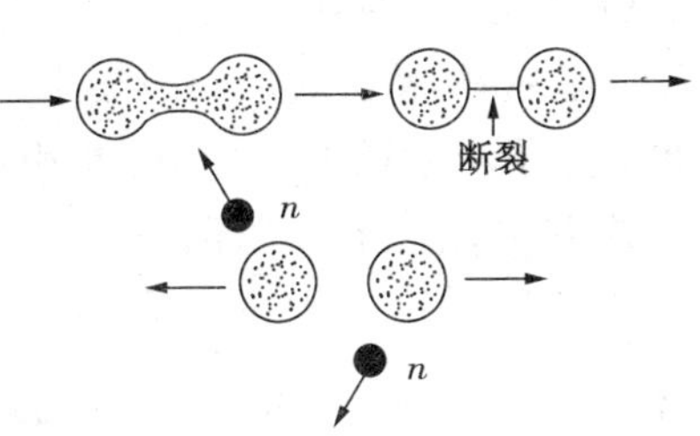

图 7.7.2　裂变过程的核形变

原子核在形变过程中需要吸收能量,因此要使重核发生裂变,先要由外界给它一定能量,为引起裂变外界所需提供的最小能量称为激活能或裂变阈能,以 E_f 表示. 不同原子核的 E_f 是不同的. 当中子与重核碰撞形成复合核时,中子带给复合核的能量是它的动能 K_n 和它与靶核形成复合核时的结合能 B_n,因此复合核的激发能是 $K_n + B_n$,只有这个能量大于 E_f 时裂变才能发生. 对 ^{235}U 和 ^{239}U 核,$B_n > E_f$,故用能量很低的热中子便能引起裂变. 但对 ^{238}U,因 $B_n < E_f$,所以必须用能量大于 1MeV 的快中子轰击才能引起裂变.

7.7.3　链式反应和裂变能的利用

一个 ^{235}U 核发生裂变时,可以放出大约 200MeV 的能量,但是,如果仅仅是一个核裂变,所放出的这个能量是很小的,因此,为使裂变能成为一种可利用的能源,需使大量的重核持续不断地发生裂变.

1. **链式反应**

重核吸收中子后发生裂变，裂变过程中产生的中子又可以引起其他的重核发生裂变，这样裂变反应便可以持续不断地进行下去，这样的裂变过程称为链式反应，图 7.7.3 所示的是中子引发的^{235}U 的链式反应.

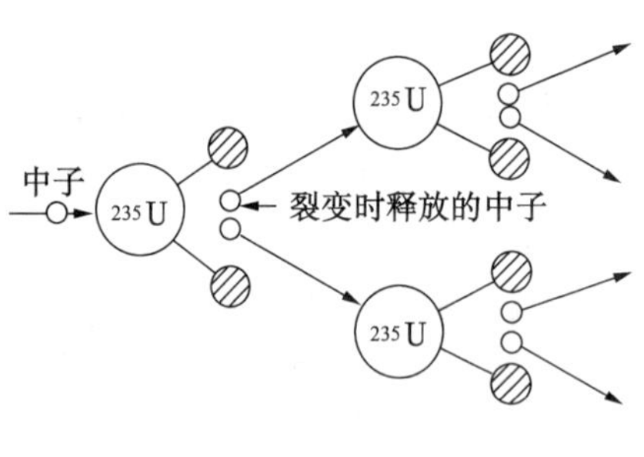

图 7.7.3　链式反应

显然，维持链式反应的条件是：一个中子引发重核裂变，在放出的中子当中至少要有一个能引起下一次裂变，即是说每一代中子数 N 必须等于或大于前一代的中子数 N_0，即

$$N \geqslant N_0$$

或
$$K = \frac{N}{N_0} \quad \left(K = \frac{N}{N_0} \geqslant 1\right) \tag{7.7.4}$$

式中；K 称为增殖系数. 实际工作中由于种种原因这个条件并不能简单得到满足. 首先是一次裂变所放出的中子可能被铀堆中的杂质吸收或因铀堆体积不够大而不能与铀核碰撞而逃逸；其次，即使中子和铀核碰撞，还有可能发生其他的核反应，如弹性散射和非弹性散射，而不发生裂变；此外，由于在天然铀中^{235}U 的含量很少(占 0.7%)，大量的是^{238}U(占 99.3%)，而^{238}U 只有吸收能量大于 1MeV 的中子才能发生裂变，且几率非常小，大部分是俘获中子后形成^{239}U，而不发生裂变，只有速度较慢的热中子被^{235}U 俘获，才有较大的几率发生裂变.

为了实现维持链式反应的条件可以采取以下措施：① 加大铀堆的体积使其大于“临界体积”. 临界体积是使链式反应能维持下去的最小体积. ② 在铀堆周围加上反射层，以减少中子逃逸. ③ 减少铀堆杂质含量，采用浓缩铀以增加^{235}U 的含量. ④ 在铀堆中加入减速剂，使裂变放出的快中子减速为热中子.在容易获得的减速剂中，最好是重水(D_2O，利用氘核)，其次是石墨(碳核).对中子的减速能力与吸收能力之比，重水最大，石墨次之，它们是理想的减速物质.

2. **原子弹**

对于纯^{235}U和^{239}Pu，裂变时放出的快中子也能产生链式反应.原子弹就是利用快中子链式反应的爆炸性武器.要产生链式反应，中子的增殖系数必须等于或大于1，例如若$K=2$，则1kg左右的纯^{235}U燃料(若将其做成球状，其直径约为4.8cm)，只要产生一次裂变(自发裂变或来自宇宙射线里的中子诱发的裂变)，便能在百万分之一秒内产生爆炸.

原子弹的构造如图7.7.4所示.核燃料分为两块或更多块，每一块都小于能发生链式反应的临界体积，而它们整体的体积则大于临界体积，当将分散的各块合拢成一整块时，就能立即发生爆炸，这由引爆装置来完成，它包括一个信管和一些普通炸药.

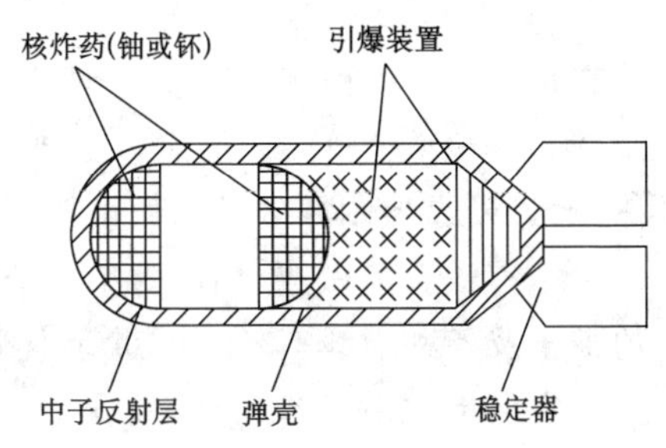

图 7.7.4　原子弹示意图

原子弹的爆炸威力用相当的三硝基甲苯(TNT)炸药数量来表示，1kg的铀制成的原子弹其威力相当于2万吨TNT炸药.

1945年在美国国土上试爆第一颗原子弹是以^{239}Pu为燃料的；接着在日本广岛和长崎爆炸两颗以^{235}U和^{239}Pu为燃料(前者俗名"小男孩"，重4.5t；后者俗名"胖子"，重5t)原子弹.1964年我国试爆成功了第一颗原子弹，是一颗铀弹，说明当时我国已掌握了制造原子弹的关键技术，即铀的分离技术.

3. **原子反应堆**

这是一种可控的链式反应装置. 在这里，链式反应的速度按照人们的要求进行，中子增殖系数 $K=1$. 图 7.7.5 是原子反应堆的示意图. 核反应堆的裂变材料是浓缩铀或天然铀，浓缩铀中^{235}U 的含量为百分之几到百分之几十. 减速剂通常是用石墨或重水，当快中子与它们碰撞时，很快减速成为热中子，从而减少中子被^{238}U 俘获的几率，增加^{235}U 裂变的几率. 为了能够使反应堆有控制地正常进行工作，堆中装有能大量吸收中子的控制棒，一般是镉棒或硼钢棒，通过操纵控制棒的升降便可控制堆中链式反应的速度. 反射层一般由铍或石墨做成，用以防止中子跑出堆外. 原子反应堆中产生的中子及各种射线有较大的贯穿本领，对人体有害，保护墙用于防止它们射出反应堆外. 冷却及热能输送装置使重水（既是减速剂，也是冷却剂）在堆内外的热交换器间循环流动，既使反应堆维持一定温度，又把裂变放出的大量能量传送出来，用作动力源.

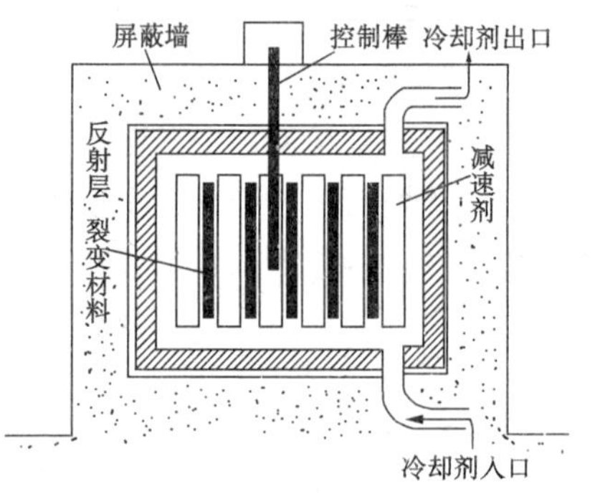

图 7.7.5　原子反应堆示意图

原子反应堆有多种用途. 首先是作为能源，前苏联于 1954 年建成第一座原子能发电站以来，目前世界各国已有 300 多座原子能发电站，我国有秦山和大亚湾两座核电站. 除发电外，还可作为轮船、飞机、汽车、人造卫星等的动力源. 其次，反应堆能提供强中子源，用于进行核物理和其他方面（如辐射化学、放射性生物学等）的研究. 此外，还可以获得放射性同位素和裂变材料. 裂变碎片是放射性的，可由反应堆中获得. 将自然界中含量较多的$^{238}_{92}$U 和$^{232}_{90}$Th 放在反应堆中受中子照射，形成复合^{239}U 和^{233}Th，经两次

β^- 衰变便可得到很好的裂变材料^{239}Pu 和^{233}U.

7.7.4　轻核聚变

原子核的聚变是指几个轻原子核聚合而成为较重原子核的过程.从原子核的平均结合能考虑,$^4_2$He 的平均结合能处在峰值,比它轻的核其平均结合能小得多,所以这些轻核聚合成较重的核$^4_2$He 时要放出能量.例如下列几个聚变反应

$$\left.\begin{aligned} &{}^2_1\mathrm{H}+{}^2_1\mathrm{H}\rightarrow{}^3_2\mathrm{He}+{}^1_0\mathrm{n}+3.25\mathrm{MeV}\\ &{}^3_2\mathrm{He}+{}^2_1\mathrm{H}\rightarrow{}^4_2\mathrm{He}+{}^1_1\mathrm{H}+18.3\mathrm{MeV}\\ &{}^2_1\mathrm{H}+{}^2_1\mathrm{H}\rightarrow{}^3_1\mathrm{H}+{}^1_1\mathrm{H}+4.00\mathrm{MeV}\\ &{}^3_1\mathrm{H}+{}^2_1\mathrm{H}\rightarrow{}^4_2\mathrm{He}+{}^1_0\mathrm{n}+17.6\mathrm{MeV}\\ &{}^6_3\mathrm{Li}+{}^2_1\mathrm{H}\rightarrow 2{}^4_2\mathrm{He}+22.4\mathrm{MeV}\\ &{}^7_3\mathrm{Li}+{}^1_1\mathrm{H}\rightarrow 2{}^4_2\mathrm{He}+17.3\mathrm{MeV} \end{aligned}\right\}\qquad(7.7.5)$$

前面 4 个反应式可以合写成一个反应式,即

$$6{}^2_1\mathrm{H}\rightarrow 2{}^4_2\mathrm{He}+2{}^1_1\mathrm{H}+2{}^1_0\mathrm{n}+43.15\mathrm{MeV}\qquad(7.7.6)$$

共用了 6 个氘核,共释放能量 43.15MeV,平均每个氘核放出 7.2MeV 能量,每个核子释放的能量为 3.6MeV,而^{235}U 裂变时,平均每个核子所释放的能量约为 0.9MeV.氘核聚变时每个核子放出的能量约为^{235}U 裂变时每个核子放出能量的 4 倍,由此可见轻核聚变比重核裂变可以释放更大的能量.

聚变材料非常丰富.海水中含有氘,它和氢的比例约为 1/6000,地球表面海水的存量为 10^{21}kg 数量级,每克氘发生聚变可放出 10^{11}J 的能量,若海水中的氘全部聚变,则放出的能量约为 10^{31}J.这个能量可以用几百亿年,而铀、钍等裂变材料据目前探明的贮量大约只能用几百年.

轻核聚变的产物基本上是非放射性的,因此不会导致环境的污染,所以轻核聚变是一种理想的能源.

7.7.5 热核反应和聚变能的利用

1. 热核反应

要使氘核能发生聚变反应，必须使它们能够克服其间的库仑势垒，相互接触，发生核力作用．当两个氘核靠近时，它们之间的库仑势能等于 10^{-13}J.

利用加速器将氘核加速后轰击氘核，可以产生氘核聚变反应，但这只能使少量的氘核发生反应，放出的能量很少，消耗的能量却很多，故不能用作能源.

实现氘核聚变的另一种方法，是将氘核加热到很高的温度，使它们在高速的、无规则的热运动下彼此碰撞，从而产生大量的聚变反应．这种由于核的热运动而产生的聚变反应，称为热核反应．此时，氘核的热运动的平均动能（$\frac{3}{2}kT$）要等于它们间库仑势能的量级．此时氘的温度达到 10^{10}K．我们知道，粒子的热运动速率遵从麦克斯韦分布律，并且对于微观粒子存在着隧道贯穿效应，因此产生热核反应的温度只要 $10^8\sim10^9$K 即可．这是很高的温度，在这样的温度下，所有的原子都将被完全离解，形成密度很大的正离子和等电量电子同时共存的气体，即等离子体.

2. 氢弹

氢弹是利用轻核聚变制成的爆炸武器，其构造如图 7.7.6 所示．聚变材料是氘和氚，产生聚变反应的高温条件是原子弹的爆炸提供的．当引爆装置引起普通炸药爆炸时，将铀块迅速合拢产生原子弹爆炸，由此产

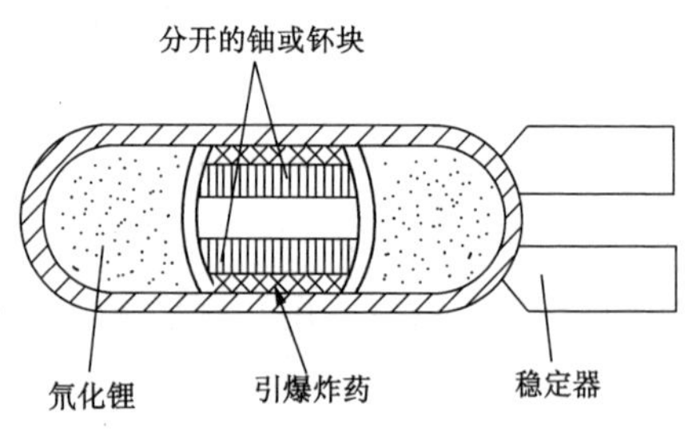

图 7.7.6 氢弹结构示意图

生的高温使氘和氚迅速、剧烈地进行生成氦的热核反应，引起氢弹的爆炸. 氢弹的炸药氘和氚没有临界体积的限制，可以做得很大. 但氚是不稳定的核素，其半衰期为 12.5 年，所以不能久存. 氢弹常用氘化锂和氚化锂作原料，在原子炸药爆炸时产生的大量中子轰击锂核可产生氚，以补充氚的供应. 氢弹爆炸时完成以下反应

$$\begin{aligned} &{}_0^1n + {}_3^6Li \rightarrow {}_1^3H + {}_2^4He + 4.8MeV \\ &{}_1^3H + {}_1^2H \rightarrow {}_2^5He \rightarrow {}_2^4He + {}_0^1n + 17.6MeV \end{aligned} \tag{7.7.7}$$

3. 太阳能 —— 引力约束聚变

太阳每时每刻都在向太空辐射着巨大的能量，其辐射功率大约是 $10^{26}J \cdot s^{-1}$. 这些能量来自太阳上持续进行的热核反应. 目前，人们认为太阳上主要存在着两种聚变过程：一种是所谓的碳 — 氮循环，其具体反应过程如下

$$\left.\begin{aligned} &{}_6^{12}C + {}_1^1H \rightarrow {}_7^{13}N + \gamma \\ &{}_7^{13}N \rightarrow {}_6^{13}C + \beta^+ + \nu \\ &{}_6^{13}C + {}_1^1H \rightarrow {}_7^{14}N + \gamma \\ &{}_7^{14}N + {}_1^1H \rightarrow {}_8^{15}O + \gamma \\ &{}_8^{15}O \rightarrow {}_7^{15}N + \beta^+ + \nu \\ &{}_7^{15}N + {}_1^1H \rightarrow {}_6^{12}C + {}_2^4He + \gamma \end{aligned}\right\} \tag{7.7.8}$$

总的循环结果是把四个质子聚合成了一个 ${}_2^4He$，同时放出了二个 β^+ 粒子、二个中微子和大约 26MeV 的能量. 在这个循环中碳和氮数量不变，只起媒介作用.

另一种是氢 — 氢链式反应. 具体反应如下

$$\left.\begin{aligned} &{}_1^1H + {}_1^1H \rightarrow {}_1^2H + \beta^+ + \nu \\ &{}_1^2H + {}_1^1H \rightarrow {}_2^3He + \gamma \\ &{}_2^3He + {}_2^3He \rightarrow {}_2^4He + 2{}_1^1H \end{aligned}\right\} \tag{7.7.9}$$

这些反应总的结果与上面碳 — 氮循环反应相同. 根据目前的数据，氢 — 氢链式反应在太阳中是主要的反应过程，产生的能量约

占总能量的96%.太阳每天燃烧50万亿吨氢(转化为α粒子),释放的能量相当于每秒爆炸900亿只百万吨级(TNT炸药当量)氢弹.但是相对于太阳的总质量2×10^{30}kg,还是一个小数.正是太阳巨大质量而产生的引力,把处于高温(10^7K)的等离子体约束在一起发生热核聚变反应.

4.**可控热核反应**

为使聚变放出的能量用作能源,必须使热核反应能够以适当的速度、强度平稳地有控制地进行,即实现受控热核反应.目前人类企图实现的受控聚变反应主要是氘—氘和氘—氚两个反应,这些反应相对来说在温度不太高时有较大的反应截面.经过多年的努力,人们关于实现可控热核反应基本条件的认识有如下几点:① 聚变反应必须在等离子体中进行.② 等离子体温度$T\geqslant10^8$K.③ 等离子体密度$n\approx10^{21}/\text{m}^3$.④ 需要磁场约束,以维持等离子体的密度和温度.⑤ 等离子体被约束应具有一定的持续时间τ.

人们经过计算提出了达到临界要求的劳逊(Lawson)判据:

对于氘—氘反应 $n\tau\geqslant10^{21}\text{s}\cdot\text{m}^{-3}, kT=50\text{keV}$

对于氘—氚反应 $n\tau\geqslant6\times10^{19}\text{s}\cdot\text{m}^{-3}, kT=10\text{keV}$

k为玻尔兹曼常数.由此可见,氘—氚反应比较容易实现.

如何对等离子体加热,使其温度提高到氘核聚变所需温度$10^8\sim10^9$K呢?可以对等离子体作绝热压缩,即对它做功,功转化为热能;也可以在等离子体中通以强大的电流,而使等离子体温度升高.除此以外,也可以将氘核先在加速器中加速到超过聚变反应所需的能量,然后射入等离子体中,起"点火"作用,近年来,正在研究用激光引爆来加热聚变物质的方法.

关于等离子体的约束问题.由于高温的等离子体和容器壁接触,器壁立刻熔化或蒸发等离子体会很快散开,热核反应终止.另外,熔化或蒸发的器壁的元素掺入等离子体中,可导致发生强的韧致辐射而损失能量,使等离子体温度下降,也会使热核反应终止.

所以要求把等离子体约束起来,一方面使其脱离器壁,温度不会下降,另一方面使其被压缩,温度上升.目前,约束等离子体的办法有两种:一种是磁场约束,其原理是:带电粒子进入磁场时它的路径会弯曲,强大的磁场可使带电粒子沿着一个闭合的曲线运动,磁场越强,粒子运动范围束缚得越小.如把等离子体放在一极强的磁场中,可使正离子和电子局限在一个很小的容积中运动,达到约束的目的.第二种方法是惯性约束,用聚变材料氘和氚做成一靶丸,利用从四面八方来的激光或相对论性电子,在一个很短的时间内,同时射向这个很小的靶丸,使其外层突然加热、膨胀后压缩内层材料,产生热核聚变反应.

从目前看来,实现可控热核反应的困难还很大,尚需做出很大努力,但不久的将来一定会实现.

思考题

7.1　原子核的电四极矩说明了什么?

7.2　原子核的液滴模型及壳层模型的实验根据是什么?两个模型的基本内容是什么?它们各自能说明原子核的哪些性质?

7.3　原子核仅由质子和中子组成,为何β衰变会放出电子?

7.4　原子核能级是量子化的,为何β衰变的能量是连续谱?

7.5　凡是可能发生β^+衰变的原子核是否也可能俘获K电子?

7.6　原子核反应与放射性衰变有何不同?

7.7　什么是反应能?反应能$Q<0$包含什么意思?在吸能反应中为什么要求入射粒子的能量至少等于阈能?

习　题

7.1　在下列核素中哪些是同位素、同中子素、同量异位素？

$$^{12}_{6}C,\ ^{13}_{6}C,\ ^{14}_{6}C,\ ^{14}_{7}N,\ ^{15}_{7}N,\ ^{16}_{8}O,\ ^{17}_{8}O,\ ^{18}_{8}O$$

7.2　试计算$^{3}_{1}H$，$^{3}_{2}He$，$^{4}_{2}He$核的平均结合能．已知这些原子的质量分别为$M(^{3}_{1}H)=3.016\,050u$，$M(^{3}_{2}He)=3.016\,029u$，$M(^{4}_{2}He)=4.002\,603u$．

7.3　从$^{16}_{8}O$中移去一个中子需要多少能量？已知$M(^{16}_{8}O)=15.9949u$；$M(^{15}_{8}O)=15.0030u$．

7.4　在铍核内每个核子的平均（比）结合能为6.45MeV，而在氦核内为7.06MeV，要把$^{9}_{4}Be$分裂为2个α粒子，问是吸收还是放出多少能量？

7.5　^{32}P的β衰变半衰期是14.3d，试问1μg的^{32}P在一昼夜中放出多少个β粒子？

7.6　1g^{238}U在第一秒内发射出1.24×10^{4}个α粒子，试确定它的半衰期和该样品的放射性活度．

7.7　^{210}Po放出α粒子的动能为5.301MeV，试求其衰变能．

7.8　已知^{227}Th的α衰变能是6.138MeV，试求α粒子的动能．

7.9　实验测得处于同一状态的^{226}Ra放出两组α粒子，相应的动能为4.793MeV和4.612MeV．

(1) 分别求出衰变能；

(2) 计算所辐射出γ光子的频率；

(3) 画出核能级跃迁示意图．

7.10　已知$^{3}_{1}H$和$^{3}_{2}He$的质量分别为3.016 050u和3.016 030u，计算$^{3}_{1}H$放射出的β粒子的最大能量．

7.11　^{180}Ta经某种衰变转变为^{180}Hf．

(1) 判断这种转变过程属何种衰变；

(2) 计算其衰变能．

已知：^{180}Ta 的质量为 179.947 489u，^{180}Hf 的质量是 179.946 560u，K 电子结合能为 67.4keV.

7.12　激发能为 100keV 的同质异能素 ^{126}Te 放出内转换电子而退激回基态．若 K 电子和 L 电子的结合能分别是 31.8keV，4.93keV，试计算所放出的 K 电子、L 电子的动能．

7.13　^{137}Ba 作用同质异能跃迁时放出的 γ 光子的能量为 616.6keV，试计算核的反冲能量．

7.14　^{214}Po 的 β 能谱中有内转换电子群，测得内转换电子的能量为 0.037MeV，其电离能为 0.016MeV．求子核 ^{214}Bi 的两能级差以及相应跃迁产生 γ 射线的波长．

7.15　质量为 M_1，动能为 T 的粒子与质量为 M_2 的静止靶核发生非弹性碰撞，将靶核激发到能量为 ΔE 的激发态，入射粒子被散射至 90° 方向上，试证明散射后的动能为

$$T' = \frac{M_2 - M_1}{M_2 + M_1}T - \frac{M_2}{M_2 + M_1}\Delta E$$

7.16　动能为 1MeV 的质子轰击 ^{7}Li 核时产生了两个 α 粒子，若这两个 α 粒子沿质子的入射方向对称地出射，求 α 粒子的动能和出射角．如果一个 α 粒子与质子入射方向垂直出射，则结果又如何？

[已知 $M(^1_1\text{H}) = 1.007825\text{u}, M(^7_3\text{Li}) = 7.016005\text{u}, M(^4_2\text{HeS}) = 4.002603\text{u}$]

7.17　若用 α 粒子轰击固定的锂靶，试求 α 粒子至少具有多大的动能才能使核反应 $^7_3\text{Li}(\alpha,n)^{10}_5\text{B}$ 发生；若以 $^{232}_{90}$Th 衰变发生的 α 粒子来轰击，能否引起核反应？（已知核素的原子量：$^7_3$Li：7.016005u；$^{10}_5$B：10.0129385u；$^4_2$He：4.002603u；$^{232}_{90}$Th：232.038074u；$^{228}_{88}$Ra：228.031091u）

7.18　^{235}U 俘获一个热中子分裂成两块碎片，其质量数分别为 96 和 140．设两碎片的总动能为 115MeV，求每块碎片的动能和速度．

7.19　计算 1g^{235}U 裂变时放出的能量约等于多少煤在空气中燃烧放出的热量（煤的燃烧值为 3.3×10^7 J/kg，$1\text{MeV} = 1.6\times10^{-13}$ J）

7.20　对于核聚变反应

$$^2_1\text{H} + ^2_1\text{H} \rightarrow ^3_2\text{He} + ^1_0\text{n} + Q_1$$

$$^2_1\text{H} + ^2_1\text{H} \rightarrow ^3_1\text{H} + ^1_1\text{H} + Q_2$$

$${}_{1}^{3}H + {}_{1}^{2}H \rightarrow {}_{2}^{4}He + {}_{0}^{1}n + Q_3$$

$${}_{2}^{3}He + {}_{1}^{2}H \rightarrow {}_{2}^{4}He + {}_{1}^{1}H + Q_4$$

(1) 计算这四个氘的核聚变反应中所释放的能量.

(2) 在四个核聚变过程中用去 1g 氘所放出的能量约相当于多少煤燃烧放出的能量?(煤燃烧热见上题,^{2}H:2.014102u,^{3}H:3.0160497u,^{3}He:3.01601297u,^{4}He:4.002603u)

第 8 章　分子结构与光谱

在我们的现实生活世界中，物质大部分是以原子结合成分子的形式存在的，以孤立原子的形式存在是很少的，前面几章我们已经研究了原子世界的运动规律和性质，本章主要从分子光谱讨论分子结构，我们首先简单介绍原子由于相互作用而形成分子的各种键联。

§8.1　分子的化学键联

两个原子或几个原子由于相互作用而形成分子，在化学上以化学键来表示这种相互作用。原子形成的分子能量小于其离散组成的原子的总能量，而且由于原子内部满壳层电子受到各自原子核的紧密束缚几乎不参加化学键的形成，只有价电子参与成键形成大体离子键、共价键、金属键以及弱的范德瓦尔斯键。

8.1.1 离子键

当一个原子的价电子转移到另外一个原子时,形成正负离子,离子之间由于静电库仑力而结合成分子,即形成离子键。在元素周期表中,碱金属和碱土金属原子只有一个和两个价电子,电离能小容易失去价电子变成正离子,而卤族和氧族元素原子有六七个价电子,他们有较强的电子亲和势,容易俘获电子形成负离子,形成分子的过程是这样的,分别满壳层的正负离子之间的静电库仑引力使两离子逐渐吸引成键,但当两个离子靠的很近时,离子外的电子云相互重叠,会产生强的排斥作用,只有当斥力和引力相等时体系能量最低,从而形成分子。例如 NaCl,$CaCl_2$ 分子属于离子键分子。

8.1.2 共价键

共价键形成的分子其每个原子的价电子不再属于某个原子而属于整个分子,这种分子内的相互作用称为共价键。当一对价电子为两个原子所共有在两个核中间势能较低区域时,原子系统能量最低,能形成稳定的分子。氢分子是最简单的共价键分子,O_2,N_2,CO 都是共价键分子。下面以最简单的氢分子离子来讨论。

氢分子离子　氢分子离子由两个质子和一个电子组成,精确研究分子结构问题需要应用量子力学的薛定谔方程求解,由于在分子内部,价电子运动以及原子核的振动和转动是同时存在的,同时处理这些问题会很复杂,一般采用奥本 — 海默近似,即在求电子波函数时,假定各原子核在空间是相对静止的,核间距离只作为参数出现在薛定谔方程中。对氢分子离子,电子在两个质子的静电场中运动,质子固定在确定的位置 a 和 b,它们对电子形成双势阱,当 a 和 b 相距很近时,双势阱之间的势垒较宽,电子只能束缚在 a 或 b 之间,电子的波函数可以分别用氢原子的波函数 ψ_A 或 ψ_B 表示. 如果a 和 b 不断靠近,势垒的宽度不断减小,由于隧道效应电子可以穿过势垒,电子在 a 和 b 附近出现的几率相等. 如图 8.1.1 所示.

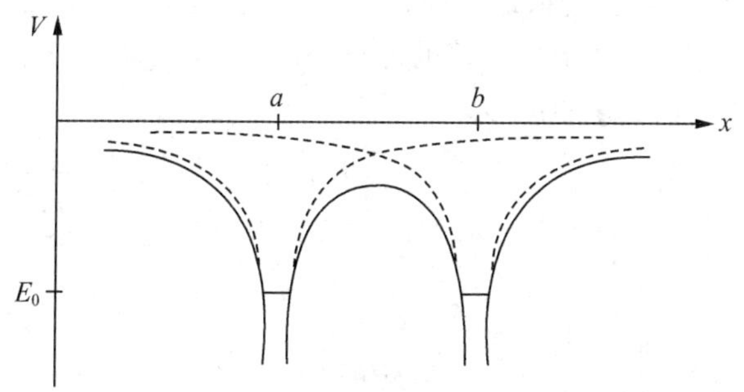

图 8.1.1　氢分子离子的双势阱

分子的电子 1s 态波函数围绕质子 a 的称为 ψ_A,围绕质子 b 的称为 ψ_B,如图 8.1.2 所示.

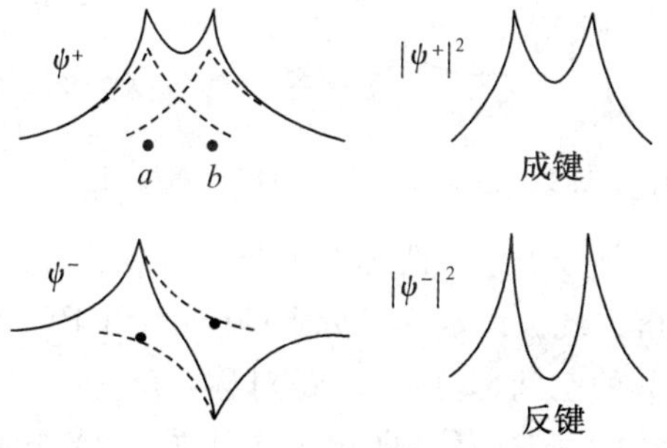

图 8.1.2　对称波函数 ψ^+ 和反对称波函数 ψ^- 及对应的几率密度

氢分子离子的波函数可以用 ψ_A 和 ψ_B 的线性组合表示：

$$\psi^+ = \psi_A + \psi_B, \psi^- = \psi_A - \psi_B \quad 8.1.1$$

电子处于对称波函数 ψ^+ 态时,电子在两个质子中间区域出现的几率密度较大,两个核对电子的库仑吸引力使 H_2^+ 的能量下降,

在 $R=0.106\text{nm}$ 时，能量有极小值，能量为 -2.65eV，电子对两个质子起粘合剂作用，构成稳定的氢分子离子，称成键态；电子处于反对称波函数 ψ^- 态时，电子在两个质子中间区域出现的几率较小，能量是增加的且总是正值，电子对两个质子不能起粘合剂作用，称反键态，不能形成稳定的分子. 如图 8.1.3 是氢分子离子总能量随核间距变化的情形。

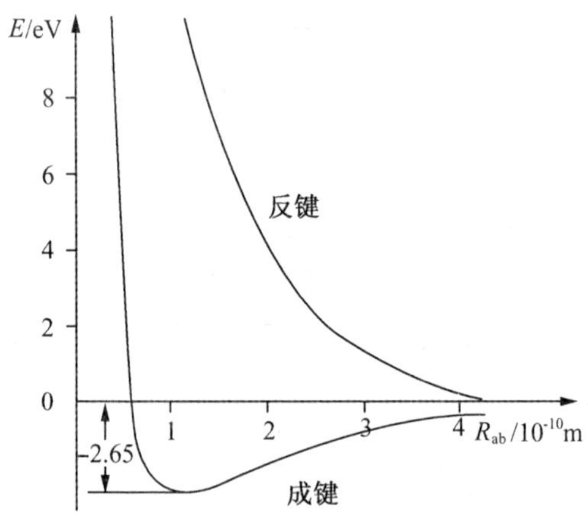

图 8.1.3　是氢分子离子总能量随核间距变化

氢分子　氢分子中有两个电子和两个质子，我们可以列出薛定谔方程，求解系统波函数和氢分子的能量，由于两个电子的不可分辨性，波函数的空间部分，一定是对称或反对称的。考虑泡利不相容原理，系统的总波函数（自旋和空间波函数）必须是交换反对称的，即当自旋波函数是对称时（↑↑ 表示），空间波函数一定是反对称的记作 ψ^-（↑↑）；当自旋波函数是反对称时（↑↓ 表示），空间波函数一定是对称的记作 ψ^+（↑↓），由图 8.1.4 两种波函数与原子核的间距关系，可知只有两个电子自旋反平行的状态才能形成稳定的氢分子。这时电子云集中在两个原子中间，受到两个原子核的库仑吸引力，相应的能量比 ψ^-（↑↑）波函数能量低。

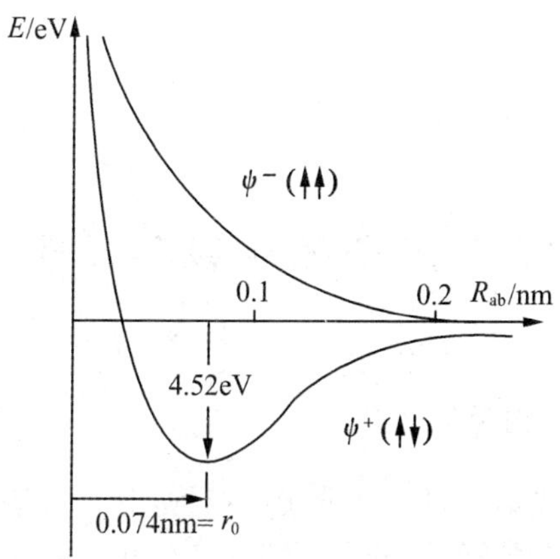

图 8.1.4　氢分子的束缚能与核间距离的关系

共价键分子具有饱和性，即一个原子只能形成一定数目的共价键。

8.1.3　范德瓦尔斯键

在所有的原子和分子之间都存在范德瓦尔斯键（Van der Waals bond），范德瓦尔斯键是一种瞬时的电偶极矩的感应作用。往往产生于原来具有稳固电子结构的原子或分子之间。如具有满壳层结构的惰性气体元素，或价电子已用于形成共价键的饱和分子。它们结合为晶体时基本上保持原来的电子结构。其结合能一般在 0.1eV 左右。

8.1.4　金属键

在金属中，原子结合不是靠交换或共有若干电子，而是原子核和它周围束缚电子构成的离子好像浸没在自由电子“气”中，这种自由电子可在整个金属中漫游，在固体中结合成晶体，气体分子中没有金属键。

§8.2 分子的能级和分子光谱

8.2.1 分子的内部运动

从分子的光谱可以研究分子的结构，分子光谱比较复杂是由于分子内部复杂的运动，分子内部不仅有电子运动电子能级，还有构成分子的原子之间的振动和振动能级以及分子的转动和转动能级。可以初步估计一下分子内部这种能量的量级。

电子运动能量 E_e：分子的大小约为 $a \sim 0.1\text{nm}$，价电子在分子范围内运动，其坐标不确定度为 a，根据量子力学不确定关系，价电子动量的值约为 $\frac{\hbar}{a}$，因此，电子的运动能量

$$E_e = \frac{P^2}{2m} \sim \frac{\hbar^2}{ma^2} \sim 10\text{eV} \tag{8.2.1}$$

这一能量对应的价电子跃迁的频率处于光谱的可见区和紫外区.

振动能量 E_v：可以利用经典理论估计振动能的大小，如果分子内电子和原子核之间的力为 F，电子和原子核形成经典谐振子，且力常数为 k，原子核振动频率 $\omega_N = \sqrt{\frac{k}{M}}$ 则核振动能量 $E_v = \hbar\omega_v = \hbar\sqrt{\frac{k}{M}}$，其中 M 为核的质量，电子运动的角频率 $\omega_e = \sqrt{\frac{k}{m}}$，电子能量 $E_e = \hbar\omega_e = \hbar\sqrt{\frac{k}{m}}$，因此核的低振动模式能量可近似表示为：

$$E_v \approx \sqrt{\frac{m}{M}} E_e \tag{8.2.2}$$

典型的核的质量大约是电子质量的 $10^4 \sim 10^5$ 倍.因此 E_v 约为 E_e 的 1/100.对应的分子振动跃迁频率处于近红外区域.

转动能量 E_r:分子的转动惯量数量级为 Ma^2,角动量的量级为 $\hbar$,因此分子的转动能量为

$$E_r = \frac{P_\varphi^2}{2I} \sim \frac{\hbar^2}{Ma^2} \tag{8.2.3}$$

约为电子运动能量 E_e 的 10^{-4},对应的分子转动跃迁频率处于远红外或微波区域.

由于电子的质量远小于核的质量,因此,原子核的运动非常缓慢,电子运动的频率远大于分子振动和转动的频率,当考虑电子运动时,可以认为原子核固定不动,分子既没有振动,也没有转动;研究分子振动时,可以认为分子没有转动,而电子处于稳定的运动,用有效电子云来代替;研究分子转动时,原子核处于振动的平衡位置.分子的总能量是三者之和 $E = E_e + E_v + E_r$.能级间隔 $\Delta E_e > \Delta E_v > \Delta E_\gamma$,因此同一电子能级上有若干振动能级,每个振动能级上有若干转动能级;一对振动能级之间跃迁产生的光谱由于有若干转动能级的跃迁形成一个光谱带,是一组很密的线;一对电子能级之间的跃迁由于包含许多对振动能级的可能跃迁产生很多光谱带,形成谱带系。分子光谱一般由几个谱带系形成带状光谱如图 8.2.1 示意图。(Ⅰ)由光谱线组成光带(Ⅱ)几个光带组成谱带系(Ⅲ)数个谱带系组成分子光谱

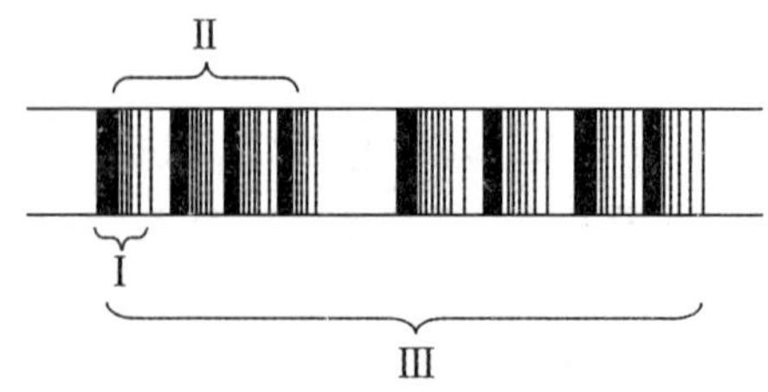

图 8.2.1 分子光谱示意图

8.2.2 双原子分子的转动能级和光谱

假定双原子分子是刚性的，即分子中原子间的相对运动在考虑分子转动时予以忽略，并且原子绕过质心连线的垂直轴转动，I 为分子绕质心的转动惯量：

$$I = m_1 r_1^2 + m_2 r_2^2 = \mu R^2 \tag{8.2.4}$$

μ 为约化质量：$\mu = \dfrac{m_1 m_2}{m_1 + m_2}$，$R = r_1 + r_2$ 为两个原子之间的距离。转动惯量方程表示双原子分子的转动等价质量为 μ 的单粒子围绕和它相距 R 的轴的转动。分子的角动量为：

$$L = I\omega \tag{8.2.5}$$

这里 ω 为它的角速度。我们用转动量子数 J 来表示角动量量子化：

$$L = \sqrt{J(J+1)}\hbar, J = 0,1,2,3,\cdots \tag{8.2.6}$$

转动分子的能量为

$$E_r = \frac{1}{2}I\omega^2 = \frac{L^2}{2I} = \frac{\hbar^2}{2I}[J(J+1)], J = 0,1,2,3,\cdots \tag{8.2.7}$$

能级间隔为

$$\Delta E_r = [(J+1)(J+2) - J(J+1)]\frac{\hbar^2}{2I} = \frac{(J+1)\hbar^2}{I} \tag{8.2.8}$$

能级间隔随量子数 J 的增大而加宽，如图 8.2.2 所示

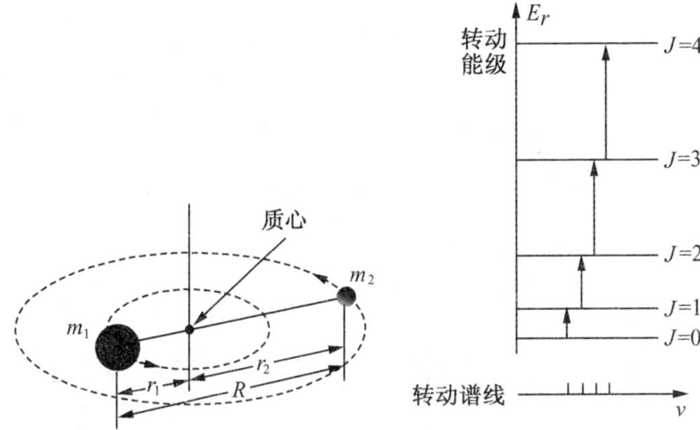

图 8.2.2　双原子分子的转动和转动能级

实验和理论都证明分子转动能级之间的电偶极辐射跃迁的选择定则为

$$\Delta J = \pm 1 \tag{8.2.9}$$

即能级跃迁只可能发生在相邻的能级之间. 实际上分子的转动谱线总是吸收光子时被观测到. 因此每一条转动谱线总是从量子数为 J 的初态吸收光子跃迁到下一个量子数为 $J+1$ 的较高动能态. 转动光谱线光子的波数为

$$\tilde{\nu}_r = \frac{\Delta E_r}{hc} = \frac{(J+1)\hbar^2}{Ihc} = \frac{(J+1)h}{4\pi^2 Ic} = 2B(J+1) \tag{8.2.10}$$

其中 $2B = \dfrac{h}{4\pi^2 Ic}$，谱线波函数的间隔是相等的，都是 $2B$. 从光谱推算 B 的值，就可以算出转动惯量 I，从而算出原子核的距离 r_0. HCl 远红外吸收谱中观测到很多条谱线，这些光谱线波函数的间隔 $2B$ 为 20.68cm^{-1}，由此推算出核间距为 0.129nm.

8.2.3 双原子分子的振动能级和光谱

双原子分子的振动势能曲线如图 8.2.3，曲线底部近似为抛物线，r_0 为系统最稳定的平衡位置，但两原子间距并不总是保持 r_0，而是在 r_0 附近近似作简谐振动，我们采用简谐振动如图 8.2.3(a) 来处理，振动频率 $\nu_0 = \frac{1}{2\pi}\sqrt{\frac{k}{\mu}}$，势能 $V(r) = \frac{1}{2}k(r-r_0)^2$，按量子力学，振动是量子化的：

$$E_v = (v + \frac{1}{2})h\nu_0, v = 0,1,2,3\cdots \tag{8.2.11}$$

v 是振动量子数，这个能级是等间距的，谐振子能级跃迁选择定则为：

$$\Delta v = \pm 1 \tag{8.2.12}$$

因此，上式给出的纯振动能级间跃迁只可能产生一个单一频率 $\nu = \nu_0$，波数 $\tilde{\nu} = \nu_0/c = \tilde{\nu}_0$。实际分子中原子间的相互作用势能与谐振子势能不同，势能曲线上部偏离抛物线，因此，能级不是等间距的，自低至高越来越密，如图 8.2.3(b) 中所示. 这时选择定则也与式(8.2.12) 不同，纯振动能级间的跃迁所产生的光波频率也不是唯一的了。

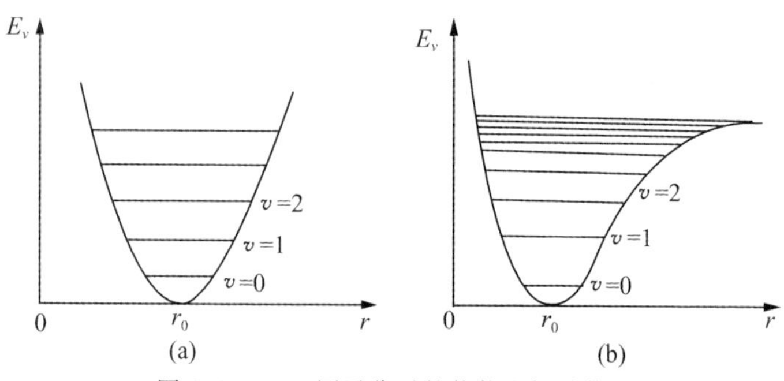

图 8.2.3 双原子分子的势能和振动能级

8.2.4　双原子分子的振－转能级和光谱

纯的振动光谱仅能在液体中观测到.因为分子转动的激发能远小于分子的振动激发能,液体中相邻分子之间的相互作用禁止分子转动.在气体或蒸汽中的自由运动的分子几乎总是在转动,无论分子在什么振动状态.这样分子的光谱不是显示和每一振动跃迁相关的孤立的谱线,而是属于一个振动有大数量的由于转动能级之间跃迁产生的间隔很小的密排的谱线.用分辨率不高的光谱仪得到的分子光谱中,这些表现为宽斑纹的谱线称为振动－转动带.

对于一级近似,分子的振动和转动相互独立,忽略离心的变形和非简谐效应.双原子分子的能级可以表示为

$$E_{\nu,r}=(v+\frac{1}{2})\hbar\sqrt{\frac{k}{\mu}}+J(J+1)\frac{\hbar^2}{2I} \tag{8.2.13}$$

图 8.2.4 显示双原子分子对于 $v=0$ 和 $v=1$ 振动态的 $J=0,1,2,3,4$ 的转动能级和吸收谱线,满足选择定则 $\Delta v=\pm 1$ 和 $\Delta J=\pm 1$. $v=0\to v=1$ 的振动跃迁分成两种:$\Delta J=-1$,也就是 $J\to J-1$ 的称为 P 支,$\Delta J=1$,也就是 $J\to J+1$ 的称为 R 支,在 P 支中谱线的频率为:

$$\begin{aligned}\nu_P&=\frac{E_{1,J-1}-E_{0,J}}{h}=\frac{1}{2\pi}\sqrt{\frac{k}{\mu}}+[(J-1)J-J(J+1)]\frac{\hbar}{4\pi I}\\&=\nu_0-J\frac{\hbar}{2\pi I}\end{aligned} \tag{8.2.14}$$

它们的波函数为

$$\tilde{\nu}_P=\frac{1}{\lambda_P}=\frac{\nu_P}{c}=\tilde{\nu}_0-2BJ \tag{8.2.15}$$

其中 $J=1,2,3,\cdots,\nu_0=\frac{1}{2\pi}\sqrt{\frac{k}{\mu}},2B=\frac{\hbar}{2\pi Ic}$　(8.2.16)

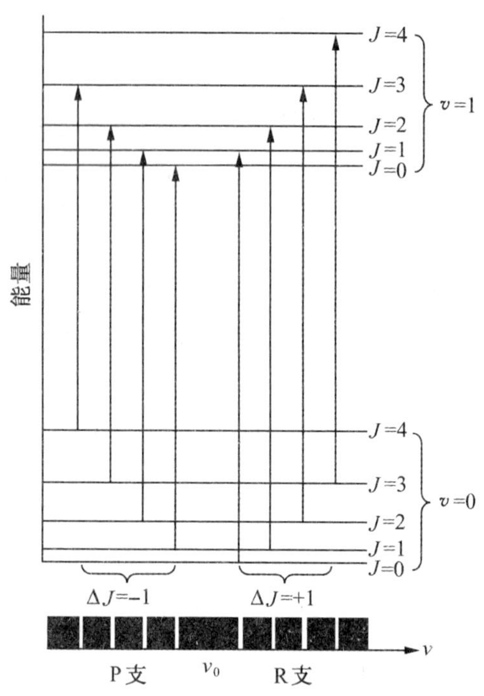

图 8.2.4 双原子分子中 $v=0\to v=1$ 振动跃迁的转动谱

在 R 支中谱线的频率为

$$\nu_R=\frac{E_{1,J+1}-E_{0,J}}{h}=\frac{1}{2\pi}\sqrt{\frac{k}{\mu}}+[(J+1)(J+2)-J(J+1)]\frac{\hbar}{4\pi I}$$

$$=\nu_0+(J+1)\frac{\hbar}{2\pi I} \tag{8.2.17}$$

其中 $J=0,1,2,3,\cdots$，波数为

$$\tilde{\nu}_R=\tilde{\nu}_0+2B(J+1) \tag{8.2.18}$$

在双原子分子中 $\Delta J=0$ 的跃迁是禁止的，因此没有 $\nu=\nu_0$ 的振动谱线. ν_0 是振动－转动光谱带中的一个空位，称为光谱带的基

线，基线是一个空缺，很容易认出. 这种吸收谱线带的特征是从中央基线对称地向两侧排开，间距是均匀的. 图 8.2.5 显示在 HCl 分子中 $v=0\rightarrow v=1$ 的振动－转动吸收带.

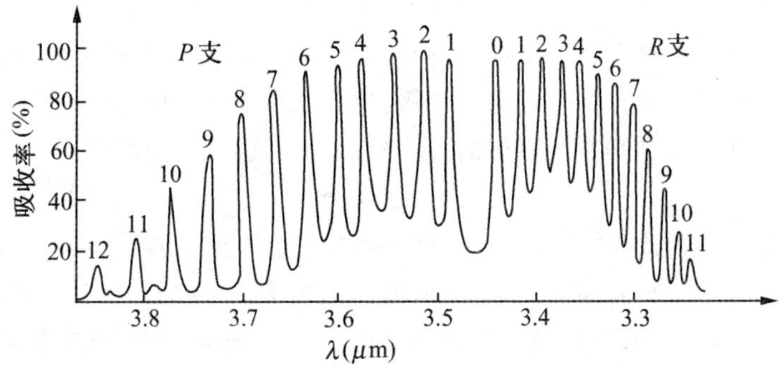

图 8.2.5　HCl 分子振动－转动吸收谱

例题 8.2.1　HCI 分子有一个近红外光谱带，其相邻的几条谱线的波长是 2925.78，2906.25，2865.09，2843.56，2821.49cm^{-1}，H 和 CI 的原子量分别为 1.008 和 35.46，试求 HCI 分子的劲度系数 k 和键长 r_0，忽略分子的非简谐修正和非刚性修正。

解　HCl 分子的约化质量为 $\mu=1.628\times10^{-27}\mathrm{kg}$，由于给出的谱线波数差中 $\tilde{\nu}_2-\tilde{\nu}_3$ 大约等于其余波数差的两倍，因此基线在 $\tilde{\nu}_2$、$\tilde{\nu}_3$ 之间，$\tilde{\nu}_0=\dfrac{1}{2}(\tilde{\nu}_2+\tilde{\nu}_3)=2885.67\mathrm{cm}^{-1}$，

基线为振动波数：$\tilde{\nu}_0=\dfrac{1}{2\pi c}\cdot\sqrt{\dfrac{k}{\mu}}$，$k=4\pi^2c^2\mu\,\tilde{\nu}_0^2=481.8\mathrm{N/m}$，

相邻两波数差为 $2B$，$B=\dfrac{h}{8\pi^2Ic}=\dfrac{h}{8\pi^2\mu r_0^2c}=10.52\mathrm{cm}^{-1}$

$$r_0=0.1278\mathrm{nm}.$$

8.2.5 双原子分子的电子能级

1. 电子的轨道角动量　分子的电子态决定于它的外层电子。由于外层电子处在几个核及其周围电子的联合电场中运动，它们所受的力不是来自一个中心，因此电子的角动量一般是不守恒的，也不能以角动量来标记电子能级。但在双原子分子中，分子对于两个核连线的轴是旋转对称的，在该方向上有确定的角动量

$$|\boldsymbol{l}_z| = m_l h \tag{8.2.19}$$

式中 m_l 是电子轨道角动量在分子轴方向上的投影量子数，$m_l = l, l-1, \cdots, 0, \cdots, -l$。由于电子所处的电场是轴对称的，沿对称轴的轨道角动量，其值相同而方向相反的两个状态具有相同的能量，故仅以量子数 $\lambda = |m_l| = 0, 1, 2, \cdots, l$ 表示即可。对于不同的 λ 值的电子态给以不同的名称：

λ 值	0	1	2	3	…
电子态名称	σ	π	δ	φ	…

这与原子中不同 l 值的电子称为 s 电子、p 电子 … 相似。

当双原子分子中有几个电子时，分子总轨道角动量在分子轴方向的分量有确定值：

$$|\boldsymbol{L}_z| = \Lambda\hbar \tag{8.2.20}$$

式中 $\Lambda = \sum \lambda_i$（代数和）。对于不同的 Λ 值的分子电子态给以不同的名称：

Λ 值	0	1	2	3	…
分子态	Σ	Π	Δ	Φ	…

这与原子态因值不同而分为 S、P、D、… 等态相似。

2. 电子自旋　电子自旋是电子的属性之一，它不受电场的影响。分子中诸电子的自旋角动量可合成总自旋角动量

$$|\boldsymbol{S}| = \sqrt{S(S+1)}\hbar \tag{8.2.21}$$

合成的方式与原子中的情况相似。总自旋角动量量子数 S 在分子中仍是一个确定的量子数。

在 $\Lambda \neq 0$ 的诸态中，绕轴的轨道角动量所产生的沿轴方向的磁场与电子的总自旋磁矩的相互作用，使总自旋角动量在分子轴方向上的分量 $\Sigma\hbar$ 量子化

$$\Sigma = S, S-1, \cdots, -S$$

共有 $2S+1$ 个数值。(注意这里 Σ 用斜体，与表示状态的 Σ 以示区别)。在 Σ 态($\Lambda = 0$) 不产生磁场，故没有确定的 Σ 值。

3. 分子总角动量　在 $\Lambda \neq 0$ 的状态中，分子轴方向的轨道角动量加上总自旋角动量在这个轴方向的分量构成分子轴方向的总角动量 $\Omega\hbar$，Ω 的数值为 $|\Lambda + \Sigma|$，而

$$\Lambda + \Sigma = \Lambda + S, \Lambda + S - 1, \cdots, \Lambda - S \tag{8.2.22}$$

共有 $2S+1$ 个数值。

分子电子态的详细标记是，在 Σ、Π、Δ 等符号的左上角标注多重数 $2S+1$，并在符号的右下角注明 $\Lambda + \Sigma$ 的数值。

当分子电子能量、振动能量和转动能量都改变而形成电子振动－转动谱带时，分子电子态之间电偶极跃迁选择定则为 $\Delta\Lambda = 0, \pm 1, \Delta S = 0$；这时 J 的选择定则为 $\Delta J = \pm 1, 0$($J' = 0$ 到 $J = 0$ 除外)。这样一个谱带中的谱线不仅有 $\Delta J = -1$ 的 R 支和 $\Delta J = 1$ 的 P 支，还多了一个 $\Delta J = 0$ 的 Q 支。

例 8.2.2　某双原子分子的电子壳层由两个电子(一个是 σ 电子，另一个是 π 电子)组成，试问此分子可能有那些电子态，用分子态的符号表示之。

解　σ 电子：$\lambda_1 = 0, s_1 = 1/2$

π 电子：$\lambda_2 = 1, s_2 = 1/2$

分子总轨道角动量在分子轴方向的投影量子数 $\Lambda = \sum \lambda_i$(代数和) $= 1 \pm 0 = 1$

分子总自旋角动量量子数 $S = 1, 0$。

$\Lambda = 1$（Π态），$S = 1$时，电子总自旋角动量在分子轴方向的分量为$\Sigma = 1, 0, -1$。分子轴方向的总角动量量子数

$$\Sigma + \Lambda = 2, 1, 0$$

所以分子电子态为三重态：${}^3\Pi_2$，${}^3\Pi_1$，${}^3\Pi_0$

同理，$\Lambda = 1, S = 0$时$\Sigma = 0, \Sigma + \Lambda = 1$，所以分子电子态为单态：${}^1\Pi_1$。

§8.3 拉曼散射

当一束光通过透明介质时，由于介质的不均匀或在介质中悬浮有小的颗粒，光会发生散射，这一散射称为瑞利(Rayleigh)散射。瑞利提出关于散射的经典理论认为，在入射光电磁场的作用下分子的电偶极以入射光的频率振动，因而发生光的散射，瑞利散射光的频率与入射光的频率相同。1928年印度科学家拉曼(C. V. Raman)发现分子的散射光中，具有与入射光不同频率的成分，研究发现，频率的改变与入射光的频率无关，而与分子的振动、转动能级有关，这就是拉曼效应。拉曼因发现光散射的拉曼效应获得1930年的诺贝尔物理学奖。

8.3.1 拉曼光谱

拉曼散射的过程可以看作是光子和分子的非弹性散射，当光子和分子相互作用时，分子的量子态如果保持不变，则散射光与入射光有相同的能量，就会出现瑞利谱线，如果分子吸收了入射光子的部分能量，使分子从原来的基态跃迁到激发态，这时分子内部的能级改变，那么散射光频率就与入射光子的频率不同，频率比入射

光频率低的散射光谱线称为斯托克斯线(也称红伴线);频率比入射光频率高的散射光谱线称为反斯托克斯线(也称紫伴线)。用公式表示:

$$\nu_1 = \nu_0 - \nu' ; \nu_2 = \nu_0 + \nu' \tag{8.3.1}$$

ν_0 为入射光频率,ν_1 为散射斯托克斯线频率,ν_2 为散射反斯托克斯线频率,ν' 为散射物分子振动或转动频率,由式(8.3.1)可以看出散射光频率与入射光频率之差只与散射物质分子有关而与入射光频率无关,由此可以获取分子的振动或转动信息。

图 8.3.1 是 HCl 分子的拉曼散射谱,实验入射激励光用的是 Hg 灯发出的紫外线 253.7nm,在汞 253.7nm 谱线右边出现了一条较强的新谱线,测得它的波长是 273.7nm,这两条谱线的波数之差为 $2886\mathrm{cm}^{-1}$,正好与 HCI 红外振动谱带的波数相同。这是由于波长为 253.7nm 汞的谱线,经 HCl 分子散射后,有一部分能量被 HCl 分子吸收,使 HCl 分子的振动能级从 $v=0$ 跃迁到 $v=1$,波长 253.7nm 汞的谱线失去这部分能量后变成了波长为 273.7nm 的谱线,当然在一定的条件下,入射光子也可能吸收 HCl 分子的从振动能级 $v=1$ 跃迁到 $v=0$ 所放出的能量,使其波长变短。

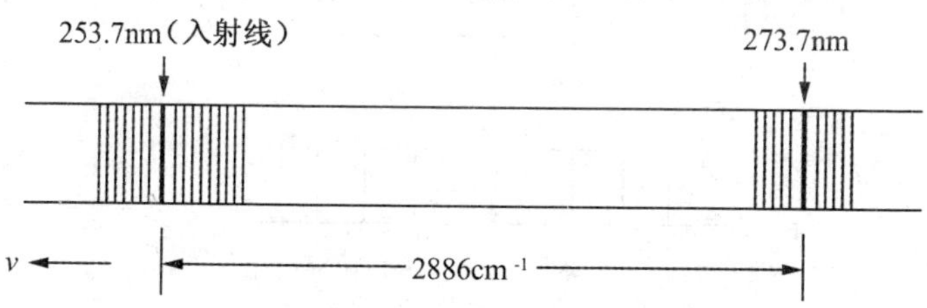

图 8.3.1　HCl 分子的拉曼散射谱

在 253.7nm 和 273.7nm 谱线的两侧都有较弱的小间隔谱线,每侧两相邻线的波数差 p 是相等的,近中心线的两线与中心线的波数差等于相邻线波数差的一倍半,这些较弱谱线的波数差可以表示为：

$$\tilde{\nu}' - \tilde{\nu} = \pm\left(\frac{3}{2} + n\right)p \quad n = 0,1,2,\cdots \qquad (8.3.2)$$

测得 $p = 41.64\text{cm}^{-1}$，很接近 HCl 分子常数 B 的实验值的 4 倍，将上式中的 p 写为 $4B$ 得到

$$\tilde{\nu}' - \tilde{\nu} = \pm(6 + 4n)B = \pm 6B, \pm 10B, \pm 14B, \cdots \quad n = 0,1,2,\cdots \qquad (8.3.3)$$

这个公式是拉曼散射小间隔的普遍规律，可以从转动能级的跃迁说明，只是这种跃迁的选择定则与分子转动跃迁的红外谱不同，从观测到的现象可以推得

$$\Delta J = 0, \pm 2 \qquad (8.3.4)$$

其中 $\Delta J = 0$ 相当于中心谱线，$\Delta J = \pm 2$ 是两侧的较弱谱线，图 8.3.2 说明这个定则与观测到的现象一致。由此可见，拉曼光谱与转动光谱描述的是不同的两个过程。

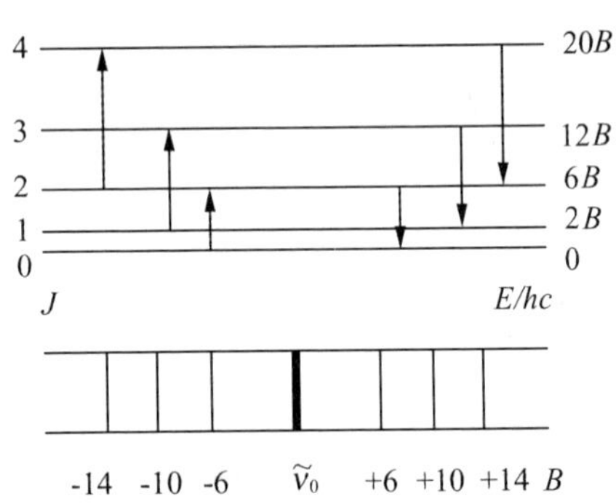

图 8.3.2 拉曼散射中的转动跃迁和光谱

8.3.2 转动拉曼光谱

散射光频率的改变伴随着分子转动能级间的跃迁，它出现在靠近瑞利线的两侧，例如 HCl 分子 253.7nm 和 273.7mm 线的两

侧。转动能级跃迁的选择定则为

$$\Delta J = 0, \pm 2 \tag{8.3.5}$$

其中 $\Delta J = 0$ 对应于瑞利线，$\Delta J = 2$ 对应于斯托克斯线，构成 S 支；$\Delta J = -2$ 对应于反斯托克斯线，构成 O 支，散射光与入射光的波数差为

$$\Delta \tilde{\nu} = \pm (6 + 4J)B \quad J = 0,1,2,\cdots \tag{8.3.6}$$

测定散射线的波数可确定分子的转动常数，从而提供电子转动惯量和分子键长的信息。

8.3.3　振 - 转拉曼光谱

散射光频率的改变伴随着分子振－转能级间的跃迁。由于分子的振动能级之间的差较大，其能级跃迁所对应的振－转拉曼光谱线离瑞利线较远，它由一条较强的和两侧对称分布且密集等距的较弱的散射线组成，较强的散射线与入射光谱线的频率差等于分子振动光谱的中心谱线的频率，相邻散射线之间的波数差为 4B. 通常由于在较高的振动能级上分子布居数要小的多，因此在常温下，反斯托克斯线不出现。分子振 - 转拉曼光谱不仅能提供分子键合强度和分子键长等信息，还可以弥补同核双原子分子红外光谱的不足，例如有些同核双原子分子 H_2，N_2，O_2 等，电荷分布完全对称，振动和转动也不产生电偶极矩的变化，观察不到这些分子的振 - 转红外谱，但是可以很方便的在拉曼散射中观察同核双原子分子的振动和转动情况。只有异核双原子分子才存在分子的纯转动和振动光谱，但同核异核两类分子都存在拉曼散射，拉曼光谱几乎成为获得同核双原子分子结构数据的唯一手段。

例题 8.3.1　波长为 579.1nm 的光，在其拉曼散射的转动光谱中，最靠近原光谱线的红伴线和紫伴线的波长差对 O_2 分子是 $\Delta\lambda = 0.584$nm，试求这种分子的转动惯量及原子间距。

解　(1) 由拉曼散射转动光谱的普遍规律，原谱线两侧第一

条谱线间的波数间隔为 12B,即有

$$\Delta\tilde{\nu} = 12B$$

$$\text{又} \because B = \frac{\hbar}{4\pi Ic} \quad \therefore \Delta\tilde{\nu} = \frac{3\hbar}{\pi Ic}$$

而波数差与波长差的关系 $\Delta\tilde{\nu} = \dfrac{\Delta\lambda}{\lambda^2}$

∴ 可得分子的转动惯量 $I = \dfrac{3\hbar\lambda^2}{\pi c\Delta\lambda} = \dfrac{3\hbar c\lambda^2}{\pi uc^2\Delta\lambda}u$

把 $\hbar c = 197.3\text{eV}\cdot\text{nm}$ $\lambda = 579.1\text{nm}$ $\Delta\lambda = 0.584\text{nm}$ $uc^2 = 931.5\text{MeV}$ 代入得

$$I = \frac{3\times 197.3eV\cdot\text{nm}\times(579.1\text{nm})^2}{\pi\times 931.5\times 10^6\text{eV}\times 0.584\text{nm}}u = 0.116u\cdot(\text{nm})^2$$

(2) $\because I = \mu r_0^2$

$$\therefore r_0 = \sqrt{\frac{I}{\mu}} = \sqrt{\frac{I}{\frac{1}{2}m_0}} = \sqrt{\frac{0.116u\cdot(\text{nm})^2}{8.00u}} = 0.12\text{nm}$$

* §8.4 分子非线性光学性质

光子非线性光学性质是指分子对于外加电磁场的响应是外加电磁场振幅的高次幂函数的光学现象.随着激光的出现,许多与材料的非线性光学特性有关的光学现象不断呈现出来,如倍频效应、差频效应和和频效应等.有机及聚合物分子材料具有显著的非线性光学性质,引起人们的极大关注.有机晶体和聚合物是分子单元通过范德瓦尔分子力键合组成,分子内共价键链的相互作用比分子间范德瓦尔力的相互作用强得多,因此每个分子的电子结构与其他分子只存在极弱的耦合作用. 每个分子基本上可看作一个独立的非线性极化源，近邻分子的耦合主要通过局域场作用来实现，所以有机及聚合物材料的非线性光学性质直接取决于组成它们的单个分子的特性. 分子材料的这一性质使它们(晶体、薄膜或液体)的宏观光学非线性与组成它们的单个分子的微观非线性之间可以建立一个确定的等价关系. 因此，与无机材料相比，有机非线性材料最突出的优点是，它能在分子的水平进行结构设计，以期取得最佳的光学非线性响应和其他特定的光电性质. 由于采用现代的有机化学方法和合成技术，精确地设计和修饰分子结构成为可能. 近十多年来已出现一批具有高的分子一阶非线性超极化率 β 的有机化合物和高的二阶非线性超极化率的聚合物材料，如芪盐(二苯乙烯盐)、半花菁类和偶氮苯类. 有机材料特别是聚合物材料还具有其他一系列的优点：热稳定性可超过 350℃，对皮秒(ps) 脉冲的光损伤阈值可大于 $10GW/cm^2$，这比 GaAs 的量子阱器件高出几个量级. 有机分子材料由于其独特的 π 键联化学结构可在非共振区产生大的光学非线性，使响应时间极短，仅决定于光脉冲的持续时间，达到飞秒(fs) 量级，还大大降低了材料热致非线性噪声信号的干扰. 有机材料的介电常数比无机材料小得多，它的低 RC 时间常数明显地增加了光电子器件的带宽. 比如有机材料的电光调制器的调制带宽大于 $10GH_Z$. 另外有机材料的介电常数在低频和光频区相差不大，使得在光电子器件中相互作用的光信号与电信号之间的相位失配减至最小.

由于有机及聚合物材料具备这些优秀的非线性光学特征，理所当然地成为许多学科的研究热点. 近来，由于有机合成技术的不断进步，有机化合物种类不断丰富，很多有机发色团展现出优秀的非线性光学性质. 人们已经逐渐意识到有机化合物作为非线性光学材料的美好前景. 如在非线性光学材料中可望实现信息的三维存储，使存储能力和读写速度都实现质的飞跃. 双光子激光扫描共焦显微技术可应用于生物体三维成像. 在军事领域，随着激光技术的发展，激光武器的威慑力还在不断增强. 与此相应的是对激光防护材料——光限幅材料的需求也在逐步升级. 另外，非线性光学材料在光动力学治疗中也有广阔的应用前景.

为了得到更优秀的非线性光学材料，人们反过来对这些有机分子材料的结构性质关系从理论上进行了更深入的研究，以期为进一步设计合成非线性分子材料提供理论指导. 目前，基于从头计算(ab-initio)水平的量子化学方法已成为对非线性光学材料的性质进行理论研究和分子设计的有力工具之一. 在 ab-initio 水平上发展了多种计算分子的非线性光学性质的方法，如，态求和方法(Sum-Over-State Approach)、有限场方法(Finite Field Approach)、少态方法(Few States Approach)、响应理论方法(Response Theory Approach)等. 上述各种方法具有不同的优缺点. 运用态求和方法进行 ab-initio 计算目前看来是不可行的，但可以借助这种方法更好地理解物理过程. 有限场方法由于物理思想明确，易于在现有的量子化学程序上进行改进而最为常用，但只能得到静态的结果. 对于一些特殊的分子体系，如具有 D-π-A 结构的分子体系，应用少态方法往往可以得到比较理想的计算结果，且计算量大大减小，但该方法只适用于一些特殊的分子体系和性质，响应场理论方法可以进行较为精确的理论计算，但目前发展得还不够完善，未能很好的考虑电子的相关能. 我们将简要地介绍这些理论方法.

8.4.1 态求和方法

描述非线性光学性质的线性极化率及各阶非线性超极化率的计算公式中包含了对所有电子态(包括基态及激发态)的求和. 这些公式称为态求和公式，相应的计算方法称为态求和(Sum-Over-State)方法.

态求和方法通常应用于非线性光学性质的半经验处理当中.目前看来,在从头计算过程中对所有的电子态求和显然是不可能的,因为对一般的分子而言,在态求和表达式中各项的收敛比较慢,精确地计算包括所有电子态的值相当困难.然而,这种态求和方法对于理解非线性光学响应的实质还是很有帮助的.

8.4.2　有限场方法

在均匀静电场中,分子体系的能量 E 可按电场强度 $\boldsymbol{F}$ 的 Taylor 级数展开

$$E = E^{(0)} - \mu_i^{(0)} F_i - \frac{1}{2!} a_{ij} F_i F_j - \frac{1}{3!} \beta_{ijk} F_i F_j F_k - \frac{1}{4!} \gamma_{ijkl} F_i F_j F_k F_l - \cdots \tag{8.4.1}$$

其中,各下标取遍笛卡尔坐标 x,y,z. $E^{(0)}$ 为无外场时分子体系的总能量,F_i 为外电场在 i 方向的分量,μ_i 为分子偶极矩向量的 i 方向的分量,α 为线性极化率张量,β 和 γ 分别为一阶非线性超极化率和二阶非线性超极化率张量.有限场(Finite Field)方法通过计算一系列不同外电场强度下分子体系的总能量,得到一组方程联立求解,或者通过多项式拟合过程,得到 μ,α,β 和 γ 的各分量.

有限场方法由于物理思想明确,易于在现有的量子化学程序上进行改进,因而最为常用.但是在计算中必须选取适宜的电场强度才能得到稳定的计算结果,而且在拟合过程(8.4.1)式必须要取足够数量的项数才能得到准确的非线性超极化率的数值.有限场方法最主要的一个缺点是它只能给出静态的结果.

8.4.3　少态方法

对于一些特殊的分子体系,如推(push)-拉(pull)π有机发色团,有机分子的离域 π 电子以及分子内电子给体与电子受体之间的电荷转移对分子的非线性光学响应具有极其重要的影响.已经

发现这些分子体系的非线性光学性质可由少数几个起主要作用的电子态决定.在这种情况下,如果只考虑这少数几个对非线性光学响应起主要作用的电子态的贡献,势必会大大减小计算量.这种方法称为少态方法(Few States Approach).

少态方法将分子体系的非线性超极化率与它们的线性光学性质联系起来,可以很好地对不同化合物的非线性超极化率的变化趋势进行定性或定量地计算.具体地应用比较多的有,只考虑分子体系的基态和一个电荷转移态(Charge Transfer State)的两态模型和只考虑分子体系的基态和两个激发态的三态模型.少态方法只适用于一些特定的分子体系和性质,但对这些特殊的分子体系,少态方法提供了一种比较理想的计算方法.

8.4.4 解析导数法

在均匀静电场中,分子体系的能量展开式(8.4.1)式中的 μ,α,β 和 γ 可表达为能量 E 对电场强度 $\boldsymbol{F}$ 的微分形式

$$\mu_i = -\partial E/\partial F_i \tag{8.4.2}$$

$$\alpha_{ij} = -\partial^2 E/\partial F_i\partial F_j \tag{8.4.3}$$

$$\beta_{ijk} = -\partial^3 E/\partial F_i\partial F_j\partial F_k \tag{8.4.4}$$

$$\gamma_{ijkl} = -\partial^4 E/\partial F_i\partial F_j\partial F_k\partial F_l \tag{8.4.5}$$

解析导数法通过计算能量对外加电场的各阶导数来计算体系的光学性质.这使得解析导数法既不需要太多的计算量,又解决了有限场方法中的数值精确性问题.不过这种方法也是只能提供静态的结果.

对于满足 Hellmann-Feynman 定理的理论方法,如哈特利-福克(HF)和多组态自洽场(MCSCF),密度泛函理论(DFT)等,还可以根据电偶极矩的分量形式

$$\mu_i = \mu_i^0 + \alpha_{ij}F_j + \frac{1}{2!}\beta_{ijk}F_jF_k + \frac{1}{3!}\gamma_{ijkl}F_jF_kF_l + \cdots \tag{8.4.6}$$

通过计算感应偶极矩对外加光电场强度的各阶导数来计算体系的光学性质. 对不满足 Hellmann-Feynman 定理的理论方法,体系的线性极化率及非线性超极化率的计算通常采用(8.4.2) ~ (8.4.5) 式,即求能量对外加电场的各阶导数.

8.4.5　响应理论方法

响应理论方法是一种用方程表示含时微扰理论的方法. 顾名思义,响应函数描述体系的性质对外加微扰的响应. 响应理论方法的一个主要优点就是把线性极化率和非线性超极化率的计算公式中对所有激发态的求和有效地替换成了求解体系的方程,而不需要提前知道激发态的信息. 因而可以致力于解决大维数问题和准确地选择参考波函数的问题. 大维数问题中各个中间态的贡献差别很大,可能是正的,也可能是负的. 由于我们所感兴趣的性质要通过对势能面的自恰求解得到,所以求得正确的对所有态求和的值不仅仅对结果的精确性很重要. 响应理论方法中对不含时和含时的光学性质(或者说与频率无关和有关的光学性质) 在同一水平上的处理,因而可以在实验所用的频率处进行理论计算. 因此响应理论方法是上述几种方法中最为理想的,不过目前这种方法还没有很好地解决电子的相关能的问题.

8.4.6　硝基苯胺分子

我们计算了硝基苯胺分子的一阶非线性超极化率. 图 8.4.1 是硝基苯胺分子的结构图. 硝基苯胺分子供电基为 NH_2,其吸电基为 NO_2,是典型的推 — 拉型分子. 由于存在于供电基与吸电基之间的分子内电荷转移较强,因此该类分子可显示出良好的非线性光学响应.

图 8.4.2 显示了硝基苯胺分子的一阶非线性超极化率 $\beta_Z(-2\omega;\omega,\omega)$ 的色散关系. 从图 8.4.2 可见,在低的激光频率下,理论

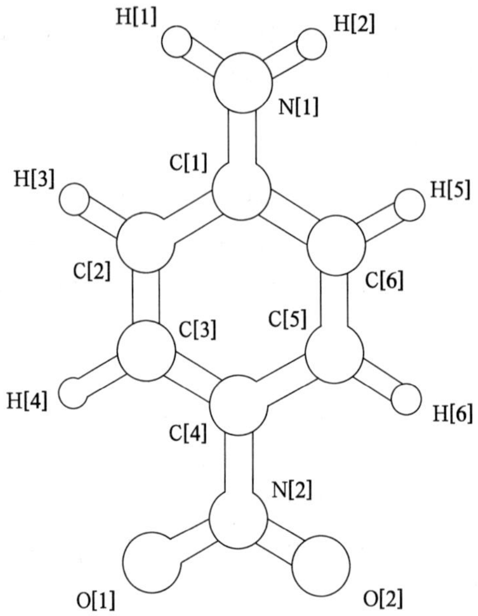

H[1] H[2]
N[1]
C[1]
H[3] H[5]
C[2] C[6]
C[3] C[5]
H[4] H[6]
C[4]
N[2]
O[1] O[2]

图 8.4.1 硝基苯胺分子

结果和实验结果符合得很好,当频率较高时,理论结果和实验结果的差异变大.这与含时微扰理论只有在远离共振区域时才适用是一致的.另外,实验测量是在 1,4 — 二氧杂环乙烷(1,4-dioxane)溶剂中进行的,而溶剂的存在会改变溶质分子的几何结构和电荷分布,从而改变分子的一阶非线性超极化率.因此溶剂对分子的一阶非线性超极化率的影响需要仔细地研究.

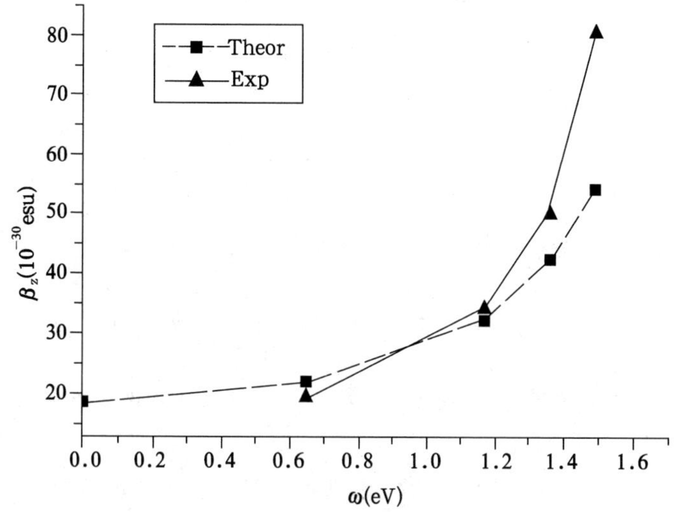

图 8.4.2　硝基苯胺分子的一阶非线性超极化率色 $\beta_Z(-2\omega;\omega,\omega)$ 的色散关系.方形点代表理论结果,三角形点是实验结果

自然界中分子的种类是无穷无尽的,既有有机分子,又有无机分子;既有生物大分子,又有小分子.而且,人们可以在适当地条件下合成和制备分子.分子具有丰富的光电性质,在许多领域里有广泛地应用.因此加强对分子的理解是非常重要的.本章简要地介绍了分子的电子结构、分子光谱以及分子的非线性光学性质.分子是一个多电子体系,其电子结构是比较复杂的.分子的运动形式包括电子运动、原子核振动和原子核整体的转动.这些运动形式是相互耦合的.在一定的近似下,可以分离这些运动形式,从而清楚地了解分子电子结构的特点.分子光谱反映了分子电子结构特点,电子光谱内包含着振动谱和转动谱.分子具有丰富的非线性光学性质,是目前前沿研究领域之一.

思考题与习题

8.1　比较分子的电子能级、振动能级、转动能级的区别，说明分子光谱的特点是什么？

8.2　怎样解释分子的拉曼散射有下列两个特点？

(1) 波长短的伴线比波长长的伴线的强度弱；

(2) 随散射体温度的升高，波长短的伴线强度明显增强而波长长的伴线的强度几乎不变。

8.3　HB_r 分子的远红外吸收光谱是一些 $\Delta\tilde{\nu} = 16.94\text{cm}^{-1}$ 等间隔的光谱线。试求 HB_r 分子的转动惯量及原子核间的距离。已知 H 和 B_r 的原子量分别为 1.008 和 79.92。

8.4　光在 HF 分子上拉曼散射使某谱线产生波长 267nm 和 343cm 两条伴线。试由此计算该分子的振动频率和两原子间所作用的准弹性力的恢复系数 k 值。已知 H 和 F 的原子量分别为 1.008 和 19.00。

第9章 粒子物理学

丰富多彩的物质世界是由什么组成的?物质的最小单元是什么?这是人们一直在追寻和研究的问题.人们最初把原子看作是不可再分的,是各种物质的最小单元,后来认识到原子是由原子核和电子构成的.1932年中子被发现以后,进一步认识到构成原子核的是质子和中子.这以后,人们把质子、中子和电子再加上光子认为是构成物质的基本单元.但不久在β衰变中人们又发现了中微子和正电子,在宇宙射线中又发现了μ介子、π介子、K介子、Λ超子等.加速器发展后,人们又发现了很多寿命很短的共振态粒子.当发现的粒子达数百种之后,物理学家在惊奇之余不得不认真思考,这么众多的粒子中,它们的特性差别很大,如有的粒子寿命很长,只要没有别的粒子和它作用,它能长久保持不变,如e,γ,p,而有的粒子寿命极短,π^0介子,寿命只有10^{-16}秒,有的在10^{-20}s以下,不同粒子质量差别较大,有的质量近乎是0,例如γ,ν,有的静止质量大到电子质量的几千倍.Ω^-粒子质量是m_e的3000多倍,J/ψ粒子是m_e的6000多倍等等.它们是最基本的吗?它们还有内部结构吗?

物理学家于是将粒子进行分类排队,又发现了存在其中的新的规律.下面首先研究粒子间的相互作用,粒子的分类和基本性质，最后讲对称性和守恒律以及夸克模型等.

研究粒子这一层次的物理学称为粒子物理学，又称为高能物理学. 因为研究原子层次时，能量变化的量级为 eV；研究原子核层次时则为 MeV；而研究粒子层次时则为 GeV 甚至 TeV. 就是说，被观测的客体的线度越小，所需用的能量就越大.

§ 9.1 粒子间的相互作用

9.1.1 相互作用

目前我们已经认识的物质相互作用有四种：强相互作用、电磁相互作用、弱相互作用、引力相互作用. 当然，粒子间的相互作用也是如此. 现从粒子物理方面再作些介绍.

1. 强相互作用

在原子核中有质子和中子(二者统称为核子)，核子间的核力就属于强相互作用. 此外，超子、共振态粒子和介子也都参与强相互作用. 强相互作用是一种短程力，力程约为 10^{-15} m.

强相互作用的理论尚待完善，目前较好的理论是量子色动力学(QCD).

2. 电磁相互作用

这是一切带电粒子、光子以及具有磁矩的粒子间的相互作用. 例如

$$\pi^{\circ} \rightarrow \gamma + \gamma \tag{9.1.1}$$

$$\gamma + p \rightarrow \pi^{+} + n \tag{9.1.2}$$

$$e^{-} + p \rightarrow e^{-} + p \tag{9.1.3}$$

均是电磁作用过程，式中 γ，p，n 分别代表光子、质子和中子，π^+ 表示带正电荷(电荷值与电子电荷值相同)的 π 介子，e^- 表示带负电荷的电子．γ 光子只参与电磁相互作用．电磁相互作用是一种长程力．

电磁相互作用的理论比较完善，称为量子电动力学(QED)．这是用量子场论方法研究粒子最成功的一种理论．例如，对于电子反常磁矩的计算可作为一个典型，以玻尔磁子为单位，电子的正常磁矩是 1，实际测量值与 1 之差是反常磁矩，实际测得的电子磁矩为

$$1.001\ 159\ 652\ 193 \pm 0.000\ 000\ 000\ 004$$

而量子电动力学的计算值为

$$1.001\ 159\ 652\ 302 \pm 0.000\ 000\ 000\ 112$$

二者在十位有效数字内完全相同，理论计算和实际测量在如此高的精度内完全符合，是很少见的，真是令人赞叹不已！

3．弱相互作用

β 衰变就是弱相互作用过程，即

$$n \rightarrow p + e^- + \bar{\nu}_e \qquad (9.1.4)$$

式中 $\bar{\nu}_e$ 是电子中微子 ν_e 的反粒子，即反电子中微子，简称反中微子．还有

$$\pi^- \rightarrow \mu^- + \bar{\nu}_\mu \qquad (9.1.5)$$

也是弱作用过程，弱相互作用是短程力，力程小于 10^{-18} m．

弱相互作用的理论早期是费米提出的四个费米子直接作用的理论，后来为弱、电统一理论．这个理论认为传递弱相互作用的中间玻色子为 $W^{\pm}$ 和 Z^0，它们已于 1983 年为实验所证实．

4．引力相互作用

参与引力相互作用的是所有粒子，万有引力是发现最早(1666)但目前理解最差的一种力．现在，理论认为传递引力相互作用的是引力子，它是静止质量为零、自旋为 2 的玻色子，但至今

未发现. 由于引力非常弱,在粒子物理中不考虑这种力. 引力是一种长程力. 对长程作用且当电磁作用为零时方显出它的威力. 如地球绕太阳运转、人造卫星绕地球运行等引力起决定性作用,引力是唯一控制天体运行的力.

9.1.2 强、弱、电磁三种相互作用的区别

1. 强度不同

一般取表示电磁相互作用强度的量为

$$\frac{e^2}{4\pi\varepsilon_0 \hbar c} \approx \frac{1}{137}$$

那么强相互作用与此相比,其强度为 $1 \sim 15$;弱相互作用则约为 10^{-5}.

2. 作用时间不同

三种相互作用的作用时间各不相同. 强作用的作用时间约为 $10^{-24}\,\text{s} \sim 10^{-22}\,\text{s}$,例如

$$\Delta^{++} \to \pi^{+} + \text{p} \tag{9.1.6}$$

是强作用衰变,Δ^{++} 的寿命为 $5.7 \times 10^{-24}\,\text{s}$;而

$$\pi^{\circ} \to \gamma + \gamma \tag{9.1.7}$$

是电磁作用衰变,π° 的寿命为 $0.83 \times 10^{-16}\,\text{s}$,电磁相互作用的作用时间一般在 $10^{-20} \sim 10^{-16}\,\text{s}$;而

$$\pi^{+} \to \mu^{+} + \nu_{\mu} \tag{9.1.8}$$

$$\pi^{-} \to \mu^{-} + \bar{\nu}_{\mu} \tag{9.1.9}$$

是弱相互作用衰变,测得 π^{+},π^{-} 的平均寿命为 $2.63 \times 10^{-8}\,\text{s}$. 弱作用的作用时间一般大于 $10^{-10}\,\text{s}$.

由于三种相互作用的作用时间不同,所以,测定某过程的反应时间就可知道这一过程是由什么相互作用引起的. 另一方面,由作用对象也可判定是什么相互作用过程,即

(1) 所有含有 γ 光子的过程都是电磁相互作用.

(2) 所有含有中微子(不论 ν_e,ν_μ,ν_τ 或 $\bar{\nu}_e,\bar{\nu}_\mu,\bar{\nu}_\tau$) 的过程都是弱相互作用. 但须注意,弱相互作用过程却不一定都有中微子出现.

(3) 所有含有 $e^{\pm},\mu^{\pm},\tau^{\pm}$ 的过程,则是电磁作用或弱作用.

3. 力程不同

这在前面已经讲过,不再重述.

总结以上各点,并将引力相互作用也包括在内,列成表 9.1.1

表 9.1.1　各种相互作用特性

作用类别	强作用	电磁作用	弱作用	引力作用
作用对象	强子	带电粒子、光子 有磁矩粒子	轻子　强子	所有粒子
相对强度	$1\sim15$	10^{-2}	10^{-5}	10^{-38}
力　程	$\sim10^{-15}$ m	长	$<10^{-18}$ m	长
典型寿命	$\sim10^{-23}$ s	$\sim10^{-18}$ s	$\sim10^{-8}$ s	/
作用传递者	$G_i(i=1,2,\cdots,8)$	γ	$W^{\pm}$ Z^0	引力子(?)
理　论	QCD	QED	弱电统一理论	广义相对论

§9.2　粒子分类

最初以为粒子的质量(指静止质量,下同) 与其他性质有密切联系,所以按质量大小来分类,共分三类. 质量大的称为重子,如质子、中子等,又曾将重子中质量比质子、中子的质量大的粒子称为超子;质量小的称为轻子,如电子及质量几乎为零的中微子等;质量大小介于二者之间的称为介子,如 π 介子等. 后来发现并不如此,如该与电子成为一类的 τ 轻子,其质量比质子的大得多,有的该称为介子的(如 J/ψ 粒子)质量比质子的大得更多.现在认为,应该按粒子参与相互作用的类型来重新分类才是合理的,但名称(如重子、介子、轻子等)既已用过就不改了,只是已不是原来字面上的意义了.

9.2.1 规范粒子

传递各种相互作用的粒子,它们都是玻色子.如表 9.2.1 所示.光子是传递电磁相互作用的规范粒子;传递弱相互作用的是 $W^{\pm}$,Z^0 粒子;传递强相互作用的是胶子,共八种;传递引力相互作用的是引力子(尚未发现).1905 年爱因斯坦在金属光电效应中提出了光子.1979 年丁肇中领导的小组首次找到了支持胶子存在的证据.1982 年鲁比亚(C. Rubbia)和范德米尔(S. Van der Meer)发现中间玻色子 W^+,W^- 和 Z^0,他们因此获得了 1984 年诺贝尔物理学奖.只有引力子至今没有找到.

表 9.2.1 规范玻色子表

相互作用	引力相互作用	电磁相互作用	弱相互作用	强相互作用
粒子	引力子	光子	$W^{\pm}$,Z^0	胶子
自旋	2	1	1	1
个数	1	1	3	8

9.2.2 轻子

不参与强相互作用的粒子,它们参与电磁和弱相互作用,其中中微子仅参与弱相互作用.

已经发现的带电轻子有 3 种,如表 9.2.2 所示:即电子、μ 子(muon)和 τ 子(tau).它们都带有一个单位的负电荷,还有 3 种分别和电子、μ 子和 τ 子对应的不带电的中性粒子,即 3 种中微子

(neutrino),它们的静止质量很小,常常近似为零.这 6 种粒子和它们的反粒子共 12 种轻子,它们都是自旋为 1/2 的费米子,至今还没有证据说明轻子有任何结构.

表 9.2.2　**轻子表**

粒子	质量 /MeV	自旋宇称 J^P	平均寿命 /s 质量宽度 Γ	衰变方式举例	反粒子
电子 e^-	0.51099906	1/2	$>6\times10^{29}$		e^+
ν_e	$<1.7\times10^{-5}$	1/2	稳定		$\bar{\nu}_e$
μ^- 子	105.658387	1/2	2.19703×10^{-6}	$\mu^-\to e^-+\bar{\nu}_e+\nu_\mu$	μ^+
ν_μ	<0.27	1/2	稳定		$\bar{\nu}_\mu$
τ^- 子	1784.1	1/2	3.0×10^{-13}	$\tau^-\to\mu^-+\bar{\nu}_\mu+\nu_\tau$	τ^+
ν_τ	<35	1/2	稳定		$\bar{\nu}_\tau$

1. **电子和正电子**

1897 年汤姆逊(J. J. Thomson) 在阴极射线的实验中确认了电子的存在.1928 年狄拉克提出了相对论量子力学方程,给出了氢原子能级的精细结构,与实验符合得很好.从这个方程还自动导出电子的自旋量子数应为 1/2,电子的自旋磁矩和自旋角动量之比的朗德 g 因子为 2,给实验结果和物理假说以坚实的理论基础,使人们相信狄拉克方程是一个正确描述电子运动的理论.1930 年狄拉克针对电子存在负能态提出空穴理论,能量和动量满足相对论关系

$$E^2 = p^2c^2 + m^2c^4 \tag{9.2.1}$$

给定动量 p,粒子有正负两个能态

$$E = \pm\sqrt{p^2c^2 + m^2c^4} \tag{9.2.2}$$

电子有正负两种能态,它们之间隔着能隙 $2mc^2$.在传统的观念中

能量是不能突变的，正负能区互不往来，但在量子力学中，原则上讲，两个能区的电子可以通过量子跃迁相互往来，狄拉克考虑泡利原理后，认为所有负能级都被电子填满，形成所谓“负能海”．一旦负能海中一个电子得到 $2mc^2$ 以上的激发能，它就会跃迁到正能区空着的能级上，在负能海中留下一个“空穴”，而负能海空穴的行为，就像一个带＋e电荷和具有正质量 m 的电子一样．于是狄拉克预言了“正电子”的存在．狄拉克与薛定谔于1933年共享诺贝尔物理奖．

1932年美国物理学家安德森在宇宙射线实验中观察到高能光子穿过重原子核附近时，可以转化为一个电子和一个质量与电子相同但带有单位正电荷的粒子，从而发现了正电子．狄拉克对正电子的理论预言得到了证实．正电子是电子的反粒子．后来发现在原子核的所有 β^+ 衰变中都会产生正电子．1936年安德森获诺贝尔物理奖．

2. μ 子和 τ 子

1935年汤川秀树提出了核力的介子场理论，预言了参与核子之间强相互作用的汤川介子的静止质量应该约为电子的200倍．1936年安德森在宇宙射线实验中发现了质量约为电子质量206.77倍的带正或带负单位电荷的粒子，当时人们曾认为它就是汤川介子，称为 μ 介子．后来研究发现它不参与核子之间的强相互作用，因此改称为 μ 子，μ 子和其他粒子的相互作用性质与电子完全相同，理论上至今不能解释既然 μ 子和电子的相互作用性质完全相同，为什么还存在质量为电子质量206.77倍的 μ 子？这个问题称为“e-μ”疑难．1975年首先在美国SLAC，接着在德国DESY实验室正负电子对撞机中，在质心系能量3.6GeV以上，发现有类似某种粒子产生时阈能处的峰状结构，被认为是 τ 子．发现 τ 子的相互作用性质和电子、μ 子完全相同，但质量为 μ 子质量的16.9倍．“e-μ”疑难发展成为“e-μ-τ”疑难．μ 子和 τ 子都有带正电和带负电的两种，μ^+ 的反粒子是 μ^-，τ^+ 的反粒子是 τ^-.

μ 子的平均寿命为 2.197 03 $\times 10^{-6}$ s，衰变方式为

$$\mu^- \to e^- + \nu_\mu + \bar{\nu}_e, \tag{9.2.3}$$

$$\mu^+ \to e^+ + \bar{\nu}_\mu + \nu_e. \tag{9.2.4}$$

1991 年我国高能物理学家精确测量了 τ 子的质量为 1776.9 ± 0.5MeV. τ 子的平均寿命为 3.0 $\times 10^{-13}$ s，衰变方式为

$$\tau^- \to \mu^- + \nu_\tau + \bar{\nu}_\mu, \tag{9.2.5}$$

$$\tau^+ \to \mu^+ + \bar{\nu}_\tau + \nu_\mu. \tag{9.2.6}$$

μ 子和 τ 子最终都衰变成电子.

3. **中微子**

1930 年泡利提出中微子假设后，中微子存在的直接实验证据直到 1956 年才由柯温(C. L. Cowan) 和莱茵斯(F. Reines) 获得，他们因此获得 1995 年诺贝尔物理奖，他们利用反应堆反应产物的 β 衰变产生的反中微子，观测到了反中微子诱发的反应，从而证实了反中微子的存在

$$\bar{\nu}_e + p \to n + e^+. \tag{9.2.7}$$

1962 年，美国科学家莱德曼(L. Lederman) 等人在美国布鲁克海文实验室的 33GeV 加速器上证实了 μ 子中微子和电子中微子是两种不同的中微子. 并由此形成了轻子有“代”的概念，他们也由于这一伟大的发现而荣获了 1988 年度的诺贝尔物理学奖. 1975 年，一批物理学家在美国的斯坦福直线加速器的正负电子对撞机上发现了 τ 轻子，佩尔(M. L. Perl) 等人认为存在 τ 子中微子. 1998 年 7 月初，从美国费米国立加速器实验室传来消息说，他们至少看到 3 条可能是由 τ 子中微子碰撞溴化银分子时产生的 β 粒子所留下的径迹. 美国费米国家实验室 2000 年 7 月 21 日宣布，该实验室中来自美国、日本、希腊和韩国的 54 名科学家经过 3 年的合作研究，首次发现了表明 τ 子中微子存在的直接证据.

1968 年，美国的戴维斯(R. Davis) 建造了一个大型探测器，把

它放在南达科他州的 Homestake 地下金矿. 戴维斯等人采用 390 000L 的 C_2Cl_4,太阳中微子 ν_e 与 ^{37}Cl 作用产生 ^{37}Ar

$$\nu_e + {}^{37}Cl \rightarrow {}^{37}Ar + e^- \tag{9.2.8}$$

这个反应的阈能是 $E_{th} = 814keV$. 390 000L 的 C_2Cl_4 被太阳中微子照射一段时间之后,用化学提纯的办法把 ^{37}Ar 提取出来,然后测量 ^{37}Ar 的放射性,就可测得太阳中微子的通量. 实验测量到的太阳中微子通量约为理论预言值的三分之一,三分之二的太阳中微子丢失了,这就是太阳中微子丢失之谜.

由于不同的国家进行了不同的实验,采用了对不同能量中微子灵敏的不同技术,都测量到太阳中微子丢失了. 因此,太阳中微子丢失是一个被物理学界公认的实验事实. 中微子在空间中运动时可能在三种"味"之间互相转换. 中微子的这种行为称为中微子振荡,太阳中微子丢失的最直观的解释是因为中微子有质量,存在中微子振荡,太阳中微子在长距离的传播中,有一部分变成了其他类型的中微子.

超级神冈(Super-Kamiokande)合作组是一个由 120 名来自日本和美国 23 个研究单位的科学家组成的合作研究机构. 他们发现在 395 例 μ 子中微子事件中,自天而降的事例几乎是从地底下到达的事例数的两倍. 这一现象被解释为 μ 子中微子向 τ 子中微子的振荡,两种中微子的质量差为 $\Delta m^2 \approx 2 \times 10^{-3} eV^2$,且有较大的混合角,继大气中微子实验结果公布之后,紧接着超级神冈的物理学家又报道了太阳中微子的实验结果. 他们的实验显示出中微子的振荡. 这些实验结果目前被人们看作是中微子振荡及中微子具有非零静止质量的最重要的证据. 当 1998 年 6 月 5 日这一消息公布后,中微子问题再一次成为物理学界和天文学界的热门话题. 在过去的几十年中,人们已经多次发现中微子具有静止质量的证据. 由于这些证据数据量少,不能完全令人信服,因此,大多数理论物理学家依然保持审慎的态度. 不过,这一次获得的证据是如此强有力，以致许多著名的物理学家都表示，他们绝对相信实验的结果.戴维斯和小柴昌俊（超级神冈的领导者）因对宇宙中微子研究的贡献而获得 2002 年诺贝尔物理学奖.利用中微子振荡实验只能得到不同“味”的中微子的质量之差，而不是它们的绝对质量.中微子的静止质量到底是多少，还有待实验给出最后的结果.

9.2.3　强子

直接参与强相互作用的粒子统称为强子，它们又按自旋量子数和重子数分为两类：第一类为介子（meson），它们都是自旋量子数为零或正整数、重子数为零的强子，如表 9.2.3 所示；第二类为重子（baryon），它们都是自旋量子数为半奇数、重子数为 +1 或 −1 的强子.如表 9.2.4 所示.

表 9.2.3　介子表

粒子	质量/MeV	电荷 Q	自旋宇称 J^P	同位旋 I	I_3	重子数 b	奇异数 S	粲数 c	底数 B	寿命 τ/s	主要衰变方式	反粒子
π^+ π^-	139.6	+1 −1	0−	1	+1 −1	0	0	0	0	2.6×10^{-8}	$\pi^+\to\mu^++\nu_\mu$ $\pi^-\to\mu^-+\nu_\mu$	π^- π^+
π^0	135.0	0	0^{-1}	1	0	0	0	0	0	0.83×10^{-16}	$\pi^0\to\gamma+\gamma$	π^0
K^+	493.7	+1	0^-	1/2	−1/2	0	+1	0	0	1.24×10^{-8}		K^-
K^0	497.7	0	0^-	1/2	−1/2	0	+1	0	0	0.89×10^{-10} 5.18×10^{-8}	$K^0\ S\to\pi^++\pi^-$ $K^0\ S\to\pi^0+\pi^0+\pi^0$	$\overline{K}^0$
ϕ	1019.5	0	1^-	0	0	0	0	0	0	1.6×10^{-22}	$\phi\to K^++K^-$	ϕ
ψ'	3686	0	1^-	0	0	0	0	0	0	3.1×10^{-21}	$\psi'\to J/\psi+\pi^++\pi^-$	ψ'
D^+	1869.4	+1	0^-	1/2	+1/2	0	0	+1	0	9.1×10^{-13}	$D^+\to K^-+\pi^++\pi^+$	D^-
D^0	1864.4	0	0	1/2	−1/2	0	0	+1	0	4.8×10^{-13}	$D^0\to K^-+\pi^++\pi^-$	$\overline{D}^0$
B^+	5278	+1	0^-	1/2	+1/2	0	−1	0	+1	1.32×10^{-12}	$B^+\to J/\psi+K^+$ $B^+\to D^0+1+\nu^*$	B^-
B^0	5278	0	0^-	1/2	−1/2	0	−1	0	+1	1.33×10^{-12}	$B^0\to J/\psi+K^0$ $B^0\to D^-+1^++\nu$	$\overline{B}^0$
Υ	9460	0	1^-	0	0	0	0	0	0	6.6×10^{-20}	$\Upsilon\to1^++1^-$	Υ

已经发现的介子共 160 种；重子数为 +1 的重子 138 种，它们的反粒子重子数为 −1 的重子 138 种，共 276 种重子. 强子共 436 种. 在所有强子中，只有质子和反质子是稳定粒子，其他强子在自由状态下都要衰变，有少数几个强子主要通过电磁相互作用衰变，有一批强子是通过弱相互作用衰变，绝大多数强子是通过强相互作用衰变.

表 9.2.4 **重子表**

粒子	质量/MeV	电荷 Q	自旋宇称 J^P	同位旋 I	I_3	重子数 b	奇异数 S	粲数 c	底数 B	寿命 τ/s	主要衰变方式	反粒子
p	938.3	+1	$1/2^+$	1/2	1/2	+1	0	0	0	$>10^{30}$ y		$\bar{p}$
n	938.6	0	$1/2^+$	1/2	−1/2	+1	0	0	0	917	$n\to p+e^-+\nu_e$	$\bar{n}$
Λ^0	1115.6	0	$1/2^+$	0	0	+1	−1	0	0	2.6×10^{-10}	$\Lambda^0\to p+\pi^-$ $\Lambda^0\to n+\pi^0$	$\bar{\Lambda}^0$
Σ^+	1189.4	+1	$1/2+$	1	+1	+1	−1	0	0	0.8×10^{-10}	$\Sigma^+\to p+\pi^0$ $\Sigma^+\to n+\pi^+$	$\bar{\Sigma}^+$
Σ^0	1192.5	0	$1/2^+$	1	0	+1	−1	0	0	2.8×10^{-20}	$\Sigma^0\to\Lambda^0+\gamma$	$\bar{\Sigma}^0$
Σ^-	1197.3	−1	$1/2^+$	1	−1	+1	−1	0	0	1.48×10^{-10}	$\Sigma^-\to n+\pi^-$	$\bar{\Sigma}^-$
Ξ^0	1314.9	0	$1/2^+$	1/2	+1/2	+1	−2	0	0	2.9×10^{-10}	$\Xi^0\to\Lambda^0+\pi^0$	$\bar{\Xi}^0$
Ξ^-	1321.3	−1	$1/2^+$	1/2	−1/2	+1	−2	0	0	1.64×10^{-10}	$\Xi^0\to\Lambda^0+\pi^-$	$\bar{\Xi}^+$
Ω^-	1672.5	−1	$3/2^-$	0	0	+1	−3	0	0	0.82×10^{-10}	$\Omega^-\to\Lambda^0+K^-$ $\Omega^-\to\Xi^0+\pi^-$	$\bar{\Omega}^+$
Λ_c^+	2282.2	+1	$1/2^+$	0	0	+1	0	1	0	1.1×10^{-13}	$\Lambda_c^+\to\Lambda^0+2\pi^+\pi^-$ $\Lambda_c^+\to p+K^-+\pi^+$	$\bar{\Lambda}_c^-$
Λ_b^0	5500	0	$1/2^+$	0	0	+1	0	0	−1	2.6×10^{-10}	$\Lambda_b^0\to\Lambda_c^++1^-+\nu$	$\bar{\Lambda}_b^0$

1. π **介子**

1947 年英国物理学家鲍威尔在宇宙射线实验中又发现了一种质量约为电子质量 273 倍的带正或带负单位电荷的粒子，它与原子核之间有很强的相互作用，为 π 介子，它的平均寿命为 2.603 $\times10^{-8}$ s，π^+ 介子和 π^- 介子互为反粒子. 人们认为这才是汤川预言的介子. 1950 年在加速器实验中发现了中性的 π^0 介子,它比带电的 $\pi^{\pm}$ 介子质量轻一些,平均寿命为 8.4×10^{-16} s. π^0 介子的反粒子就是 π^0 介子本身. π 介子的衰变为

$$\pi^+ \to \mu^+ + \nu_\mu \tag{9.2.9}$$

$$\pi^- \to \mu^- + \bar{\nu}_\mu \tag{9.2.10}$$

$$\pi^0 \to \gamma + \gamma \tag{9.2.11}$$

2. K **介子**

1947 年罗彻斯特(G. D. Rochester) 和巴特勒(C. C. Butler) 在宇宙射线中发现了一些奇异的粒子 Λ^0(Lambda),K^0(Kaon) 和 K^+,1953 年在加速器实验中陆续发现了更多的奇异粒子 $\Sigma^{\pm}$(sigma),Σ^0,K^-,Ξ^-,Ξ^0 等粒子,这些粒子在强相互作用中至少两个同时很快产生,而后分别单独地在弱相互作用中慢衰变为非奇异粒子.

中性的 K^0 介子是在强相互作用过程中产生的不带电的中性的奇异粒子.

$$\pi^- + p \to \Lambda^0 + K^0 \tag{9.2.12}$$

如图 9.2.1 被加速到 1.5GeV 的 π^- 介子自 A 进入气泡室(探测装置),在 B 处和一个质子碰撞,产生两个粒子. K° 和 Λ° 分别在 C 和 D 处衰变

$$K^\circ \to \pi^+ + \pi^-, \Lambda^\circ \to \pi^- + p \tag{9.2.13}$$

它们是在强作用过程中协同(成对,成群) 产生,弱作用过程单独衰变. 这种现象被称为奇异现象,因而这些粒子被称为奇异粒子.

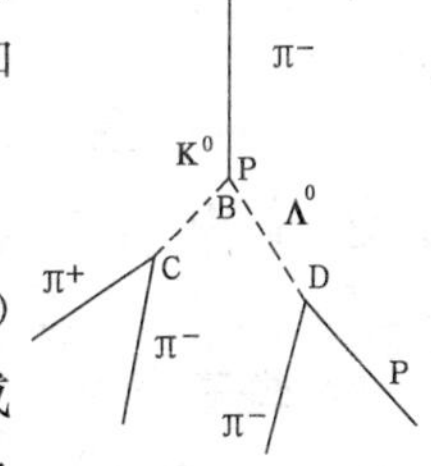

图 9.2.1 介子的强产生、弱衰变过程

K^+ 介子就是"$\theta-\tau$"疑难中的 θ^+ 粒子和 τ^+ 粒子. K^+ 介子也有两种衰变方式,衰变为两个或三个 π 介子,但在这两种衰变方式中

K^+ 介子的寿命是相同的. 都是 1.2×10^{-8}s. 质量都是 493.8MeV. K^+ 介子的反粒子是 K^- 介子.

3. η **介子**

1961 年发现一种中性的 η 介子(Eta)

$$\pi^+ + D \to p + p + \eta \tag{9.2.14}$$

质量为(548.8±0.6)MeV,衰变宽度为(1.08±0.19)keV. 主要的衰变方式都不是强衰变而是电磁衰变.

4. **核子**

质子和中子常称为核子. 1919 年卢瑟福用 α 粒子轰击 $^{14}_{7}N$ 产生了 $^{17}_{8}O$ 和氢核,发现了质子,1930 年查德维克发现了中子. 1956 年西格里(E. G. Segre)、张伯伦(Owen Chamberlain) 等人在加速器的实验中,发现了反质子,即质量与自旋和质子相同,但带有一个单位负电荷的粒子. 接着又发现了反中子. 反中子的质量和自旋都和中子相同,但磁矩是正的. 他们因此获得了 1958 年诺贝尔物理学奖.

5. Λ^0 **超子**

参与强相互作用、质量超过核子的粒子常称为超子(hyperon). 原意只是这些粒子的质量超过核子. Λ^0 超子可以和 K^0 介子协同产生

$$\pi^- + p \to \Lambda^0 + K^0 \tag{9.2.15}$$

其平均寿命为 3.1×10^{-10}s. 质量为 1116MeV. 衰变方式有两种:

$$\Lambda^0 \to p + \pi^-, \Lambda^0 \to n + \pi^0 \tag{9.2.16}$$

6. Σ **超子**

Σ^+ 超子可以在下列反应中产生

$$\pi^+ + p \to \Sigma^+ + K^+, \pi^- + p \to \Sigma^0 + K^0 \tag{9.2.17}$$

Σ^+ 超子的平均寿命为 0.8×10^{-10}s,质量为 1189MeV. 衰变方式为

$$\Sigma^+ \to p + \pi^0, \Sigma^+ \to n + \pi^+ \tag{9.2.18}$$

Σ^+ 超子的反粒子不是 Σ^- 超子,Σ^- 超子的平均寿命为 $1.5\times$

10^{-10} s，质量为 1197MeV. 衰变方式为

$$\Sigma^{-} \rightarrow n + \pi^{-} \tag{9.2.19}$$

Σ^{+} 超子的反粒子为 $\overline{\Sigma^{+}}$，Σ^{-} 超子的反粒子为 $\overline{\Sigma^{-}}$. $\overline{\Sigma^{-}}$ 是我国物理学家王淦昌在 1959 年发现的. Σ^{0} 超子的质量为 1192MeV，平均寿命小于 10^{-14} s. 衰变方式为

$$\Sigma^{0} \rightarrow \Lambda^{0} + \gamma \tag{9.2.20}$$

Σ^{0} 超子的反粒子为 $\overline{\Sigma^{0}}$

7. Ξ **超子**

Ξ 超子可以在下列反应中产生：

$$\pi^{-} + p \rightarrow K^{0} + K^{+} + \Xi^{-}, K^{-} + p \rightarrow K^{0} + \Xi^{0} \tag{9.2.21}$$

Ξ^{-} 超子是 1952 年在下列衰变现象中发现的：

$$\Xi^{-} \rightarrow \Lambda^{0} + \pi^{-} \tag{9.2.22}$$

质量为 1321 MeV，平均寿命为 1.7×10^{-10} s，其反粒子为 $\overline{\Xi^{-}}$ 超子，Ξ° 的衰变方式为

$$\Xi^{\circ} \rightarrow \Lambda^{\circ} + \pi^{\circ} \tag{9.2.23}$$

质量为 1315MeV，平均寿命为 3.0×10^{-10} s. 其反粒为 Ξ°

8. Ω^{-} **超子**

这个粒子在 1964 年才发现，可以在下列反应中产生

$$K^{-} + p \rightarrow K^{+} + K^{0} + \Omega^{-} \tag{9.2.24}$$

可以按下列方式衰变：

$$\Omega^{-} \rightarrow \Xi^{-} + \pi^{0}, \quad \Xi^{0} + \pi^{-}, \quad \Lambda^{0} + K^{-}. \tag{9.2.25}$$

Ω^{-} 是一个质量较大的超子，质量为 1672MeV，平均寿命为 1.8×10^{-10} s. Ω^{-} 粒子的发现有力地支持了夸克模型.

9. **共振态粒子**

基本粒子在高能碰撞时，两三个粒子在短时间内结合在一起成为一个粒子的状态，称为共振态(resonant state). 这种状态的粒子极不稳定，随后又衰变为其他粒子，寿命只有 $10^{-24} \sim 10^{-22}$ s. 这

表明共振态的衰变是通过强相互作用进行的. 共振态具有粒子的一切属性,只是寿命很短而已. 目前发现的共振态已经有 300 多种.

1952 年费米用加速器产生的 π^+ 介子轰击质子时,发现了第一个共振态.

实验得到曲线 $\pi^+ + p$ 的激发曲线(截面与入射粒子能量的关系)如图 9.2.2 实线所示. 用 π^- 作为入射粒子时,得到图中的虚线. 不论哪一种情况,都出现了一些共振峰. 对 $\pi^+ + p$ 共振峰,反应过程可写为

$$\pi^+ + p \to \Delta^{++} \to p + \pi^+$$

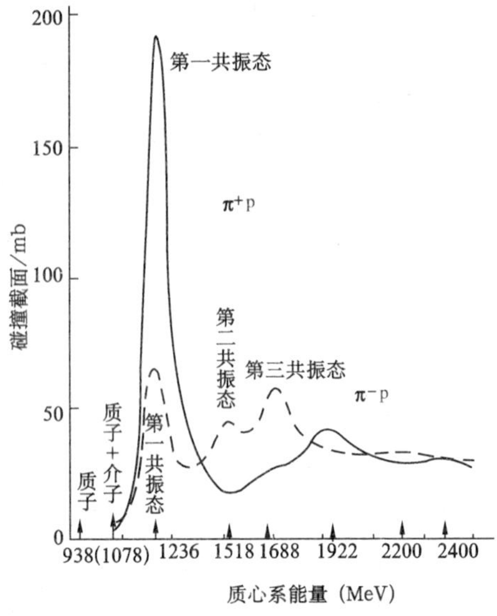

图 9.2.2 π 介子和质子的碰撞

Δ^{++} 类似于原子核反应机制的复合核. 在质心系看,共振峰处 π^{+} 和 p 的总能量为 1236MeV,这相当于 Δ^{++} 的静质量. 实验测得共振峰的宽度 $\Gamma = 115\text{MeV}$,可算得它的寿命为 $\tau \approx 5.7 \times 10^{-24}$ s. 这是共振态的典型寿命. 其他人们发现的一大批共振态,如 Δ^{+}, Δ^{0}, Δ^{-}, Σ^{*+}, Σ^{*0}, Σ^{*-} ω, ψ, η, ρ, K^{*+}, K^{*0}, K^{*-} 等, 称共振态粒子.

§ 9.3　对称性和守恒律

对称性意味着不变性,某种对称性就是某种不变性. 比如一个五角星,绕垂直于它的平面且通过其中心的轴转 72° 后仍然回到原来位形,因此我们就说五角星具有绕轴旋转 72° 的对称性. 这是一种几何对称性. 平面上的圆和空间的球在镜面中的像与原图形一样,就说:圆和球对镜像变换具有对称性. 物理学中的对称性问题是指物理规律的对称性. 这里讲物理规律时当然包括其中的概念等有关内容. 上述关于对称性的一些操作都称为对称操作.

常用的对称操作有空间平移、空间转动、空间反射、时间平移、时间反演、电荷共轭变换、规范变换等.

1918 年德国女数学家诺特发表了著名的将对称性和守恒律联系在一起的定理,即诺特定理:如果运动规律在某一不明显依赖于时间的变换下具有不变性,必相应存在一个守恒定律.

9.3.1　各种对称性和相应的守恒定律

1. 时空对称性及相应的守恒定律

大家知道,物理规律是不随时间而变化的. 物理规律不随时间而变化,即不同时刻的物理规律是一样的,也可以说成是物理规律与时间原点的选取无关,或者说物理规律在时间平移变换下具有不变性.可以证明,如果一个系统的物理规律具有时间平移不变性,则将导致系统的能量守恒.通常我们说时间的均匀性就是指时间平移不变性.由此可见,时间的均匀性导致能量守恒.

另外,物理规律不随空间点而变化,A 地的物理规律相同于 B 地的物理规律,B 地的物理规律相同于 C 地,这就是物理规律的空间平移不变性.可以证明,如果系统的物理规律具有空间平移不变性,则必将导致系统的动量守恒.空间的均匀性就是指空间平移不变性,因此,空间的均匀性导致动量守恒.

物理规律在空间的不同方向上都是一样的,就是说将整个系统转过某一角度之后,其物理规律与不转时相同,这就是物理规律的转动不变性,可以证明,如果系统具有转动不变性,则将导致系统的角动量守恒.因此,空间的各向同性导致角动量守恒.空间各向同性亦可称作各向均匀性.

不论是经典系统还是量子系统,其运动规律由它的哈密顿量决定,若对某种变换哈密顿量保持不变,则运动规律亦将保持不变.使系统的哈密顿量保持不变的变换称为对称变换.

2. 场的规范不变性和电荷守恒

量子场论是粒子物理学的基本理论工具,它的基本思想是:任何一种粒子都有一个场与其对应,这些场都是波场,所有粒子皆是相应场的量子.如光子有光子场(即电磁场),光子是它的量子;电子有电子场,电子是它的量子,等等.量子场可以处于基态,也可以处于激发态(当吸收外界能量时).所有量子场皆处于基态时称为真空;场的激发就产生它的量子.如真空中存在一个电子,表示电子场的激发.粒子间的相互作用实际上是相应的量子场之间的相互作用.

量子场要由场量来描写,它们是时空等变量的函数.如果将空间各点的场量都改变同一个相角，这种变换称为第一类规范变换.可以证明，如果场的运动规律对这种变换具有不变性，则将导致电荷守恒.就是说，场的规范不变性导致电荷守恒.以前我们知道，电荷守恒是普遍成立的，不论对惯性系还是非惯性系都是对的；现在我们知道，电荷守恒是与场的规范不变性密切联系在一起的.

有的守恒定律是普遍成立的，如动量、能量守恒、角动量守恒等，有的是有条件成立的，如下面要讲的同位旋守恒只在强相互作用下成立，在弱相互作用下不成立；奇异数守恒也是在强相互作用下成立，在弱相互作用下遭到破坏；宇称守恒也在弱相互作用下遭到破坏.粒子除了具有质量、电荷、自旋、寿命、宇称等性质外，还有粒子所特有的性质和守恒定律，如轻子数、重子数及其守恒定律，同位旋、奇异数及相应的守恒定律.

3. 轻子数及其守恒定律

对轻子定义轻子数，轻子数分三类

电子轻子数 L_e，μ 子轻子数 L_μ 和 τ 子轻子数 L_τ 规定：对电子(e^-)和电子中微子(ν_e)，$L_e=1$，对其反轻子 e^+，$\bar{\nu}_e$，$L_e=-1$，对其余所有粒子，$L_e=0$；对 μ 子(μ^-)和 μ 子中微子(ν_μ)，$L_\mu=1$，对其反粒子 μ^+，$\bar{\nu}_\mu$，$L_\mu=-1$，对其余所有粒子，$L_\mu=0$；对 τ 子(τ^-)和 τ 子中微子(ν_τ)，$L_\tau=1$，对其反粒子 τ^+，$\bar{\nu}_\tau$，$L_\tau=-1$，对其余所有粒子，$L_\tau=0$. 实验发现：有轻子参加的一切过程，各类轻子数分别守恒，这称为轻子数守恒定律. 例如实验上能观察的反应

$$n\rightarrow p+e^-+\tilde{\nu}_e,\ \pi^+\rightarrow\mu^++\nu_\mu \tag{9.3.1}$$

但从未观察到下列过程

$$n\rightarrow p+e^-+\nu_e,\ \mu^+\rightarrow e^++\gamma \tag{9.3.2}$$

可以把轻子数守恒视为轻子荷守恒. 而轻子荷守恒如电荷守恒一样，是轻子场规范不变性的结果.

4. 重子数及重子数守恒定律

实验指出，质子的寿命大于 10^{32} 年，是极稳定的粒子. 质子衰

变成正电子和光子,即 $p \to e^{+}+\gamma$,并不违背已讲过的各种守恒定律,但上述过程却不能发生. 这就意味着还存在新的守恒规律,于是引入了重子数概念. 规定:所有重子的重子数都等于1;反重子的重子数为-1,重子数用B表示. 对所有非重子(如介子、轻子、规范粒子等)$B=0$. 一切实验表明,在各种相互作用过程前后,重子数不变,即重子数守恒. 这样,就排除了 $p \to e^{+}+\gamma$ 的反应,但实验上能观察到如 $\begin{matrix}\nu_e + n \to p + e^{-} \\ \nu_\mu + n \to \mu^{-} + p\end{matrix}$ 反应,它们既满足了反应前后的重子数守恒,也满足了轻子数守恒.

5. 同位旋的概念

核力是与电荷无关的,在同样状态下核力与核子带电(质子)或不带电(中子)无关. 强相互作用不能区分质子与中子,它们好像是一个粒子 —— 核子,只有在电磁作用过程中它们才不相同. 这样,可以把质子和中子看作是核子的不同电荷状态. 为了描写核子的这种性质,引进一个抽象的空间 —— 同位旋空间(或称电荷空间),认为核子有一个同位旋力学量,记成I,它类似于普通空间中的角动量. 核子的不同电荷态质子和中子,用I的不同指向或用其第三分量I_3的不同取值来表示. 像角动量一样,对给定的一个I值,I_3的取值有$2I+1$个. 核子只有两个电荷态质子和中子,因此核子的I_3只有两个值. 这样,由等式$2I+1=2$得到核子的同位旋$I=\frac{1}{2}$. 习惯上,对质子取$I_3=\frac{1}{2}$,对中子取$I_3=-\frac{1}{2}$. 对三成分的$\Sigma^{+},\Sigma^{0},\Sigma^{-}$和$\pi^{+},\pi^{0},\pi^{-}$,$2I+1=3$,$I=1$,$I_3=1,0,-1$.

对单独粒子Λ^{0}和Ω^{-},$2I+1=1$,所以$I=I_3=0$. 正如哈密顿量在普通空间中的旋转不变性导致角动量守恒一样,H_h在同位旋空间中的旋转不变性将导致同位旋守恒. 这样,我们得到结论:强相互作用过程同位旋守恒(I和I_3皆守恒). 但在电磁作用过程前后,同位旋I不守恒,而I_3仍守恒.

6. 奇异数及其守恒定律

我们知道，奇异粒子在强作用过程中协同产生，在弱作用过程中单独衰变. 为什么会成对产生呢?可以设想在奇异粒子产生的过程中，有一个和这些粒子的未知特性有关的守恒定律在起作用，它不容许奇异粒子单独产生. 为此引入一个奇异量子数，简称奇异数，记以 S. 轻子、介子和核子，$S=0$；对奇异粒子 $S\neq 0$. 正反奇异粒子的 S 相反. 根据实验事实，规定各种奇异粒子的奇异数如下所示：

粒子	奇异数(S)	粒子	奇异数(S)
K^+, K°	$+1$	$\Sigma^\pm$, Σ°	-1
K^-, $\widetilde{K}^\circ$	-1	Ξ°, Ξ^-	-2
Λ°	-1	Ω^-	-3

在强作用过程中，反应前后奇异数的代数和相等，这就是奇异数守恒定律. 但是，在奇异粒子的弱作用衰变过程中，奇异数并不守恒，它遵守如下的选择定则

$$|\Delta S| = 1 \tag{9.3.3}$$

例如，这一定则限制 Ξ^- 超子不可能有以下衰变过程：$\Xi^- \longrightarrow p + 2\pi^-$，而只能进行级联衰变

$$|\Xi^-| \to \Lambda^\circ \pi^-$$
$$\to p + \pi^-$$

因此，Ξ^- 被称为级联超子.

例如下列各式是观察到的产生过程

$$\begin{aligned} &\pi^- + P \to \Lambda^\circ + K^\circ \\ &\pi^- + P \to \Sigma^- + K^+ \\ &P + P \to \Sigma^+ + K^+ + n \\ &P + P \to \Sigma^\circ + P + K^+ \end{aligned} \tag{9.3.4}$$

而下列两式表示的过程却从未观察到

$$\pi^- + P \to \Sigma^+ + K^-$$

$n + n \rightarrow \Lambda^{\circ} + K^{\circ}$

对于强子其 Q,B,S 和 I_3 之间满足

$$Q = I_3 + \frac{1}{2}(B + S) = I_3 + \frac{Y}{2} \tag{9.3.5}$$

其中 $Y \equiv B + S$,称作粒子的超荷.这个关系叫做盖尔曼—西岛关系

7. 电荷共轭

电荷共轭是把一个体系的每个粒子改换成它的反粒子的过程.粒子反粒子的下述量子数是正负相反的:Q,B,Y,I_3 和 S.电荷共轭下的不变性(C),是指某个过程中所有粒子都换成其反粒子时作用不改变.例如强相互作用就是电荷共轭不变的.

9.3.2 宇称守恒和宇称破缺——弱相互作用下宇称不守恒

1. 宇称与宇称守恒定律

宇称是表征微观粒子的波函数在空间反射变换下的变换性质的一个物理量,空间反射变换(即 $x \rightarrow -x$,$y \rightarrow -y$,$z \rightarrow -z$)下,$\psi(\boldsymbol{r},t)$ 变成 $\psi(-\boldsymbol{r},t)$ 波函数有 $\psi(\boldsymbol{r},t) = \pm\psi(-\boldsymbol{r},t)$,则波函数有偶宇称 $P = 1$,或奇宇称 $P = -1$.假设粒子在一个有心力场中运动,可以证明变换后的波函数等于原来的波函数乘上因子 $(-1)^l$,我们就说粒子的宇称由它的轨道角动量量子数 l 来决定.上面所说是粒子的空间宇称.

粒子除了有空间运动之外还有内部运动,亦有内部运动波函数.在空间反射变换下内部波函数的变换性质确定它的内禀宇称.由于粒子的内部结构和运动规律还不清楚,因此,内禀宇称的计算是在某种规定之下进行的.正如摩擦起电实验中毛皮上的电荷被规定为正的那样,我们将质子的内禀宇称规定为正的,其他粒子的内禀宇称可以根据宇称守恒定律来确定.在基本粒子表的 J^p 一栏中,J 表示粒子的自旋,p 表示内禀宇称.如 $\frac{3}{2}^{+}$ 重子,表示该重子

的自旋量子数是$\frac{3}{2}$,内禀宇称为正.

下面给出宇称守恒定律:两个粒子体系的总宇称等于两个粒子宇称相乘,再乘上$(-1)^l$,其中l是两个粒子的相对轨道角动量的量子数.例如,在反应

$$A + B \to C + D \tag{9.3.6}$$

中,反应前的总宇称为$P_A \cdot P_B \cdot (-1)^{l_1}$,$P_A$,$P_B$分别是粒子A和B的宇称,$l_1$是A,B二粒子相对轨道角动量量子数.反应后的总宇称,则是$P_C \cdot P_D \cdot (-1)^{l_2}$.同样,$P_C$和$P_D$分别是粒子C和D的宇称,$l_2$是C,D二粒子的相对轨道角动量量子数.反应中宇称守恒就是要求

$$P_A \cdot P_B \cdot (-1)^{l_1} = P_C \cdot P_D \cdot (-1)^{l_2} \tag{9.3.7}$$

现已证明:在微观物理范围内,空间反射变换(或镜像变换)的对称性对应有一条守恒律,这就是宇称守恒守律.这个定律仅在强作用和电磁作用过程中成立.

2. 力学和电磁学规律在空间反射变换下的不变性举例

空间反射变换等价于一个镜像变换与一个转动变换的联合变换,如图 9.3.1 所示.一个封闭系统,不论内部进行着何种相互作用过程,角动量守恒始终是成立的,就是说系统的动力学规律具有转动不变性.因此,一系统在空间反射下的变换性质就和镜像变换下的变换性质一样.下面举一个例子说明经典物理学中的力学、电磁学规律在空间反射变换下是不变的,即宏观现象宇称守恒.

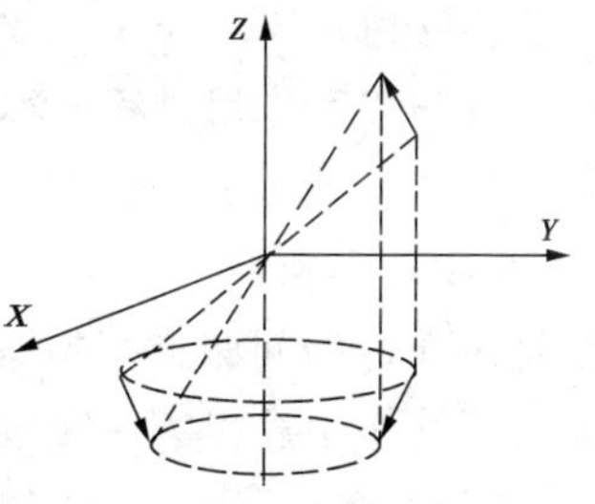

图 9.3.1　空间反射与镜像变换的关系

设有一螺线管,它的线圈中沿逆时针方向流有稳恒电流.电流产生的磁场将垂直纸面向外.放射源放出的α粒子受洛伦兹力作

用将向右偏转，结果 α 粒子应做圆周运动. 容易算出圆周的半径为

$$\rho = \frac{mv}{qH}$$

式中 m，v 与 q 分别为 α 粒子的质量、速度和电荷；H 为螺线管内的磁场强度. 可见，磁场愈强，曲率半径愈小，即轨道弯曲愈甚.

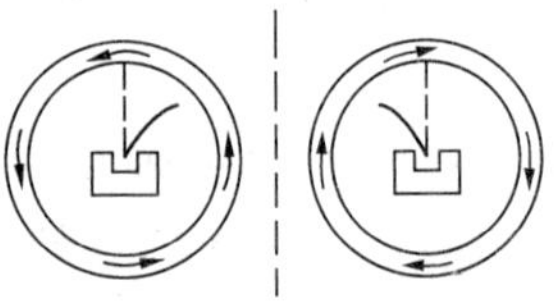

做出该装置的镜像装置，如果力学、电磁学规律在镜像变换下具有不变性，那么镜像装置中的磁场应垂直纸面向内，α 粒子将向左偏转，且应和真实世界中的 α 粒子具有相同的曲率半径. 实际上确实如此，如图 9.3.2 所示.

图 9.3.2 经典物理宇称守恒

可见，互为镜像的两个宏观物理过程，都遵守同样的力学和电磁学规律. 换句话说，对宏观物理过程，空间是左右对称的. 这一结论已为无数实验事实所证实. 于是人们很自然的设想，对于微观物理现象，空间也是左右对称的，即微观体系在相互作用过程中应遵守宇称守恒定律.

3. 强相互作用过程宇称守恒

1956 年李政道、杨振宁提出弱作用过程中宇称不守恒的论断之后，物理学家们重新回到实验室对电磁作用和强作用过程中宇称是否守恒的问题进行检验. 坦奈尔用下述实验在很高的精度内证实了强作用过程宇称守恒.

强过程 $D + {}^{18}_{9}F \rightarrow {}^{16}_{8}O + {}^{4}_{2}He$ 实际为

$$\begin{array}{ccccc} D + {}^{18}_{9}F & \rightarrow & {}^{20}_{10}Ne^{*} & \rightarrow & {}^{16}_{8}O + {}^{4}_{2}He \\ & & & & 0^{+} \quad\quad 0^{+} \\ 1^{+} & & & & \\ & & & & 3^{-} \end{array} \tag{9.3.8}$$

Ne^{*} 是指氖的激发态，这个态的自旋是 1，宇称为 +，记以 1^{+}，其能级高度是 14MeV. Ne^{*} 通过 α 衰变跃迁到 ${}^{16}O$ 的激发能为

6.13MeV 的 3^- 态.氧的基态是 0^+ 态,α 粒子的基态是 0^+ 态.

若 Ne^* 跃迁至 ^{16}O 的基态 0^+,角动量守恒要求 α 粒子相对 ^{16}O 运动的轨道角动量量子数 $l=1$,这时末态总宇称为负.这种跃迁宇称不守恒.

若 Ne^* 跃迁至 ^{16}O 的 3^- 态,角动量守恒要求 α 粒子相对于 ^{16}O 运动的轨道角动量量子数只能是 2,3,4.如果要求这一过程宇称守恒,轨道角动量量子数只能是一个值 $l=3$.

在上述衰变中,实验给出了宇称不守恒过程.

$$\begin{array}{lll} Ne^* \rightarrow & ^{16}O + & ^4He \\ 1^+ & 0^+ & 0^+ \end{array}$$

和宇称守恒过程

$$\begin{array}{lll} Ne^* \rightarrow & ^{16}O + & ^4He \\ 1^+ & 3^- & 0^+ \end{array}$$

的分支比(几率比)约为 4×10^{-8},后来各个实验给出了更好的值为 3×10^{-13}.可见,强作用过程以此精度表明了宇称是守恒的.

4. τ-θ **之谜**

1956 年以前,人们相信在微观世界中,对所有相互作用过程,宇称都是守恒的.直到1956年研究介子衰变时,发现的 $\tau-\theta$ 之谜,才使人们开始怀疑宇称守恒定律的普遍性.

分析 θ^+ 和 τ^+ 的衰变,得到这两种介子的实验资料如表 9.3.1 所示:

表 9.3.1

衰变方式	质量(以 m_e 为单位)	平均寿命(s)	占 K 介子所有衰变的百分比
$\theta^+\rightarrow\pi^+\ \pi^0$	966.7 ± 2.0	$(1.21\pm0.04)\times10^{-8}$	29%
$\tau^+\rightarrow\pi^+\ \pi^+\ \pi^-$	966.3 ± 2.1	$(1.19\pm0.05)\times10^{-8}$	6%

显然的结论是,它们是同一种粒子只是衰变方式不同.然而达

里兹指出,θ 和 τ 有相反的宇称,因而又不可能是同一种粒子.

由实验可知 θ^+ 和 τ^+ 的自旋皆为 0,因此,在 $\theta^+ \to \pi^+ \pi^0$ 过程中,由于 π 介子的自旋都是 0,那么根据角动量守恒定律,π^+ 和 π^0 的相对运动轨道角量子数应是 0;早就知道 $\pi^{\pm}, \pi^0$ 的内禀宇称都是负的,因此末态宇称为正.根据宇称守恒,θ^+ 的宇称亦应为正.达里兹用类似的分析得到 τ^+ 的内禀宇称为负.即衰变式为

$$\begin{array}{llll} \theta^+ \to & \pi^+ + & \pi^0 & \\ 0^+ & 0^- & 0^- & \qquad l=0 \end{array}$$

$$\begin{array}{lllll} \tau^+ \to & \pi^+ + & \pi^+ + & \pi^- & \\ 0^- & 0^- & 0^- & 0^- & \qquad l=0 \end{array}$$

根据质量和寿命的完全相同,θ^+ 和 τ^+ 应是同一种粒子;根据宇称相反,θ^+ 和 τ^+ 又不可能是同种粒子.这就是粒子物理发展史上的"$\tau \to \theta$ 之谜".

解开这个谜有两个途径:一是认为宇称守恒是普遍定律,而 θ 与 τ 是两种粒子;一是认为 θ 和 τ 是同一种粒子,而宇称守恒在此弱作用衰变过程中并不成立.第一个途径的困难是无法解释 θ 和 τ 的性质何以如此相似,第二个途径的困难是违背了传统的宇称守恒观念.1956 年,李政道和杨振宁认真分析了有关宇称守恒的实验资料,结果发现在强作用和电磁作用中宇称守恒有大量的实验证据,而在弱作用过程中,宇称守恒定律从来没有专门的实验去检验过,只是作为一个理论推论被大家接受下来.于是他们大胆地提出了弱作用过程中宇称不守恒的假说,认为 τ^+, θ^+ 是同一种粒子,即 K^+ 介子.并建议用若干实验去检验,其中一个是极化核 ^{60}Co 的 β^- 衰变.

他们的论文发表在 1956 年 10 月美国的《物理评论》杂志上,立即引起同行的极大关注.而著名的物理学家泡利却认为这是完全不可能的,他曾说过:"我就不相信上帝竟然会是一个左撇子",但事实是无情的,1957 年吴健雄等人做了 ^{60}Co 的 β^- 衰变实验,证

明了在 β^- 衰变(弱过程)中宇称是不守恒的.

由于这一重大发现,二人共同获得 1957 年度诺贝尔物理学奖.这种假说的难能可贵之处在于:以前人们认为一种守恒定律应对一切物理过程都成立,不应存在适用范围.宇称守恒定律是人们认识的第一个只适用于某些过程的守恒律.因此,这一发现是开创性的.

5. 弱作用过程宇称不守恒的实验证明

著名实验物理学家吴健雄(1912 ~ 1997)领导一个小组对宇称不守恒进行了实验验证,结果在 ^{60}Co 原子核的 β 衰变中得到证实.这个衰变过程为

$$^{60}Co \to {}^{60}Ni + e^- + \tilde{\nu}_e \tag{9.3.9}$$

是一个弱作用过程.这是第一个证明宇称不守恒的实验,其基本思想是这样的:设 ^{60}Co 核自旋向上,则它的镜像自旋向下.当沿着自旋反方向发射 β^- 粒子时,则其镜像就沿着自旋方向发射粒子,如图 9.3.3 所示.若 β 衰变宇称守恒,则互为镜像的两种过程都能实现,并且沿两个方向发射的粒子数应该相等,否则就表明宇称不守恒.

在通常情况下,原子核是非极化的,即核自旋是杂乱无章的.因此,即使每一个核发射的 β 粒子有某种角分布,但由于核自旋取向的无规则性,因而观察不到这种分布,电子的发射表现出各向同性.为此必须使核极化,即使核的自旋按一个方向排列起来,使核极化的方法是外加磁场.为了减少热运动对极化的扰动,还必须将样品放在低温(0.01K)下.

假设磁性是电流转圈造成的,则极化核 ^{60}Co 的 β 衰变及其镜像装置如图 9.3.4 所示.如果过程是左右对称的,那么,真实世界的 A 点与镜像世界的 B 点测到的电子数应一样多.B 点对于核自旋的方位犹如真实世界中 A′ 点的方位.因此,若此过程左右对称,则在 A 和 A′ 测到的电子数应一样多.B(或 A′)的方位又相当于 A

对于其反向磁场(或核自旋)的方位,所以这个实验只需在A点测两次(一次磁场向上,一次磁场向下)即可.

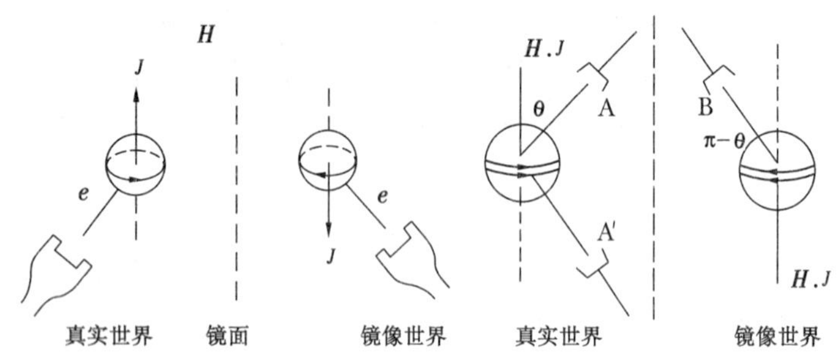

图 9.3.3 ^{60}Co 的 β 衰变的镜像　　图 9.3.4 β 衰变及其镜像装置

吴健雄的实验发现,出射角(发射方向与核自旋之间的夹角)大于90°的电子比小于90°的电子数目多40%,从而有力地证明了在弱作用过程中宇称不守恒.

在吴健雄的^{60}Co原子核β衰变实验结果发表后,又有不少验证弱作用中宇称不守恒的实验先后完成.例如加尔文等做的静止π^+衰变的实验,也证明弱作用中宇称的确不守恒.图9.3.5是加尔文的实验示意图.π^+的衰变过程中$\pi^+ \to \mu^+ + \nu_\mu$.$\pi^+$是静止的.从实验上测得的$\mu^+$运动方向和它自旋方向成左手螺旋,即左手四个手指弯向自旋方向,大拇指方向即μ^+运动方向,如图9.3.5右图所示.因为π^+的自旋为零,而且又是静止的.因此,自旋和轨道角动量之和(即总角动量)为零.由总角动量守恒要求,ν_μ的自旋方向和μ^+自旋方向相反.而由动量守恒要求ν_μ运动方向和μ^+

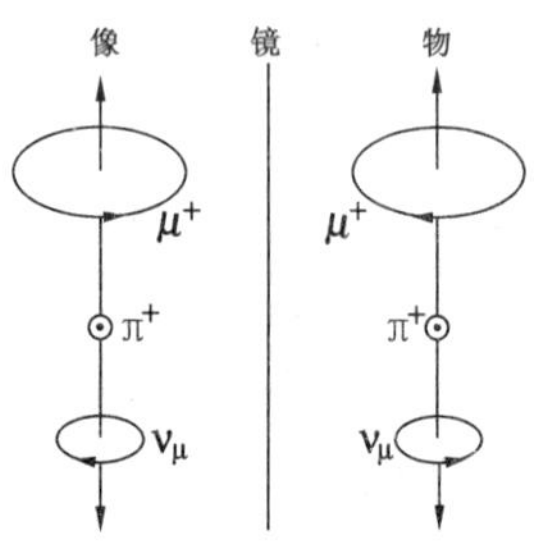

图 9.3.5 π^+ 衰变过程的镜像

也相反. 因此 ν_μ 的自旋方向和运动方向也成左手螺旋. 这个过程的镜像过程如左图所示. μ^+ 运动方向不变,但自旋方向相反,因此 μ^+ 的运动方向和自旋方向组成右手螺旋,即 μ^+ 是右旋的. 同样,镜像中的 μ 子中微子 ν_μ 也是右旋的. 可是,镜像中的过程在自然界是不存在的. 因为在这个实验中所观测到的 μ^+ 全都是左旋的,没有右旋的. 因此,π^+ 衰变过程是宇称不守恒的.

在 β 衰变中导致宇称不守恒的原因是什么呢?1957 年,李政道、杨振宁与前苏联的朗道认为是中微子引起的,他们提出了中微子的二分量理论,认为中微子是左旋的,反中微子是右旋的,不存在右旋中微子和左旋反中微子. 即中微子的角动量 $\boldsymbol{J}$ 的方向永远与其运动方向相反,如图 9.3.6 所示. 图中以动量 $\boldsymbol{P}$ 表示它的运动方向. 这表明,中微子的旋转方向与动量 $\boldsymbol{P}$ 成左手螺旋关系. 反中微子则恰好相反,其角动量 $\boldsymbol{J}$ 的方向与动量 $\boldsymbol{P}$ 永远相同,即其旋转方向与 $\boldsymbol{P}$ 成右手螺旋关系. 角动量是轴矢量,动量是极矢量,图 9.3.7 给出了一个中微子的镜像关系. 像的旋转方向与 $\boldsymbol{P}$ 成右手螺旋关系,这表明中微子经镜像变换(即空间反演)后不再是中微子了. 如果某一反应有中微子参与,且其他粒子都具有空间反演对称性,那么这个反应的空间反演对称性就遭到了破坏. 由于中微子只参与弱作用,表明弱作用不具有空间反演对称性.

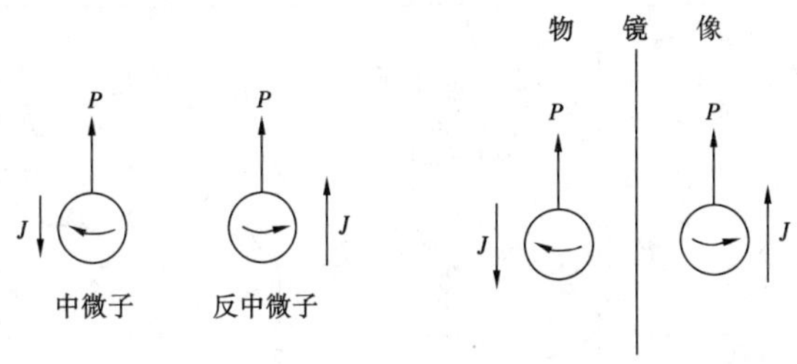

图 9.3.6　　　　图 9.3.7

由于中微子只能是左旋的(即其旋转方向与前进方向成左手

螺旋关系)，表明中微子必然以光速运动，如果它低于光速，则在比它速度大的坐标系中，将会看到它是一个右旋中微子了，这是不可能的.

除了空间反演 P，还有时间反演 T，即把描述物理过程的时间变量换成它的负量，也就是把时间的进程倒过来，在强相互作用和电磁相互作用的过程中 P,T,C 变换都是守恒的，弱相互作用下它们的对称性都遭到破坏. 但在一些弱作用过程中 CP 联合变换是守恒的，例如经空间反演 P，左旋的中微子变成了右旋；再经电荷共轭变换 C，变成了一个右旋反中微子，这是现实存在的粒子(见图 9.3.6). 但不是在所有弱作用过程中 CP 都能守恒，使如 K^0 介子的衰变过程中，就有千分之一的实例 CP 守恒遭到破坏. 但就目前所知，所有过程中 CPT 联合变换都具有不变性.

6. **相互作用与守恒定律**

从前面介绍中可以看到，在强相互作用下，各种守恒定律都是成立的；在电磁相互作用下，仅同位旋 I 的守恒遭到破坏；在弱相互作用下，有许多守恒定律受到了破坏. 表 9.3.2 中给出了各种守恒定律与相互作用的关系，其中"+"号表示守恒定律成立，"−"号表示不成立.

表 9.3.2 守恒定律与相互作用的关系

守恒量 / 相互作用	能量 E	动量 P	自旋 J	电荷 Q	e轻子数 L_e	μ轻子数 L_μ	重子数 B	同位旋 I	同位旋分量 I_3	奇异数 S	宇称 P	电荷共轭 C	时间反演 T	CPT 联合变换
强作用	+	+	+	+	+	+	+	+	+	+	+	+	+	+
电磁作用	+	+	+	+	+	+	+	−	+	+	+	+	+	+
弱作用	+	+	+	+	+	+	+	−	−	−	−	−	−	+

§9.4　强子分类与夸克模型

9.4.1　强子分类

在已经发现的 400 多种粒子中，有 200 余种是共振态粒子，这些粒子有没有内在联系呢?1961 年，尼曼和盖尔曼找到了强子之间的联系，提出了强子分类的八重态方案. 这种方案是将自旋和宇称相同的粒子分在一组，每组按粒子的同位旋第三分量 I_3 和超荷 Y 排列，可得到一些规则的图表. 这些图形称为 SU_3 群的权重图，如图 9.4.1 所示. 图(a) 是 $J^p = \frac{1}{2}^+$ 重子和 $J^p = 0^-$ 介子的幺正八重态权重图；图(b) 是 $J^p = \frac{3}{2}^+$ 重子的幺正十重态权重图.

根据 SU_3 理论可以求出幺正八重态重子的质量满足如下关系

$$\frac{3M_\Lambda + M_\Sigma}{4} = \frac{M_N + M_\Xi}{2} \tag{9.4.1}$$

称为盖尔曼一大久保关系. 幺正十重态重子的质量关系是

$$M_{\Sigma^*} - M_\Lambda = M_{\Xi^*} - M_{\Sigma^*} = M_{\Omega^-} - M_{\Xi^*} \tag{9.4.2}$$

在作出上述方案时，Ω^- 粒子还未被发现. 根据上面的关系式，预言了 Ω^- 的存在，并肯定其质量约是 1680MeV. 1964 年美国布鲁克海汶实验室找到了它，测得其质量是(1672 ± 0.4)MeV，平均寿命是 $(0.82 \pm 0.03) \times 10^{-10}$S. 这是对 SU_3 分类方案的一个有力支持.

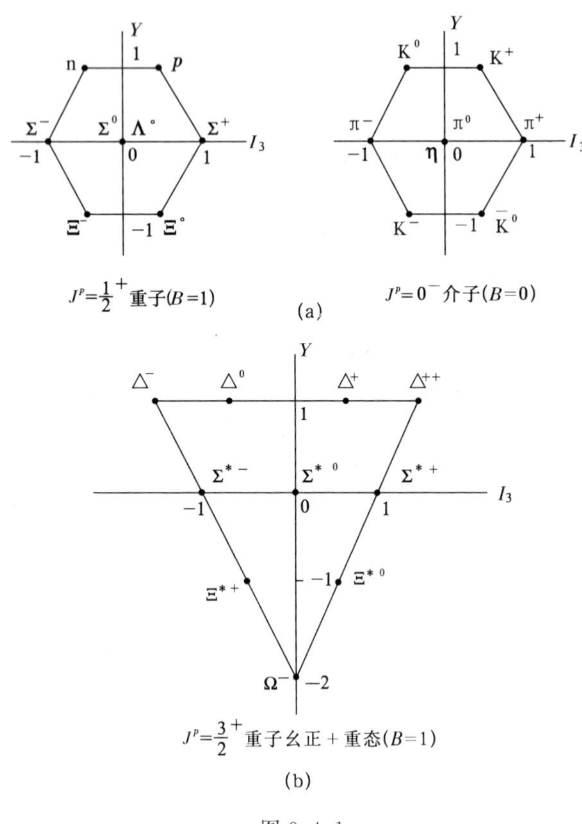

图 9.4.1

9.4.2 夸克模型

1. 强子有结构

对轻子现已探测到 10^{-18} m 这样小的线度，还没发现它们有任何结构，故仍可视为点粒子. 但对强子则不然，以核子为例，1932 年，斯特恩测得质子的磁矩为 $2.79\mu_N$. 后来，又测得中子的磁矩为 $-1.91\mu_N$ 它们的数值远离狄拉克理论的预言；既然不带电的中子也居然有磁矩!这使人猜想它们有内部结构.当人们用高能电子(GeV)轰击质子时发现,质子的电荷有个分布,电荷半径约为0.7fm.后来又发现,中子虽然整体呈中性,但内部却有正电及负电,电荷分布半径为0.8fm.它们都不是点粒子.

在1970年左右,用京电子伏电子轰击,把质子打碎,看到了"卢瑟福散射的影子":即内部有很多小的散射中心,质子是由一些"硬心"所组成的.

2. 夸克模型

1963年,盖尔曼(M·Gell-Mann)等人提出强子由夸克组成的模型.几乎同时,我国部分物理学家也提出类似的层子模型.

夸克模型(或层子模型)认为,所有的重子都由三种夸克组成,所有反重子都由三种反夸克组成,所有的介子都由一种夸克与一种反夸克组成.

当初提出的夸克有:上夸克(记作u)、下夸克(d)和奇异夸克(s),后来又提出粲夸克(c),最后提出底夸克(b)和顶夸克(t).这六种夸克被称作带有六种"味道"的夸克,并被分为三代.每个夸克的电量不是e的整数倍,而是e的某一分数;夸克的重子数也不是整数而是分数,这是从未出现过的情况.因此,盖尔曼给它们起名"夸克"(Quark)(一种海鸥的叫声),为此,他荣获1969年诺贝尔奖.如表9.4.1.

于是,重子和介子的组成可以由图9.4.2所示.不难验证,这样的构成方式可以满足强子的许多量子特性,不仅电荷数和自旋角动量,还包括奇异数、粲数、底数和顶数等量子数.(比较表9.2.3和9.2.4).不过,这里有个问题,它在夸克模型提出的时候就发现了:像Ω^-和Δ^{++},都由三个同类夸克组成,夸克是费米子,这就不可能满足泡利原理.为了解决这一矛盾,格林伯格(O.Greenberg)在1964年提出每种夸克有三种颜色:红、黄、蓝.这里的"颜色"与宏观的意义当然不同,只不过是指三种不同的量子数罢了.这样一来，问题自然得到解决，但付出的代价是，夸克的数目增加为原来的三倍.

表 9.4.1　三代夸克的性质

代	味	电荷	质量	自旋	同位旋		重子数	奇异数	粲数	底数	顶数
		Q		J	I	I_3	B	S	C	B	T
第一代	上 u	2/3	5.6MeV	1/2	1/2	+1/2	1/3	0	0	0	0
	下 d	−1/3	10MeV	1/2	1/2	−1/2	1/3	0	0	0	0
第二代	奇异 s	−1/3	200MeV	1/2	0	0	1/3	−1	0	0	0
	粲 c	2/3	1.35GeV	1/2	0	0	1/3	0	1	0	0
第三代	底 b	−1/3	5.0GeV	1/2	0	0	1/3	0	0	−1	0
	顶 t	2/3	174GeV	1/2	0	0	1/3	0	0	0	1

	p	n	Λ	Ξ^0	Δ^{++}	Ω^-
	uud	udd	uds	ssu	uuu	sss
电荷	1	0	0	0	2	−1
自旋	1/2	1/2	1/2	1/2	1/2	−3/2

(a)　夸克构成重子

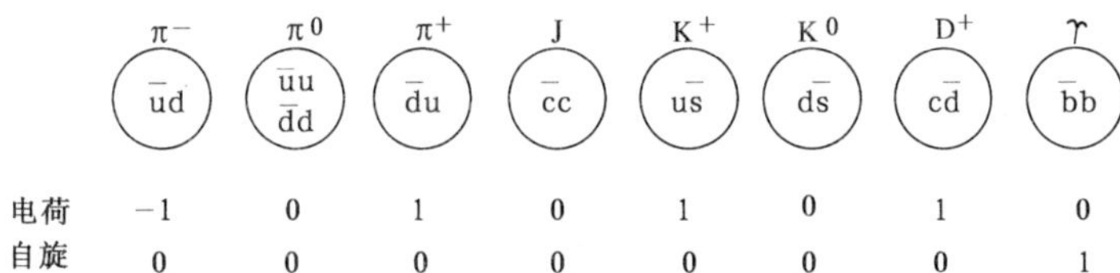

(b)　夸克构成介子

图 9.4.2　夸克构成强子

这样一来，夸克有六种"味"，三种"色"，加上反夸克，总数就有 36 种. 从标准模型观点，它们才是"真正"的基本粒子，是构成强子（重子和介子）的基本单元.

1974 年，丁肇中和里希特独立地发现了一个新颖粒子，他们分别称它为 J 粒子和 ψ 粒子，现在统称 J/ψ(gipsy) 粒子. 它的质量比质子大三倍，它以共振态形式出现，但是寿命却比普通的强子共振态长 100 倍. 这是十分奇特的粒子，正像丁肇中所说："发现了享寿一万岁的新人种."理论计算很快地证实，J/ψ 是由一个粲夸克与一个反粲夸克($c\bar{c}$)组成的. 粲夸克在普通强子中是不存在的，它由格拉肖等人在 1970 年从理论上预言. J/ψ 粒子是第一次从实验上显出粲夸克的存在，从而为夸克模型的真实性提供有力的证据. 正由于粲夸克与普通夸克性质不同，难以转化，因此 J/ψ 的寿命特别长.

1976 年又发现了 D 介子：D^0，D^+，D^- 分别由 $c\bar{u}$，$c\bar{d}$，$\bar{c}d$ 组成. 它们是第一批被发现的、带粲数的介子.

发现带奇异数粒子的历史正好与此相反：先发现 $S \neq 0$ 的粒子(K 介子)，再发现带隐蔽奇异数的粒子(5ϕ 介子，由 $s\bar{s}$ 组成) 而现在是先发现 $J/\psi(c\bar{c})$，再发现 D 介子；对奇异粒子，先有实验事实，再引入奇异数，对粲粒子，先引入粲数，再发现相应的粒子.

1977 年，又从实验上发现质量为 9.5GeV 的 Υ 介子，它是由 $\bar{b}$ 和 b 组成的底夸克偶素. 80 年代初又发现了 Υ 介子的共振态以及含 b 夸克的 B 介子：$B^{\pm}$，B^0 和 $\bar{B}^0$，这里和 K^0 及 D^0 完全相似，B^0 有它的反粒子 $\bar{B}^0$. 从对称性考虑，应该存在顶夸克偶素($\bar{t}t$)和含顶夸克的介子. 1994 年果然在 TeV 级对撞机中找到了($\bar{t}t$)，从而确立了顶夸克存在的证据.

自 1964 年提出夸克模型以来，人们已用了各种办法企图寻找自由夸克，不过，至今尚无结果. 然而，夸克模型的结果与一系列实验事实相符很好，使得人们相信夸克是存在的. 那末夸克为什么老是不露面呢?理论家已提出了各种“夸克禁闭”理论,不过,我们至今不能说对它已有了基本的了解.“看不见夸克”与上节提到的“对称性的破缺”可以算为当代物理学前沿的两大世界难题.

夸克靠什么作用组成强子呢?人们提出:这是一种真正的强相互作用,其传播子是胶子(gluon),理论预测,胶子只有八种.1979年丁肇中领导的小组首次找到了支持胶子存在的证据,从而证明了与此相联系的“量子色动力学”(QCD)的巨大成功.

9.4.3 标准模型理论简介

标准模型是最近二三十年里逐步建立发展起来的粒子物理体系,它综合了粒子物理已取得的实验和理论成果.标准模型认为物质的基本组成单元是三代轻子与夸克(图 9.4.3),它们间存在四种基本相互作用;即引力(引力子 g 传递,目前尚未发现),电磁相互作用(光子 γ 传递),弱相互作用(由中间玻色子传递),和强相互作用(由胶子 G 传递);描写强相互作用的理论为量子色动力学,把电磁和弱相互作用统一起来描写的理论则是弱电统一理论.

对于三代轻子与三代夸克共 48 个粒子,人们不禁会问,它们都是基本的吗?轻子与夸克之间有无联系?是否还有未发现的轻子?还能找到自由夸克吗?轻子与夸克还有第四代、第五代吗?这都是人们需要继续探讨的问题.

$$\begin{pmatrix}\nu_e\\ e^-\end{pmatrix}\quad\begin{pmatrix}\nu_\mu\\ \mu^-\end{pmatrix}\quad\begin{pmatrix}\nu_\tau\\ \tau^-\end{pmatrix}$$

$$\begin{pmatrix}u\\ d\end{pmatrix}\quad\begin{pmatrix}c\\ s\end{pmatrix}\quad\begin{pmatrix}t\\ b\end{pmatrix}$$

图 9.4.3 三代轻子,三代夸克

在 20 世纪 50 年代,关于电磁相互作用的实验结果和量子电动力学(QED)所预言的符合得极好.1967 年,温伯格(S. Weinberg,1933 ~)和萨拉姆(A. L. Salam,1926 ~)提出了弱电

(弱作用和电磁作用)统一理论,并预言规范粒子 $W^{\pm}$ 和 Z^0 的存在.由于他们在理论上的贡献,和格拉肖(他于 1961 年最先提出弱电统一的猜想并预言中性流的存在)共同荣获 1979 年诺贝尔物理学奖;20 世纪 80 年代初,鲁比亚(C. Rubbia,1934 ~)和范德梅尔(S. vander Meer,1925 ~)在实验上相继发现了 $W^{\pm}$ 和 Z^0 粒子,与理论预言符合得很好,为此,他们二人共同荣获 1984 年诺贝尔物理学奖.

弱电统一理论中还有一个关键性粒子,即希格斯粒子(Higgs),一种自旋为零的中性粒子,它是为解释 $W^{\pm}$ 和 Z^0 粒子的质量而提出的,但至今实验中尚未发现.据估计 m_H 的下限为 94GeV,上限为 1TeV,人们期望在 TeV 级加速器上也许能找到这种玻色子.

从弱电统一理论提出到现在已过了三十多年,量子色动力学(QCD)从诞生到现在已过了二十多年,将二者包括在内的标准模型理论令人注目地成功经受住了所有实验的检验.

标准模型理论还需发展,但不会像 20 世纪 50 年代、60 年代、70 年代那样快,因为没有出现和理论相矛盾的实验结果来指引理论发展的方向,只能在现有理论研究的长远目标和理论本身所包含的内部矛盾中来进行探索.目前理论探索之一就是提出了大统一理论.

将强、弱、电磁三种相互作用统一的理论称为大统一理论.在该理论中,夸克和轻子都处于同样的地位,将传递相互作用的规范粒子由 12 种(γ,$W^{\pm}$,Z^0 和 8 个胶子)扩充为 24 种,曾预言质子寿命不大于 1.4×10^{32} 年.因为一个质子要经过 10^{32} 年才会衰变,这相当于 10^{32} 个质子在一年内会有一个衰变.在实验中用 7000t 水,其中大约含有 10^{32} 个质子,因为

$$7000\times10^3\times10^3\times\frac{10}{18}\times6.02\times10^{23}\approx2.3\times10^{33}$$

表 9.4.2 新一层次的"基本粒子表"

类别	粒子名称	符号	质量 (MeV/c^2)	电荷 Q	平均寿命 τ	自旋宇称 J^P	同位旋 I, I_3	轻子数 L	重子数 B	超荷 Y	奇异数 S	粲数 c	底数 b	顶数 t
媒介子	光子	γ	$<3\times10^{-33}$	0	稳定	1^-	0,0							
	胶子	G	0	0		1^-	0							
	中间玻色子	$W^\pm$	$80\ 330\pm150$	±1	$(2.93\pm0.18)\times10^{-25}$ s	1								
		Z^0	$91\ 190\pm5$	0	$(2.60\pm0.03)\times10^{-25}$ s	1								
	引力子	g	0	0		2								
轻子	电子	e^-	$0.051\ 0990\ 7\pm0.000\ 000\ 15$	-1	稳定 $>2\times10^{22}$ s	$\frac{1}{2}$		1	0					
	电子型中微子	ν_e	<0.17	0	稳定	$\frac{1}{2}$		1	0					
	μ 子	μ^-	$105.658\ 389\pm0.000\ 034$	-1	$(2.197\ 03\pm0.000\ 04)\times10^{-6}$ s	$\frac{1}{2}$		1	0					
	μ 型中微子	ν_μ	<0.17	0	稳定	$\frac{1}{2}$		1	0					
	τ 子	τ^-	$1\ 776.9\pm0.5$	-1	$(291.0\pm1.5)\times10^{-15}$ s	$\frac{1}{2}$		1	0					
	τ 型中微子	ν_τ	<24	0		$\frac{1}{2}$		1	0					
夸克或层子	上夸克	u	~5	$\frac{2}{3}$		$\frac{1}{2}^+$	$\frac{1}{2}, \frac{1}{2}$	0	$\frac{1}{3}$	$\frac{1}{3}$	0	0	0	0
	下夸克	d	~10	$-\frac{1}{3}$		$\frac{1}{2}^+$	$\frac{1}{2}, -\frac{1}{2}$	0	$\frac{1}{3}$	$\frac{1}{3}$	0	0	0	0
	粲夸克	c	$\sim1\ 300$	$\frac{2}{3}$		$\frac{1}{2}^+$	0,0	0	$\frac{1}{3}$	$\frac{4}{3}$	0	1	0	0
	奇夸克	s	~200	$-\frac{1}{3}$		$\frac{1}{2}^+$	0,0	0	$\frac{1}{3}$	$-\frac{3}{2}$	-1	0	0	0
	顶夸克	t	$\sim177\ 000$	$\frac{2}{3}$		$\frac{1}{2}^+$	0,0	0	$\frac{1}{3}$	$\frac{4}{3}$	0	0	0	1
	底夸克	b	$\sim4\ 300$	$-\frac{1}{3}$		$\frac{1}{2}^+$	0,0	0	$\frac{1}{3}$	$-\frac{2}{3}$	0	0	-1	0

反粒子和相应的粒子具有相同的质量、寿命、自旋等量子数和相反的电荷、宇称、轻子数、重子数等量子数.因此,对反粒子的性质不再列出.

我们知道，水的相对分子质量为 18，一个水分子中含有 10 个质子，故式中有 10/18，1 mol 分子含有 6.02×10^{23} 个水分子，故式中又乘上这个阿伏伽德罗常量. 为了防止宇宙线的干扰，实验是在地下进行的，所用的水也是高度纯洁的. 但是，很遗憾，到 1985 年公布的实验表明，质子的寿命至少要大于 3.3×10^{32} 年！至今仍无新进展，看来，大统一理论的前景并不乐观.

自然界的各种相互作用能否统一？到底应按什么样理论来统一？对引力发现得最早，但对它的理解最不清楚，引力子至今仍是悬案！总之，摆在粒子物理学家面前的仍是一个有待进一步发掘的巨大知识宝库，科学需要不畏劳苦的人们继续去探索！

§9.5　粒子加速器的发展

不断提高粒子的能量和粒子束流密度是当今粒子物理发展的一个重要领域. 被观察物体的线度越小，所用能量就越大；新的粒子的产生与发现，以及粒子之间的转化，也需要高能量的粒子进行碰撞.

美国费米国立实验室(FNL) 的质子同步加速器产生的高能质子可达 1000GeV，西欧核子中心(CERN) 能把电子加速到 22GeV. 除了静电加速器、直线加速器与回旋加速器以外，对撞机是目前人们关注的对象.

对撞机是让两个方向相对运动的高能粒子发生对碰，能量利用效率就高得多. 例如，两束 30MeV 的质子对头碰撞，其作用约相当于 200GeV 的质子轰击静止质子；两个 1GeV 的电子对头碰撞，相当于一个 4000GeV 的电子轰击另一个静止电子. 对撞机和同步加速器相似，粒子也是在加有磁场的系统中受到弯转和聚焦作用下，沿环形轨道回旋运动. 如果进行碰撞的两种粒子带相同的电荷或者虽电荷相反，但静止质量相差很多，两种粒子就无法在同一环状的加有磁场的系统中反方向运动，因此也就无法迎头碰撞. 为此对撞机设置两个环形(但不是标准圆环) 磁铁系统，每个环内有一种粒子，两个环内的粒子运动方向相反，两个环形轨道在几处地方互相交叉，在交叉点粒子便发生对撞. 其工作原理图，如图 9.5.1 所示.

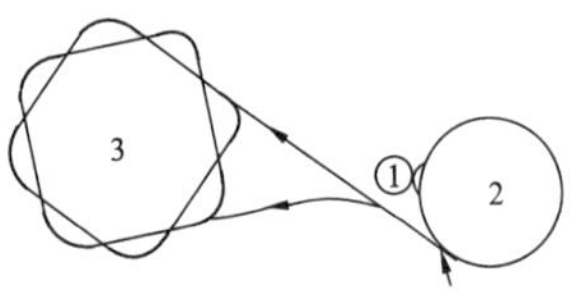

1. 注入器　2. 同步加速器
3. 对撞机
图 9.5.1　对撞机示意图

20 世纪 40 年代人们开始制造对撞机，70 年代末对撞机发展得很快. 如西欧中心(CERN) 的质子反质子对撞机，能量为 270 + 270GeV；正负电子对撞机，能量为 50 + 50GeV；美国(BNL) 的质子质子对撞机，能量为 400 + 400GeV；美国(SLAC) 的正负电子对撞机，能量为 18 + 18GeV 等等. 我国于 1988 年开始建造的北京正负电子对撞机(BEPC) 能量为 2.8 + 2.8GeV. 预计高能物理的最前沿研究成果，将主要在对撞机上获得.

从外层空间进入大气层的高能射线称为宇宙线，其中最高能量可达 10^{19} GeV，也是研究高能物理的一种方法，事实上，在 20 世纪 40 年代末，很多新的基本粒子都是在宇宙线中发现的，那时是宇宙研究的黄金时代，我国早在 50 年代中就在云南建立了宇宙线工作站，后又在西藏建立了宇宙线实验室，是世界上最高的宇宙线工作点之一，已经取得一些能量高达 10^{16} eV 左右的超高能事例. 宇宙线的缺点是强度太小，因此发生反应的几率很小.

思考题

9.1　已发现的 360 多种粒子共分为几类(族)?各类的性质是什么?

9.2　什么是对称性?对称性和守恒定律有什么关系?在粒子相互作用过程中,哪些守恒定律是被普遍遵守的?

9.3　夸克模型是描述哪一类粒子结构的?它的基本思想是什么?夸克有几种?它是玻色子还是费米子?有人说,构成物质世界的“砖瓦”是费米子,而使“砖瓦”粘合在一起的“泥灰”是玻色子,用你学过的原子物理和粒子物理知识来判断这种说法是否有道理.

习　题

9.1　在下列各式中,根据守恒定律来判断,哪些反应属于强相互作用,哪些是弱相互作用,哪些是不能实现的,并说明理由.

(1)$p \to \pi^+ + e^+ + e^-$

(2)$\Lambda^0 \to p + e^-$

(3)$\mu^- \to e^- + \nu_e + \nu_\mu$

(4)$p + \bar{p} \to \gamma + \gamma$,$\bar{p}$ 是反质子.

9.2　分析下列过程是否可能发生,并说明原因.

(1)$e^- \to \nu_e + \gamma$

(2)$\mu^+ \to \pi^+ + \nu_\mu$

(3)$p + \pi^- \to n + \pi^0$

(4)$\nu_e + p \rightarrow n + \mu^+$

9.3 实验中已观察到下列过程

$$\Xi^- \rightarrow \Lambda + \pi^-$$

该过程同位旋、奇异数是否守恒?如不守恒,它们的改变量(选择定则)是多少?这是一种什么类型的相互作用过程?

9.4 已观察到下面的反应

$$\pi^- + p \rightarrow n + \gamma$$

试问光子的同位旋应是什么?

9.5 实验中没有发现如下过程

$$\Lambda^0 \rightarrow n + \gamma$$

其中 γ 是光子,试分析其原因.

9.6 某一D介子由一个c夸克和一个$\bar{u}$夸克组成,求它的自旋、电荷、重子数、奇异数和粲数.

附录　物理学常数

物理量	符号	数　　值	单　　位
真空中光速	c	$2.997\,924\,58\times10^{8}$	$m\cdot s^{-1}$
真空磁导率	μ_0	$4\pi\times10^{-7}$	$N\cdot A^{-2}$
真空介电常数	ε_0	$8.854\,187\,817\times10^{-12}$	$C^2\cdot N^{-1}\cdot m^{-2}$
普朗克常数	h	$6.626\,075\,5(40)\times10^{-34}$	$J\cdot s$
	$h/2\pi$	$1.054\,572\,66(63)\times10^{-34}$	$J\cdot s$
玻尔兹曼常数	k_B	$1.380\,658(12)\times10^{-23}$	$J\cdot K^{-1}$
阿伏伽德罗常数	N_A	$6.022\,136\,7(36)\times10^{23}$	mol^{-1}
斯特藩常数	σ	$5.670\,51(19)\times10^{-8}$	$J\cdot s^{-1}\cdot m^{-2}\cdot K^{-4}$
精细结构常数	α	$7.297\,353\,08(33)\times10^{-3}$	
里德伯能量	R'_∞	$13.605\,698\,1(42)$	eV
里德伯常数	R_∞	$1.097\,373\,1\times10^{5}$	cm^{-1}
摩尔体积	V_m	$22.412\,10(19)$	$l\cdot mol^{-1}$
电子电荷	e	$1.602\,177\,33(4)\times10^{-19}$	C
电子质量	m_e	$0.510\,999\,06(15)$	MeV
		$9.109\,389\,7(54)\times10^{-31}$	kg
玻尔半径	α_1	$0.529\,177\,249(24)\times10^{-10}$	m
玻尔磁子	μ_B	$5.788\,382\,63(52)\times10^{-5}$	$eV\cdot T^{-1}$
核磁子	μ_N	$3.152\,451\,66(28)\times10^{-8}$	$eV\cdot T^{-1}$
质子质量	m_p	$938.272\,31(28)$	MeV
		$1.007\,276\,470(12)$	u
原子质量单位	u	$1.660\,540\,2\times10^{-27}$	kg
中子质量	m_n	$939.565\,63(28)$	MeV
		$1.008\,665$	u
电子伏[特]	eV	$1.602\,177\,33(49)\times10^{-19}$	J
		$11\,604.45(10)$	K

主要参考书目

[1] 褚圣麟. 原子物理学. 高等教育出版社,2002
[2] 杨福家. 原子物理学. 高等教育出版社,2003
[3] 高政祥. 原子和亚原子物理学. 北京大学出版社,2001
[4] 史斌星. 原子物理学. 国防工业出版社,1997
[5] 张庆刚等. 近代物理学基础. 中国科学技术出版社,1994
[6] 郑乐民. 原子物理. 北京大学出版社,2001
[7] 陈宏芳. 原子物理学. 科学出版社,2006
[8] 梁绍荣等. 基础物理学(下). 高等教育出版社,2002
[9] 赵凯华等. 量子物理. 高等教育出版社,2002
[10] 张哲华等. 量子力学与原子物理学. 武汉大学出版社,2002
[11] 王正行. 近代物理学. 北京大学出版社,2002
[12] 张三慧. 量子物理. 清华大学出版社,2002
[13] H. 哈肯,H. C. 沃尔夫. 原子物理学和量子物理学. 科学出版社,1992
[14] 顾雁编著. 量子混沌. 上海科技教育出版社,1996
[15] 杜孟利. 磁场中的原子. 物理卷 21,263 页,1992
[16] D. Kleppner and J. B. Delos, Beyond quantum mechanics: Insights from the work of Martin Gutzwiller. *Foundations of physics Vol*. 31, 593 ~ 611, 2001

封面说明

利用扫描隧道技术移动固体表面上的原子,从而在表面上形成有规则的原子空位阵列,每个原子空位具有量子点特征.